行水云课数字教材

U0167086

普通高等教育"十四五"系列教材

结 构 力 学

（第3版）

主　编　邱秀梅　姜德贵

中国水利水电出版社
www.waterpub.com.cn
·北京·

内 容 摘 要

本书是普通高等教育"十四五"系列教材,是根据教育部高等学校力学基础课程教学指导分委员会制定的"结构力学课程教学基本要求"、有关国家标准和教学改革发展需要,在前两版的基础上修订而成。本书分为绪论、平面体系的几何组成分析、静定结构内力分析、虚功原理及静定结构位移计算、力法、位移法、渐近法、影响线及其应用、矩阵位移法、结构动力学简介共十章内容,章后附有小结、思考题、习题、习题参考答案。

本书可供工科院校水电、土木、桥梁等不同专业、不同层次的教学选用,也可作为相关专业的电大和函授的自学教材,并可供其他专业学生和技术人员参考。

图书在版编目(CIP)数据

结构力学 / 邱秀梅,姜德贵主编. -- 3版. -- 北京:
中国水利水电出版社,2022.3
普通高等教育"十四五"系列教材
ISBN 978-7-5226-0546-3

Ⅰ. ①结… Ⅱ. ①邱… ②姜… Ⅲ. ①结构力学-高
等学校-教材 Ⅳ. ①O342

中国版本图书馆CIP数据核字(2022)第042184号

书 名	普通高等教育"十四五"系列教材 **结构力学(第 3 版)** JIEGOU LIXUE	
作 者	主编 邱秀梅 姜德贵	
出版发行	中国水利水电出版社 (北京市海淀区玉渊潭南路 1 号 D 座　100038) 网址:www.waterpub.com.cn E-mail:sales@mwr.gov.cn 电话:(010)68545888(营销中心)	
经 售	北京科水图书销售有限公司 电话:(010)68545874、63202643 全国各地新华书店和相关出版物销售网点	
排 版	中国水利水电出版社微机排版中心	
印 刷	清淞永业(天津)印刷有限公司	
规 格	184mm×260mm　16 开本　25.25 印张　614 千字	
版 次	2013 年 1 月第 1 版第 1 次印刷 2022 年 3 月第 3 版　2022 年 3 月第 1 次印刷	
印 数	0001—2000 册	
定 价	**70.00 元**	

凡购买我社图书,如有缺页、倒页、脱页的,本社营销中心负责调换

编写人员名单

主　编　邱秀梅（山东农业大学）

　　　　姜德贵（山东农业大学）

副主编　王素华（山东农业大学）

　　　　张学科（宁夏大学）

　　　　张志亮（四川农业大学）

参　编　张建刚（山东农业大学）

　　　　尹　航（山东农业大学）

　　　　康　菊（宁夏大学）

　　　　郭少春（宁夏大学）

第 3 版前言

本书自 2013 年 1 月出版、2017 年 12 月再版以来，一直受到广大同仁和学生的选用和好评。为了适应新形势下人才培养和学科发展的需要，在进一步征求读者使用要求、专业建设意见的基础上，结合近几年教学实践的经验和成果，针对其中存在的问题再一次进行了全面修订。

这次修订，基本保持了前两版的体系和风格，坚持理论严谨、逻辑清晰、由浅入深、易教易学的原则，主要工作如下：

（1）对前两版教材中的文字叙述、计算公式、计算图表等进行了全面修订，力求做到既简练、确切、严谨、规范，又通俗、易读。

（2）对部分章节的内容编排作了适度调整，删去了简单重复的内容，增加了部分思考性内容，以拓展读者思考问题的广度和深度。

（3）增加了思政元素，以激发读者的学习热情。如在第一章绪论中增加了"第五节　结构力学的发展与工程实践"，对其他章节中的部分重要理论和方法添加了页下注，以便读者对结构力学的发展有个大致了解，突出力学在工程实践中的重要作用。这既可提升读者的学习兴趣，使其感受科学思维的无限魅力；也期望读者以此来领悟科学思想，培养创新精神。

（4）重新编写了"第九章　矩阵位移法"部分节次的内容，增加了一些图例、方法对比等，使之更加符合认知规律，使读者易于理解和掌握。

（5）增加了数字资源的二维码链接，读者通过扫描书上的二维码即可链接有关数字资源。

本书第 3 版的修订工作经过修订小组的多次研讨，具体修订分工如下：张建刚修订第一章、第二章；尹航修订第三章、第五章；姜德贵修订第四章、第八章、第十章；王素华修订第六章、第七章；邱秀梅修订第九章。全书由姜德贵统稿，最后由邱秀梅校阅。

本书第 3 版由山东农业大学水利土木工程学院刘福胜教授审阅，并提出了很多宝贵的意见，特此致谢。相关院校的教师和读者对本次修订也提出了很好的建议，在此表示衷心感谢。

本书的再版，得到了中国水利水电出版社的大力支持和积极配合，在此表示衷心感谢。

本书虽经再次修订，但由于水平所限，还会有不少缺点和错误，诚恳欢迎读者批评指正，使本书能不断地改进和完善。

编者

2021 年 8 月

第二版前言

本书第一版自 2013 年 1 月出版以来，得到了广大同仁和读者的选用和好评，为了使本教材更加完美和实用，在经过广泛征求读者使用要求和建议的基础上，对本书进行了全面修订。

这次修订，基本保持了教材第一版的内容体系和风格，全面体现了近几年的教学经验和成果，主要工作如下：

（1）对第一版的文字叙述、图表表示进行了全面修订，力求做到文字简练准确、规范严谨，图表清晰美观，可读性强。对部分章节的内容进行了重新的编排和编写，使之更加符合认知规律，便于读者理解和掌握。

（2）名词、概念的提法更加通俗易懂，并用黑体标出，使之更加醒目。

（3）统一修改了量的符号表示，使之更加规范和标准化。

（4）增加了一些读者思考问题，进一步提升了读者的阅读兴趣。

（5）增加了一些图片、证明、方法对比等，便于读者理解和掌握相关内容。如计算自由度和实际自由度的比较、刚体虚功原理的提出、力法位移法的六字口诀、弯矩图和影响线的对比等。

本书第一版的作者全部参加了第二版的修订工作，而且章节分工和第一版相同，在各编委提出的各自章节修改建议的基础上，全书由邱秀梅统一修改完成。山东农业大学张建刚老师参加了修改工作。

本书第二版的修改完成，得到了山东农业大学水利土木工程学院力学系刘福胜教授的细致审阅和指点，特此致谢。相关院校的教师和读者对第二版的修订提出了许多修改建议，在此一并致谢。

本书的再版，得到了中国水利水电出版社的大力支持和积极配合，在此表示衷心的感谢。

教材虽经修改再版，但由于编者水平有限，不当之处敬请广大同仁和读者提出批评指正。

编者

2017 年 8 月

第一版前言

　　本书是普通高等学校"十二五"规划教材,是根据教育部高等学校力学基础课程教学指导分委员会制定的"结构力学课程教学基本要求"和有关国家标准及教学改革发展需要编写而成的。

　　本书以培养和造就"厚基础、强能力、高素质、广适应"的创造性复合人才为宗旨,编写大纲经过了编委老师们的认真讨论和反复修改,集中了编委们多年的教学经验和智慧。在阐述结构力学基本概念、基本原理和基本方法上,力求实现体系上和内容上的更新,做到了内容精炼,由浅入深,并引入工程领域的实例及与工程有关的算例与例题,每章之前予以概述,每章之后附有小结、思考题和习题,便于自学。本书为读者的后续学习和掌握新方法、新技术提供必要的结构力学基础,也为读者的独立思考留有空间,以利于创新能力的培养。

　　本书与同类教材相比具有以下特色:重组课程体系,对经典内容加以精选,使之更加简练;注意与相关课程的贯通、融合与渗透,减少了不必要的相互重叠内容;广泛涉及工程概念,缩短了理论和工程实际的距离;注意互动式、启发式教学,为学生独立思考留出较大空间。

　　全书共分为十章内容,具体编写分工如下:山东农业大学邱秀梅编写第一章、第九章;山东农业大学王素华编写第六章、第七章;宁夏大学张学科编写第五章;山东农业大学姜德贵编写第四章、第八章;四川农业大学张志亮编写第三章;宁夏大学康菊编写第二章;宁夏大学郭少春编写第十章。全书由邱秀梅统稿。

　　本书承蒙山东农业大学水利土木工程学院力学系刘福胜教授主审,对本教材提出了很多宝贵意见,作者谨致深切的感谢!

　　本书的编写和出版,得到了中国水利水电出版社和参编人员的大力支持和积极配合,在此一并表示衷心的感谢!

　　由于编者水平所限,教材中不妥之处,敬请读者指正。

编者

2012 年 5 月

目 录

第 3 版前言

第二版前言

第一版前言

第一章　绪论 …………………………………………………………………… 1

第一节　结构力学的研究对象和任务 …………………………………… 1

第二节　结构的计算简图 …………………………………………………… 3

第三节　平面杆系结构的分类 …………………………………………… 7

第四节　荷载的分类 ………………………………………………………… 8

第五节　结构力学的发展与工程实践 …………………………………… 9

小结 ………………………………………………………………………… 14

思考题 ……………………………………………………………………… 14

第二章　平面体系的几何组成分析 ………………………………………… 15

第一节　概述 ………………………………………………………………… 15

第二节　几何组成分析的基本概念 ……………………………………… 16

第三节　无多余约束几何不变体系的组成规则 ………………………… 21

第四节　几何可变体系 …………………………………………………… 23

第五节　平面杆件体系的几何组成分析举例 …………………………… 25

第六节　体系的几何组成和静力特性之间的关系 …………………… 29

小结 ………………………………………………………………………… 29

思考题 ……………………………………………………………………… 30

习题 ………………………………………………………………………… 31

习题参考答案 ……………………………………………………………… 33

第三章　静定结构内力分析 ………………………………………………… 34

第一节　概述 ………………………………………………………………… 34

第二节　多跨静定梁 ……………………………………………………… 41

第三节　静定平面刚架 …………………………………………………… 43

第四节　静定三铰拱 ……………………………………………………… 51

第五节　静定平面桁架 …………………………………………………… 59

  第六节 静定组合结构 ‥‥‥‥‥‥‥‥‥‥‥‥‥‥‥‥‥‥‥‥‥‥‥‥‥‥‥‥‥‥ 67

  第七节 静定结构的静力特性 ‥‥‥‥‥‥‥‥‥‥‥‥‥‥‥‥‥‥‥‥‥‥‥‥‥ 70

  小结 ‥‥‥‥‥‥‥‥‥‥‥‥‥‥‥‥‥‥‥‥‥‥‥‥‥‥‥‥‥‥‥‥‥‥‥‥‥ 71

  思考题 ‥‥‥‥‥‥‥‥‥‥‥‥‥‥‥‥‥‥‥‥‥‥‥‥‥‥‥‥‥‥‥‥‥‥‥‥ 73

  习题 ‥‥‥‥‥‥‥‥‥‥‥‥‥‥‥‥‥‥‥‥‥‥‥‥‥‥‥‥‥‥‥‥‥‥‥‥‥ 73

  习题参考答案 ‥‥‥‥‥‥‥‥‥‥‥‥‥‥‥‥‥‥‥‥‥‥‥‥‥‥‥‥‥‥‥‥ 79

第四章 虚功原理及静定结构位移计算 ‥‥‥‥‥‥‥‥‥‥‥‥‥‥‥‥‥ 82

  第一节 概述 ‥‥‥‥‥‥‥‥‥‥‥‥‥‥‥‥‥‥‥‥‥‥‥‥‥‥‥‥‥‥‥‥ 82

  第二节 虚功原理及应用 ‥‥‥‥‥‥‥‥‥‥‥‥‥‥‥‥‥‥‥‥‥‥‥‥‥ 84

  第三节 结构位移计算的一般公式 ‥‥‥‥‥‥‥‥‥‥‥‥‥‥‥‥‥‥‥‥ 90

  第四节 静定结构在荷载作用下的位移计算 ‥‥‥‥‥‥‥‥‥‥‥‥‥‥ 92

  第五节 图乘法 ‥‥‥‥‥‥‥‥‥‥‥‥‥‥‥‥‥‥‥‥‥‥‥‥‥‥‥‥‥‥ 97

  第六节 静定结构由于温度改变和支座移动引起的位移 ‥‥‥‥‥‥ 103

  第七节 线弹性结构的互等定理 ‥‥‥‥‥‥‥‥‥‥‥‥‥‥‥‥‥‥‥‥ 108

  小结 ‥‥‥‥‥‥‥‥‥‥‥‥‥‥‥‥‥‥‥‥‥‥‥‥‥‥‥‥‥‥‥‥‥‥‥ 110

  思考题 ‥‥‥‥‥‥‥‥‥‥‥‥‥‥‥‥‥‥‥‥‥‥‥‥‥‥‥‥‥‥‥‥‥‥ 112

  习题 ‥‥‥‥‥‥‥‥‥‥‥‥‥‥‥‥‥‥‥‥‥‥‥‥‥‥‥‥‥‥‥‥‥‥‥ 113

  习题参考答案 ‥‥‥‥‥‥‥‥‥‥‥‥‥‥‥‥‥‥‥‥‥‥‥‥‥‥‥‥‥ 118

第五章 力法 ‥‥‥‥‥‥‥‥‥‥‥‥‥‥‥‥‥‥‥‥‥‥‥‥‥‥‥‥‥‥‥‥ 120

  第一节 超静定结构概述 ‥‥‥‥‥‥‥‥‥‥‥‥‥‥‥‥‥‥‥‥‥‥‥‥ 120

  第二节 力法的基本原理和典型方程 ‥‥‥‥‥‥‥‥‥‥‥‥‥‥‥‥ 123

  第三节 荷载作用下超静定结构的力法求解 ‥‥‥‥‥‥‥‥‥‥‥‥ 128

  第四节 支座移动和温度变化时超静定结构的计算 ‥‥‥‥‥‥‥‥ 141

  第五节 对称性的利用 ‥‥‥‥‥‥‥‥‥‥‥‥‥‥‥‥‥‥‥‥‥‥‥‥‥ 145

  第六节 超静定结构的位移计算与最后内力图的校核 ‥‥‥‥‥‥ 157

  第七节 超静定结构的特性 ‥‥‥‥‥‥‥‥‥‥‥‥‥‥‥‥‥‥‥‥‥‥ 163

  小结 ‥‥‥‥‥‥‥‥‥‥‥‥‥‥‥‥‥‥‥‥‥‥‥‥‥‥‥‥‥‥‥‥‥‥‥ 164

  思考题 ‥‥‥‥‥‥‥‥‥‥‥‥‥‥‥‥‥‥‥‥‥‥‥‥‥‥‥‥‥‥‥‥‥‥ 166

  习题 ‥‥‥‥‥‥‥‥‥‥‥‥‥‥‥‥‥‥‥‥‥‥‥‥‥‥‥‥‥‥‥‥‥‥‥ 167

  习题参考答案 ‥‥‥‥‥‥‥‥‥‥‥‥‥‥‥‥‥‥‥‥‥‥‥‥‥‥‥‥‥ 171

第六章 位移法 ‥‥‥‥‥‥‥‥‥‥‥‥‥‥‥‥‥‥‥‥‥‥‥‥‥‥‥‥‥‥‥ 173

  第一节 位移法的基本概念 ‥‥‥‥‥‥‥‥‥‥‥‥‥‥‥‥‥‥‥‥‥‥ 173

  第二节 等截面单跨超静定梁的转角位移方程 ‥‥‥‥‥‥‥‥‥‥ 175

  第三节 位移法的基本未知量——独立位移的确定 ‥‥‥‥‥‥‥‥ 181

  第四节 位移法基本原理及示例 ‥‥‥‥‥‥‥‥‥‥‥‥‥‥‥‥‥‥ 184

  第五节 对称性的利用 ‥‥‥‥‥‥‥‥‥‥‥‥‥‥‥‥‥‥‥‥‥‥‥‥‥ 195

  第六节 力法与位移法的比较 ‥‥‥‥‥‥‥‥‥‥‥‥‥‥‥‥‥‥‥‥ 198

第七节　联合法与混合法 ……………………………………………………… 199

小结 ………………………………………………………………………………… 203

思考题 ……………………………………………………………………………… 204

习题 ………………………………………………………………………………… 204

习题参考答案 ……………………………………………………………………… 207

第七章　渐近法 …………………………………………………………………… 209

第一节　力矩分配法的基本概念 ………………………………………………… 209

第二节　力矩分配法的基本原理 ………………………………………………… 210

第三节　用力矩分配法计算连续梁和无侧移刚架 ……………………………… 222

第四节　无剪力分配法 …………………………………………………………… 225

第五节　附加链杆法 ……………………………………………………………… 230

第六节　多层多跨刚架的分层计算法 …………………………………………… 233

小结 ………………………………………………………………………………… 236

思考题 ……………………………………………………………………………… 237

习题 ………………………………………………………………………………… 237

习题参考答案 ……………………………………………………………………… 239

第八章　影响线及其应用 ………………………………………………………… 241

第一节　移动荷载和影响线的概念 ……………………………………………… 241

第二节　静力法作静定结构影响线 ……………………………………………… 242

第三节　机动法作静定结构影响线 ……………………………………………… 251

第四节　影响线的应用 …………………………………………………………… 254

第五节　简支梁的包络图和绝对最大弯矩 ……………………………………… 262

第六节　用机动法作超静定梁影响线的概念 …………………………………… 266

第七节　连续梁的内力包络图 …………………………………………………… 269

小结 ………………………………………………………………………………… 272

思考题 ……………………………………………………………………………… 273

习题 ………………………………………………………………………………… 274

习题参考答案 ……………………………………………………………………… 278

第九章　矩阵位移法 ……………………………………………………………… 281

第一节　概述 ……………………………………………………………………… 281

第二节　局部坐标系下单元刚度矩阵 …………………………………………… 286

第三节　整体坐标系下单元刚度矩阵 …………………………………………… 291

第四节　用矩阵位移法解连续梁 ………………………………………………… 294

第五节　用矩阵位移法解平面刚架 ……………………………………………… 305

第六节　用矩阵位移法解平面桁架和组合结构 ………………………………… 313

小结 ………………………………………………………………………………… 317

思考题 ……………………………………………………………………………… 318

习题 ……………………………………………………………………………… 318

习题参考答案 …………………………………………………………………… 320

第十章　结构动力学简介 ……………………………………………………… 323

第一节　概述 …………………………………………………………………… 323

第二节　结构体系的动力自由度 …………………………………………… 325

第三节　单自由度体系的振动分析 ………………………………………… 327

第四节　多自由度体系的振动分析 ………………………………………… 349

第五节　近似法求自振频率 ………………………………………………… 375

小结 ……………………………………………………………………………… 381

思考题 …………………………………………………………………………… 382

习题 ……………………………………………………………………………… 383

习题参考答案 …………………………………………………………………… 389

参考文献 ………………………………………………………………………… 392

第一章　绪　　论

结构力学是以理论力学和材料力学为基础的工科专业的另一门基础力学课程。结构力学主要研究杆系结构的组成规律和内力计算。本章介绍了结构力学的研究对象和任务、结构的计算简图、平面杆系结构的分类、荷载的分类及结构力学的发展与工程实践。通过对本章的学习，可使读者对结构力学课程有一个感性认识。

第一节　结构力学的研究对象和任务

一、结构及分类

人类为了满足生存和发展的需要，建造了大量的、各式各样的建筑物和构筑物，在各种建筑物和构筑物中承受和传递荷载、起骨架作用的部分称为**结构**。例如房屋建筑中的梁柱体系，水工建筑物中的水坝和闸门，公路、铁路上的桥梁和隧洞等，都是工程结构的典型实例。随着科学技术的迅猛发展，相继出现了一些新型的结构形式，如膜结构、索膜结构和索承网壳结构等。所有结构都是由若干个基本构件组成的，**基本构件**是指组成建筑物和构筑物的单个组成部分，如杆件、板壳、块体等。

结构按不同的分类方法分成不同的结构类型：如按维数分为三维（空间）和二维（平面）结构；按承重骨架分为砖混结构、框架结构、桁架结构、钢结构和索膜结构等。在结构力学中按基本构件的几何特征将结构分为以下三类。

（一）杆系结构

杆系结构是由若干根杆件相互连接而组成的结构形式。杆件的几何特征是长度方向的尺寸远远大于横截面方向的尺寸，如图 1-1 所示。桁架、刚架和拱是杆系结构的典型实例。

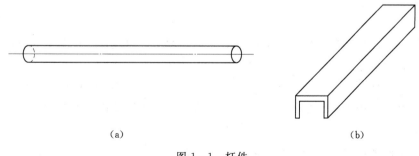

(a)　　　　　　　　　　　　　　　　(b)

图 1-1　杆件

（二）板壳结构

板壳结构，也称为薄壁结构，是由若干块板壳相互连接而组成的结构形式。板、壳的几何特征是厚度方向的尺寸要远远小于长度和宽度方向的尺寸，如图 1-2 所示。中面为平面的结构称为平板（薄板）结构；中面为曲面的结构称为薄壳结构。房屋建筑中的楼板、壳体屋盖、飞机和高速列车的外壳等均属于板壳结构。

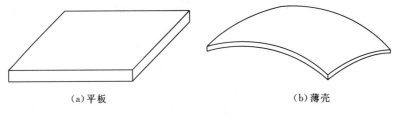

(a) 平板　　　　　　　　　　(b) 薄壳

图 1-2　板壳

（三）实体结构

实体结构是指长、宽、高三个方向的尺度大小相仿的结构。如图 1-3 所示的挡土墙，图 1-4 所示的块状基础等都属于实体结构。

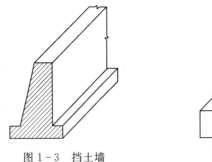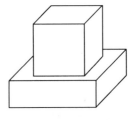

图 1-3　挡土墙　　　　　　图 1-4　块状基础

二、结构力学的研究对象

结构力学与理论力学、材料力学、弹性力学有着密切的关系。理论力学着重研究刚体静、动力学的基本规律。其他三门力学着重研究结构及其构件的内力及变形，进而研究其强度、刚度和稳定性问题。其中材料力学以单根杆件为主要研究对象，结构力学以若干根杆件组成的杆系结构为主要研究对象，板壳与实体结构则主要是弹性力学的研究对象。

三、结构力学的任务

结构力学主要研究杆系结构的组成规律及合理形式，研究杆系结构在外因作用下的内力、变形、动力响应和稳定性等方面的计算原理和方法，以保证结构满足安全性、适用性和经济性的要求。结构力学的任务主要包括以下几个方面：

（1）研究结构的组成规律及合理形式，分析讨论结构计算简图的选取方法。

（2）研究结构内力和变形的计算原理和方法，以便进行结构强度和刚度验算。

（3）研究结构的稳定性及在动力荷载作用下的动力响应。

结构力学问题的研究手段包括理论分析、实验研究和数值计算三个方面。实验研究方法的内容在实验力学和结构试验课程中讨论，理论分析和数值计算方面的内容在结构力学课程中讨论。

结构力学是土木、水电和路桥等专业的一门重要的专业技术基础课程。它前承高等数学、理论力学及材料力学等相关课程，后启钢筋混凝土结构、钢结构、水工建筑物及桥梁工程等相关专业课程，在整个专业培养过程中，起着承上启下的桥梁作用。因此要学好它就要做到三勤，即勤学、勤练、勤思考总结，切实掌握结构力学的基本内容，即基本概念、基本原理和基本计算，提升分析、解决实际问题的能力，为后续专业课程的顺利学习打下坚实的结构力学基础。

第二节 结构的计算简图

一、计算简图的定义及其选择原则

实际结构是多样而复杂的，要想完全、严格地按照实际结构的全部特点建立理论分析模型进行计算是十分烦琐和困难的，也是不必要的。因此，对实际结构进行力学分析以前，需要作出某些简化和假设，忽略实际结构的一些次要因素，抓住影响实际结构受力和变形的主要因素，用一个简化了的图形代替实际结构，这个简化图形称为实际结构的**计算简图**。实际结构计算简图的合理选择在结构分析中是极为重要的环节，也是必须首先要解决的第一步问题。因此合理选取实际结构的计算简图需要遵循以下原则：

（1）从实际结构出发，保留主要因素，略去次要因素，使计算简图最大限度地反映出实际结构的主要受力特征和变形特征。

（2）计算简图要和相应的计算手段相匹配，要便于分析计算。

当然，对于一个实际结构来说，其计算简图并不是唯一不变的。如在初步分析计算时，可用一种较为简单的计算简图；当最后计算时，再用一种较为复杂的计算简图，以保证结构的设计精度。

二、计算简图的简化要点

选取计算简图需要对实际结构进行多方面的简化，杆系结构计算简图的简化要点如下。

（一）结构体系的简化

实际结构一般都是空间结构，承受各方向可能出现的荷载。但对多数空间结构而言，常可以略去一些次要的空间约束，将空间结构简化为平面结构，使计算得以简化。当然也有一些结构具有明显的空间特征而不宜简化为平面结构。本书主要讲述了平面结构的计算问题。

（二）杆件的简化

对于组成杆系结构的杆件而言，由于其长度方向的尺寸远远大于横截面方向的尺寸，在计算简图中，用杆件的轴线来代替实际杆件，外荷载的作用点也简化到轴线上。

（三）结点的简化

杆件之间的连接区域称为**结点**，结点间的距离表示杆长。根据实际杆系结构的结点连接方式，结点可抽象简化为理想的铰结点、刚结点和组合结点。

1. 铰结点

被理想**铰结点**连接的杆件在连接处不能相对移动，但可相对转动，即可以传递力，但不能传递弯矩。这种理想的铰结连接在实际土建工程的杆件连接中很难遇到。如图 1-5（a）所示为一木屋架的端点构造，根据端点杆件的连接特征，各杆端虽不能任意转动，但由于连接不可能很严密牢固，使得杆件间连接对相对转动的约束不强，受力时杆件之间有发生微小转动的可能，因此将这种连接方式的结点简化成理想铰结点，如图1-5（b）所示，不致引起明显的误差，而且对实际工程是偏于安全的。如图1-6（a）所示为钢焊接结点构造，该处各杆件因焊接在结点板上而不能相对转动，通过计算机数值分析可知这种连接结构中各杆件主要承受轴力，因此计算时也将这种结点简化成理想铰接点，如图1-6（b）所示。

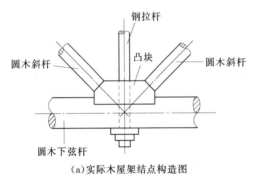 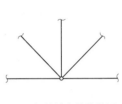

（a）实际木屋架结点构造图　　　　　　　（b）理想铰结点计算简图

图1-5　木屋架结点的简化

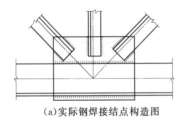

（a）实际钢焊接结点构造图　　　　　　　（b）理想铰结点计算简图

图1-6　钢焊接结点的简化

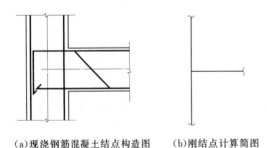

（a）现浇钢筋混凝土结点构造图　（b）刚结点计算简图

图1-7　现浇钢筋混凝土结点的简化

2. 刚结点

被**刚结点**连接的杆件在连接处既不能相对移动，也不能相对转动（所连接的各杆件之间夹角保持不变），既可以传递力，又可以传递弯矩。如图1-7（a）所示为现浇钢筋混凝土边柱与横梁的结点构造图，由于边柱和横梁在结点处的钢筋绑扎在一起而整体浇筑，使得横梁和边柱能够牢固地连接在一起共同工作，常可视为刚结点，其计算简图如图1-7（b）所示。

3. 组合结点

如图1-8（a）所示为工业建筑中采用的一种组合结点形式，横梁 AB 和竖杆 CD 由钢筋混凝土做成，但 CD 杆的截面面积比 AB 梁的截面面积小很多，斜杆 AD、BD 则为型钢。因为 AB 是一根整体的钢筋混凝土梁，截面的抗弯刚度又较大，因此杆件 AB 在计算简图中取为整根梁。而竖杆 CD、斜杆 AD 和 BD 的抗弯刚度与横梁 AB 相比小得多，它们主要承受轴力，所以杆件 CD、AD、BD 的两端都看作铰结点，其中铰 C 与梁 AB 的下方连接如图 1-8（b）所示。这种铰结点和刚结点连接在一起形成的结点称为**组合结点**，组合结点处的铰又称为**不完全铰**。

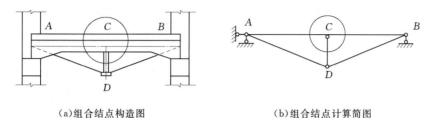

（a）组合结点构造图　　　　　　　　　（b）组合结点计算简图

图 1-8　组合结点的简化

（四）支座的简化

支座是将结构和基础连接起来的装置。其作用是将结构固定于基础上，并将结构上的荷载通过支座传到基础和地基上。支座对结构的作用力称为**支座反力**。平面结构的支座一般简化为以下四种形式。

1. 活动铰支座

被支承的部分可以绕铰心转动，还可以沿与支承方向相垂直的方向移动，但不能沿支承方向移动。活动铰支座构造简图如图 1-9（a）所示，所提供的反力只有沿支承方向的反力 F_y，所以计算简图中可用一根链杆表示，如图 1-9（b）所示。活动铰支座也叫链杆支座或滚轴支座。

2. 固定铰支座

被支承的部分可以绕铰心转动，但不能移动。固定铰支座构造简图如图 1-10（a）所示，能提供的反力将通过铰中心，但大小和方向都是未知的，通常可用沿两个确定方向的反力 F_x、F_y 来表示。在计算简图中用交于一点的两根链杆来表示固定铰支座，如图 1-10（b）所示。

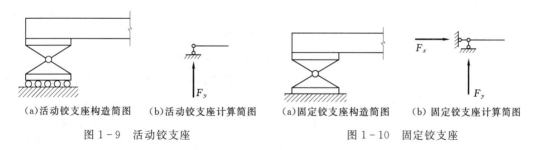

（a）活动铰支座构造简图　　（b）活动铰支座计算简图　　（a）固定铰支座构造简图　　（b）固定铰支座计算简图

图 1-9　活动铰支座　　　　　　　　　　　图 1-10　固定铰支座

3. 固定端支座

被支承的部分完全被固定，不能发生任何位移。固定端支座构造简图如图 1-11（a）所示，能提供三个反力 F_x、F_y、M。在计算简图中固定端支座如图 1-11（b）所示。

4. 定向支座

被支承的部分不能转动，但可沿与支承方向相垂直方向滑动。定向支座构造简图如图

1-12（a）所示，能提供一个反力矩 M 和一个反力 F_y，在计算简图中用两根平行链杆来表示，如图 1-12（b）所示。

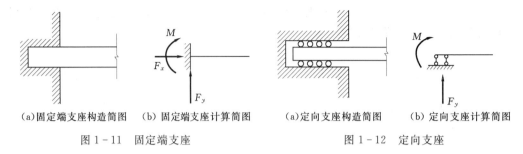

（a）固定端支座构造简图　（b）固定端支座计算简图　　　　（a）定向支座构造简图　（b）定向支座计算简图

　　　　图 1-11　固定端支座　　　　　　　　　　　　　　图 1-12　定向支座

（五）荷载的简化

结构所受的**荷载**分为体积力和表面力两大类。体积力是指分布于物体体积内的力，如结构的自重和惯性力等；表面力是指作用于物体外表面的力，是由其他物体通过接触面而传给结构的作用力，如风压力、土压力和车辆的轮压力等。由于在杆件结构受力分析中把杆件简化为轴线，因此体积力和表面力均简化为作用于杆轴上的力，同时按荷载在杆轴上的分布情况可简化为**集中荷载**和**分布荷载**。需要说明的是，理想的集中荷载是不存在的。当分布荷载的分布面积和构件尺寸相比可以忽略时，分布荷载就可以按集中荷载处理。

（六）材料性质的简化

土建工程结构中所用的建筑材料通常为钢材、钢筋混凝土、砖石和木材等。为了简化结构计算，一般均可将这些材料假设为连续、均匀、各向同性、完全弹性或弹塑性体。这些假设对于金属材料而言，在一定的受力范围内是合适的，但对其他材料只能是近似的。如木材，顺纹和横纹的物理性质是不同的，所以应用这些假设时要注意区分。

根据以上计算简图的简化原则和要点，就可以抽象提取出实际结构的计算简图。

如图 1-8（a）所示的组合吊车梁的两端由柱子上的牛腿支承。因为吊车梁两端的预埋钢板通过较短的焊缝与柱子牛腿上的预埋钢板相连。这种连接对吊车梁支承端的转动起到的约束作用很小。综合考虑梁和支座的实际工作状况和计算的简便，可将梁的一端简化为固定铰支座，而另一端简化为活动铰支座，吊车梁的计算简图如图 1-8（b）所示。经这样简化，既可以使计算简便，又基本能反映结构的主要受力特点。

如图 1-13（a）所示为一钢筋混凝土厂房结构，梁和柱都是预制的，柱子下端插入杯口内，然后用细石混凝土填实。梁与柱的连接是通过梁端和柱顶的预埋钢板焊接而实现的。在梁上有屋面板连接，在柱的牛腿上有吊车梁连接。

首先，厂房是由许多柱、梁、屋面板和吊车梁连接起来的空间结构，但沿纵向为对称规律排列，作用于厂房上的各种荷载可以分配到横向梁柱上，使得每一榀梁柱结构成为一个独立体系，这样实际的空间结构便简化成平面结构，如图 1-13（b）所示，工程上把这种结构叫作**排架**。

其次，梁和柱都是用它们的轴线来代替。梁和柱的连接只依靠预埋钢板的焊接，梁端和柱顶之间虽不能发生相对移动，但仍有发生微小转动的可能，因此可取为铰结点。柱底和基础之间可以认为不能发生相对移动和转动，可取为固定端，屋面板的重量通过结点传

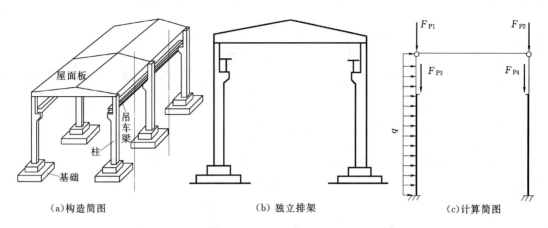

(a)构造简图 （b）独立排架 (c)计算简图

图 1-13 钢筋混凝土厂房

F_{P1}—屋面传递的荷载；F_{P2}—吊车梁传递的荷载；q—风荷载

到柱子上，再加上风荷载及吊车荷载，独立排架的计算简图如图 1-13（c）所示。

请读者思考吊车梁的计算简图应如何取出。

第三节　平面杆系结构的分类

结构分析是针对其计算简图进行的，平面杆系结构的分类也是按实际结构的计算简图进行分类的，分类标准不同，其类别名称各异。

一、按几何和受力特点分类

平面杆系结构根据几何和受力特点可分为以下五种类型。

1. 梁

梁的轴线一般为直线，它是一种受弯构件，在垂直于轴线方向荷载作用下，其横截面上的内力只有剪力和弯矩，没有轴力。梁有单跨和多跨之分，如图 1-14 所示。

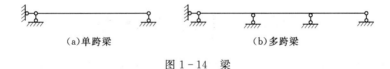

(a)单跨梁　　　　　　　　　　　（b）多跨梁

图 1-14　梁

2. 拱

拱的轴线是曲线，在竖向荷载作用下支座处能产生水平反力（推力）。这使得拱比跨度、荷载相同的梁的弯矩和剪力都要小，而有较大的轴向压力，如图 1-15 所示。

3. 刚架

刚架一般由直杆组成，杆件连接处的结点主要为刚结点，各杆均为受弯杆件，内力通常有剪力、弯矩和轴力。刚架在工程上常称为框架，如图 1-16 所示。

4. 桁架

桁架一般也由直杆组成，所有结点均为铰结点，所有荷载作用在结点上，各杆只产生轴力，如图 1-17 所示。

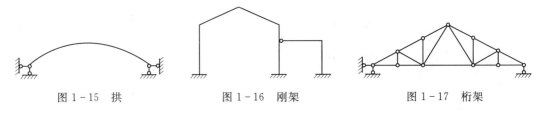

图 1-15 拱　　　　　　　　图 1-16 刚架　　　　　　　图 1-17 桁架

5. 组合结构

组合结构是由桁架和梁或刚架组成的结构，通常含有组合结点，其中一些杆件只承受轴力，另一些杆件同时还承受弯矩、剪力和轴力，如图 1-18 所示。

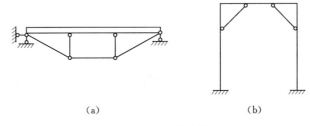

(a)　　　　　　　　　　　　　　　(b)

图 1-18 组合结构

二、按计算方法特点分类

平面杆系结构根据计算方法的特点可分为以下两种。

1. 静定结构

若结构的所有支座反力和内力都可以由静力平衡条件唯一确定，则此结构称为静定结构，如图 1-14 （a）所示。

2. 超静定结构

若结构的所有支座反力和内力不能仅由静力平衡条件唯一确定，而必须同时考虑变形条件才能唯一确定，则此结构称为超静定结构，如图 1-14 （b）所示。

第四节 荷 载 的 分 类

荷载是指主动作用在结构上的外力，如自重、土压力、水压力、风荷载和雪荷载等。除外力以外，温度变化、基础沉陷及制造误差等也能使超静定结构产生内力和变形，这些因素也可以称为超静定结构的荷载。荷载的确定是结构设计中极为重要的环节，若荷载取值过大，则设计的结构会过于笨重而造成浪费；若荷载取值过小，则设计的结构安全性不够，因此合理地确定结构的荷载需要进行慎重周密的工作。

根据荷载作用时间的长短以及荷载的作用性质，可将荷载分类如下：

（1）根据荷载作用时间的长短，荷载可分为**恒载**和**活载**。恒载是指永久作用在结构上的荷载，如结构本身的自重、土压力等。活载是指暂时作用在结构上的荷载，如施工荷载、人群荷载、风载、雪载和车辆荷载等。恒载和活载中的有些荷载（人群荷载、风荷载和雪荷载）的作用位置是固定不变的，这部分荷载称为固定荷载，有些活载（如吊车荷载、汽车和列车荷载）在结构上的作用位置是变化的，这类荷载又称为移动荷载。

（2）根据荷载作用的性质，荷载可分为**静力荷载**和**动力荷载**。静力荷载是指逐渐增加的荷载，荷载的大小、方向和作用位置的变化不至于使结构产生明显的冲击或振动，因而可以忽略惯性力的影响，如结构的自重等。动力荷载是指荷载的大小、方向或作用位置随时间迅速地变化，使结构产生明显的加速度，因而惯性力的影响不容忽略，如机器的振动荷载、爆炸荷载等。

荷载的确定是比较复杂的，常常需要综合考虑多种因素，然后进行详细的统计分析，需要查阅有关的荷载规范，还要深入实际地进行详细的调查研究等，只有这样才能合理地确定荷载。

第五节　结构力学的发展与工程实践

与其他学科一样，结构力学是由生产实践推动逐步发展和丰富起来的，是人们认识自然和改造自然的必然产物。同时它又反过来对生产实践起着重要的指导作用。

人类最早大概是利用天然条件巢居和穴居，后来发展为自己凿户建房而住。早在3000年之前，我国的《周礼》这部书的《考工记》中就已经记载了各种建筑的形制。到了汉代，在王延寿的《鲁灵光殿赋》中说："于是详察其栋宇，观其结构。"出现了结构的专名词。

随着社会的进步，人们对结构设计的规律以及结构的强度和刚度逐渐有了认识，并且积累了经验，修建了许多留存至今的古代建筑。下面仅选比较典型的两例加以说明。

图 1-19 为赵州桥，又名安济桥，位于河北赵县，为隋朝匠人李春所建，建成于595—605 年，是世界上现存最古老、跨度最大的敞肩拱桥。桥的主孔净跨 37.02m，净矢高 7.23m，桥形很扁，桥总长 50.82m，宽 9m。大拱之上两侧各有两小拱，既减轻自重，又便于排洪。赵州桥在结构设计、地基处理、外观美学等方面都达到了尽善尽美。结构上减少了重量、增加了可靠性，使它历千年而不坏。

赵州桥结构体现了古人的智慧。用现代结构力学中弹性拱的原理对其进行核算可知，拱圈各横截面上均受到压应力或极小的拉应力，充分发挥了石料抗压能力远大于抗拉能力的特点，符合现代拱桥设计的原则。1991 年，赵州桥被美国土木工程师协会选定为"国际历史土木工程里程碑"。

图 1-20 为应县佛宫寺释迦塔，是我国现存最早、最高大的木塔，也是世界上现存最高大的古代木构建筑。它始建于 1056 年，总高 67m，采用双层环形空间结构形式。塔建在 4m 高的两层石砌台基上，内外两排立柱构成双层套筒式结构，柱与柱间还有大量水平构件，暗层内又有大量斜撑，使双层套筒内外层紧密结合连成一体。其柱不是直接插入地中，而是搁置于石础之上。在连接上采用了传统的斗拱结构，为不同部分的特殊需要分别设计了 50 余种不同形式的斗拱。由于结构上的合理性，该塔近千年间经历了 12 次 6 级以上的大地震，迄今安然无恙。

应县木塔有许多符合力学原理的地方，其中最突出的一条就是：它的整个结构体系与现代高层建筑所用的"双筒体"式结构类似。可以说，应县木塔是高层筒体结构的先驱。

图 1-19　赵州桥　　　　　　　　　　　　图 1-20　应县佛宫寺释迦塔

上述古代工程结构的成功都在力学理论建立之前，是经过多次失败后，凭经验修建起来的，其中隐含着许多力学知识，体现了在力学学科发展成熟之前人类的最高智慧，代表了古代结构力学思想的杰出成就。

就基本原理和方法而言，结构力学是与理论力学、材料力学同时发展起来的。所以结构力学在发展的初期是与理论力学和材料力学融合在一起的。17 世纪，人类科学史上，开普勒（Johannes Kepler，1571—1630）、伽利略（Galileo，1564—1642）、牛顿（Isac Newton，1642—1729）等科学巨匠奠定了现代科学的基石——经典力学。结构力学也是在经典力学的框架体系下逐步发展起来的。

在结构力学发展的历史上，研究最早的是静力学。因为在以砖、石、木为主要结构材料的时代，遇到的主要问题是结构的平衡问题，后来才发展到有关强度的研究。

人类研究最早的结构元件是梁。等截面直梁的弯曲问题经过了相当长的时期才搞清楚。达·芬奇（Leonardo da Vinci，1452—1519）在他的手稿中研究和讨论了梁的强度。1638 年，伽利略在《关于两种新学科的对话》中研究了悬臂梁的承载能力的问题。马略特（Edme Mariotte，1620—1684）做了伽利略所做的实验。雅科比·伯努利（Jacob Bernoulli，1654—1705）于 1705 年发表了论文《弹性梁的弯曲》，提出了现今人们所称的伯努利梁理论。直到 1826 年，法国学者纳维（Louis Henri Navier，1785—1836）的《力学在结构和机械方面的应用》一书出版后，梁的研究才算是最后完成，经过了近 200 年的漫长岁月。

到 19 世纪初，由于工业的发展，人们开始设计各种大规模的工程结构。对于这些结构的设计，要做较精确的分析和计算。因此，工程结构的分析理论和分析方法开始独立起来，到 19 世纪中叶，结构力学开始成为一门独立的学科。19 世纪中期出现了许多结构力学的计算理论和方法。

能量原理是结构分析的理论基础，由此出发导出了几个位移计算和内力分析的普遍方法。约翰·伯努利（John Bernoulli，1667—1748）在 1725 年发表的《新的力学或静力学》中给出了虚功原理的最初表述。法国的纳维于 1826 年提出了求解静不定结构问题的一般方法。从 19 世纪 30 年代起，火车要在桥梁上通过，不仅需要考虑桥梁承受静荷载的问题，还必须考虑桥梁承受动荷载的问题，又由于桥梁跨度的增长，出现了金属桁架结构。从 1847 年开始的数十年间，学者们应用图解法、解析法等来研究静定桁架结构的受力分析，这就奠定了桁架理论的基础。1864 年，英国的麦克斯韦（James Clerk Maxwell，

1831—1879）创立了单位荷载法和位移互等定理，并用单位荷载法求出桁架的位移。他已经可以区分静定与超静定桁架。对于静定桁架，麦克斯韦在前人的基础上用简化的图解法求桁架的内力。对于超静定桁架，麦克斯韦从能量法导出了解超静定结构的一般方法。大约在 10 年之后，他的这个方法被莫尔（O. Mohr，1835—1918）加以整理，给出规范的形式，这就是目前通用的力法，又称为麦克斯韦-莫尔方法。

意大利的贝蒂（E. Betti，1823—1892）于 1872 年对 Maxwell 的位移互等定理加以普遍证明，推广为功的互等定理。意大利的卡斯蒂利亚诺（A. Castigliano，1847—1884）于 1879 年出版了《弹性系统平衡理论》，基于虚功原理提出了卡氏第一定理、第二定理和最小功原理（即应变能极小原理或最小势能原理）。德国的恩格塞（Engesser，1848—1931）于 1884 年提出余能概念。能量原理的建立，为力法和位移法奠定了理论基础。1886 年德国的穆勒·布雷斯劳（Muller - Breslau，1851—1925）基于虚位移原理，提出一种快速确定梁的内力影响线形状的方法，即某量值的影响线与此量值作用下梁的位移形状相同，该方法被称为 Muller - Breslau 原理或 Muller - Breslau 准则，也就是本书中所称的机动法。

位移法，也称为刚度法。纳维在 1826 年首先使用刚度法。他取结点位移为未知量来分析静不定桁架结构。后来克莱布施（Clebech，1833—1872）在 1862 年对刚度法用于桁架作了一般性描述。位移法的发展可分为转角位移法和矩阵位移法两个阶段。转角位移法的前身——次弯矩法最早由德国人 H. Manderla 于 1880 年提出，用于求解桁架的次弯曲应力。1915 年美国人 W. M. Wilson 和 G. A. Maney 改造了次弯矩法，用它求解刚架内力，并称为转角位移法。位移法一般形式是由奥斯滕费尔德（Ostenfeld）在 1926 年得出的。

在计算机和矩阵位移法出现以前，工程师手工解算转角位移法得到的高阶代数方程组十分麻烦。1922 年卡里雪夫（Calisev）将无侧移刚架的位移法简化，提出逐次近似法，可以避免求解高阶方程组。1930 年美国人哈第·克劳斯（Hardy Cross，1885—1959）发展了一种不需求解方程的逐步求近法，即力矩分配法，被用来近似求解超静定连续梁。该方法采用逐次迭代，避免了求解高阶方程组的困难，在工程界得到了广泛应用，是 20 世纪 30 年代结构分析的最显著进展。

结构力学的基本理论建立后，在解决原有结构问题的同时，还不断发展新型结构及其相应的理论。人们为了追求建筑的自然美，通过观察自然界中的天然结构，如植物的根、茎和叶，动物的骨骼，蛋类的外壳，可以发现它们的强度和刚度不仅与材料有关，而且和它们的造型有密切的关系，很多工程结构就是受到天然结构的启发而创制出来的。但是，具有复杂几何形状的结构的力学计算比较复杂，依靠手工计算几乎不可能了。20 世纪中叶，电子计算机和有限元法的问世使得大型结构的复杂计算成为可能，形成了计算结构力学这个领域，从而将结构力学的研究和应用水平提到了一个新的高度。到 60 年代，不仅原先的杆系结构力学问题能够用计算机求解，随着有限单元法的发展，原来办法不多的弹性力学和连续体的力学问题也能够用计算机求解。

有限元方法的思想最早可以追溯到我国古代数学家刘徽采用割圆法对圆周长进行计算的"化圆为直"的做法，这实际上体现了离散逼近的思想，即采用大量的简单小物体来"冲填"出复杂的大物体。

20 世纪 40 年代，由于航空事业的飞速发展，设计师需要对飞机结构进行精确的设计和计算，便逐渐在工程中产生了矩阵力学分析方法。

1943 年，库朗（Richard Courant，1888—1972）已从数学上明确提出有限元的思想，发表了第一篇使用三角形区域的多项式函数来求解扭转问题的论文，由于当时计算机尚未出现，并没有引起应有的注意。但后来，人们认识到了 Courant 工作的重大意义，并将 1943 年作为有限元法的诞生之年。

德国学者阿吉里斯（John H. Argyris，1913—2004）于 1954 年 10 月—1955 年 5 月在期刊发表系列论文，1960 年整理为著作《能量原理和结构分析》出版，主要贡献之一就是发展了针对航空工程复杂结构分析的实用方法——矩阵分析法，包括矩阵位移法和矩阵力法。矩阵位移法是有限元法的雏形，利用最小势能原理可将它导出，也可称之为杆件有限元法，为后续的有限元研究奠定了重要的基础。

1956 年，特纳（M. J. Turner，波音公司工程师）、克拉夫（R. W. Clough，1920—2016，土木工程教授）、马丁（H. C. Martin，航空工程教授）及 L. J. Topp（波音公司工程师）等四位共同在航空科技期刊上发表一篇采用有限元技术计算飞机机翼强度的论文——*Stiffness and Deflection Analysis of Complex Structures*，系统研究了离散杆、梁、三角形的单元刚度表达式，文中把这种解法称为刚性法（Stiffness），一般认为这是工程学界上有限元法的开端。

1960 年，美国克拉夫教授在美国土木工程学会（ASCE）的计算机会议上发表了一篇处理平面弹性问题的论文——*The Finite Element in Plane Stress Analysis*，将应用范围扩展到飞机以外的土木工程上，同时有限元法（finite element method，FEM）的名称也第一次被正式提出。

1967 年，辛克维奇（O. C. Zienkiewicz，1922—2009）教授和张佑启（Cheung，1934—）出版了世界上第一本有限元法著作 *The Finite Element Method in Structural Mechanics*，以后和泰勒（R. L. Taylor）改编出版 *The Finite Element Method* 一书，是有限元领域最早、最著名的专著，为有限元法的推广应用、普及做出了杰出和奠基性的贡献。

60 年代初，我国的冯康（1920—1993）在特定的环境中并行于西方，独立地发展了有限元法的理论。1964 年，他创立了数值求解偏微分方程的有限元方法，形成了标准的算法形态，编制了通用的工程结构分析计算程序。1965 年，他发表论文《基于变分原理的差分格式》，标志着有限元法在我国的诞生。

形状复杂、规模巨大的工程结构还需要承受各种动载荷（地震和风等）的作用，科学家们也在实验和理论方面做了许多研究工作，形成了结构动力学研究领域。随着结构力学的发展，疲劳问题、断裂问题和复合材料结构问题先后进入结构力学的研究领域。同时，结构设计不仅要考虑结构的强度、刚度和稳定性，还要做到用料省、重量轻，这就形成结构优化理论这门学科，同时，随着大型结构向复杂化、高柔化、轻质化发展，这些固体结构的强烈振动会与周围的空气流场相互作用，形成了流体结构耦合振动力学问题，也是当今力学中最具挑战性的研究方向之一。近年来，智能材料出现，将其应用于结构上，给它一定的电信号，结构就可以迅速作出所需要的反应，这种结构也被称为智能结构。对智能结构的研究是近年来兴起的一个重要研究方向。

结构的发展不仅与结构材料有关，更与力学有关。前者可以看作结构工程的硬件，后者可以看作结构工程发展的软件。随着人类文明的发展，人类所建造的结构种类越来越多，越来越复杂。继房屋结构之后，又出现了道桥、车船、水利、机器、飞机、火箭、兵器、化工设备、输电塔等各色各样的结构。每一项现代结构工程的杰作，无不与力学有关，都有大量的力学家参与。

图 1-21 为南京长江大桥，于 1969 年建成，是我国自主设计、制造、施工、并使用国产高强钢材的现代大型桥梁，有"争气桥"之称。上层为公路桥，长 4589m，车行道宽 15m，两侧各有 2.25m 宽人行道；下层为双轨复线铁路桥，宽 14m，长 6772m，是国家南北交通命脉。大桥由正桥和引桥两部分组成，正桥为钢桁梁结构，共有 9 墩 10 孔，由 1 孔 128m 简支钢桁梁和 3 联（3 孔为一联）9 孔、跨度各 160m 连续钢桁梁组成，主桁采用带下加劲弦杆的平行弦菱形桁架，采用悬臂拼装法架设。最高的桥墩从基础到顶部高 85m。此桥的建设，标志着我国钢桥建设接近世界先进水平。

 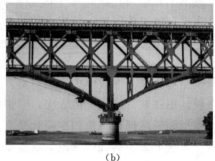

(a)　　　　　　　　　　　　　　　　　(b)

图 1-21　南京长江大桥

图 1-22 为国家体育场鸟巢。国家体育场看台呈碗形，支承体育场看台的是一系列放射状的混凝土框架。覆盖体育场碗状看台的是一个巨大的"鸟巢"形空间钢结构。国家体育场主体钢结构分为主结构、次结构和移动屋盖三部分。主结构实际上是两向不规则斜交的平面桁架系组成的约为 340m×292m 椭圆平面网架结构，网架外形呈微弯形双曲抛物面，周边支承在不等高的 24 根立体桁架柱上，每榀桁架与约为 140m×70m 长椭圆内环相切或接近相切；次结构为镶嵌在主结构上弦多边形网格内的一系列杆件；移动屋盖跨越整个结构开口空间，由对称的两部分组成。移动屋盖曲线部分为悬臂区域，直线部分支撑在主结构的上弦，跨度约 80m，能够沿着主结构上的固定轨道开启或关闭。主体钢结构的地下部分采用型钢混凝土柱。鸟巢不仅为 2008 年北京奥运会树立了一座独特的历史性标志性建筑，而且在世界结构发展史上具有开创意义。

图 1-23 为白鹤滩水电站，是金沙江下游干流河段梯级开发的第二个梯级电站，具有以发电为主，兼防洪、拦沙、改善下游航运条件和发展库区通航等综合效益。装机总容量 1600 万 kW，位居全球第二；共设计安装 16 台单机容量为 100 万 kW 的水轮发电机组，是全球单机容量最大的水电机组，均由我国自主研制。2021 年 6 月 28 日，白鹤滩水电站正式投产发电。白鹤滩大坝为混凝土双曲拱坝，最大坝高 289m，相当于 100 层楼高，坝顶弧长 709m，坝顶宽 14m，最大底宽 72m。白鹤滩水电站是继三峡工程之后的又一标志

性工程，是中国水电引领全球的一张"国家名片"，在水电工程建设史上具有划时代的里程碑式意义。

图 1-22　鸟巢

图 1-23　白鹤滩水电站大坝

结构力学是一门古老的学科，又是一门迅速发展的学科。计算机和有限元法的问世，使得大型复杂工程结构计算成为可能，将结构力学的研究和应用提高到新高度。结构力学中尚有许多没有解决的问题，结构力学的发展依然任重道远。

小　　结

本章是结构力学全部教学内容的前奏，通过对本章的学习，读者可以了解到结构力学课程的全貌。要理解"结构"的含义，掌握结构力学的研究对象和任务，理解结构计算简图及其选取原则；掌握计算简图的简化要点及平面杆系结构的类型。难点在于实际结构计算简图的合理选取以及荷载的确定，这需要理论和实际相结合，在一定实际工作经验的基础上，进行反复的斟酌思考。

思　考　题

1-1　结构力学的研究对象和具体任务是什么？

1-2　试说明杆系结构、板壳结构与实体结构的主要差异。

1-3　什么是结构的计算简图？如何选取结构的计算简图？

1-4　什么是荷载？如何区分静力荷载和动力荷载？试说明移动荷载与动力荷载之间的区别与可能存在的联系？

1-5　杆系结构的主要类型有哪些？分别有哪些受力、变形特点？

第二章　平面体系的几何组成分析

　　杆件体系是由若干根杆件以某种方式相互连接而组成的，如果杆件体系的所有杆件和联系以及外部作用都在同一平面内，则称为平面体系。按照机械运动及几何学的原理对体系发生运动的可能性进行分析称为体系的几何组成分析或机动分析。

　　杆件体系要成为工程结构，起到承受和传递荷载的骨架作用，必须是稳定的，能够维持自身的几何形状保持不变，即体系本身的几何构造应当合理。因此，在对结构进行内力分析之前，应首先进行几何组成（构造）分析，它是进行结构布置和内力分析计算的理论基础和前提。

　　本章作为结构力学计算的先导，从几何构造的角度讨论结构力学的一个侧面，主要内容包括自由度、约束、实铰和虚铰等一些基本概念；平面体系的计算自由度及其计算方法；平面几何不变体系的基本组成规则及其应用；几何组成与静力特性之间的关系。其中几何不变体系的组成规则及应用是本章的重、难点内容，规律本身浅显易懂，但规律的运用却变化无穷，在练习中总结行之有效的方法，方能顺利地完成分析。

第一节　概　　述

一、几何不变体系和几何可变体系

　　杆件体系在任意荷载作用下，其几何形状和位置均会发生改变，由材料应变引起的结构形状和位置的改变量，一般说来是很微小的，不影响结构的正常使用。因此，在几何组成分析时，忽略材料应变，而把杆件视为刚性的。

　　因此，根据杆件体系受力后的稳定性，通常可分为以下两种体系。

　　1. 几何不变体系

　　体系受到任意荷载作用后，若不考虑材料的应变，其几何形状和位置保持不变，则该体系称为**几何不变体系**，如图 2-1（a）所示。

　　2. 几何可变体系

　　体系受到任意荷载作用后，即使不考虑材料应变，其几何形状和位置也会发生改变，则该体系称为**几何可变体系**，这种改变通常是由于体系缺少足够的约束或杆件布置不合理所引起的，如图 2-1（b）所示。

　　由以上分析可知，一个结构的几何属性只与结构的几何组成有关，而与结构所受荷载无关。

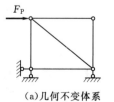
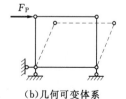

(a)几何不变体系　　　　(b)几何可变体系

图 2-1　杆件系统

二、几何组成分析的目的

一般工程结构必须都是几何不变体系，而不能采用几何可变体系，否则将不能承受任意荷载而维持平衡。几何组成分析的主要目的一是保证所设计的体系能作为结构；二是判别体系是否为几何不变，从而决定它能否作为结构；三是搞清结构各部分间的相互关系，正确确定结构类型，做出合理而准确的受力分析和内力计算。

第二节　几何组成分析的基本概念

一、刚片

若忽略材料的应变，平面体系的任何杆件都可看作是不变形的平面刚体，称为**刚片**。建筑物的基础或地球也可看作是一个大刚片，某一几何不变部分也可视为一个刚片。这样，平面杆系结构的几何组成分析就是分析体系各个刚片之间的连接方式能否保证体系的几何不变性。

二、自由度

研究一个体系是否几何可变，要先从这个体系可能发生的运动着手分析，即体系的自由度问题。大家知道，身高用高度表示，水深用深度表示，而体系的自由度顾名思义就是指体系运动时的自由程度。

要量化这个自由程度首先要从分析杆系的组成入手，杆系是由结点和杆件构成的，可以抽象为点和线，分析一个体系的运动就转化成分析点和线的运动。一个点在平面内运动时，其位置可用 x、y 两个独立参数来确定，如图 2-2（a）所示，故一个点有两个自由度；一个刚片在平面内运动时，其位置要用 x_1、y_1 和 φ 三个独立参数来确定，故一个刚片在平面内有三个自由度，如图 2-2（b）所示。所以体系的**自由度**是指确定体系位置所需要的独立坐标（参数）的数目。

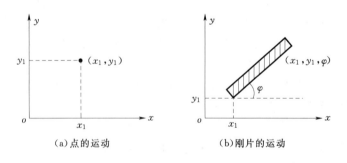

图 2-2　点和刚片在平面上的运动

三、约束

体系有自由度，就不能承受荷载，因此就应想办法减少其自由度。当对体系添加了某些装置后，限制了体系在某些方向的运动，使体系原有的自由度数减少，就说这些装置是加在体系上的约束。所以**约束**就是指能减少体系自由度数的装置。减少一个自由度的装置即为一个约束。杆件之间的连接约束称为**内部约束**，常见的有链杆、铰结点和刚结点；杆件和基础之间的连接约束称为**外部约束**，常用的有可动铰支座、固定铰支座和固定端支座。

1. 链杆

两端用铰与其他物体相连的杆称为**链杆**。链杆可以是直杆、折杆、曲杆或刚片。如图 2-3（a）所示，两个刚片用链杆 BC 连接。互不相连的两个刚片共有六个自由度，用链杆 BC 连接后，剩下五个独立几何参数（x、y、φ、α 和 β），即体系的自由度为五。因此，一根链杆减少一个自由度，相当于一个约束。

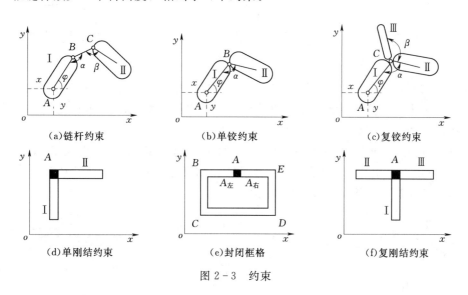

| (a)链杆约束 | (b)单铰约束 | (c)复铰约束 |
| (d)单刚结约束 | (e)封闭框格 | (f)复刚结约束 |

图 2-3　约束

2. 铰

（1）单铰。连接两个刚片的铰称为**单铰**。如图 2-3（b）所示，两个刚片用铰 B 连接在一起。互不相连的两刚片在平面内共有六个自由度，用铰 B 连接后，剩下四个独立几何参数（x、y、φ 和 α），即体系的自由度为四。因为刚片 Ⅰ 只需要三个参数便可确定位置，刚片 Ⅱ 只能绕 B 点转动，只需要一个转角参数 α 就可以确定它的位置。因此，一个单铰相当于两个约束，减少两个自由度。

1）实铰。如图 2-4（a）所示，两刚片用一个铰 A 连接的约束作用与图 2-4（b）中用交于 A 点的两根链杆连接的约束作用相同，故两个铰点都称为**实铰**。

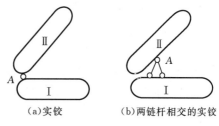

（a）实铰　　（b）两链杆相交的实铰

图 2-4　实铰

2）虚铰。如果两个刚片用两根链杆连接，则这两根链杆的作用就和一个位于两杆轴线交点的铰的作用完全相同。如图 2-5（a）所示的 O 点，因为在这个交点 O 处并没有真正的铰，所以称它为**虚铰**，当虚铰的位置随刚片的转动而变化时，虚铰也称为**瞬铰**。

如果连接两个刚片的两根链杆并没有相交，则虚铰在这两根链杆延长线的交点上，如图 2-5（b）所示。两根平行链杆所起的作用相当于无穷远处的虚铰，也叫**无穷铰**，如图 2-5（c）所示。

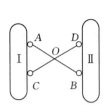
（a）两杆相交形成的虚铰

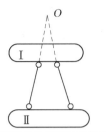
（b）两杆延长线相交形成的虚铰

相交于∞点（虚铰）

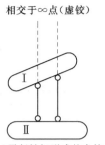
（c）平行链杆形成的虚铰

图 2-5　虚铰

每个方向有且只有一个无穷远点（即该方向各平行线的交点）。如图 2-6（a）所示，刚片Ⅰ、Ⅱ和Ⅰ、Ⅲ分别由无穷远处的瞬铰 A、B 相连，由于点 A 和 B 为同方向的无穷远点，因此，两点其实是一点，并且与铰 C 共线。

不同方向有不同的无穷远点，各方向的无穷远点都在一条广义直线上。如图 2-6（b）所示，刚片Ⅰ、Ⅱ和Ⅲ分别由不同方向的无穷远处的瞬铰 A、B 和 C 相连，则 A、B 和 C 三点都在一条无穷远的直线上。

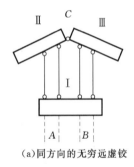
（a）同方向的无穷远虚铰

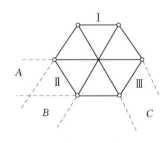
（b）不同方向的无穷远虚铰

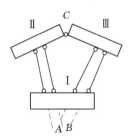
（c）有限点和无穷远虚铰

图 2-6　无穷远处的虚铰

有限点都不在无穷线上。如图 2-6（c）所示，刚片Ⅰ、Ⅱ和Ⅲ分别由铰 C 和无穷远处的虚铰 A、B 相连，由于 A、B 不同方向，所以其连线是一条无穷线，而 C 是有限点，则三点不在一条直线上。

（2）复铰。连接两个以上刚片的铰称为**复铰**。如图 2-3（c）所示，三个刚片用铰 C 连接在一起。互不相连的三刚片在平面内共有九个自由度，用铰 C 连接后，自由度变为五（五个独立几何参数），减少了四个自由度，可折算成两个单铰，相当于四个约束。同理，连接 $n(n \geqslant 3)$ 个刚片的复铰可折算成 $n-1$ 个单铰，相当于 $2(n-1)$ 个约束。

3. 刚结

（1）单刚结点。连接两个刚片的刚结点称为**单刚结点**。如图 2-3（d）所示，两个刚片用刚结点 A 连接而变为一个刚片，自由度由六个减少为三个。因此，一个单刚结点相当于三个约束，减少三个自由度。如图 2-3（e）所示为一个封闭框格，该封闭框格可以看作是一个开口刚片 $A_左 BCDEA_右$ 在 A 处用单刚结点连接而成。

（2）复刚结点。连接两个以上刚片的刚结点称为**复刚结点**。如图 2-3（f）所示，三

个刚片用刚结点 A 连接而变为一个刚片，自由度由九个变为三个，减少了六个，可折算成两个单刚结点，相当于六个约束。同理，连接 $n(n \geqslant 3)$ 个刚片的复刚结点可折算成 $n-1$ 个单刚结点，相当于 $3(n-1)$ 个约束。

四、必要约束和多余约束

1. 必要约束

在体系中增加或去掉某个约束，体系的实际自由度数目将随之变化，该约束称为**必要约束**，即为保持体系几何不变所必须的约束。

2. 多余约束

在体系中增加或去掉某个约束，体系的实际自由度数目没有变化，该约束称为**多余约束**。多余约束只说明为保持体系几何不变是多余的，在几何体系中增设多余约束，可改善结构的受力状况，并非真是多余。

如图 2-7（a）所示，平面内有一自由点 A，通过两根链杆与基础相连，这时两根链杆使 A 点减少两个自由度而使 A 点固定不动，因而两根链杆是必要约束。如图 2-7（b）所示增加一根链杆与基础相连，此时的自由度仍为零，则增加这根链杆为多余约束（可把三链杆中任意一根作为多余约束）。

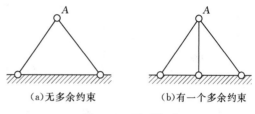

(a)无多余约束　　　(b)有一个多余约束

图 2-7　平面体系

五、平面杆件体系的计算自由度

体系要成为结构，必须要有足够的约束来减少自由度。令体系的实际自由度为 S，其计算方法为

$$S＝各部件的自由度之和－必要约束的数目 \qquad (2-1)$$

式（2-1）要确定必要约束涉及体系的构造，若体系复杂则公式应用困难。下面引入一新的参数——体系的计算自由度 W。

将式（2-1）中的必要约束改为全部约束，则有

$$W＝各部件的自由度之和－全部约束的数目 \qquad (2-2)$$

由于全部约束数目与必要约束的差数是多余约束 n，即得

$$S－W＝n \qquad (2-3)$$

只有当体系的全部约束中没有多余约束时，体系的计算自由度 W 才等于实际自由度 S。

1. 平面刚片体系的计算自由度

把体系看作以刚片为运动主体（以地基为参照物），它通过刚结点、铰结点及支座链杆相连而成。则刚片体系的计算自由度为

$$W＝3m－(3g＋2h＋r) \qquad (2-4)$$

式中　m——刚片总数（不包括地基）；

　　　g——单刚结点个数；

　　　h——单铰结点个数；

r ——支座链杆数（固定端支座计为三根支杆）。

应用式（2-4）时，应注意以下几点：

（1）计入 m 的刚片，其内部应无多余约束。如果遇到内部有多余约束的刚片，则应把多余约束计入 g、h 或 r 中去。如图 2-3（e）所示刚片本身是闭合的，可看作其内部附加了一个刚结，在计算体系的 g 时考虑进去，此时刚片就可看作内部无多余约束。

（2）在确定刚片之间的约束数时，应先把复约束化成单约束。

（3）刚片与地基之间的固定端支座和固定铰支座不计入 g 和 h，而应等效代换为三根支杆或两根支杆并计入 r。

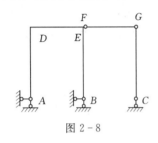

图 2-8

【例 2-1】 计算如图 2-8 所示体系的计算自由度。

解：方法一：为减少计算量，尽可能选择大的刚片，选择 $ADEB$ 为一个刚片，FG 和 GC 分别为一个刚片，结点 F、G 为单铰，支座链杆的数目为 5 个。因此有

$$W=3\times3-(2\times2+5)=0$$

方法二：确定刚片数最简单的办法是把每个结点之间的杆件（支杆除外）作为一个刚片，则有：$m=5$、$g=2$、$h=2$、$r=5$。计算得

$$W=3\times5-(3\times2+2\times2+5)=0$$

2. 铰结链杆体系的计算自由度

若体系全部由两端铰结的杆件相互连接而成，则称为**铰结链杆体系**。以铰点作为运动主体，而以连接这些结点的链杆及支座链杆作为约束，来计算链杆体系的计算自由度：

$$W=2j-(b+r) \tag{2-5}$$

式中　j ——链杆系的结点数；

b ——体系内部链杆数；

r ——支座链杆数。

应用式（2-5）时，应注意以下几点：

（1）体系中链杆的端点都应算作结点，无论结点上连接几根链杆，都只以 1 计入 j 中。

（2）链杆 b 是内部约束，是连接两个结点的杆，支杆 r 是外部约束，是连接基础的杆，两者不可混淆。

【例 2-2】 计算如图 2-9 所示体系的计算自由度。

解：该体系为铰结链杆体系，可得

$$j=5，b=4，r=6$$

由式（2-5）可得

$$W=2\times5-(4+6)=0$$

3. 计算自由度的力学意义

任何平面体系的计算自由度，按照式（2-4）和式（2-5）的计算结果，有以下三种情况：

（1）$W>0$ 时，表明体系的约束数小于自由度数，可以判断体系为几何可变体系。

（2）$W=0$ 时，表明体系的约束数等于自由度数。若约束布置得当，体系将是几何不变的，如图 2-10（a）所示；若布置不当，如图 2-10（b）所示，虽然 $W=0$，总的约束数目足够，但上部有多余联系而下部缺少联系，因而是几何可变的。

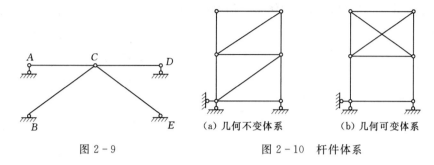

图 2-9　　　　　　　　（a）几何不变体系　　（b）几何可变体系

　　　　　　　　　　　　　图 2-10　杆件体系

（3）$W<0$ 时，表明体系必然存在多余约束。体系是否几何不变还取决于约束的布置是否合理。

因此，$W\leqslant 0$ 是体系几何不变的必要条件，还不是充分条件，这个必要条件图 2-11 反映的非常清楚。

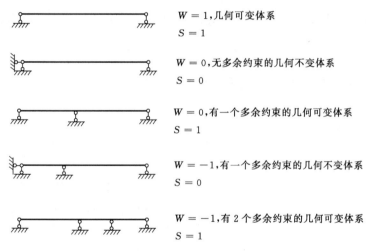

$W=1$，几何可变体系
$S=1$

$W=0$，无多余约束的几何不变体系
$S=0$

$W=0$，有一个多余约束的几何可变体系
$S=1$

$W=-1$，有一个多余约束的几何不变体系
$S=0$

$W=-1$，有 2 个多余约束的几何可变体系
$S=1$

图 2-11　结构实际自由度和计算自由度关系图

从图 2-11 可以很明显地看出计算自由度 W 和实际自由度 S 的实质含义及两者之间的关系，S 为非负数，W 可正可负可零，$S\geqslant W$，$W\leqslant 0$ 是保证杆系为杆系结构的必要条件。

为了判定一个体系是否几何不变，在计算自由度的基础上还有必要进一步研究几何不变体系的组成规则。

第三节　无多余约束几何不变体系的组成规则

本节讨论几何不变体系的组成规则，这是几何组成分析的重点内容。

几何不变体系遵循一条总规则，即：铰结三角形是几何不变的。在此基础上总结了以下基本的规则。

一、二元体规则

如图 2-12（a）所示为一个三角形铰结体系，假如链杆 I 固定不动，将其看作一个刚片，成为如图 2-12（b）所示的体系，从而得出：

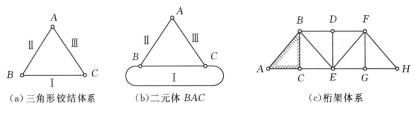

（a）三角形铰结体系　　（b）二元体 BAC　　　　（c）桁架体系

图 2-12　二元体规则

规则 1（二元体规则）：一个点与一个刚片用两根不共线的链杆相连，则组成无多余约束的几何不变体系。

注意，这里的不变，是指三角形体系内部几何不变，不考虑其相对于基础的可动性。

由两根不共线的链杆连接一个结点的构造，称为**二元体**，如图 2-12（b）中的 BAC。注意：二元体的三个结点都必须是铰结点。

推论 1：在一个平面杆件体系上增加或减少若干个二元体，都不会改变原体系的几何组成性质。

如图 2-12（c）所示的体系，就是在铰结三角形 ABC 的基础上，依次增加二元体而形成的一个无多余约束的几何不变体系。同样，也可以对该桁架从 H 点起依次拆除二元体而成为铰结三角形 ABC。

二、两刚片规则

如图 2-12（a）所示，将链杆 I 和链杆 II 都看作是刚片，成为如图 2-13（a）所示的体系。从而得出：

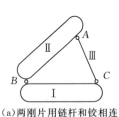

（a）两刚片用链杆和铰相连

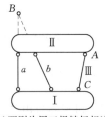

（b）两刚片用三根链杆相连

图 2-13　两刚片规则

规则 2（两刚片规则）：两刚片用不在一条直线上的一铰（B 铰）、一链杆（AC 链杆）连接，则组成无多余约束的几何不变体系。

如果将图 2-13（a）中连接两刚片的铰 B 用虚铰代替，即用两根不共线、不平行的链杆 a、b 来代替，成为如图 2-13（b）所示的体系，则有：

推论 2：两刚片用不完全平行也不全交于一点的三根链杆连接，则组成无多余约束的几何不变体系。

三、三刚片规则

若将图 2-12（a）中的链杆 I、链杆 II 和链杆 III 都看作是刚片，则成为如图 2-14（a）所示的体系。从而得出：

规则 3（三刚片规则）：三刚片用不在一条直线上的三个铰两两连接，则组成无多余

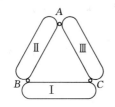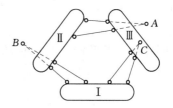

(a)三刚片用不共线三铰两两相连　　　　　　(b)三刚片用六根链杆相连

图 2-14　三刚片规则

约束的几何不变体系。

如果将图中连接三刚片之间的铰 A、B、C 全部用虚铰代替,即都用两根不共线、不平行的链杆来代替,成为如图 2-14 (b) 所示体系,则有:

推论 3:三刚片分别用不完全平行也不共线的两根链杆两两连接,且所形成的三个虚铰不在同一条直线上,则组成无多余约束的几何不变体系。

从以上叙述可知,这三个规则及其推论实际上都是三角形规律的不同表达方式,即三个不共线的铰,可以组成无多余约束的三角形铰结体系。规则 1 及推论 1 给出了固定一个结点的装配格式;规则 2 及推论 2 给出了固定一个刚片的装配格式;规则 3 及推论 3 给出了固定两个刚片的装配格式。

第四节　几 何 可 变 体 系

前面介绍了几何不变体系的几何组成规则,如果不满足上述规则,则体系为可变的,主要有以下两种体系。

一、几何常变体系

几何常变体系是指几何可变体系可以发生大的位移。一般有以下三种情况,如图 2-15 所示。

(1) 两个刚片用三根平行且等长的链杆在同侧相连(简称三杆平行且等长),如图 2-15 (a) 所示。

(2) 两个刚片用三根交于一点的链杆相连(简称三杆交于一点),如图 2-15 (b) 所示。

(3) 约束的数量不足,如图 2-15 (c) 所示。

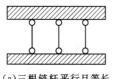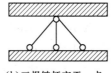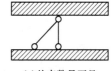

(a)三根链杆平行且等长　　　(b)三根链杆交于一点　　　(c)约束数量不足

图 2-15　几何常变体系

二、几何瞬变体系

几何瞬变体系是指只能瞬时绕虚铰产生微小运动的几何可变体系。其特点是不缺少必要约束，但约束布置不合理，当发生微小位移后，即成为几何不变体系。瞬变体系一般有以下三种情况：

（1）两个刚片用三根平行且不等长的支链杆相连（简称三杆平行且不等长），如图 2-16（a）所示。

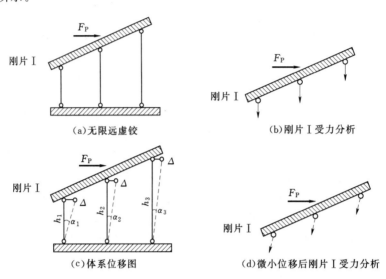

（a）无限远虚铰　　　　　　　　　（b）刚片 I 受力分析

（c）体系位移图　　　　　　　（d）微小位移后刚片 I 受力分析

图 2-16　几何瞬变体系［两个刚片互相连接（一）］

如图 2-16（a）所示，三根支链杆平行，若该体系有一个水平集中荷载 F_P 作用，则刚片 I 在水平方向上不能满足力的平衡条件，如图 2-16（b）所示。因此，刚片 I 必然发生沿水平方向的运动，如图 2-16（c）所示。令水平错动为 Δ，则

$$\alpha_1 = \frac{\Delta}{h_1}, \quad \alpha_2 = \frac{\Delta}{h_2}, \quad \alpha_3 = \frac{\Delta}{h_3} \tag{2-6}$$

因为 $h_1 \neq h_2 \neq h_3$，所以 $\alpha_1 \neq \alpha_2 \neq \alpha_3$。三根支链杆不再平行，体系变成几何不变体系。但由于发生的是微小的位移，所以支链杆中的轴力也非常大，如图 2-16（d）所示。

（2）两个刚片用三根延长线交于一点的支链杆相连（简称三杆延长线交于一点），如图 2-17（a）所示。

如图 2-17（a）所示体系中，三根支链杆的延长线交于 O 点。若该体系有一个图示集中荷载 F_P 作用，则刚片 I 对 O 点的力矩不能满足平衡条件，如图 2-17（b）所示。因此，刚片 I 必然发生绕 O 点的运动，如图 2-17（c）所示。微小转动之后，三根支链杆不再相交于一点，体系变成几何不变体系。与前面两种情况相同，支链杆中也会产生很大轴力，如图 2-17（d）所示，同样不能作为真实结构。

（3）三个刚片用三个在一条直线上的三个铰两两相连（简称三铰共线）。

如图 2-18（a）所示体系中，A、B、C 三铰共线。若该体系有一个集中荷载 F_P 作用在 C 点，则体系在竖直方向上不能满足力的平衡条件，如图 2-18（b）所示。

因此，体系在 C 点必然发生沿竖直方向的运动。在微小运动之后，A、B、C 三铰不再共线，体系变成几何不变体系。如图 2-18（a）中的虚线所示，此时，很容易得到杆件 AC 和 CB 的轴力，如图 2-18（c）所示。

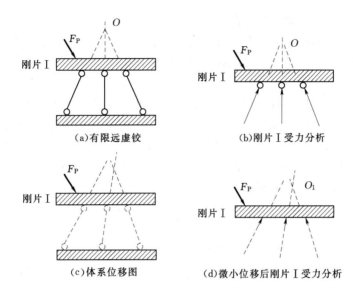

(a)有限远虚铰　　　　　　(b)刚片Ⅰ受力分析

(c)体系位移图　　　　　　(d)微小位移后刚片Ⅰ受力分析

图 2-17　几何瞬变体系［两个刚片互相连接（二）］

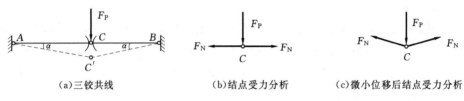

(a)三铰共线　　　　(b)结点受力分析　　　　(c)微小位移后结点受力分析

图 2-18　几何瞬变体系（三个刚片互相连接）

$$F_N = \frac{F_P}{2\sin\alpha} \tag{2-7}$$

虽然体系现在可以承受荷载，但由于 α 很小，F_N 会很大。因此，虽然瞬变体系经过微小位移后可以变成几何不变体系，但由于该体系在某些荷载作用下会产生很大的内力，所以，瞬变体系不能作为真实的结构。

第五节　平面杆件体系的几何组成分析举例

前面几节分别讨论了体系的自由度计算和几何不变体系的组成规则，本节将通过具体的例子来说明，如何运用这些知识去分析体系的几何组成。

体系几何组成的分析方法，一般按照下列步骤进行：

（1）利用公式法求体系的计算自由度 W，若 $W>0$（缺少约束），则为几何常变体系；若 $W\leqslant0$，则体系满足几何不变的必要条件，尚须按照几何不变体系的组成规则进行分析。

（2）进一步分析体系的几何组成。按照几何不变体系的基本组成规则，判断体系为几何不变体系或者可变（常变或瞬变）体系。

事实上，通过组成分析，亦能判定体系是否具有自由度或存在多余约束。因此，为了简化，可省略步骤（1），而直接对体系进行几何组成分析。

对于比较简单的体系，可以选择两个或三个刚片，直接按规则分析其几何组成。对于复杂体系，也有一定方法可寻，通常可以采用以下方法。

1. 去掉基础分析体系

如果体系的支座链杆只有三根，且不全平行，也不交于同一点，则地基与体系本身的连接已符合二刚片规则，因此可去掉支座链杆和地基而只对体系本身进行分析。如图 2-19（a）所示体系，除去支座三根链杆，只需对如图 2-19（b）所示体系进行分析，按两刚片规则组成无多余约束的几何不变体系。如果基础与体系的连接链杆多于三根，则应把基础视为刚片，与体系一同分析。

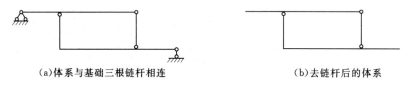

（a)体系与基础三根链杆相连　　　　　　　（b)去链杆后的体系

图 2-19　平面体系

2. 增减二元体

从一个刚片（例如地基或铰结三角形等）开始，依次增加二元体，尽量扩大刚片范围，使体系中的刚片个数尽量少，便于应用规则。以图 2-20 为例，将 AB 和地基视为一个刚片，增加二元体 ACB，地基刚片扩大，再依次增加 D 结点、E 结点和 F 结点处的二元体，组成几何不变体系。

当体系上有二元体时，应去掉二元体使体系简化。但需注意，每次只能去掉体系外围的二元体（符合二元体的定义），而不能从中间任意抽取。仍以图 2-20 为例，结点 F 处有一个二元体，拆除后，再依次拆除 E 结点、D 结点和 C 结点处的二元体，剩下的只是 AB 和地基了，体系为无多余约束的几何不变体系。

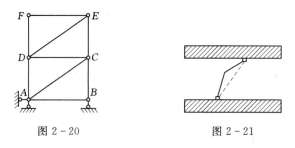

图 2-20　　　　　　　　　　　图 2-21

3. 灵活选择刚片和链杆

一根杆件或某个几何不变部分（包括地基），都可选作刚片。凡是用三个或三个以上铰结点与其他部分相连的杆件或几何不变部分，必须选作为刚片；只用两个铰与其他部分相连的杆件或几何不变部分，根据分析需要，可将其选作为刚片，也可选作为链杆约束；如图 2-21 中的虚线（连接两铰心的直线）为连接两刚片的等效链杆；在选择刚片时，要联想到组成规则的约束要求（铰或链杆的数目和布置），同时考虑哪些是连接这些刚片的约束。

需要注意的是，在进行组成分析时，体系中的每根杆件和约束都不能遗漏，也不可重复使用（复铰可重复使用，但重复使用的次数不能超过其相当的单铰数）。当分析进行不下去时，一般是所选择的刚片或约束不恰当，应重新选择刚片或约束。对于某一体系，可能有多种分析途径，但结论是唯一的。

此外，进行几何组成分析后，应给出明确的结论：该体系是几何可变的（常变或瞬变）；或该体系是几何不变且无多余约束的；或该体系是几何不变有几个多余约束的。

以上就是几何组成分析中的一些基本方法和原则，当然，还需要以不变之基本应万千之变化，在复杂多变的体系中灵活应用。

【例 2 - 3】　分析如图 2 - 22（a）所示体系的几何组成。

解：上部结构与地基之间用三根链杆连接，且三根链杆不交于一点，可以只分析上部结构，如图 2 - 22（b）所示，上部结构的分析结论就是整个体系的分析结论。

如图 2 - 22（b）所示的阴影部分，即将两个铰结三角形看成刚片，两个刚片用链杆1、链杆 2 和链杆 3 三根不相交于一点的链杆相连接，满足两刚片规则。

结论：体系为几何不变体系，且没有多余约束。

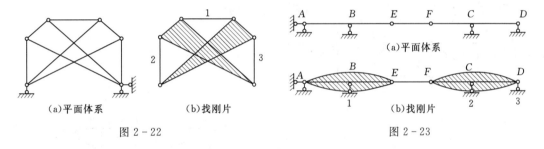

图 2 - 22　　　　　　　　　　　　　图 2 - 23

【例 2 - 4】　分析如图 2 - 23（a）所示体系的几何组成。

解：若体系整体与地基之间的连接链杆比较多（≥4 根），可以考虑先将体系内某一部分与地基连成一个大刚片，然后，再考虑这个大刚片与其他杆件的连接。注意灵活选择分析顺序。

如图 2 - 23（b）所示，刚片 ABE 与地基之间用铰 A 和一根不过该铰心的链杆 1 相连，满足两刚片规则，组成几何不变体系，可并入基础，形成扩大的基础刚片。刚片 FCD 与该扩大的基础刚片通过链杆 EF、链杆 2 和链杆 3 相连接，且三根链杆不相交于一点，组成几何不变体系。

结论：体系为几何不变体系，且没有多余约束。

【例 2 - 5】　分析如图 2 - 24（a）所示体系的几何组成。

解：如图 2 - 24（b）所示，增加二元体。顺序为：ACB、ADC、BEC、DGF、CHG、EIH 和 IJ。

结论：体系为几何不变体系，且没有多余约束。本题也可以去最外层的二元体开始分析，请读者自行完成。

【例 2 - 6】　试对如图 2 - 25（a）所示体系作几何组成分析。

解：在结点 1 与 5 处各有一个二元体，可先拆除，如图 2 - 25（b）所示。在上部体

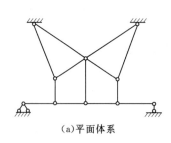

(a)平面体系

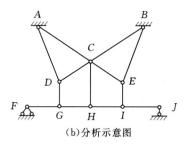

(b)分析示意图

图 2－24

系与大地之间共有四个支座链杆联系的情况下，必须将大地视作一个刚片，参与分析。在图 2－25（b）中，先将 A23B6 视作一刚片，它与基础之间通过铰 A 和 B 结点处的一根链杆(链杆不通过铰心)相连接，满足两刚片规则，因此，A23B6 可与基础合成一个大刚片 Ⅰ，同时再将三角形 C47 视作刚片 Ⅱ。刚片 Ⅰ 与刚片 Ⅱ 通过 C 结点处链杆、链杆 34、链杆 B7 相连接，符合两刚片规则。

　　结论：体系为几何不变体系，且没有多余约束。

　　【例 2－7】 分析如图 2－26 所示体系的几何组成。

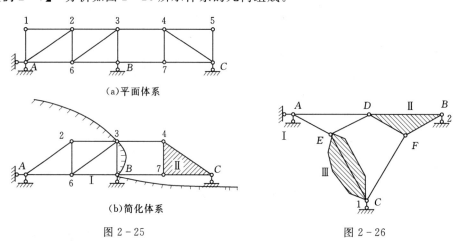

(a)平面体系

(b)简化体系

图 2－25

图 2－26

　　解：由地基和体系的连接判断，基础要作为一个刚片参与分析，可以通过从地基伸出的链杆，寻找另外的刚片。

　　将基础视为刚片 Ⅰ，结点 A 处的二元体并入基础，则杆 AD 和 AE 可尝试作为基础伸出的链杆考虑，此时，基础伸出的链杆共有四根，连接同一个刚片的两根为一组，则确定出刚片 Ⅱ 和刚片 Ⅲ（图 2－26 中的阴影部分）。刚片 Ⅰ 和刚片 Ⅱ 通过链杆 2 和链杆 AD 相连(虚铰 B)，刚片 Ⅰ 和刚片 Ⅲ 通过链杆 1 和链杆 AE 相连，刚片 Ⅱ 和刚片 Ⅲ 通过链杆 ED 和链杆 CF 相连，且三个虚铰不共线，满足三刚片规则。

　　结论：体系为几何不变体系，且没有多余约束。

　　【例 2－8】 分析如图 2－27（a）所示体系的几何组成。

　　解：折杆 AD 和折杆 BE 用直杆代替。这时，直杆 AD 和直杆 BE 可以看成是与地基相连的支链杆，如图 2－27（b）所示。分析如图 2－27（c）所示的体系，不难得出结论：

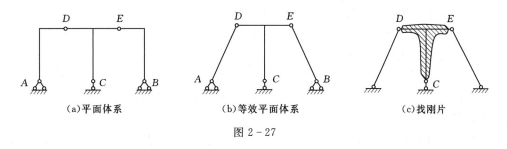

(a)平面体系　　　　　　(b)等效平面体系　　　　　　(c)找刚片

图 2 - 27

原体系为瞬变体系，且没有多余约束。

第六节　体系的几何组成和静力特性之间的关系

几何组成分析除了可以判断体系是否几何不变外，还可以通过判定几何不变体系的多余约束，来判定结构是静定结构还是超静定结构。

静定结构是无多余约束的几何不变体系。如图 2 - 28 所示的简支梁，由静力学可知，它的全部反力和内力都可由静力平衡条件唯一确定，这是静定结构的静力特性。

超静定结构是有多余约束的几何不变体系。如图 2 - 29 所示的连续梁，有两个多余约束，其支座反力共有五个，而静力平衡条件只有三个，因而仅利用三个静力平衡条件无法求得其全部反力，因此也不能求出其全部内力，而必须要同时考虑变形条件才能确定，这是超静定结构的静力特性。

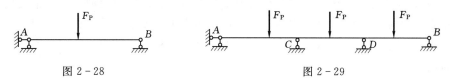

图 2 - 28　　　　　　　　　　　　　图 2 - 29

小　结

杆件体系是由若干根杆件及地基用链杆、铰结点或刚结点连接而成的。本章对平面杆系的几何组成进行分析，以解决怎样组成的杆系才能承受荷载这个基本问题。同时，由于结构的组成方式与它的受力性能有内在的联系，因此，很多结构可根据几何组成分析来选择恰当的计算方法和改善结构的受力性能。

1. 几何构造分析的基本概念

自由度可以理解为物体独立运动的方式；约束是限制这种运动的装置；多余约束对保持体系几何不变形来说是多余，但是受力并不多余，这点从后述超静定结构中会有认识；瞬铰（虚铰）的作用相当于在链杆交点处的一个铰所起的作用，需要注意一下无穷远处虚铰的几种情况。要透彻理解、深刻领会这几个基本概念。

2. 平面杆件体系的计算自由度 W 的公式及力学意义

（1）平面刚片系的计算自由度 W。设刚片总数为 m，单刚结点个数为 g，单铰结点个数为 h，支座链杆数为 r，$W = 3m - (3g + 2h + r)$。

（2）铰结链杆体系的计算自由度 $W = 2j - (b + r)$。

（3）$W \leqslant 0$ 是平面体系几何不变的必要条件，不是充分条件。要确定体系的几何不变性，还应按几何组成规律判定。

3. 平面几何不变体系的组成规则

（1）两刚片的组成规则。两刚片用不全交于一点也不全平行的三根链杆连接，则所组成的体系是几何不变的，且无多余约束。

（2）三刚片的组成规则。三刚片用不在同一直线上的三个铰（含瞬铰）两两相连，则所组成的体系是几何不变的，且无多余约束。

（3）二元体和二元体规则。二元体指由两根不共线的链杆连接一个结点的构造。

二元体（增、减）规则：在一个体系上增加或撤去二元体，不改变体系的几何组成性质。

4. 几何构造分析要点

（1）对于杆件较少的体系，直接利用两刚片或三刚片的组成规则进行分析。注意恰当地选择刚片和链杆，以适合组成规则。

（2）对于复杂体系，可先利用二元体规则对体系进行简化。简化的方法有"增加"和"撤除"两种：前者是将直接观察出的几何不变部分当作大刚片；后者是撤除二元体，简化体系，便于利用组成规则来分析。

（3）进行组成分析后，应该给出准确的结论。

5. 几何可变体系

几何可变体系是由于缺少足够的约束或杆件布置不合理所引起的。它包括几何常变体系和几何瞬变体系。几何常变体系是指几何可变体系可以发生大的位移。几何瞬变体系是指只能瞬时绕虚铰产生微小运动的体系。当发生微小位移后，即成为几何不变体系，瞬变体系不能作为真实的结构。

6. 结构的几何组成与静力特性之间的关系

无多余约束的几何不变体系是静定结构。其全部的支座反力和内力都可以由静力平衡条件唯一确定。

有多余约束的几何不变体系是超静定结构。其全部的支座反力和内力不能由静力平衡条件唯一确定。

思 考 题

2-1　体系的自由度和计算自由度有什么区别？

2-2　多余约束是否影响体系的计算自由度？是否影响体系的受力状态？

2-3　刚片能作为链杆吗？刚片和链杆有什么区别？

2-4　思考题 2-4 图中链杆 1 和链杆 2 的交点是否可视为虚铰？

2-5　在思考题 2-5 图体系中，去掉 15、35、45、25 四根链杆后，得简支梁 12，故该体系为具有四个多余约束的几何不变体系？

2-6　将思考题 2-6 图示体系按三刚片法则分析，三铰共线，故为几何瞬变体系。此结论是否正确？为什么？

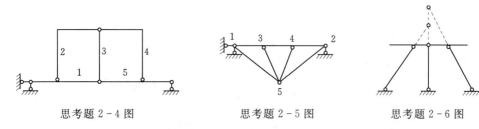

思考题 2-4 图　　　　　思考题 2-5 图　　　　　思考题 2-6 图

2-7　什么是瞬变体系？瞬变体系能否作为结构？试说明原因。

2-8　静定结构和超静定结构的区别有哪些？

习　　题

2-1~2-26　对图示各平面体系进行几何组成分析。

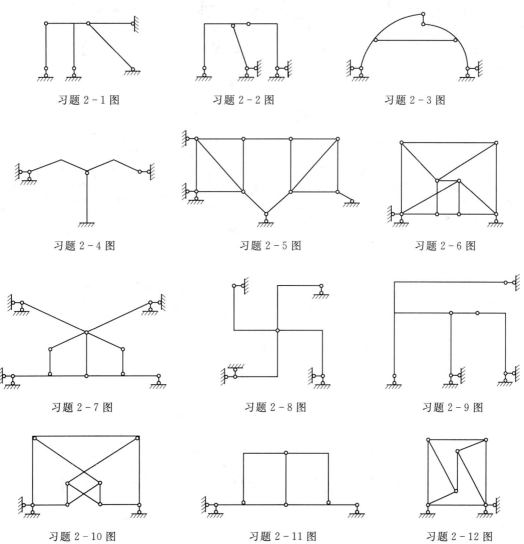

习题 2-1 图　　　　　　习题 2-2 图　　　　　　习题 2-3 图

习题 2-4 图　　　　　　习题 2-5 图　　　　　　习题 2-6 图

习题 2-7 图　　　　　　习题 2-8 图　　　　　　习题 2-9 图

习题 2-10 图　　　　　习题 2-11 图　　　　　习题 2-12 图

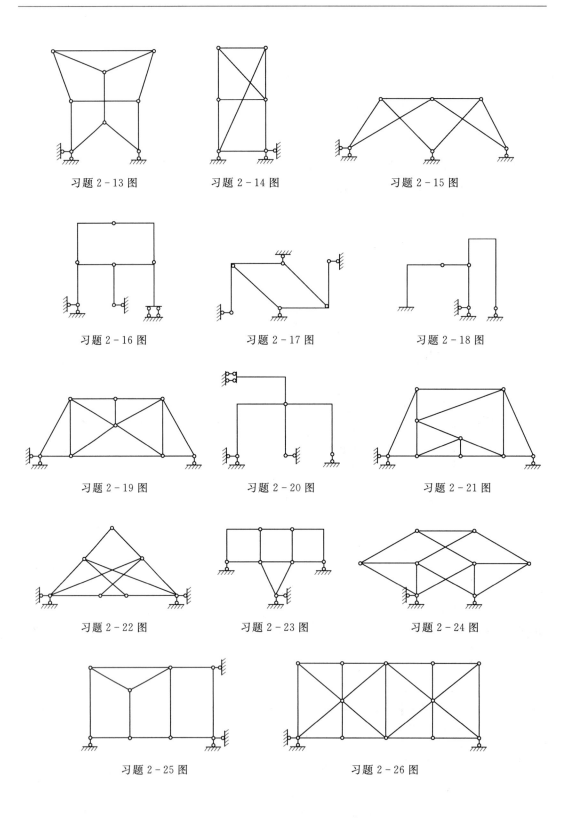

习题 2-13 图   习题 2-14 图   习题 2-15 图

习题 2-16 图   习题 2-17 图   习题 2-18 图

习题 2-19 图   习题 2-20 图   习题 2-21 图

习题 2-22 图   习题 2-23 图   习题 2-24 图

习题 2-25 图   习题 2-26 图

习 题 参 考 答 案

2−1　几何瞬变体系

2−2　几何不变体系且无多余约束

2−3　几何不变体系且无多余约束

2−4　几何不变体系且有两个多余约束

2−5　几何不变体系且无多余约束

2−6　几何不变体系且无多余约束

2−7　几何不变体系且无多余约束

2−8　几何不变体系且无多余约束

2−9　几何不变体系且无多余约束

2−10　几何不变体系且无多余约束

2−11　几何不变体系且无多余约束

2−12　几何不变体系且无多余约束

2−13　几何可变体系

2−14　几何不变体系且无多余约束

2−15　几何不变体系且无多余约束

2−16　几何不变体系且无多余约束

2−17　几何不变体系且无多余约束

2−18　几何不变体系且无多余约束

2−19　几何不变体系且有 1 个多余约束

2−20　几何不变体系且无多余约束

2−21　几何不变体系且无多余约束

2−22　几何不变体系且有 1 个多余约束

2−23　几何瞬变体系

2−24　几何不变体系且无多余约束

2−25　几何可变体系

2−26　几何不变体系且有两个多余约束

部分习题答案详解请扫描下方二维码查看。

第三章　静定结构内力分析

通过对前面章节内容的学习，应该掌握了如何对一给定体系进行几何组成分析，会判断给定体系能否作为建筑结构使用，掌握了结构的几何组成与静定性的关系。本章主要讨论静定结构的内力分析问题，涉及多跨静定梁、静定平面刚架、三铰拱、静定平面桁架和静定组合结构，计算内容包括结构支座反力和内力的求解、内力图的绘制、受力性能的分析等。熟练掌握利用静力平衡条件求解静定结构反力和内力以及分段叠加绘制弯矩图的方法，是本章的重点，也是后面学习的基础。

第一节　概　　述

静定结构不但在实际工程中得到广泛应用，而且静定结构的计算是超静定结构计算的基础。因此，掌握本章的内容对以后各章的学习是十分重要的，是结构力学的重点内容之一。

静定结构的受力分析是整个结构力学的基础。对结构进行受力分析，主要包括求支座反力，计算指定截面的内力，绘制内力图，分析各类结构的受力性能。

一、单跨梁内力分析回顾

本节内容主要是结合单跨静定梁（悬臂梁、简支梁和伸臂梁）（图3-1），对理论力学、材料力学中与静定结构受力分析紧密相关的基本知识和基本方法作一简单回顾。通过对本节内容的学习，奠定本章静定结构内力分析的基础，力求达到能顺利地对各种静定结构进行受力分析。

| (a)悬臂梁 | (b)简支梁 | (c)伸臂梁 |

图3-1　单跨静定梁

（一）求支座反力

计算静定平面结构的支座反力，属于平面一般力系问题，且所有反力均可通过静力平衡条件求解。当结构的支座反力不超过三个时，可用平面一般力系三个独立的平衡方程求解，此时，每个方程只含有一个未知力；超过三个时，可通过结构整体及各组成部分的平衡条件，按一定规律求出，一般也能做到一个方程只含有一个未知量（具体计算将在以下几节中讨论）。单跨静定梁的支座反力都只有三个，传统做法是：以全梁为研究对象，由平衡方程 $\sum F_x = 0$，$\sum F_y = 0$，$\sum M_A = 0$ 求解，计算过程相对简单。

（二）计算指定截面的内力

如图3-2（a）所示结构，在任意荷载作用下，杆件横截面上一般有三个内力分量：**轴力** F_N、**剪力** F_Q 和**弯矩** M，如图3-2（b）所示。

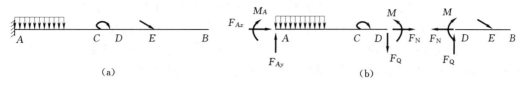

图 3 - 2　悬臂梁

1. 内力正负规定

为计算方便，通常对剪力和弯矩的正负号作如下规定：在如图 3 - 3（a）所示的变形情况下，即微段有左端向上而右端向下的相对错动时，横截面上的剪力 F_Q 为正号，反之为负号，如图 3 - 3（b）所示。在如图 3 - 3（c）所示的变形情况下，当微段的弯曲为向下凸即该微段的下侧受拉时，横截面上的弯矩为正号，反之为负号，如图 3 - 3（d）所示。

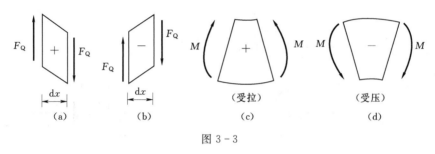

图 3 - 3

2. 截面法

计算内力的基本方法是截面法，计算步骤如下：

（1）求支座反力（求悬臂梁或伸臂梁外伸部分截面内力时可不做）。

（2）在拟求内力处用假想的截面将杆件截开，取其任一侧为隔离体，内力均按正向标出（设正法），画出受力图。

（3）列平衡方程，求出内力。

截面法的实质就是切、留、代、平，由截面法的运算可得出内力计算法则如下：

轴力等于脱离体上所有外力沿轴线方向投影的代数和，对切开面而言，外力为拉力产生正轴力，外力为压力产生负轴力。

剪力等于脱离体上所有外力沿轴线法线方向投影的代数和，对切开面而言，使脱离体产生顺时转动趋势的外力引起正剪力；反之，使脱离体产生逆时转动趋势的外力引起负剪力。

弯矩等于脱离体上所有外力对切开面形心矩的代数和，对水平杆件而言，使脱离体下侧受拉的外力引起正的弯矩，使脱离体上侧受拉的外力引起负的弯矩。

（三）绘制内力图

表示结构各截面内力数值的图形称为**内力图**。内力图通常是以与杆件轴线平行且等长的线段为基线，用垂直于基线的纵坐标表示相应截面的内力，并按一定比例绘制而成。通过内力图可以直观地表示出内力沿杆件轴线的变化规律。在土建工程中，习惯上将弯矩图绘在杆件受拉一侧，不必标明正负号；而对于剪力图和轴力图，则可绘在杆轴的任一侧，但要标明正负号。在水平梁上，通常把剪力或轴力的正值绘在基线的上方。

绘制内力图的基本方法是根据内力方程作图。作法是：以杆件轴线为 x 轴，变量 x 表示任意截面的位置；用截面法列出所有内力与 x 之间的函数关系式；根据函数式画出内力图。但通常采用的都是能迅速绘图的一些简便方法，现说明如下。

1. 利用微分关系作内力图

由材料力学可知，若 x 轴以向右为正，y 轴以向上为正，则由微段 $\mathrm{d}x$（图 3 - 4）的平衡条件可求得荷载集度与内力之间的微分关系，如下：

$$\left.\begin{aligned} \frac{\mathrm{d}F_Q(x)}{\mathrm{d}x} &= -q(x) \\ \frac{\mathrm{d}M(x)}{\mathrm{d}x} &= F_Q(x) \\ \frac{\mathrm{d}^2 M(x)}{\mathrm{d}x^2} &= -q(x) \\ \frac{\mathrm{d}F_N(x)}{\mathrm{d}x} &= -p(x) \end{aligned}\right\} \qquad (3-1)$$

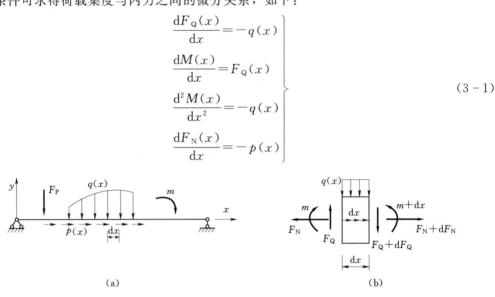

图 3 - 4

式（3-1）的几何意义为：剪力图在某点的切线斜率等于该点处的横向荷载集度，但符号相反；弯矩图在某点的切线斜率等于该点处的剪力；弯矩图在某点的曲率等于该点的横向荷载集度，且符号相反；轴力图在某点的切线斜率等于该点的轴向荷载集度，且符号相反。

根据上述微分关系，可以得出内力图与荷载集度的关系，如下：

（1）无分布荷载作用区段（$q=0$）。此时 $F_Q(x)$ 为常数，F_Q 图是一条与基线平行的直线；$M(x)$ 的斜率不变，即 M 图为直线图形，此直线有三种可能：

1）$F_Q(x)=0$，F_Q 图与基线重合，M 图为一条水平直线（—）。

2）$F_Q(x)>0$，F_Q 图在基线上方，M 图自左向右为一条下斜直线（＼）。

3）$F_Q(x)<0$，F_Q 图在基线下方，M 图自左向右为一条上斜直线（／）。

（2）均布荷载作用区段 $[q(x)$ 为常数$]$。此时 $F_Q(x)$ 的斜率不变，F_Q 图是一条斜直线；$M(x)$ 是 x 的二次函数，M 图是一条二次抛物线。且当 $q(x)$ 指向上时，F_Q 图自左向右为上斜直线，M 图为向上凸的抛物线；当 $q(x)$ 指向下时，F_Q 图自左向右为下斜直线，M 图为向下凸的抛物线。

（3）集中力（F_P）和集中力偶（m）作用处。F_P 作用处，F_Q 图有突变，突变方向自左向右与 F_P 的指向一致，突变量等于 F_P；M 图有转折，转折尖角与 F_P 指向一致。m 作用处，F_Q 图无变化，M 图有突变，突变量等于 m；m 为逆时针转向时，M 图自左向右向上突变，反之，向下突变。

（4）弯矩的极值。在 $F_Q(x) \doteq 0$ 处，$M(x)$ 的切线斜率为 0，M 图在该处有极值，且自左向右 F_Q 由正变负时，M 有极大值，反之，有极小值。

以上规律详见表 3-1。

表 3-1　　　　　　　　杆件区段荷载与剪力图、弯矩图之间的关系

杆件区段	无荷载区段	均布荷载区段	集中力处	集中力偶处
F_Q 图	平行杆轴 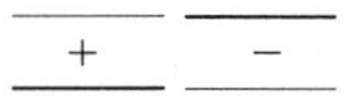	斜直线 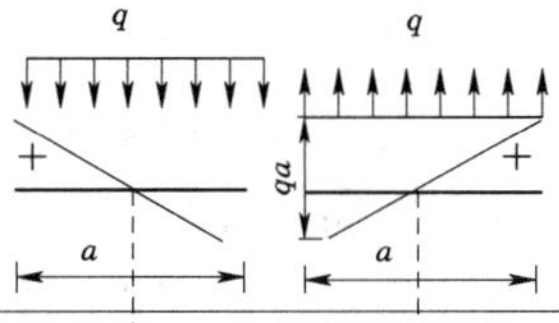	发生突变 突变方向即荷载指向 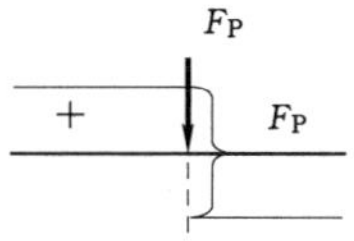	无变化 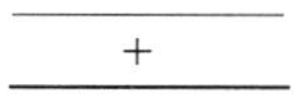
M 图	 斜直线	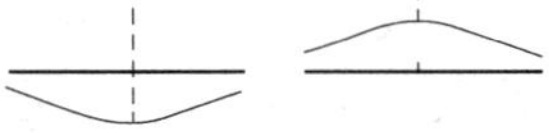 抛物线凸向即荷载指向	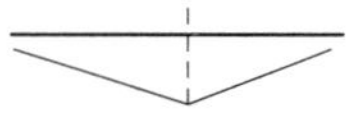 弯矩图发生拐折 尖点方向即荷载指向	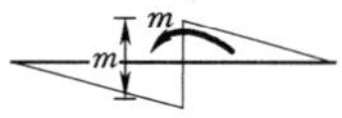 弯矩图发生 突变前后 M 图平行
备注	剪力等于零段弯矩平行杆轴	剪力等于零处弯矩达极限值	集中力作用的截面剪力无定义	集中力偶作用的截面弯矩无定义

熟练掌握内力图形状的上述特征，不用列内力方程就可绘出内力图，一般作图步骤如下：

（1）求反力（悬臂梁可不作）。

（2）分段，集中力、集中力偶作用点以及均布荷载集度变化处均应作为分段点。

（3）定点，确定绘制各区段内力图时所需要的控制截面，区段图形为斜直线时，取两端截面；为二次抛物线时，除两端截面外，还要取一个中间截面（一般为中点）。

（4）求值，用截面法求出各控制截面内力值，并按纵坐标在基线相应处按比例画出。

（5）连线，根据各区段内力图形状，分别用直线或光滑的曲线将各控制截面内力值依次相连，即得所求内力图。

2. 用叠加法作内力图

对于静定结构，只要满足弹性小变形条件，由平衡方程表达的反力、内力与荷载的关系就一定是线性关系，因而可以应用叠加原理。即结构在几个荷载共同作用下所引起的某一量值（反力、内力、应力和变形）等于各个荷载单独作用时引起的该量值的代数和，这就是叠加原理。利用叠加原理作内力图的方法称为叠加法。梁的剪力图、轴力图容易绘制，无须应用叠加法。通常只用叠加法作弯矩图。

当梁上作用有几个荷载时，可将其分成几组容易画出弯矩图的简单荷载，分别画出各简单荷载作用下的弯矩图，然后将各个截面对应的纵坐标值叠加起来，就得到原有荷载作用下的弯矩图。叠加就是将各简单荷载作用下的弯矩图中，同一截面的弯矩纵坐标相加（在基线同侧时）或相减（在基线两侧时）。

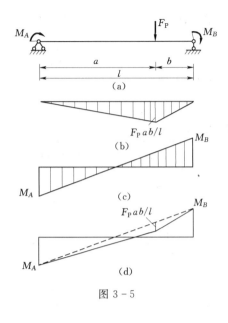

图 3-5

下面以简支梁为例对弯矩图的叠加进行说明。

对于如图 3-5（a）所示的简支梁，先将荷载分组，以 M_A、M_B 为一组，集中力 F_P 为一组；分别绘出每组荷载作用下的弯矩图，如图 3-5（b）、（c）所示；然后将两图对应截面的纵坐标叠加（纵坐标线段的相加或抵消），即得全部荷载作用下的弯矩图，如图 3-5（d）所示。实际作图时，可不绘图 3-5（b）、（c），而直接作出图 3-5（d）。作法是：先绘出两端弯矩 M_A、M_B 并以虚线相连，然后以此虚线为基线作出简支梁在 F_P 作用下的弯矩图，由此得到的最后图线与杆轴之间所围成的图形即为全部荷载作用下的弯矩图。应当注意，以虚线为基线的弯矩图各点纵坐标仍垂直于最初的水平基线，而不是垂直于虚线，因此叠加时各纵坐标线段（例如 F_P 作用处的竖标 $F_P ab/l$）仍应沿竖向量取。

上述叠加法，可以推广到梁任意区段弯矩图的绘制。如图 3-6（a）所示的简支梁，设 A、B 两截面的弯矩 M_A、M_B 已经求出，现欲绘制 AB 段梁的弯矩图。为此，可取 AB 段为隔离体，受力图如图 3-6（b）所示，由平衡条件可得 A、B 截面的剪力为

$$F_{QA} = \frac{1}{l_{AB}} \left(\frac{q l_{AB}^2}{2} - M_A + M_B \right)$$

$$F_{QB} = -\frac{1}{l_{AB}} \left(\frac{q l_{AB}^2}{2} + M_A - M_B \right)$$

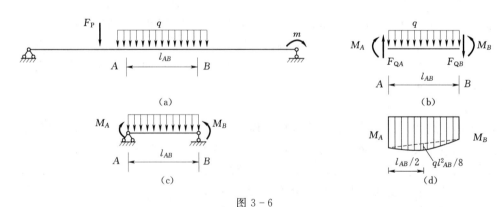

图 3-6

再取长度、跨中荷载及两端弯矩均与 AB 段梁相同的简支梁，该简支梁称为 AB 段梁的相应简支梁，如图 3-6（c）所示。由平衡条件求得简支梁的支座反力为

$$F_{Ay} = \frac{1}{l_{AB}} \left(\frac{q l_{AB}^2}{2} - M_A + M_B \right)$$

$$F_{By} = -\frac{1}{l_{AB}} \left(\frac{ql_{AB}^2}{2} + M_A - M_B \right)$$

比较 F_{QA}、F_{QB} 与 F_{Ay}、F_{By} 可知

$$F_{Ay} = F_{QA}; \quad F_{By} = F_{QB}$$

说明相应简支梁与 AB 段梁的受力完全相同，故两者的弯矩图也必然相同。因此，绘制 AB 段梁的弯矩图时，就可以先将其两端弯矩 M_A、M_B 绘出并连以虚线，如图 3-6（d）所示，然后以此虚线为基线叠加相应简支梁在荷载 q 作用下的弯矩。这种绘制某段梁弯矩图的方法称为**区段叠加法**。在作梁或者刚架的弯矩图时，对于两端弯矩已知或容易求出的杆段，常常用区段叠加法来绘制。

悬臂梁和伸臂梁的外伸部分，由于其自由端截面的剪力、弯矩均已知，因而可以直接绘出弯矩图。

【例 3-1】 简支梁所受荷载如图 3-7（a）所示，试用叠加法作 M 图。

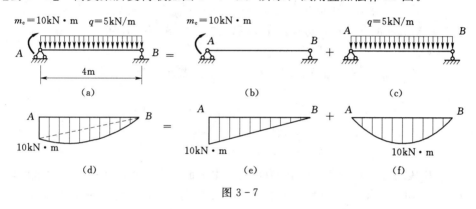

图 3-7

解：（1）荷载分解。先将简支梁上的荷载分解成力偶和均布荷载单独作用在梁上，如图 3-7（b）、（c）所示。

（2）作分解荷载的弯矩图。如图 3-7（e）、（f）所示。

（3）叠加作力偶和均布荷载共同作用下的弯矩图。先作出如图 3-7（e）所示的图，以该图的斜直线为基线，叠加上图 3-7（f）中各处的相应纵坐标，得如图 3-7（d）所示的图，即为所求弯矩图。

注意以下几点：

（1）弯矩图叠加是竖标相加，不是图形的拼合。

（2）要熟练地掌握简支梁在全跨均布荷载、跨中集中荷载作用下的弯矩图。

（3）利用叠加法可以少求或不求反力就绘制弯矩图。

（4）利用叠加法可以少求控制截面的

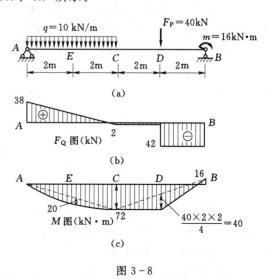

图 3-8

弯矩。

（5）问题越复杂，外力越多，叠加法的优越性越突出。

【例 3－2】　利用叠加法作出如图 3－8（a）所示简支梁的内力图。

解：（1）求支座反力。

由 $\sum M_A = 0$ 和 $\sum F_y = 0$ 可得

$$F_{By} = \frac{1}{8} \times (40 \times 6 + 10 \times 4 \times 2 + 16)$$

$$= 42\text{kN}(\uparrow)$$

$$F_{Ay} = 40 + 10 \times 4 - 42 = 38\text{kN}(\uparrow)$$

（2）作剪力图。将结构分为 AC、CD、DB 三段，由剪力与荷载的微分关系可知，AC 段 q 为常数，F_Q 图自左向右是下斜直线；CD、DB 两段 $q=0$，F_Q 图是两段水平直线。由截面法求出下列控制截面的剪力：

$$F_{QAE} = 38\text{kN}, \quad F_{QCD} = -2\text{kN}, \quad F_{QDB} = -42\text{kN}$$

根据各控制截面的剪力值，可绘出 F_Q 图，如图 3－8（b）所示。

（3）作弯矩图。

1）利用微分关系作图。选 A、C、D、B 为控制截面，弯矩值为

$$M_A = 0$$
$$M_C = 38 \times 4 - 10 \times 4 \times 4/2 = 72\text{kN} \cdot \text{m}$$
$$M_D = 42 \times 2 - 16 = 68\text{kN} \cdot \text{m}$$
$$M_B = -16\text{kN} \cdot \text{m}$$

CD、DB 段均无均布荷载，M 图为直线，由上面求出的相应各值可绘出这两段的弯矩图。AC 段有均布荷载，M 图为二次抛物线，求出 AC 段中点 E 截面的弯矩为

$$M_E = 38 \times 2 - 10 \times 2 \times 1 = 56\text{kN} \cdot \text{m}$$

将 A、E、C 截面弯矩纵坐标顶点用光滑的曲线相连即可，如图 3－8（c）所示。

2）用叠加法作图。由平衡条件求出 $M_{CA} = 72\text{kN} \cdot \text{m}$ 后，对 AC、CB 分别用区段叠加法绘图，即将区段两端弯矩顶点用虚线相连，然后以虚线为基线叠加相应简支梁在跨中荷载作用下的弯矩图。AC、CB 段虚线中点往下分别叠加 $20\text{kN} \cdot \text{m}$ 和 $40\text{kN} \cdot \text{m}$。$AC$ 段 M 图为抛物线，CB 段则为两直线段，如图 3－8（c）所示。

为了确定最大弯矩值 $M_{\max}$，需要求出剪力为零的截面 F 的位置，设该截面距支座 A 为 x，则

$$F_{QF} = 38 - 10x = 0$$

得

$$x = 3.8$$

于是可得

$$M_{\max} = F_{Ay}x - \frac{1}{2}qx^2 = 38 \times 3.8 - \frac{1}{2} \times 10 \times 3.8^2 = 72.2\text{kN} \cdot \text{m}$$

由［例 3－2］可以看出，用叠加法作图比利用微分关系作图简便得多。

二、本章内力分析概述

本章所讲静定结构的类型包括多跨静定梁、静定平面刚架、静定三铰拱、静定平面桁

架、静定组合结构。这五种静定结构的内力分析方法和单跨静定梁内力分析方法基本相同，轴力和剪力的正负规定和单跨静定梁相同，即轴力拉为正（拱结构压为正），剪力以使脱离体上任一点有顺时针转动趋势者为正，轴力、剪力可画在杆件的任一侧，但必须标出正负；弯矩一般不规定正负，但在作内力图时，把弯矩画在杆件纤维受拉一侧，作内力图仍然采用叠加法，一般先按区段叠加法作 M 图，再作 F_Q 图，最后作 F_N 图。需要注意的是杆系结构内力采用双脚标表示，第一个脚标表示该内力作用端，第二个脚标表示杆件的另一端，如 F_{QAB} 表示 AB 杆件 A 端的剪力。

第二节 多跨静定梁

多跨静定梁是由若干根单跨梁（简支梁、悬臂梁和伸臂梁）通过约束（铰、链杆）相连组成的静定结构。它的基本组成形式有如图 3-9 所示的两种。如图 3-9（a）所示的是在伸臂梁 AC 上依次加上 CE、EF 两根梁。如图 3-9（b）所示的是在 AC 和 DF 两根伸臂梁上再加上一小悬跨 CD。通过几何组成分析可知，它们均为几何不变且无多余约束的体系，所以均为静定结构。

图 3-9（a）所示的梁中，AC 是用三根链杆与基础相连接，组成几何不变体系，而 CE 是通过铰链 C 和支座链杆 D 连接在 AC 梁和基础上，EF 又是通过铰链 E 和支座链杆 F 连接在 CE 梁和基础上。由此可知，AC 梁的几何不变性不受 CE 和 EF 影响，故称

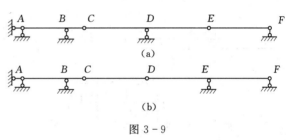

(a)

(b)

图 3-9

AC 梁为该静定多跨梁的**基本部分**；而 CE 梁要依靠 AC 梁才能保证其几何不变性，故称 CE 梁为**附属部分**。同理，EF 梁相对于 AC 和 CE 组成部分来说，也是附属部分；而 AC 和 CE 组成的部分，相对于 EF 梁来说，则是基本部分。

通过以上分析，多跨静定梁的特点如下：

（1）从几何组成上，基本部分能和基础构成独立的几何不变体系，不依赖于附属部分的存在而存在，附属部分被切断或撤除，整个基本部分仍然为几何不变体系；附属部分必须依赖于基本部分的存在而存在，若基本部分被破坏，则其附属部分也随之被破坏。

（2）从受力和传力上，基本部分能独立承受荷载并维持平衡，其受力对附属部分无传递；附属部分则依靠基本部分的支承才能承受荷载并保持平衡，其受力对基本部分有传递。

在计算多跨静定梁时要遵循如下原则：先计算附属部分，后计算基本部分。将附属部分的支座反力反其指向，就是加于基本部分的荷载，这样便把多跨静定梁拆成为单跨梁，从而可避免计算联立方程。将各单跨梁的内力图连在一起，即得多跨静定梁的内力图。应注意的是，在多跨静定梁中铰链处 $M=0$，利用这些条件可校核多跨静定梁内力图的正误以及快速绘制其内力图。

在以后的章节中还将看出，"先附属、后基本"的计算顺序同样适用于由基本部分和

附属部分组成的其他静定结构的受力分析。

【例 3-3】　试作如图 3-10（a）所示多跨静定梁的内力图。

解：（1）进行几何组成分析，作层次图。此梁的组成次序是先固定 AB 梁，再固定 BD 梁，最后固定 DG 梁。基本部分与附属部分之间的支承关系如图 3-10（b）所示。

（2）计算支座反力。计算时按照与几何组成相反的次序拆成单跨梁，如图 3-10（c）所示。先计算梁 DG，D 点反力求出后，反其指向就是梁 BD 的荷载。再计算梁 BD，梁 BD 在 B 点反力求出后，反其指向就是梁 AB 的荷载。最后计算梁 AB，求出 A 点的支座反力。

（3）作内力图。当支座反力求出后，即可分别作出各梁段的内力图。再将各梁段的内力图连在一起，即为整个多跨静定梁的内力图，如图 3-10（d）、（e）所示。

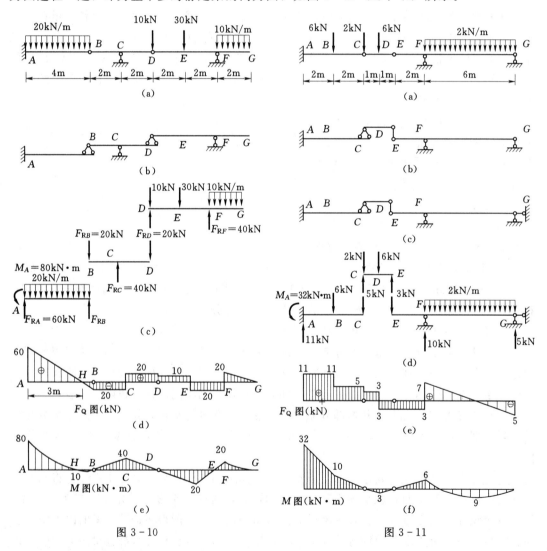

图 3-10　　　　　　　　　　　　图 3-11

【例 3-4】　作如图 3-11（a）所示多跨静定梁的内力图。

解：（1）进行几何组成分析，作层次关系图。本题的几何组成关系如图 3-11（b）

所示。梁 *ABC* 用固定支座与基础相连，是基本部分。梁 *CE* 在 *E* 端原本是一个铰链，有水平约束，可以阻止梁 *EFG* 的水平运动。但在竖向荷载作用下，此水平约束反力为零；将铰链 *E* 处的水平约束改移到 *G* 或 *F* 处，并不改变此结构的受力状态，故关系图如图 3-11（c）所示。在此关系图中，*EFG* 也是基本部分。*CDE* 支承在 *ABC* 和 *EFG* 上，是附属部分。

（2）计算约束力和支座反力。按与几何组成相反的顺序计算约束力和支座反力，先计算梁 *CDE* 的支座反力，铰链 *C* 上作用的集中力可认为加在梁 *CDE* 上，也可认为加在梁 *ABC* 上，对多跨梁的支座反力和内力没有影响。求得 *CDE* 的 *C* 和 *E* 处的约束力后，反向作用于梁 *ABC* 和 *EFG* 上，再计算梁 *ABC* 和 *EFG* 的支座反力。支座反力的结果如图 3-11（d）所示。

校核：整体　　　$\sum F_y = 0$，$6+2+6+2\times6-11-10-5=0$

（3）作内力图。在铰链的约束力和梁的支座反力求得后，用分段叠加法分别作出单跨梁 *ABC*、*CDE* 和 *EFG* 的弯矩图，连在一起，即得多跨静定梁的弯矩图，如图 3-11（f）所示。

分别作出各单跨梁的剪力图，连在一起即得多跨静定梁的剪力图，如图 3-11（e）所示。

（4）内力图的特征。由图 3-11（e）、（f）可见，弯矩图在铰 *C*、*E* 处 $M=0$；无荷载作用区段，即 *AB*、*BC*、*CD*、*EF* 段，*M* 图为一斜直线，F_Q 图为水平线；在集中力 *B*、*C*、*D* 处，*M* 图形成尖角，F_Q 图上出现突变；均布荷载 *FG* 段，*M* 图为抛物线，F_Q 图为斜直线，这些关系均符合直梁的荷载与内力微分关系的特征。

第三节　静定平面刚架

一、刚架结构概述

刚架一般是由直杆组成，并且杆件连接处的结点主要为刚结点的结构，常见的静定平面刚架结构有以下几种形式：悬臂刚架［图 3-12（a）］、简支刚架［图 3-12（b）］及三铰刚架［图 3-12（c）］，计算简图如图 3-12（d）～（f）所示。静定刚架的受力分析又是刚架的位移计算和超静定刚架受力分析的基础。因此，要熟练掌握。

当刚架各杆的轴线都在同一平面内且外力也可以简化到此平面内时，称为平面刚架，否则为空间刚架。在构造方面，刚结点把梁和柱刚接在一起，增大了结构的刚度，从而使刚架具有杆件较少、内部空间较大、便于使用的优点；在受力方面，刚结点能够承受和传递弯矩，结构内力分布比较均匀，峰值较小，节约材料。因此，刚架在工程中得到了广泛的应用。如图 3-13（a）所示中梁和柱的结点为铰结点，由于铰结点不能传递力矩，当梁 *CD* 上受荷载作用时，只有梁 *CD* 产生弯曲变形和弯矩，柱 *AC* 和 *BD* 不产生弯曲变形和弯矩。如图 3-13（b）所示中梁和柱的结点为刚结点，由于刚结点能传递力矩，当梁 *CD* 上受荷载作用时，不但梁 *CD* 产生弯曲变形和弯矩，柱 *AC* 和 *BD* 也产生弯曲变形和弯矩。两者相比，如图 3-13（b）所示中梁 *CD* 弯曲变形和弯矩峰值比如图 3-13（a）所示中梁 *CD* 的弯曲变形和弯矩峰值减少了许多，图 3-13 中的虚线为变形曲线。

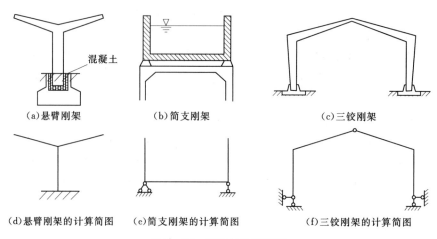

（a）悬臂刚架　　　　　（b）简支刚架　　　　　　　（c）三铰刚架

（d）悬臂刚架的计算简图　　（e）简支刚架的计算简图　　　（f）三铰刚架的计算简图

图 3-12　刚架与计算简图

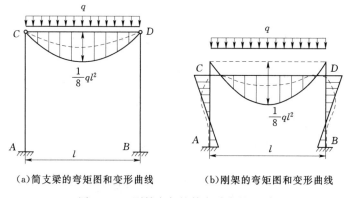

（a）简支梁的弯矩图和变形曲线　　　　（b）刚架的弯矩图和变形曲线

图 3-13　刚结点与铰结点受力的区别

二、静定刚架支座反力的计算

刚架是若干受弯杆件的组合，因此静定刚架的支座反力计算方法原则上和静定梁一样。求支座反力时，对于悬臂刚架、简支刚架，可直接由结构整体三个平衡条件求出；对于三铰刚架，支座反力有四个，除整体的三个平衡方程外，还需要再取中间铰以左（或者以右）部分为隔离体，建立以中间铰为矩心的力矩方程；对由基本部分与附属部分组成的刚架，应遵循"先附属、后基本"的顺序计算支座反力。

【例 3-5】 求如图 3-14（a）所示三铰刚架的支座反力。

解：图 3-14（a）的三铰刚架去掉支座 A 和 B 后，得到如图 3-14（b）所示的隔离体，共有四个支座反力：F_{Ax}、F_{Ay}、F_{Bx} 和 F_{By}。从运动角度来看，ABC 整体运动有三个自由度，两个折线杆 AC、BC 还可以绕铰 C 有相对转动，共有四个自由度。与之相应，隔离体平衡时应满足的平衡方程共有四个：三个整体平衡方程和一个铰 C 处弯矩为零的方程。这样，四个方程可以求解四个未知支座反力。

为避免解联立方程，计算步骤如下：

（1）先利用两个整体平衡方程求 F_{Ay} 和 F_{By}。

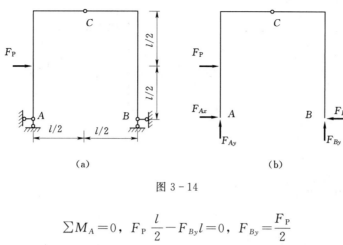

图 3-14

$$\sum M_A = 0, \quad F_P \frac{l}{2} - F_{By}l = 0, \quad F_{By} = \frac{F_P}{2}$$

$$\sum M_B = 0, \quad F_P \frac{l}{2} + F_{Ay}l = 0, \quad F_{Ay} = -\frac{F_P}{2}$$

校核：
$$\sum F_y = 0, \quad \frac{F_P}{2} - \frac{F_P}{2} = 0$$

（2）利用铰链 C 处弯矩为零的方程，求出一个水平支座反力 F_{Ax} 或 F_{Bx}。现由截面 C 右半边 BC 所受外力计算 M_C。

$$M_C = 0, \quad F_{Bx}l - F_{By} \frac{l}{2} = 0, \quad F_{Bx} = \frac{F_{By}}{2} = \frac{F_P}{4}$$

（3）再利用第三个整体平衡方程，求另一水平支座反力。

$$\sum F_x = 0, \quad F_P + F_{Ax} - F_{Bx} = 0, \quad F_{Ax} = F_{Bx} - F_P = -\frac{3}{4}F_P$$

注意：三铰刚架结构中，支座反力的计算是内力计算的关键所在。在通常情况下，支座反力需要通过解联立方程组来计算，因此寻求剪力相互独立的支座反力的静力平衡方程，可以大大降低计算反力的复杂程度和难度。

【例 3-6】　计算如图 3-15（a）所示两跨刚架的支座反力。

解：图 3-15（a）所示的刚架共有如图 3-15（b）所示四个支座反力，可利用三个整体平衡方程及铰 E 弯矩为零的条件，解出四个支座反力，但一般需要解联立方程组。一般情况下的计算方法是，先进行几何组成分析，然后按几何组成相反的顺序求解，步骤如下：

（1）进行几何组成分析，确定计算支座反力的顺序。刚架 $BCEFG$ 与基础按两刚片法则相连，为基本部分；刚架 ADE 通过铰链 E 和水平支杆 A 与基本部分相连，为附属部分。求支座反力的次序应与几何组成次序相反，即先计算刚架 ADE 的支座反力，后计算基本部分的支座反力。

（2）取图 3-15（c）中附属部分 ADE 为隔离体，利用铰链 E 处弯矩为零的条件，建立方程。

$$\sum M_E = 0, \quad 2 \times 2 \times 1 + F_{Ax} \times 4 = 0, \quad F_{Ax} = -1\text{kN}$$

再利用 ADE 隔离体的其他两个平衡方程，求铰 E 处的约束力。

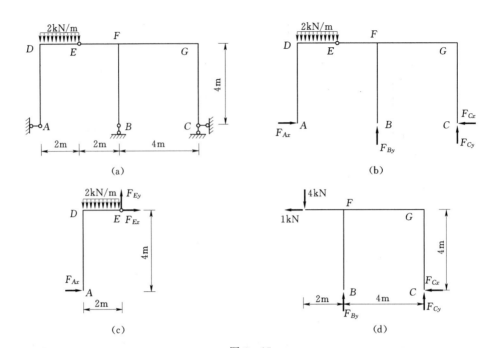

图 3-15

$$\sum F_y = 0, \quad 2 \times 2 - F_{Ey} = 0, \qquad\qquad F_{Ey} = 4\text{kN}$$
$$\sum M_A = 0, \quad 2 \times 2 \times 1 - 4 \times 2 + F_{Ex} \times 4 = 0, \quad F_{Ex} = 1\text{kN}$$

（3）将求得的铰 E 处约束力反向作用于基本部分 BCEFG 刚架上［图 3-15（d）］，求基本部分的支座反力。

$$\sum F_x = 0, \quad F_{Cx} + 1 = 0, \qquad\qquad F_{Cx} = -1\text{kN}$$
$$\sum M_B = 0, \quad -4 \times 2 - 1 \times 4 - F_{Cy} \times 4 = 0, \quad F_{Cy} = -3\text{kN}$$
$$\sum M_C = 0, \quad -4 \times 6 - 1 \times 4 + F_{By} \times 4 = 0, \quad F_{By} = 7\text{kN}$$

校核： $$\sum F_y = 0, \quad 4 + 3 - 7 = 0$$

以上为了说明一般情况下的解题步骤，采用了先计算附属部分，后计算基本部分的方法。对图 3-15（a）这个具体问题，还可以利用别的解题方法。例如，对图 3-15（b）可以先利用铰 E 处弯矩为零的条件，求出 F_{Ax}。

$$M_E = 0, \quad 2 \times 2 \times 1 + F_{Ax} \times 4 = 0, \quad F_{Ax} = -1\text{kN}$$

然后，再利用整个隔离体［图 3-15（b）］的三个平衡方程，求出其他支座反力。

$$\sum M_B = 0, \quad -2 \times 2 \times 3 - F_{Cy} \times 4 = 0, \quad F_{Cy} = -3\text{kN}$$
$$\sum M_C = 0, \quad -2 \times 2 \times 7 + F_{By} \times 4 = 0, \quad F_{By} = 7\text{kN}$$
$$\sum F_x = 0, \quad F_{Ax} - F_{Cx} = 0, \qquad\qquad F_{Cx} = -1\text{kN}$$

三、刚架内力计算和内力图绘制

静定刚架的内力计算和内力图绘制方法原则上和静定梁一样。一般作法是，先求支座反力，然后将刚架拆分为单杆，再按照与梁相同的方法——控制截面法求内力，利用叠加法绘制内力图。求内力、绘内力图时，要注意满足结点平衡条件。再次强调的是，为了明确表示刚架上不同截面的内力，特别是为了区别汇交于同一结点的不同杆端截面的内力，在内力符号右下角采用两个脚标；第一个下标表示内力所属截面，第二个下标表示该截面所属杆件的另一端。例如 M_{AB} 表示 AB 杆 A 端截面的弯矩，M_{BA} 则表示 AB 杆 B 端截面的弯矩。绘制刚架内力图的步骤如下：

（1）求支座反力。简单刚架可由三个整体平衡方程求出支座反力，三铰刚架及主从刚架等，一般要利用整体平衡和局部平衡求支座反力。

（2）求控制截面的内力。控制截面一般选在支承点、结点、集中荷载作用点、分布荷载不连续点。控制截面把刚架划分成受力简单的区段。运用截面法或直接由截面一边的外力求出控制截面的内力值。

（3）根据每区段内的荷载情况，利用"零平斜弯"及叠加法作出弯矩图。作刚架 F_Q、F_N 图有两种方法，一种是通过求控制截面的内力作出；另一种是首先作出 M 图，然后取杆件为脱离体，建立力矩平衡方程，由杆端弯矩求杆端剪力，最后取结点为脱离体，利用投影平衡由杆端剪力求杆端轴力。当刚架构造较复杂（如有斜杆），计算内力较麻烦时，采用第二种方法计算比较简单。

（4）平衡校核。

【例 3-7】　试作如图 3-16（a）所示刚架的内力图。

解：（1）计算支座反力。考虑刚架整体平衡有

$$\sum F_x = 0$$
$$F_{Ax} = 10 - 8 \times 4 = -22\text{kN}$$
$$\sum M_B = 0$$
$$F_{Ay} = \frac{-8 \times 4 \times 2 + 20 \times 2 - 12 \times 1 + 10 \times 2}{4} = -16 + 10 - 3 + 5 = -4\text{kN}$$
$$\sum M_A = 0$$
$$F_{By} = \frac{8 \times 4 \times 2 + 20 \times 2 + 12 \times 5 - 10 \times 2}{4} = 16 + 10 + 15 - 5 = 36\text{kN}$$

校核：$\sum F_y = -20 - 12 + 36 - 4 = 0$，满足要求。

（2）画弯矩图。先计算各杆段的杆段弯矩，然后绘图。

AC 杆：　　　　$M_{AC} = 0$
$$M_{CA} = 22 \times 4 - 8 \times 4 \times 2 = 24\text{kN·m（右侧受拉）}$$

用区段叠加法给出 AC 杆段弯矩图，应用虚线连接杆段弯矩 M_{AC} 和 M_{CA}，再叠加该杆段为简支梁在均布荷载作用下的弯矩图。

CE 杆：　　　　$M_{CE} = 22 \times 4 - \frac{1}{2} \times 8 \times 4^2 = 24\text{kN·m（下侧受拉）}$
$$M_{EC} = 12 \times 1 + 10 \times 2 = 32\text{kN·m（上侧受拉）}$$

用区段叠加法可绘出 CE 杆的弯矩图。

EF 杆：　　　　$M_{EF} = 12 \times 1 = 12\text{kN·m（上侧受拉）}$
$$M_{FE} = 0$$

杆段中无荷载，将 M_{EF} 和 M_{FE} 用直线连接。

BE 杆：可分为 BG 和 GE 两段来计算，其中 $M_{BG} = M_{GB} = 0$，该段内弯矩为零。

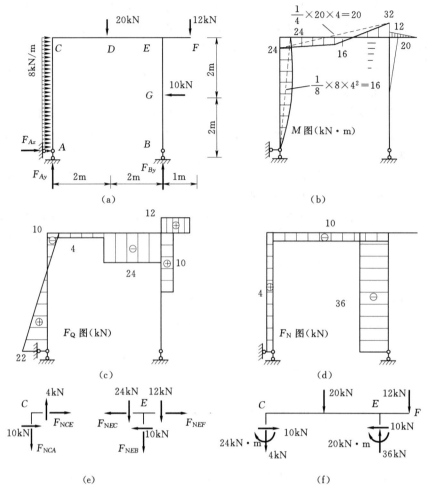

图 3-16

GE 段：

$$M_{GE}=0$$
$$M_{EG}=10\times2=20\text{kN}\cdot\text{m}(右侧受拉)$$

杆段内无荷载，弯矩图为一斜直线。

对于 BE 杆，也可将其作为一个区段，先算出杆段弯矩 M_{BE} 和 M_{EB}，然后用区段叠加法作出弯矩图。

刚架整体弯矩图如图 3-16（b）所示。

（3）画剪力图。用截面法逐杆计算杆段剪力和杆内控制截面剪力，各杆按单跨静定梁画出剪力图。

AC 杆：　　　　　　$F_{QAC}=22\text{kN}$，$F_{QCA}=22-8\times4=-10\text{kN}$

CE 杆：　　　　　　$F_{QCD}=F_{QDC}=-4\text{kN}(CD$ 段$)$

DE 段：　　　　　　$F_{QDE}=F_{QED}=-4-20=-24\text{kN}$

EF 杆：　　　　　　$F_{QEF}=F_{QFE}=12\text{kN}$

BE 杆：　　　　　　$F_{QBG}=F_{QGB}=0\text{kN}(BG$ 段$)$

GE 杆： $\qquad F_{QGE}=F_{QEG}=10\text{kN}$

绘出刚架剪力图如图 3-16（c）所示。

（4）绘轴力图。利用截面法，分别选取相应杆件计算各杆轴力。

AC 杆： $\qquad F_{NAC}=F_{NCA}=4\text{kN}(拉)$

CE 杆： $\qquad F_{NCE}=F_{NEC}=22-8\times4=-10\text{kN}(压)$

EF 杆： $\qquad F_{NEF}=F_{NFE}=0$

BE 杆： $\qquad F_{NBE}=F_{NEB}=-36\text{kN}(压)$

绘出刚架轴力图如图 3-16（d）所示。轴力图也可以根据剪力图绘制。分别取结点 C、E 为隔离体，如图 3-16（e）所示（图中未画出弯矩）。

结点 C： $\qquad \sum F_x=0,\ F_{NCE}=-10\text{kN}\ （压）$

$\qquad\qquad\qquad \sum F_y=0,\ F_{NCA}=4\text{kN}\ （拉）$

结点 E： $\qquad \sum F_x=0,\ F_{NEF}=-10+10=0$

$\qquad\qquad\qquad \sum F_y=0,\ F_{NEB}=-24-12=-36\text{kN}\ （压）$

（5）校核内力图。截取横梁 CF 为隔离体，如图 3-16（f）所示。

$$\sum M_C=24+20+20\times2+12\times5-36\times4=0$$

$$\sum F_x=10-10=0$$

$$\sum F_y=36-4-20-12=0$$

满足平衡条件。

【例 3-8】 试作如图 3-17（a）所示刚架的内力图。

解：（1）求支座反力。以整体为隔离体得

$$\sum M_A=0,\ F_{By}=75\text{kN}(\uparrow)$$

$$\sum M_B=0,\ F_{Ay}=45\text{kN}(\uparrow)$$

$$\sum F_x=0,\ F_{Ax}=10\text{kN}(\leftarrow)$$

（2）作弯矩图。逐杆分段计算控制截面的弯矩，利用作图规律和叠加法作弯矩图，如图 3-17（b）所示。

AC 杆：$M_{AC}=0$；$M_{CA}=40\text{kN}\cdot\text{m}(右侧受拉)$；$AC$ 杆上无荷载，弯矩图为直线。

CD 杆：$M_{DC}=0$；$M_{CD}=20\text{kN}\cdot\text{m}(左侧受拉)$；$CD$ 杆上无荷载，弯矩图为直线。

CE 杆：$M_{CE}=60\text{kN}\cdot\text{m}(下侧受拉)$；$M_{EC}=0\text{kN}\cdot\text{m}$；$CE$ 杆上为均布荷载，弯矩图为抛物线。

利用叠加法求出中点截面弯矩：

$$M_{CE中}=30+60=90\text{kN}\cdot\text{m}$$

（3）作剪力图。利用截面法和反力直接计算各杆端剪力。

$$F_{QCD}=10\text{kN},\ F_{QCA}=10\text{kN},\ F_{QCE}=45\text{kN},\ F_{QEC}=-75\text{kN},\ F_{QEB}=0\text{kN}$$

剪力图一般为直线，求出杆端剪力后直接画出剪力图。AC 杆上无荷载，剪力为常数。CE 杆上有均布荷载，剪力图为斜线，如图 3-17（c）所示。

（4）作轴力图。利用平衡条件，求各杆端轴力。

$$F_{NCA}=F_{NAC}=-45\text{kN},\ F_{NEB}=F_{NBE}=-75\text{kN}$$

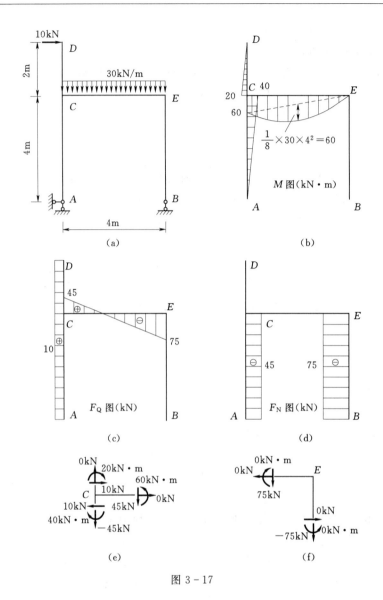

图 3-17

各杆上均无切向荷载，轴力均为常数，如图 3-17（d）所示。

（5）校核。结点 C 各杆端的弯矩、剪力和轴力满足平衡条件，如图 3-17（e）所示。

$$\sum M_C = 60 - 20 - 40 = 0$$

$$\sum F_x = 10 - 10 = 0$$

$$\sum F_y = 45 - 45 = 0$$

同理，结点 E 处也满足平衡方程，如图 3-17（f）所示。

四、刚架弯矩图绘制规律

静定结构弯矩图绘制是结构力学中最重要的基本内容，要求熟练掌握。根据结构特点和荷载特点，利用弯矩图与荷载、支承、连接之间的对应关系，可以不求或少求支座反力（只需求出与杆轴线垂直的反力），迅速绘制出弯矩图。

（1）绘制悬臂刚架弯矩图，可以不求反力，由自由端开始作弯矩图。

（2）绘制简支型刚架弯矩图，往往只需求出一个与杆件垂直的反力，然后由支座开始作起。

（3）绘制三铰刚架弯矩图，往往只需求一水平反力，然后由支座开始作起。

（4）绘制主从结构弯矩图时，可以利用弯矩图与荷载、支承及连接之间的对应关系，不求或只求部分约束力。以铰支座、铰结点和自由端作为切入点，先作附属部分，后作基本部分。

（5）对称性结构作内力图要注意利用对称性：对称结构在对称荷载作用下，反力呈对称分布，弯矩图和轴力图对称，剪力图反对称；对称结构在反对称荷载作用下，反力呈反对称分布，弯矩图和轴力图反对称，剪力图对称。

利用以上规律可以准确、迅速地绘出刚架的弯矩图，读者可自行练习。

第四节　静定三铰拱

一、拱结构概述

拱在房屋、桥梁和水工建筑中被广泛采用。**拱结构**的特点是杆轴为曲线且在竖向荷载作用下能产生水平反力或水平推力。因此，通常将竖向荷载作用下能产生水平推力的结构统称为拱式结构或推力结构。

拱与梁的区别不仅在于杆件轴线的曲直，更重要的是在竖向荷载作用下是否产生水平推力。如图 3-18（a）所示结构，虽然杆轴为曲线，但在竖向荷载作用下并不产生水平推力，故称为曲梁而不是拱；而如图 3-18（b）所示结构，在竖向荷载作用下会产生水平推力，因而称为拱。可见，水平推力的存在与否是区别拱与梁的重要标志。由于有水平推力，拱的弯矩要比相应简支梁（跨度、作用荷载相同的梁）的弯矩小得多，并且主要是承受压力，各截面的应力分布较为均匀。因此，拱比梁节省用料，自重较轻，能够跨越较大的空间，同时，可以利用抗拉性能较差而抗压性能较好的砖、石及混凝土等材料来建造，这是拱的主要优点。拱的支座要承受水平推力，因此需要有较坚固的基础或支承物。但同时拱也存在构造较复杂、施工难度大等缺点。

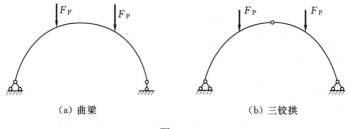

（a）曲梁　　　　　　　　　（b）三铰拱

图 3-18

工程中常用的单跨拱有无铰拱、两铰拱和三铰拱，如图 3-19 所示。在拱结构中，有时在两支座间设置拉杆，用拉杆来承受水平推力，如图 3-19（d）所示，这种结构在竖向荷载作用下，支座不产生水平反力，但是结构内部的受力性能与拱并无区别，故称为带拉杆的拱，也属于静定结构。本节只讨论静定拱的计算。

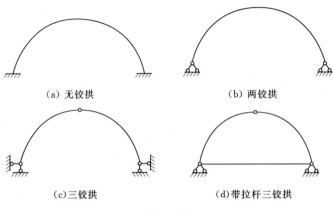

（a）无铰拱　　　　　　　　　　　（b）两铰拱

（c）三铰拱　　　　　　　　　（d）带拉杆三铰拱

图 3 - 19

拱的各部分名称如图 3 - 20（a）所示，拱身各横截面形心的连线称为**拱轴线**。拱的两端支座处称为**拱趾**。两趾间的水平距离称为拱的**跨度**。两拱趾的连线称为**起拱线**。拱轴线上距起拱线最远点称为**拱顶**，三铰拱通常在拱顶处设置铰链。拱顶至起拱线之间的竖直距离称为**拱高**。拱高与跨度之比 f/l 称为**高跨比**，拱的主要力学性能与高跨比有关。两拱趾在同一水平线上的拱称为**平拱**，不在同一水平线上的称为**斜拱**［图 3 - 20（b）］。拱的轴线有抛物线、圆弧线和悬链线等，它的选择与外荷载有关。

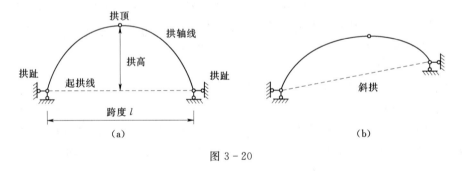

（a）　　　　　　　　　　　　　　　（b）

图 3 - 20

二、三铰拱的计算

三铰拱为静定结构，其全部反力和内力都可由静力平衡方程求出。为了说明三铰拱的计算方法，现以在竖向荷载作用下、拱趾在同一水平线上的三铰拱［图 3 - 21（a）］为例，导出其支座反力和内力计算公式。在图 3 - 21（b）中绘出了相应水平简支梁（与拱同跨度、同荷载），以便进行比较。

1. 支座反力的计算

三铰拱的两端都是铰支座，因此有四个未知反力，故需列四个平衡方程进行计算。除了三铰拱整体平衡的三个方程之外，还可利用中间铰处不能抵抗弯矩的特性即弯矩 $M_C = 0$ 来建立一个补充方程。

（1）考虑三铰拱的整体平衡，由

$$\sum M_B = F_{Ay}l - F_{P1}b_1 - F_{P2}b_2 - F_{P3}b_3 = 0 \tag{3-2}$$

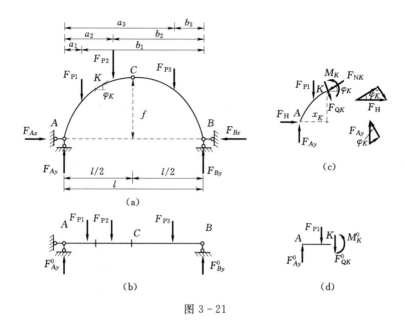

图 3 - 21

可得左支座竖向反力为

$$F_{Ay} = \frac{F_{P1}b_1 + F_{P2}b_2 + F_{P3}b_3}{l} \tag{3-2a}$$

同理，由 $\sum M_A = 0$ 可得右支座竖向反力为

$$F_{By} = \frac{F_{P1}a_1 + F_{P2}a_2 + F_{P3}a_3}{l} \tag{3-2b}$$

由 $\sum F_x = 0$，可知

$$F_{Ax} = F_{Bx} = F_H（表示水平推力）$$

(2) 考虑 $M_C = 0$ 的条件，取左半拱上所有外力对 C 点的力矩来计算，则有

$$M_C = F_{Ay}\frac{l}{2} - F_{P1}\left(\frac{l}{2} - a_1\right) - F_{P2}\left(\frac{l}{2} - a_2\right) - F_{Ax}f = 0$$

所以有

$$F_H = F_{Ax} = F_{Bx} = \frac{F_{Ay}\dfrac{l}{2} - F_{P1}\left(\dfrac{l}{2} - a_1\right) - F_{P2}\left(\dfrac{l}{2} - a_2\right)}{f} \tag{3-2c}$$

式（3-2a）和式（3-2b）右边的值，恰好等于如图 3-21（b）所示简支梁的支座反力 F_{Ay}^0 和 F_{By}^0。式（3-2c）右边的分子，等于相应简支梁上与拱的中间铰位置相对应的截面 C 的弯矩 M_C^0。由此可得

$$F_{Ay} = F_{Ay}^0 \tag{3-3}$$

$$F_{By} = F_{By}^0 \tag{3-4}$$

$$F_H = F_{Ax} = F_{Bx} = \frac{M_C^0}{f} \tag{3-5}$$

由式（3-5）可知，推力 F_H 等于相应简支梁截面 C 的弯矩 M_C^0 除以拱高 f。其值只

与三个铰的位置有关，而与各铰间的拱轴形状无关，换言之，只与拱的高跨比 f/l 有关。当荷载和拱的跨度不变时，推力 F_H 将与拱高 f 成反比，即 f 越大则 F_H 越小，反之，f 越小则 F_H 越大。

2. 内力的计算

计算内力时，应注意到拱轴为曲线这一特点，所取截面与拱轴正交，即与拱轴的切线相垂直，任意 K 点处拱轴线切线的倾角为 φ_K，并规定逆时针为正。截面 K 的内力可以分解为弯矩 M_K、剪力 F_{QK} 和轴力 F_{NK}，其中 F_{QK} 沿截面方向即沿拱轴法线方向作用，轴力 F_{NK} 沿垂直于截面的方向即沿拱轴切线方向作用。下面分别研究这三种内力的计算。

（1）弯矩的计算公式。弯矩的符号规定以使拱内侧受拉为正，反之为负。取 AK 段为隔离体，如图 3 – 21（c）所示。由

$$\sum M_K = F_{Ay}x_K - F_{P1}(x_K - a_1) - F_H y_K - M_K = 0$$

得截面 K 的弯矩为

$$M_K = F_{Ay}x_K - F_{P1}(x_K - a_1) - F_H y_K$$

根据 $F_{Ay} = F_{Ay}^0$，可见等式右端前两项代数和等于相应简支梁 K 截面的弯矩 M_K^0，所以上式可改写为

$$M_K = M_K^0 - F_H y_K \tag{3-6}$$

即拱内任一截面的弯矩，等于相应简支梁对应截面的弯矩减去由拱的推力 F_H 所引起的弯矩 $F_H y_K$。由此可知，因推力的存在，三铰拱中的弯矩比相应简支梁的弯矩小。

（2）剪力的计算。剪力的符号通常规定以使截面两侧的隔离体有顺时针方向转动趋势的为正，反之为负。以 AK 段为隔离体，如图 3 – 21（c）所示，由平衡条件得

$$F_{QK} + F_{P1}\cos\varphi_K + F_H\sin\varphi_K - F_{Ay}\cos\varphi_K = 0$$

$$F_{QK} = (F_{Ay} - F_{P1})\cos\varphi_K - F_H\sin\varphi_K$$

式中 $F_{Ay} - F_{P1}$ 等于相应简支梁在截面 K 的剪力 F_{QK}^0，于是上式可改写为

$$F_{QK} = F_{QK}^0\cos\varphi_K - F_H\sin\varphi_K \tag{3-7}$$

式中　φ_K——截面 K 处拱轴线切线的倾角。

（3）轴力的计算公式。因拱轴通常为受压，所以规定使截面受压的轴力为正，反之为负。取 AK 段为隔离体，如图 3 – 21（c）所示。

由平衡条件：

$$F_{NK} + F_{P1}\sin\varphi_K - F_{Ay}\sin\varphi_K - F_H\cos\varphi_K = 0$$

得

$$F_{NK} = (F_{Ay} - F_{P1})\sin\varphi_K + F_H\cos\varphi_K$$

即

$$F_{NK} = F_{QK}^0\sin\varphi_K + F_H\cos\varphi_K \tag{3-8}$$

注意以上公式只适用于三铰平拱，任一截面的倾角要代入正负号。有了上述公式，就可以求得任一截面的内力，从而作出三铰拱的内力图。

【例 3 – 9】　如图 3 – 22（a）所示为一个三铰拱，其拱轴为一抛物线，当坐标原点选在左支座时，拱轴方程为 $y = \dfrac{4f}{l^2}x(l - x)$，试绘制其内力图。

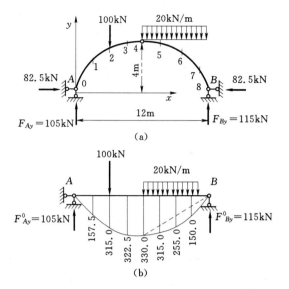

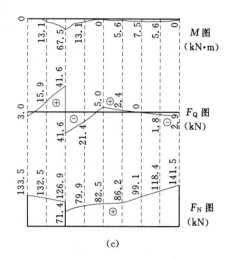

图 3-22

解:先求支座反力,根据式(3-3)~式(3-5)可得

$$F_{Ay} = F_{Ay}^0 = \frac{100 \times 9 + 20 \times 6 \times 3}{12} = 105 \text{kN}$$

$$F_{By} = F_{By}^0 = \frac{100 \times 3 + 20 \times 6 \times 9}{12} = 115 \text{kN}$$

$$F_H = \frac{M_C^0}{f} = \frac{105 \times 6 - 100 \times 3}{4} = 82.5 \text{kN}$$

求得反力以后,按照前面推导的式(3-6)~式(3-8)求出任一截面的内力,即可绘制内力图。为此,将拱跨分成八等分,列表算出各截面上的 M、F_Q、F_N 值,详见表 3-2,然后根据表中所得数值绘制 M、F_Q、F_N 图,如图 3-22(c)所示。这些内力图是以水平线为基线绘制的。如图 3-22(b)所示为相应简支梁的弯矩图。

表 3-2 三铰拱的内力计算

拱轴分点	纵坐标/m	$\tan\varphi_K$	$\sin\varphi_K$	$\cos\varphi_K$	F_{QK}^0/kN
0	0	1.333	0.800	0.599	105.0
1	1.75	1.000	0.707	0.707	105.0
2(左,右)	3	0.667	0.555	0.832	105.0, 5.0
3	3.75	0.333	0.316	0.948	5.0
4	4	0	0	1.000	5.0
5	3.75	-0.333	-0.316	0.948	-25.0
6	3	-0.667	-0.555	0.832	-55.0
7	1.75	-1.000	-0.707	0.707	-85.0
8	0	-1.333	-0.800	0.599	-115.0

$M/(\text{kN} \cdot \text{m})$			F_Q/kN			F_N/kN		
M_K^0	$-F_H y_K$	M_K	$F_{QK}^0 \cos\varphi_K$	$-F_H \sin\varphi_K$	F_{QK}	$F_{QK}^0 \sin\varphi_K$	$F_H \cos\varphi_K$	F_{NK}
0	0	0	63.0	−66.0	−3.0	84.0	49.5	133.5
157.5	−144.4	13.1	74.2	−58.3	15.9	74.2	58.3	132.5
315.0	−247.5	67.5	87.4, 4.2	−45.8	41.6, −41.6	58.3, 2.8	68.6	126.9, 71.4
322.5	−309.4	13.1	4.7	−26.1	−21.4	1.6	78.3	79.9
330.0	−330.0	0	5.0	0	5.0	0	82.5	82.5
315.0	−309.4	5.6	−23.7	26.1	2.4	7.9	78.2	86.2
255.0	−247.5	7.5	−45.8	45.8	0	30.5	68.6	99.1
150.0	−144.4	5.6	−60.1	58.3	−1.8	60.1	58.3	118.4
0	0	0	−68.9	66.0	−2.9	92.0	49.5	141.5

以截面 1 和截面 2 的内力计算为例，对表 3-2 说明如下。在截面 1 处，有 $x = 1.5\text{m}$，由拱轴方程求得

$$y = \frac{4f}{l^2} x_1(l - x_1) = \frac{4 \times 4}{12^2} \times 1.5 \times (12 - 1.5) = 1.75\text{m}$$

截面 1 处切线斜率为

$$\tan\varphi_1 = \left(\frac{\mathrm{d}y}{\mathrm{d}x}\right)_1 = \frac{4f}{l^2}(l - 2x_1) = \frac{4 \times 4}{12^2}(12 - 2 \times 1.5) = 1$$

于是有

$$\sin\varphi_1 = \frac{\tan\varphi_1}{\sqrt{1 + \tan^2\varphi_1}} = \frac{1}{\sqrt{2}} = 0.707$$

$$\cos\varphi_1 = \frac{1}{\sqrt{1 + \tan^2\varphi_1}} = \frac{1}{\sqrt{2}} = 0.707$$

根据式 (3-6) ~式 (3-8) 求得该截面的弯矩、剪力和轴力分别为

$M_1 = M_1^0 - F_H y_1 = 105 \times 1.5 - 82.5 \times 1.75 = 157.5 - 144.4 = 13.1\text{kN} \cdot \text{m}$

$F_{Q1} = F_{Q1}^0 \cos\varphi_1 - F_H \sin\varphi_1 = 105 \times 0.707 - 82.5 \times 0.707 = 74.2 - 58.3 = 15.9\text{kN}$

$F_{N1} = F_{QK}^0 \sin\varphi_1 + F_H \cos\varphi_1 = 105 \times 0.707 + 82.5 \times 0.707 = 74.2 + 58.3 = 132.5\text{kN}$

在截面 2 上，因有集中荷载作用，该截面两边的剪力和轴力不相等，此处 F_Q、F_N 图将发生突变。现计算该截面内力如下：

$M_2 = M_2^0 - F_H y_2 = 105 \times 3 - 82.5 \times 3 = 315 - 247.5 = 67.5\text{kN} \cdot \text{m}$

$F_{Q2\text{左}} = F_{Q2\text{左}}^0 \cos\varphi_2 - F_H \sin\varphi_2 = 105 \times 0.832 - 82.5 \times 0.555 = 87.4 - 45.8 = 41.6\text{kN}$

$F_{Q2\text{右}} = F_{Q2\text{右}}^0 \cos\varphi_2 - F_H \sin\varphi_2 = 5.0 \times 0.832 - 82.5 \times 0.555 = 4.2 - 45.8 = -41.6\text{kN}$

$F_{N2\text{左}} = F_{Q2\text{左}}^0 \sin\varphi_2 + F_H \cos\varphi_2 = 105 \times 0.555 + 82.5 \times 0.832 = 58.3 + 68.6 = 126.9\text{kN}$

$F_{N2\text{右}} = F_{Q2\text{右}}^0 \sin\varphi_2 + F_H \cos\varphi_2 = 5.0 \times 0.555 + 82.5 \times 0.832 = 2.8 + 68.6 = 71.4\text{kN}$

其他各截面内力的计算与以上相同。

三、三铰拱的合理拱轴线

三铰拱在竖向荷载作用下，各截面将有弯矩、剪力，轴力一般为压力，拱截面处于偏心受压状态，材料得不到充分利用。尽管三铰拱的反力与各铰之间的拱轴线形状无关，但内力却与拱轴线形状有关，若能使所设计的拱轴线所有截面的弯矩为零（由微段平衡的力矩方程可以证明，此时剪力也为零），而只有轴力，这样各截面都将处于均匀受压状态，材料就能得以充分地利用，相应的拱截面尺寸也将是最小的，因而是经济、合理的，这样的拱轴线称之为**合理拱轴线**。

设计合理拱轴线时，可以根据拱中弯矩处处为零的条件来确定。对于竖向荷载作用下的三铰平拱，任一截面的弯矩由式（3-6）确定，当拱轴为合理拱轴线时，则有

$$M = M^0 - F_H y = 0$$

由此可以得出

$$y = \frac{M^0}{F_H} \tag{3-9}$$

式（3-9）表明，竖向荷载作用下的三铰拱，合理拱轴线的纵坐标 y 与相应简支梁的弯矩图竖标成正比。因此，当拱的三个铰的位置和拱上所受的竖向荷载已知时，只要求出相应简支梁的弯矩方程，然后除以常数 F_H 便可以得到合理的拱轴线方程。在某些时候，相应简支梁的弯矩方程无法事先写出，则可根据合理拱轴弯矩处处为零的条件，写出相应的平衡微分方程并求解来获得合理拱轴线。下面举例说明合理拱轴线。

【例3-10】　试求如图3-23（a）所示对称三铰拱在均匀荷载 q 作用下的合理拱轴线，跨度为 l。

解： 作出相应简支梁如图3-23（b）所示，其弯矩方程为

$$M^0 = \frac{1}{2}qlx - \frac{1}{2}qx^2 = \frac{1}{2}qx(l-x)$$

由式（3-5）求得

$$F_H = \frac{M_C^0}{f} = \frac{\dfrac{ql^2}{8}}{f} = \frac{ql^2}{8f}$$

所以由式（3-9）得到的合理拱轴线方程为

$$y = \frac{\dfrac{1}{2}qx(l-x)}{\dfrac{ql^2}{8f}} = \frac{4f}{l^2}x(l-x)$$

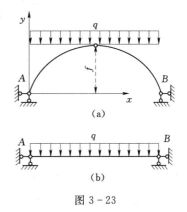

图 3-23

由此可见，在满跨竖向均布荷载作用下，三铰拱的合理拱轴线为二次抛物线，因此，房屋建筑中拱的轴线常采用抛物线。

【例3-11】　三铰拱承受径向均匀水压力作用如图3-24（a）所示，求其合理拱轴线方程。

解： 假设在径向水压作用下，该三铰拱的轴线就是合理拱轴线，因而在受径向水压时，三铰拱横截面上无弯矩，无剪力，各横截面只有轴力，于是根据平衡条件推出合理拱

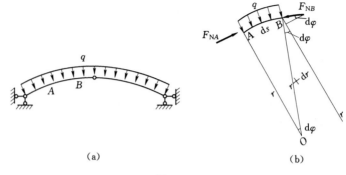

（a）

（b）

图 3 - 24

轴线。

取三铰拱中的一微段 AB，其弧长为 $\mathrm{d}s$，夹角为 $\mathrm{d}\varphi$，如图 3 - 24（b）所示，根据几何关系有 $r = \dfrac{\mathrm{d}s}{\mathrm{d}\varphi}$，由于拱处于无弯矩状态，所以任意截面上只有轴力。以微段 AB 的曲率中心 O 点为矩心，列力矩方程，$q\mathrm{d}s$ 通过矩心 O，只有 F_{NA} 和 F_{NB} 有矩，于是得出

$$F_{NA}r = F_{NB}(r + \mathrm{d}r)$$

略去微量得

$$F_{NA} = F_{NB}$$

说明：三铰拱在径向水压力 q 作用下，若处于无弯矩状态，则各横截面上的轴力相等，用 F_N 表示。

把微段上所有的力对半径 r 轴投影，$q\mathrm{d}s$ 作用于微段中点，则有

$$\sum r = 0, \quad q\mathrm{d}s\cos\frac{\mathrm{d}\varphi}{2} - F_N\sin\mathrm{d}\varphi = 0$$

因 $\mathrm{d}\varphi$ 很小，可令 $\cos\dfrac{\mathrm{d}\varphi}{2} = 1$，$\sin\mathrm{d}\varphi = \mathrm{d}\varphi$，代入上式得

$$q\mathrm{d}s - F_N\mathrm{d}\varphi = 0$$

$$\frac{F_N}{q} = \frac{\mathrm{d}s}{\mathrm{d}\varphi} = r \qquad\qquad (3 - 10)$$

式（3 - 10）中，由于 F_N 不变，q 是常量，故曲率半径 r 为常数，说明拱在径向水压力作用下，其合理拱轴线为圆弧。因此，水管、高压隧洞和拱坝常用圆形截面。

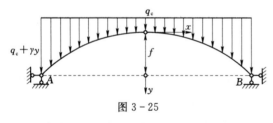

图 3 - 25

本题还可以利用曲杆的内、外力的微分关系加以推求，读者可自行练习。

【例 3 - 12】　求考虑回填土重量时，如图 3 - 25 所示三铰拱的合理拱轴线。设回填土容重为 γ，拱所受的竖向分布荷载为 $q(x) = q_c + \gamma y$。

解：本题中竖向荷载是随回填土厚度变化的，故不能直接利用式（3 - 9）求合理拱轴线。但合理拱轴线与代梁弯矩有关，而代梁弯矩又与荷载集度有关，因此，可利用微分法找出合理拱轴线与荷载集度的关系。

对式 $y = \dfrac{M^0}{F_H}$ 微分二次得

$$\frac{\mathrm{d}^2 y}{\mathrm{d}x^2} = \frac{1}{F_H} \frac{\mathrm{d}^2 M^0}{\mathrm{d}x^2}$$

代梁内、外力的微分关系为 $\dfrac{\mathrm{d}^2 M^0}{\mathrm{d}x^2} = q(x)$，故考虑回填土时，三铰拱的合理拱轴线方程为

$$\frac{\mathrm{d}^2 y}{\mathrm{d}x^2} = \frac{q(x)}{F_H}$$

根据本题建立的坐标，并把 $q(x) = q_c + \gamma y$ 代入上式得该坐标下的拱轴方程：

$$\frac{\mathrm{d}^2 y}{\mathrm{d}x^2} = \frac{1}{F_H}(q_c + \gamma y), \quad \frac{\mathrm{d}^2 y}{\mathrm{d}x^2} - \frac{\gamma}{F_H} y = -\frac{q_c}{F_H}$$

解微分方程得

$$y = A\cosh\sqrt{\frac{\gamma}{F_H}}x + B\sinh\sqrt{\frac{\gamma}{F_H}}x - \frac{q_c}{\gamma}$$

积分常数 A、B 可由边界条件求出：

在 $x=0$ 处，$y=0$，得 $\qquad A = \dfrac{q_c}{\gamma}$

当 $x=0$ 时，$\dfrac{\mathrm{d}y}{\mathrm{d}x} = 0$，得 $\qquad B = 0$

因此 $\qquad y = \dfrac{q_c}{\gamma}\left(\cosh\sqrt{\dfrac{\gamma}{F_H}}x - 1\right)$

上式表明，在考虑回填土重量的作用下，三铰拱的合理拱轴线是悬链线。

在实际工程中，同一结构往往要受到各种不同荷载的作用，对应不同荷载就有不同的合理拱轴线。因此，根据某一固定荷载所确定的合理拱轴线并不能保证拱在各种荷载作用下都处于无弯矩状态。在设计中应尽可能使拱的受力状态接近于无弯矩状态。通常是将主要荷载作用下的合理拱轴线作为拱的轴线。这样，在一般荷载作用下产生的弯矩就较小。

第五节　静定平面桁架

一、桁架结构概述

在房屋、桥梁等工程中，经常见到如图 3-26 (a)、(c) 所示的实际结构。这些结构由直杆组成，各直杆的交点称为结点，各结点的连接方式因材料不同而不同，常见的有铆接、栓接、焊接和榫接等。科学理论和工程实践都已证明，在竖向结点荷载作用下这些结构各杆的主要内力是轴力，按轴力进行结构设计，一般能够满足工程的精度要求，因此在进行结构简化时，做以下三点假定，以取其计算简图。

（1）各杆的轴线都是直线。

（2）各杆杆端用绝对光滑而无摩擦的理想铰互相连接，杆轴线都过铰心。

（3）荷载和支座反力都作用在结点上。

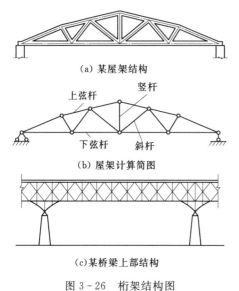

（a）某屋架结构

上弦杆　　竖杆

下弦杆　　斜杆

（b）屋架计算简图

（c）某桥梁上部结构

图 3-26　桁架结构图

按以上假定如图 3-26（a）所示屋架的计算简图如图 3-26（b）所示。像这种用等截面直杆理想铰结而成，且仅受结点荷载作用的结构称为**桁架**。在实际工程中，为了简便，把能简化为桁架的实际结构也称为桁架。本节研究的是经过简化后的理想桁架。

将实际结构简化为桁架，并不完全符合实际情况。其差别是由以上假设造成的。例如实际结构的结点为铆接、栓接、焊接和榫接等，结点本身有一定的刚性，并不完全符合理想铰约束，各杆轴线也无法绝对平直，有些荷载如自重也不是直接作用在结点上等，因此，实际桁架结构在荷载作用下必将产生弯曲应力，并不像理想情况下只产生轴向均匀分布的应力。在实际设计中，通常把按桁架的理想情况计算出的轴力称为主内力，与此对应的应力称为主应力；把由于不符合上述假定而产生的附加内力称为次内力（其中主要是弯矩），由次内力产生的应力称为次应力。在实际设计中，应采用相应的措施，使实际结构和理想情况尽可能地相符合。如采取必要的施工措施，尽量使各杆轴保持平直，把非结点荷载转化为结点荷载等。

桁架的杆件，依其所在位置不同，可分为**弦杆**和**腹杆**两大类，如图 3-26（b）所示。弦杆是指桁架上下外围的杆件，上边的杆件称为上弦杆，下边的杆件称为下弦杆。桁架上下弦杆之间的杆件称为腹杆，腹杆又分为竖杆和斜杆。弦杆上两相邻结点之间的区间称为**节间**，其间距称为**节间长度**。

分类的依据不同，桁架的名称也不同。荷载与各杆轴线在同一平面内称为**平面桁架**，反之称为**空间桁架**。平面桁架的形式很多，按照桁架的外形分为平行弦桁架、折弦桁架、三角桁架和梯形桁架，如图 3-27 所示。

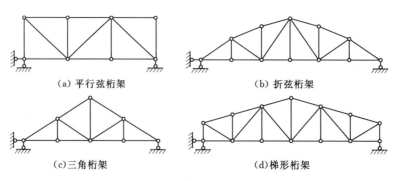

（a）平行弦桁架

（b）折弦桁架

（c）三角桁架

（d）梯形桁架

图 3-27　平面桁架基本形式

按照有无水平反力可分为**无推力桁架**或**梁式桁架**，如图 3-27 所示。有推力的桁架如图 3-28 所示。

按照桁架的几何组成方式分为**简单桁架**（由基础或一个基本铰接三角形开始，依次增加二元体所组成的桁架，如图 3-27 所示）；**联合桁架**（由几个简单桁架按照两刚片或三刚片规则所组成的桁架，如图 3-28 所示）；**复杂桁架**（不是按照上述两种方式组成的其他桁架，如图 3-29 所示）。

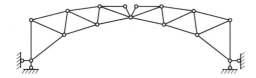

图 3-28 有推力平面桁架   图 3-29 复杂平面桁架

桁架由于只承受轴力，杆上应力分布均匀，材料能得到充分应用，因而它与同跨度的梁相比有用料省、自重轻及经济合理等优点，因此，在大跨度结构中多被采用。但其构造和施工较为复杂。

二、静定平面桁架的内力计算

为了求得桁架各杆的轴力，可以截取桁架的一部分为脱离体，考虑脱离体的平衡建立平衡方程，以求出杆件的轴力。桁架杆件的轴力以拉力为正，压力为负。计算时通常假设杆件的未知轴力为拉力，若计算结果为正，说明杆件受拉，反之受压。此外，在建立平衡方程时，要注意斜杆轴力 F_N 在水平和竖直方向的投影 F_{Nx}、F_{Ny} 和对应杆长 l 在水平和竖直方向投影 l_x、l_y 对应比例关系的应用，如图 3-30 所示，由相似三角形的比例关系得

$$\frac{F_N}{l} = \frac{F_{Nx}}{l_x} = \frac{F_{Ny}}{l_y}$$ (3-11)

由于 l_x、l_y、l 一般已知或者由几何关系可以求得。因此，在 F_N、F_{Nx}、F_{Ny} 三者中，任知其一便可利用式（3-11）求出其余两个，无须使用三角函数。

（一）结点法

桁架计算一般是先求支座反力后计算内力。计算内力时可截取桁架中的一部分为隔离体，根据隔离体的平衡条件求解各杆的轴力。如果所取隔离体仅包含一个结点，这种方法称为**结点法**。一个结点可以列出两个平衡方程，从一个结点可以求解两个杆件的未知轴力。

1. 结点法计算杆件内力的特点

（1）结点上的荷载、反力和杆件内力作用线都汇交于一点，组成了平面汇交力系，因此，结点法是利用平面汇交力系求解内力的。

（2）利用结点法求解桁架，主要是利用汇交力系求解，每一个结点只能求解两根杆件的内力，因此，结点法最适用于计算简单桁架。

（3）分析时，各个杆件的内力一般先假设为受拉，当计算结果为正时，说明杆件受拉；当计算结果为负时，说明杆件受压。

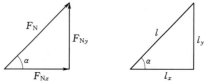

图 3-30 斜杆轴力及其投影
与杆长及其投影的关系

2. 结点法中结点平衡的特殊情况

在桁架中，有一些特殊的结点，掌握这些特殊结点的平衡规律，先进行**零杆**（内力为零的杆件）的判断，可以更为方便地计算杆件轴力。

（1）L形结点：如图 3 - 31（a）所示，两杆汇交，当结点上无荷载时两杆轴力都为零。

（2）T形结点：如图 3 - 31（b）所示，三杆汇交，其中两杆共线，当结点上无荷载时，第三根杆为零杆，共线两杆轴力大小相等且拉压性质相同。

（3）X形结点：如图 3 - 31（c）所示，四杆汇交，且两两共线，当结点上无荷载时，则共线两杆轴力大小相等且拉压性质相同。

（4）K形结点：如图 3 - 31（d）所示，四杆汇交，其中两杆共线，另外两杆在直线同侧且交角相等，当结点上无荷载时，若共线两杆轴力不等，则不共线两杆轴力大小相等，但拉压性质相反；若共线两杆轴力大小相等，拉压性质相同，则不共线两杆为零杆。

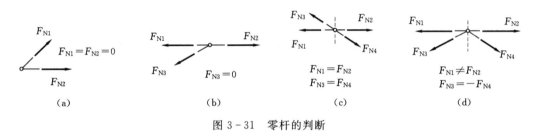

图 3 - 31 零杆的判断

【**例 3 - 13**】 利用结点法计算如图 3 - 32 所示的桁架各杆轴力。

解：（1）首先由桁架的整体平衡条件求出支座反力。

$$\sum M_A = 0$$

得
$$F_{Bx} = 120\text{kN}(\leftarrow)$$

$$\sum F_y = 0$$

得
$$F_{Ay} = 45\text{kN}(\uparrow)$$

$$\sum M_B = 0$$

得
$$F_{Ax} = 120\text{kN}(\rightarrow)$$

（2）截取各结点，计算杆件内力。分析桁架的几何组成：此桁架为简单桁架，由基本三角形 ABC 按二元体规则依次装入新结点构成。由最后装入的结点 G 开始计算，或者由结点 A 开始。

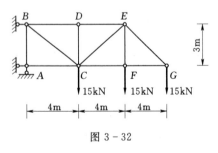

图 3 - 32

取结点 G 为隔离体，如图 3 - 33（a）所示。

由 $$\sum F_y = 0$$

可得 $$F_2 = 15\text{kN}(\text{拉})$$

由比例关系求得 $$F_1 = 15 \times \frac{4}{3} = 20\text{kN}(\text{拉})$$

及 $$F_{NGE} = 15 \times \frac{5}{3} = 25\text{kN}(\text{拉})$$

再由 $$\sum F_x = 0$$

可得
$$F_{NGF} = -F_1 = -20kN(压)$$

取结点 F 为隔离体，如图 3-33（b）所示。

由
$$\sum F_y = 0$$

可得
$$F_{NFE} = 15kN(拉)$$

再由
$$\sum F_x = 0$$

可得
$$F_{NFC} = F_{NFG} = -20kN(压)$$

取结点 E 为隔离体，如图 3-33（c）所示。

由
$$\sum F_y = 0,\ F_{NEF} + F_2 + F_4 = 0$$

可得
$$F_4 = -30kN$$

$$F_{NEC} = -30 \times \frac{5}{3} = -50kN(压)$$

$$F_3 = -40kN$$

再由
$$\sum F_x = 0,\ F_{NED} + F_3 + F_1 = 0$$

可得
$$F_{NED} = 60kN(拉)$$

然后依次取结点 D、C 计算。

到结点 B 时，只有一个未知力 F_{NBA}，最后到结点 A 时，轴力均已求出，故以此结点平衡条件进行校核，如图 3-33（d）所示。

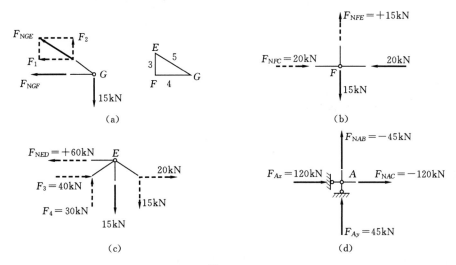

图 3-33

（3）校核。

$$\sum F_y = 0,\ 45 - 45 = 0$$

$$\sum F_x = 0,\ 120 - 120 = 0$$

满足要求。

桁架内力校核同样可用观察与计算结合的方法。对受力简单的结点，可直接观察结点是否平衡；对受力复杂的结点，再通过计算检查，如平衡条件满足，则表明计算正确，否则应予以改正。本例最后结点 A 的验算，均满足平衡方程，故计算无误。

（二）截面法

用适当的截面截取桁架的一部分（至少包括两个结点）为隔离体，利用平面任意力系的平衡条件进行求解，这种方法称为**截面法**。

截面法最适用于求解指定杆件的内力，隔离体上的未知力一般不超过三个。在计算中，轴力也一般假设为拉力。

为避免联立方程求解，要注意选择平衡方程，每一个平衡方程一般包含一个未知力。另外，有时轴力的计算可直接计算，可以不进行分解。

【例 3 - 14】 用截面法计算如图 3 - 34（a）所示桁架 1、2、3 三杆的轴力。

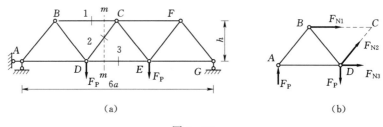

（a） （b）

图 3 - 34

解： 先利用整体平衡条件求支座反力：

由 $\sum M_A = 0$，$F_P \times 2a + F_P \times 4a - F_{Gy} \times 6a = 0$

得 $F_{Gy} = F_P(\uparrow)$

由 $\sum M_G = 0$，$F_P \times 2a + F_P \times 4a - F_{Ay} \times 6a = 0$

得 $F_{Ay} = F_P(\uparrow)$

校核：$\sum F_y = 0$，满足要求。

取截面 $m—m$ 以左为分离体，如图 3 - 34（b）所示。

由 $\sum M_D = 0$，$F_P \times 2a + F_{N1} h = 0$

得 $F_{N1} = -2F_P a/h$

由 $\sum M_C = 0$，$F_P \times 3a - F_P a - F_{N3} h = 0$

得 $F_{N3} = 2F_P a/h$

由 $\sum F_y = 0$

得 $F_{N2} = 0$

截面法可用来求指定杆件的内力。对两未知力交点取矩、沿与两平行未知力垂直的方向投影列平衡方程，可使一个方程中只含一个未知力。

【例 3 - 15】 求如图 3 - 35 所示平面桁架结构中指定杆件 a、b、c、d、e 的内力。

解：（1）先求支座反力。

由 $\sum M_A = 0$，$F_P \times 2d + F_P \times 3d + F_P \times 4d - F_{By} \times 6d = 0$

得 $F_{By} = 1.5F_P(\uparrow)$

由 $\sum M_B = 0$，$F_P \times 2a + F_P \times 3d + F_P \times 4d - F_{Ay} \times 6d = 0$

得 $F_{Ay} = 1.5F_P(\uparrow)$

校核：$\sum F_y = 0$，满足要求。

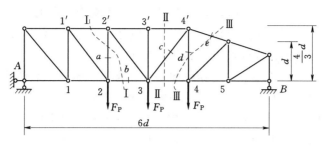

图 3-35

（2）求 a、b 杆的轴力 F_{Na}、F_{Nb}。作截面 I—I，切断 a、b 及 $1'2'$ 杆，为了计算简单，取截面左边部分为隔离体，如图 3-36（a）所示。其中有三个未知力。

$$\sum F_y = 0, \quad F_{Na} = F_P - F_{Ay} = -0.5F_P$$

$$\sum M_{2'} = 0, \quad F_{Nb} \times \frac{4}{3}d - 1.5F_P \times 2d = 0, \quad F_{Nb} = 2.25F_P$$

（3）求 c 杆的轴力 F_{Nc}。作截面 II—II，取截面右边部分为隔离体，如图 3-36（b）所示。

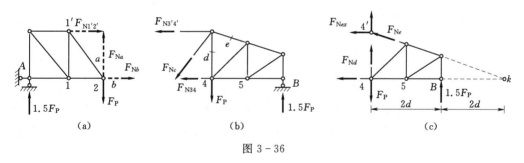

图 3-36

根据竖向力的平衡 $\sum F_y = 0$，可以求得 F_{Ncy}：

$$F_{Ncy} = 1.5F_P - F_P = 0.5F_P$$

$$F_c = \frac{5}{4}F_{Ncy} = 0.625F_P$$

（4）求 d、e 杆的轴力 F_{Nd}、F_{Ne}。作截面 III—III，将隔离体右端上、下弦杆延长至 k 点，如图 3-36（c）所示。

$$\sum M_k = 0$$

$$(F_{Nd} - F_P)(2d + 2d) + 1.5F_P \times 2d = 0$$

$$F_{Nd} = 0.25F_P$$

$$\sum M_4 = 0$$

$$1.5F_P \times 2d + F_{Nex} \times \frac{4}{3}d = 0$$

$$F_{Nex} = -2.25F_P$$

$$F_{Ne} = \frac{\sqrt{10}}{3}F_{Nex} = -\frac{3}{4}\sqrt{10}F_P$$

一般来说，用截面法求内力时，截断不超过三根不交于一点也不互相平行的杆件，可以直接利用三个平衡方程求出三根杆件的轴力。但是在某些特殊的情况下，截断杆数大于三根，仍然可用力矩平衡方程或投影平衡方程求解。

（1）如图 3-37（a）所示，当所作截面 m—m 截断三根以上的杆件时，除了杆 1 外，其余各杆均交于一点 O，则对 O 点列力矩方程即可求出杆 1 轴力。

（2）如图 3-37（b）所示，当所作截面 n—n 截断三根以上的杆件时，除了杆 1 外，其余各杆均互相平行，则由投影方程可求出杆 1 轴力。

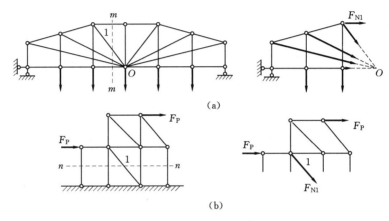

(a)

(b)

图 3-37 截面法适用的某些特殊情况

（三）联合法

在求解一些复杂桁架时，单独应用结点法或截面法往往不能够求解结构的内力，这时需要将这两种方法联合应用进行求解。为了寻找有效的解题途径，必须不拘先后地应用结点法和截面法。

（1）选择合适的出发点，即从哪里计算最易达到计算目标。

（2）选择合适的截面，即巧取分离体，使出现的未知力较少。

（3）选用合适的平衡方程，即巧取矩心和投影轴，并注意列方程的先后顺序，力求使每个方程中只含一个未知力。

【例 3-16】 计算如图 3-38 所示桁架 1、2、3、4、5 杆的轴力。

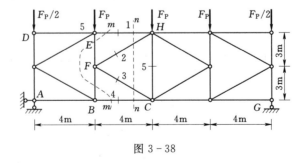

图 3-38

解：（1）先求出反力。由于该桁架受力对称，所以

$$F_{Ay} = F_{Gy} = 2F_P (\uparrow)$$

（2）沿截面 $m—m$ 截断，取左边为隔离体，如图 3-39（a）所示。

$$\sum M_B = F_{N1} \times 6 + (2F_P - F_P/2) \times 4 = 0$$

$$F_{N1} = -F_P$$

$$\sum M_E = F_{N4} \times 6 - (2F_P - F_P/2) \times 4 = 0$$

$$F_{N4} = F_P$$

（3）沿截面 $n—n$ 截断，取左边为隔离体，如图 3-39（b）所示。结点 F 为 K 形结点，可知

$$F_{N2} = -F_{N3}$$

再由

$$\sum F_y = 0$$

得

$$F_{N2y} - F_{N3y} + 2F_P - F_P/2 - F_P = 0$$

可以得到

$$F_{N3y} = F_P/4$$

由比例关系得

$$F_{N2} = -F_{N3} = -F_P/4 \times 5/3 = -5F_P/12$$

（4）取结点 H，如图 3-39（c）所示。

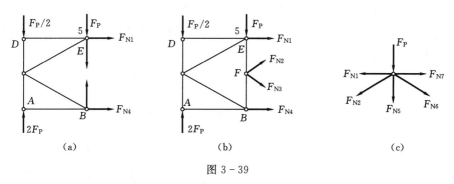

图 3-39

由于是对称结构，可知

$$F_{N2} = F_{N6}$$

由

$$\sum F_y = 0$$

得

$$F_{N2y} + F_{N6y} + F_P + F_{N5} = 0$$

可以求出

$$F_{N5} = -F_P/2$$

第六节 静定组合结构

一、组合结构及其受力特点

组合结构是由链杆和梁式杆混合组成的结构。两类杆件受力性质不同，链杆是只承受轴向力的二力杆，而梁式杆是可承受弯矩、剪力和轴力的杆件。工程中组合结构常用于房屋建筑中的屋架、吊车梁以及桥梁的承重结构。如图 3-40（a）所示的屋架结构、图 3-40（b）所示的梁的加固改造体系都是组合结构的实例。在组合结构中，由于链杆的作用，受弯杆件的弯矩减小，从而可以节省材料、增加刚度和跨越更大的跨度。组合结构中的链杆和受弯杆件分别用不同的材料制作时，将使结构的构造和材料性能的利用更合理。

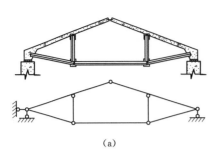

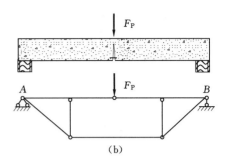

(a)

(b)

图 3-40 组合结构

二、组合结构的内力计算

进行组合结构内力计算的基本方法仍然是截面法。用截面平衡条件计算组合结构时，一般是先求支座反力，再计算各链杆的轴力，最后分析受弯杆件的内力并作出内力图。需要指出的是，在计算组合结构内力时，一定要注意哪些杆是只受轴力的二力杆，哪些是除受轴力外还受弯矩、剪力的受弯杆件。二力杆只有轴力，梁式杆一般应包括有弯矩、剪力和轴力。分析时一般应先分析体系的几何组成，以便选择恰当的计算方法。

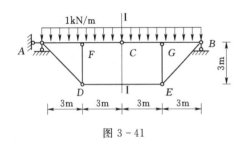

图 3-41

【例 3-17】 作出如图 3-41 所示组合屋架的内力图。

解：（1）求支座反力。

$$\sum F_x = 0，F_{Ax} = 0$$

利用对称性可得

$$F_{Ay} = 6kN(\uparrow)$$
$$F_{By} = 6kN(\uparrow)$$

（2）计算链杆轴力。几何组成分析：该组合结构是由 ADC 和 BCE 两个刚片用铰 C 和链杆 DE 连接而成的几何不变无多余约束的组合结构。计算内力时，先作截面 I—I，截断铰 C 和链杆 DE，隔离体如图 3-42（a）所示。

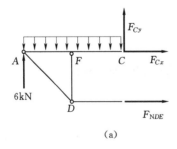

(a)

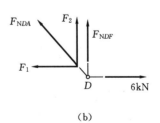

(b)

图 3-42

由力矩平衡方程可得

$$\sum M_C = 0$$
$$6 \times 6 - 1 \times 6 \times 3 - F_{NDE} \times 3 = 0$$

$$F_{NDE} = 6kN$$

再由 D 结点的平衡，如图 3-42（b）所示，得

$$\sum F_x = 0, \quad F_1 = 6kN$$

$$F_2 = 6kN$$

$$F_{NDA} = 6 \times \sqrt{2} \approx 8.49kN$$

$$\sum F_y = 0, \quad F_{NDF} = -6kN（压力）$$

（3）计算梁式杆的内力。取梁式杆 AFC 为研究对象，隔离体受力如图 3-43（a）所示，控制截面为 A、F、C。结点 A 的隔离体图如图 3-43（b）所示。

$$\sum F_x = 0, \quad F_{NAF} = -6kN（压力）$$

$$\sum F_y = 0, \quad F_{QAF} + 6 - 6 = 0, \quad F_{QAF} = 0$$

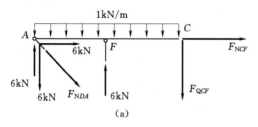

（a）　　　　　　　　　　（b）

图 3-43

梁式杆 AFC 中：

$$\sum F_x = 0, \quad F_{NCF} + 6 = 0, \quad F_{NCF} = -6kN（压力）$$

由

$$\sum F_y = 0, \quad 1 \times 6 + 6 - 6 - 6 + F_{QCF} = 0$$

得

$$F_{QCF} = 0$$

由 A 向 F 计算，得

$$M_{FA} = -1 \times 3 \times 1.5 = -4.5kN \cdot m（上部受拉）$$

$$F_{QFA} = -6 + 6 - 1 \times 3 = -3kN$$

$$F_{NFA} = -6kN（压力）$$

由 C 向 F 计算，得

$$M_{FC} = -4.5kN \cdot m（上部受拉）$$

$$F_{QFC} = 1 \times 3 = 3kN$$

$$F_{NFC} = -6kN（压力）$$

因结构对称、荷载对称和内力分布对称，计算 AFC 后，右半部分 CGB 可根据对称关系求得。

（4）作内力图（M 图、F_N 图、F_Q 图）。作 M 图时，因梁式杆上有均布荷载 q，在控制截面弯矩值连虚直线后，还应叠加简支梁弯矩图。M 图、F_N 图、F_Q 图如图 3-44 所示。

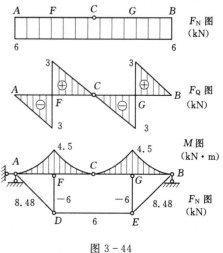

图 3-44

计算组合结构时应注意以下几点：

（1）注意区分链杆（只受轴力）和梁式杆（受轴力、剪力和弯矩）。

（2）前面关于桁架结点的一些特性对有梁式杆的结点不再适用。

（3）一般先计算反力和链杆的轴力，然后计算梁式杆的内力。

（4）取脱离体时，尽量不截断梁式杆。

第七节　静定结构的静力特性

前面已经学习了各种结构形式的静定结构，如静定梁、静定刚架、静定三铰拱、静定桁架等。虽然它们的结构形式各不相同，但不难发现，这些静定结构都有着共同的特性。掌握好这些特性，对于掌握静定结构的性能和内力计算会起到一定的帮助作用。

一、静定结构的基本性质

静定结构的基本性质可以从以下两个方面去理解：一是几何组成方面，根据平面体系的几何组成分析和对前述各节内容的学习可知，静定结构在几何组成方面是没有多余联系的几何不变体系；二是静力分析方面，对任一给定的荷载，其全部反力和内力都可以由静力平衡条件求出，而且得到的解答是唯一的有限值。这一静力特性称为**静定结构解答的唯一性定理**。根据这一特性，在静定结构中，凡是能够满足全部静力平衡条件的解答就是真正的解答，并可确定再无任何其他解答存在。

二、静定结构的派生性质

根据静定结构解答的唯一性定理，可以派生出静定结构的其他静力特性，通常称为**静定结构的派生性质**。

1. 除荷载以外的其他任何原因（如温度改变、支座移动、制造误差和材料收缩等）均不会引起静定结构的反力和内力

现以图 3-45 所示情况进行说明。图 3-45（a）所示悬臂梁，在图示温度改变时，将会自由地伸长和弯曲，因而不会产生任何反力和内力。又如图 3-45（b）所示简支梁，当支座 B 发生沉降时，梁将绕支座 A 自由转动而随之产生位移，同样不会有任何反力和内力产生。事实上，在上述情况中，均没有荷载作用，即作用于结构上的是零荷载，此时能够满足结构所有各部分平衡条件的只能是零反力和零内力，由静定结构解答的唯一性可知，这就是唯一的、真正的答案。由此可以推断，荷载以外其他任何外因均不会使静定结构产生反力和内力。

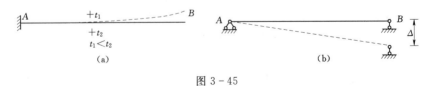

图 3-45

2. 反力和内力与构件材料、截面形状和尺寸无关

静定结构的反力和内力是通过平衡求得的，只与结构所受的荷载有关，而与构件所用的材料以及构件截面的形状和尺寸无关。

3. 平衡力系的影响

平衡力系作用于静定结构的某一几何不变部分时，除该部分受力外，其余部分的反力和内力均为零。这一特性同样可由静定结构解答的唯一性证实。如图 3 - 46（a）所示刚架，由于附属部分 BC 上无荷载，由平衡条件知其反力、内力均为零；再以 AC 为隔离体，可知 A 支座反力也为零，AD、FC 部分均无外力，内力亦全为零；而 DEF 部分由于本身为几何不变，故在平衡力系作用下仍能独立的维持平衡，弯矩图如图 3 - 46（a）中的阴影部分所示。又如图 3 - 46（b）所示桁架，只有几何不变部分 CDEF（图中阴影部分）上受力，而其余部分各杆内力和支座反力由平衡条件可求得，它们均等于零，若设想其余部分均不受力而将它们去掉，则剩下的部分由于本身是几何不变的，因而在平衡力系作用下，仍能处于平衡状态。这表明，结构上的全部反力和内力都能由静力平衡条件求出。由静力解答的唯一性可知，这样的内力状态必然是唯一正确的解答。

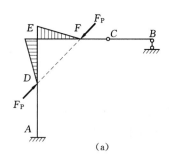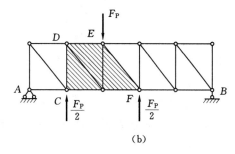

图 3 - 46

4. 荷载等效变换的影响

两种荷载如果合力相同（主矢对任何一点的主矩相等），则称它们为等效荷载。所谓荷载等效变换就是将一种荷载变换为另一种静力等效的荷载。当静定结构某一几何不变部分上的荷载作等效变换时，其余部分的内力保持不变。这一特性可通过上一个特性来说明。设在静定结构的某一几何不变部分 AB 上作用有两种不同但静力等效的荷载 F_{P1}、F_{P2}，其产生的内力分别为 F_1 和 F_2，如图 3 - 47（a）、（b）所示。现在要论证的是，在两种情况下，除 AB 杆外，其余杆的内力和支座反力均相同，即 $F_1 = F_2$。为此，使荷载 F_{P1} 和 $-F_{P2}$ 共同作用于结构上，如图 3 - 47（c）所示，由叠加原理可知，其产生的内力为 $F_1 - F_2$，由于 F_{P1} 和 $-F_{P2}$ 为一组平衡力系，根据静定结构某一几何不变部分受平衡力系作用的特性可知，除 AB 杆外，其余部分的内力应为 $F_1 - F_2 = 0$，故有 $F_1 = F_2$。这就说明，若将 F_{P1} 以其等效荷载 F_{P2} 来替换，只影响 AB 部分的内力，而其余部分的内力和反力均不变，从而证明了这一特性的正确性。

小 结

本章讨论了静定结构的受力分析，基本方法是整体或者局部平衡方法，通过选取平衡对象，建立平衡方程，最终求解支座反力和杆件内力。静定结构受力分析是静定结构位移计算的基础，也是超静定结构分析的基础，在学习的过程中应当熟练掌握。

（1）结构、构件某一截面的内力是以该截面为界，构件两部分之间的相互作用力。当

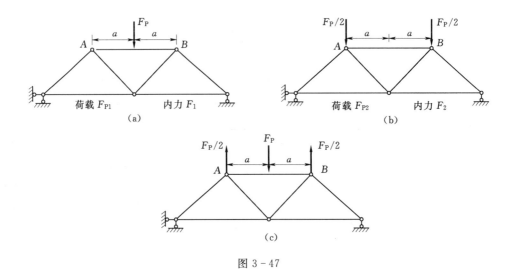

图 3 - 47

构件所受的外力作用在结构、构件轴线同一平面内时，一般情况下，横截面上的内力有轴力、剪力和弯矩。

（2）求内力的基本方法是截面法。用截面法求解内力的步骤为：用假想截面把构件断开为两部分，取任一部分为研究对象，用内力代替两部分的相互作用，最后用平衡方程求出截面上的内力。

为使计算方便，对内力的正负号作出了规定。在计算内力时，应首先假设内力为正，即设正法。

（3）内力方程和内力图。一般情况下，横截面上的内力值随着截面位置的不同而变化，表达内力沿截面变化规律的函数称为内力方程，表达内力方程的图形称为内力图。

（4）计算多跨静定梁时，可以将其分成若干单跨梁分别计算，应首先计算附属部分，再计算基础部分，最后将各单跨梁的内力图连在一起，即可得到多跨静定梁的内力图。

（5）作刚架内力图的基本方法是将刚架拆成单个杆件，求各杆件的杆端内力，分别作出各杆件的内力图，然后将各杆的内力图合并在一起即得到刚架的内力图。在求解各杆的杆端内力时，应注意结点的平衡。

（6）三铰拱的内力计算与相应简支梁的剪力和弯矩联系起来，这样求三铰拱的内力归结为求拱的水平推力和相应简支梁的剪力和弯矩，然后代入相应公式计算即可。

（7）求解静定平面桁架的基本方法是结点法和截面法。前者是以结点为研究对象，用平面汇交力系的平衡方程求解内力，一般首先选取的结点上未知内力的杆件不超过 2 根；而截面法是用假想的截面把桁架断开，取一部分为研究对象，用平面任意力系的平衡方程求解内力。应注意假想的截面一定要把桁架断为两部分，即每一部分必须有一根完整的杆件。

（8）静定组合结构是指由链杆和受弯杆件混合组成的结构。计算其内力的关键是正确区分二力杆件及受弯杆件，在此基础上选择正确的计算方法。一般情况下应先计算桁架杆的轴力，选择截面时，必须注意区分桁架杆和梁式杆，为了避免未知数过多，应尽量避免断开梁式杆。

（9）静定平面结构的特性。静定结构是没有多余联系的几何不变体系；静定结构的反力和内力是只用静力平衡条件就可以确定的，与杆件材料性质、截面形状及尺寸无关；静定结构在温度改变、支座产生位移和制造误差等因素的影响下不会产生内力和反力，但能产生位移；当平衡力系作用在静定结构的某一内部几何不变部分上时，其余部分的内力和反力不受其影响；当静定结构的某一内部几何不变部分上的荷载作等效变换时，只有该部分的内力发生变化，其余部分的内力和反力均保持不变。

思　考　题

3-1　如何进行内力图的叠加？为什么是竖标的叠加而不是图形的拼接？

3-2　如何根据内力的微分、积分关系对内力图进行校核？

3-3　试说明静定结构的几何组成（与基础按两刚片、三刚片规则组成或具有基本部分与附属部分）与计算反力的顺序和方法。

3-4　多跨静定梁为什么要按"先附属，后基础"的顺序进行受力分析？

3-5　简述分段、定点、求值和连线绘制内力图的作法。

3-6　当荷载作用在多跨静定梁基本部分上时，对附属部分是否引起内力？为什么？

3-7　多跨静定梁的基本部分和附属部分的划分在有些情况下是否与所受的荷载有关系？

3-8　如何根据剪力图来作弯矩图？

3-9　桁架的计算简图作了哪些假设？它与实际桁架有哪些差别？

3-10　刚架与梁相比，力学性能有什么不同？内力计算上有哪些异同？

3-11　对于简单桁架和联合桁架，如何利用桁架几何构造的特点简化计算，以避免解联立方程？

3-12　组合结构的计算与桁架的计算有什么不同？应注意哪些特点？

3-13　三铰拱式屋架常加拉杆，为什么？

3-14　能利用拱的反力和内力的计算公式求三铰刚架的反力和内力吗？

3-15　为什么说拱的支座反力和拱的形状无关，而拱的截面内力与拱轴线的形状有关？

3-16　合理拱轴线应满足什么条件？拱的合理拱轴线与哪些因素有关？

3-17　试述画三铰拱内力图的步骤。

习　　题

3-1　试作图示单跨静定梁的内力图。

3-2　试作图示多跨静定梁的内力图。

3-3　试作图示刚架的内力图。

3-4　试作图示刚架的内力图。

3-5　试判断图示各桁架中的零杆。

3-6　试用结点法计算图示桁架各杆的内力。

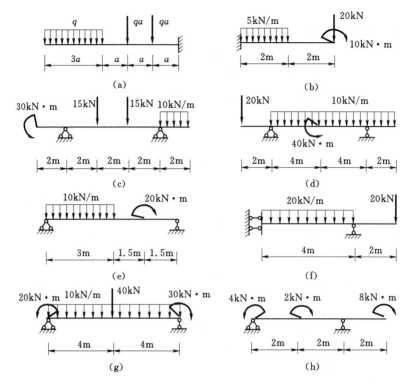

习题 3-1 图

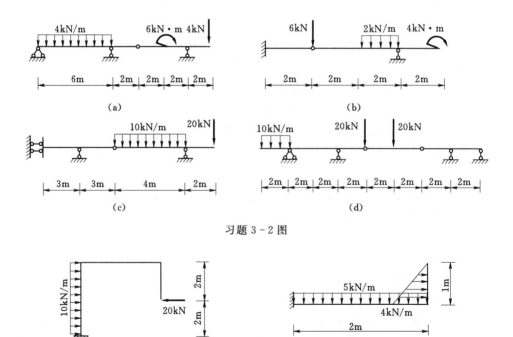

习题 3-2 图

习题 3-3 图 (一)

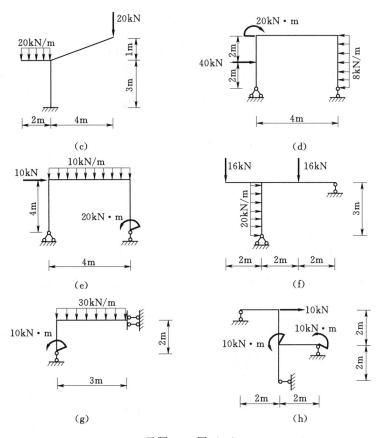

（c）

（d）

（e）

（f）

（g）

（h）

习题 3-3 图（二）

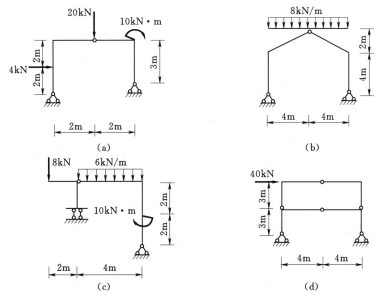

（a）

（b）

（c）

（d）

习题 3-4 图（一）

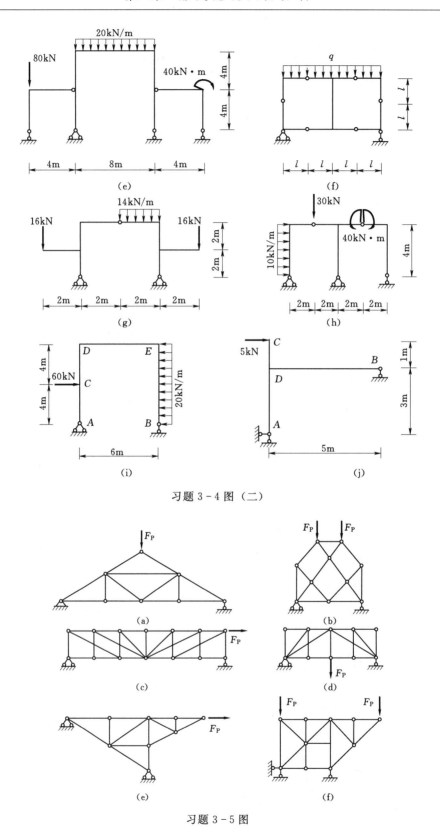

习题 3-4 图（二）

习题 3-5 图

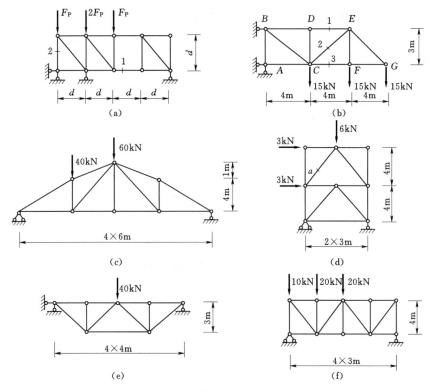

习题 3-6 图

3-7　试用截面法计算图示桁架中指定杆件的内力。

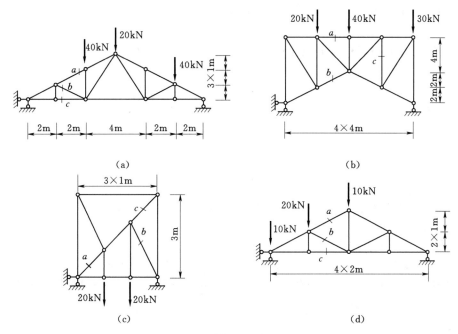

习题 3-7 图

3-8 试求图示抛物线三铰拱 D、K 截面的内力，拱轴线方程为：$y = 4fx(l-x)/l^2$。

3-9 计算图示半圆三铰拱 K 截面的内力 M_K、F_{NK}。已知：$q = 1\text{kN/m}$，$M = 18\text{kN}\cdot\text{m}$。

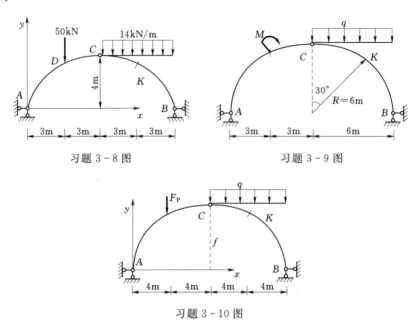

习题 3-8 图　　　　　　　　　习题 3-9 图

3-10 计算图示抛物线三铰拱 K 截面的内力 M_K、F_{NK}，拱轴方程为：$y = 4fx(l-x)/l^2$。已知：$F_P = 4\text{kN}$，$q = 1\text{kN/m}$，$f = 8\text{m}$，$|\varphi_K| = 45°$。

3-11 试求图示半圆弧三铰拱 D 截面的内力。

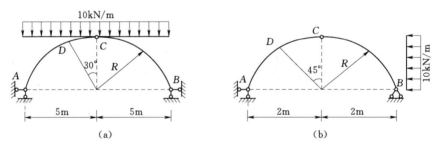

（a）　　　　　　　　　　　（b）

习题 3-11 图

3-12 试计算图示组合结构各链杆轴力，并绘制梁式杆弯矩图。

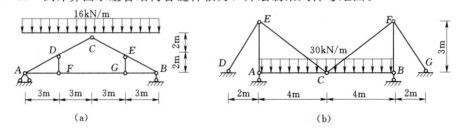

（a）　　　　　　　　　　　（b）

习题 3-12 图（一）

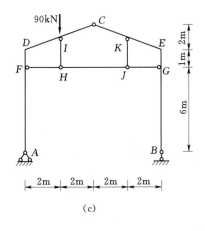

(c)

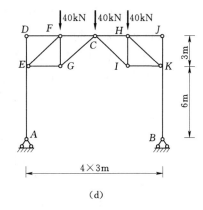

(d)

习题 3-12 图（二）

习 题 参 考 答 案

3-1 (a) 固定端剪力 $5qa$（↑），弯矩 $16.5qa^2$

(b) 固定端剪力 30kN（↑），弯矩 100kN·m（上侧受拉）

(c) 左支座弯矩 30kN·m（上侧受拉），右支座弯矩 20kN·m（上侧受拉）

(d) 左支座弯矩 40kN·m（上侧受拉），右支座弯矩 20kN·m（上侧受拉）

(e) 右支座反力 10.83kN（↑），左支座反力 19.17kN（↑）

(f) 左支座弯矩 120kN·m（下侧受拉）

(g) 右支座反力 61.25kN（↑）

(h) 右支座弯矩 8kN·m（上侧受拉）

3-2 (a) 中间支座弯矩 7kN·m（下侧受拉）

(b) 右支座反力 4kN（↑）

(c) 中间支座反力 10kN（↑）

(d) 右支座反力 10kN（↓）

3-3 (a) 固定端 $M=40$kN·m（左侧受拉）

(b) 固定端 $M=10.67$kN·m（上侧受拉）

(c) 固定端 $M=40$kN·m（左侧受拉）

(d) 右支座反力 9kN（↓）

(e) 右支座反力 25kN（↑）

(f) 右支座反力 22.5kN（↑）

(g) 右支座弯矩 125kN·m（下侧受拉）

(h) 右支座反力 5kN（↑）

3-4 (a) 右支座水平反力 5.43kN（←）

(b) 右支座水平反力 10.667kN（←）

(c) 左支座弯矩 16kN·m（右侧受拉）

(d) 左支座竖向反力 30kN（↓）

(e) 左支座竖向反力 80kN（↑）

(f) 右支座反力 $2ql$（↑）

(g) 左支座竖向反力 19.5kN（↑）

(h) 左支座竖向反力 15kN（↑）

(i) $F_{Ax}=100kN$；$F_{Ay}=66.7kN$；$F_B=-66.67kN$

$M_{DA}=1040kN \cdot m$；$F_{QDA}=-160kN$；$F_{NDA}=-66.67kN$

$M_{EB}=640kN \cdot m$（右侧受拉）；$F_{QEB}=160kN$；$F_{NEB}=66.67kN$

(j) $M_{DC}=5kN \cdot m$（左侧受拉）；$F_{QDC}=5kN$；$F_{NDC}=0kN$

$M_{DB}=20kN \cdot m$（下侧受拉）；$F_{QDB}=-4kN$；$F_{NDB}=0kN$

$M_{DA}=15kN \cdot m$（右侧受拉）；$F_{QDA}=5kN$；$F_{NDA}=4kN$

3-5　(a) 5 根零杆

(b) 8 根零杆

(c) 7 根零杆

(d) 10 根零杆

(e) 9 根零杆

(f) 8 根零杆

3-6　(a) $F_{N1}=0$；$F_{N2}=0$

(b) $F_{N1}=60kN$（拉力）；$F_{N2}=50kN$（压力）；$F_{N3}=-20kN$（压力）

(c) 左起第二节间下弦 $F_N=96kN$（拉力）

(d) $F_{Na}=-1.25kN$（压力）

(e) 中间下弦 $F_N=53.33kN$（拉力）

(f) 左起第二节间下弦 $F_N=22.5kN$（拉力）

3-7　(a) $F_{Na}=96.89kN$（压力）；$F_{Nb}=0kN$；$F_{Nc}=86.67kN$（压力）

(b) $F_{Na}=50kN$（压力）；$F_{Nb}=26.087kN$；$F_{Nc}=-33.34$（压力）

(c) 上弦 $F_N=-6.667kN$（压力）；下弦 $F_N=6.667kN$（拉力）；$F_{Na}=-9.4286kN$（压力）；$F_{Nb}=-14.915kN$（压力）；$F_{Nc}=9.4286kN$（拉力）

(d) $F_{Na}=-22.36kN$；$F_{Nb}=-22.36kN$；$F_{Nc}=40kN$

3-8　$F_{QD}^L=20.8kN$

$M_D=24.7kN \cdot m$（外侧受拉）

$M_K=12.7kN \cdot m$（内侧受拉）

3-9　$F_H=3kN$；$M_K=-2.09kN \cdot m$；$F_{NK}=-4.098kN$

3-10　$F_H=3kN$（→←）；$M_K=2kN \cdot m$；$F_{NK}=-4.242kN$

3-11　(a) $M_D=14.5kN \cdot m$（外侧受拉）

(b) $M_D=4.14kN \cdot m$（外侧受拉）

3-12　(a) $F_{NFG}=72kN$（拉力）

(b) $F_{NDE}=144.2kN$（拉力）

(c) $F_{NHJ}=30kN$（拉力）

（d）水平反力 $F_H = 26.667\text{kN}$

部分习题答案详解请扫描下方二维码查看。

第四章 虚功原理及静定结构位移计算

虚功原理在力学分析中有多方面的应用，可以利用这一原理求结构处于平衡状态时的反力和内力，也可以利用它计算结构在变形状态下的位移。本章首先在刚体虚功原理的基础上导出变形体的虚功原理，然后在此基础上建立起静定结构的位移计算公式，并研究各种因素影响下静定结构的位移计算问题。静定结构的内力计算和位移计算是求解超静定结构的基础，因此要熟练、灵活掌握。

第一节 概 述

一、结构的位移

结构在荷载、温度变化和支座位移等因素作用下会产生变形和位移。**变形**是指结构原有形状的变化。**位移**包括线位移和角位移两种，线位移是指结构上各点位置的移动，而角位移是指杆件横截面产生的转角。如图 4-1（a）所示结构，在荷载 q 作用下，产生虚线所示的变形和位移。此时，A 点移动的距离 $\Delta_A = \overline{AA'}$，称为结点 A 的线位移。将 Δ_A 沿水平和竖向分解为两个分量 Δ_{Ax} 和 Δ_{Ay}，如图 4-1（b）所示，它们分别称为 A 点的水平位移分量和竖向位移分量，简称水平位移和竖向位移。同时，A 截面转动了一个角度 φ_A，φ_A 称为 A 截面的角位移（或称为转角）。这种线位移和角位移习惯上称为**绝对位移**，通常简称为位移。

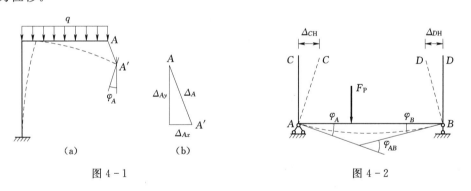

图 4-1 图 4-2

除上述绝对位移外，还有一种**相对位移**。如图 4-2 所示的刚架，在荷载 F_P 作用下，发生图中虚线所示的变形。C、D 两点的水平位移分别为 Δ_{CH} 和 Δ_{DH}，它们之和 $(\Delta_{CD})_H = \Delta_{CH} + \Delta_{DH}$，称为 C、D 两点的水平相对线位移。A、B 两个截面的转角分别为 φ_A 及 φ_B，它们之和 $\varphi_{AB} = \varphi_A + \varphi_B$，称为两个截面的相对角位移。

为了方便起见，将以上线位移、角位移以及相对位移统称为**广义位移**。

二、结构产生位移的因素

结构产生位移的外界因素主要有以下三个：

(1) 荷载。结构在荷载作用下产生内力，材料由此产生应变，从而使结构产生位移。

(2) 温度变化。当结构受到温度变化的影响时，材料会热胀冷缩，由此使结构产生位移。

(3) 支座位移。当地基发生沉降时，结构的支座会发生移动和转动，由此使结构产生位移。

其他如材料的干缩及结构构件尺寸的制造误差等也会使结构产生位移。

三、计算结构位移的目的

在工程设计和施工过程中，结构位移计算是很重要的，概括地说，它主要有以下三个目的：

(1) 验算结构的刚度。所谓结构的刚度验算，是指验算结构的位移是否超过允许的位移限值。例如，吊车梁允许的挠度值通常规定为跨度的 1/600；桥梁建筑中钢板梁的最大挠度一般不得超过其跨长的 1/700。

(2) 为超静定结构的内力分析打下基础。分析超静定结构的内力时，不仅要考虑平衡条件，还必须考虑变形条件，而建立结构的变形条件，就必须计算结构的位移。

(3) 为制作、架设结构等提供位移依据。在跨度较大的结构中，有时为了避免产生显著的下垂现象，可预先将结构做成与挠度反向的弯曲，这种做法在工程上称为**建筑起拱**，简称起拱。如图 4-3（a）所示的屋架，在屋盖自重作用下，下弦各结点将产生虚线所示的竖向位移，其中结点 C 的竖向位移为最大。为了减少屋架在使用阶段下弦各结点的竖向位移，制作时通常将各下弦杆的实际下料长度做得比设计长度长些，以使屋架拼装后，结点 C 位于 C′ 的位置，如图 4-3（b）所示。这样，在屋盖系统施工完毕后，屋架在自重作用下，它的下弦各杆能接近于水平位置。显然，欲知道 CC′（即 Δ_{max}）的大小及各下弦杆的实际下料长度，就必须研究屋架的变形与位移间的关系。

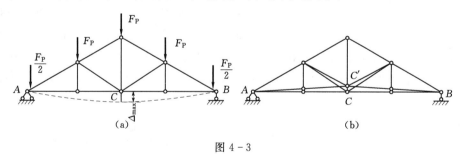

图 4-3

此外，在结构的动力和稳定计算中，也要涉及结构的位移计算。

四、计算位移时采用的有关假定

计算结构的位移必须涉及材料的性质，在今后的分析中，如无特别说明，一律将结构视为由线弹性材料组成，在计算结构位移时，为了简化常采用以下假定：

(1) 结构的材料服从胡克定律，即应力与应变成线性关系。

(2) 结构产生的变形在弹性变形范围，属小变形，允许以变形前的原始尺寸作为计算依据。

(3) 结构各部分之间为理想连接，不考虑摩擦阻力等的影响。

（4）当一直杆在杆端承受轴向力并同时有横向力作用而弯曲时，不考虑纵向弯曲问题（分析稳定时除外）。

对于工程实际中大多数结构来说，按上述假定计算的结果具有足够的精度。满足上述假定条件的为理想体系，其位移与荷载之间为线性关系，称为线性变形体系，计算其位移时可以应用叠加原理。

结构位移计算是一个几何问题，但在结构分析中，计算位移通常不用几何法而用**虚功法**。虚功法的理论基础是**虚功原理**，所以本章先讨论虚功原理，然后介绍静定结构的位移计算，最后讨论常用的四个互等定理。

第二节　虚功原理[❶]及应用

一、虚功的概念

在力学中，功包含力和位移两个因素。外力或内力在自身引起的位移上所做的功，称为实功；外力或内力在其他原因引起的位移上做功，即做功的力与相应的位移彼此独立，

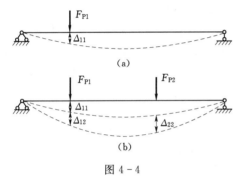

图 4-4

二者无因果关系，这时力所做的功称为**虚功**。如图 4-4（a）所示简支梁，在静力荷载 F_{P1} 的作用下（所谓"静力荷载"是指所加的荷载 F_{P1} 是从零缓慢逐渐地加到其最终值），结构发生如图 4-4（a）虚线所示的变形，达到平衡状态，此时 F_{P1} 作用点沿 F_{P1} 方向产生了位移 Δ_{11}。若在此基础上，又在梁上施加另外一个静力荷载 F_{P2}，梁就会达到新的平衡状态，如图 4-4（b）所示，F_{P1} 作用点沿 F_{P1} 方向又产生了位移 Δ_{12}（此时 F_{P1} 不再是静力荷载，而是一个恒力）。

F_{P2} 的作用点沿 F_{P2} 方向产生了位移 Δ_{22}，那么，由于 F_{P1} 不是产生 Δ_{12} 的原因，所以 F_{P1} 在位移 Δ_{12} 上所做的功就是虚功；而 F_{P2} 是产生 Δ_{22} 的原因，所以 F_{P2} 在位移 Δ_{22} 上所做的功是实功。

对于虚功，要注意两点：

（1）做功的力和相应的位移是彼此独立的两个因素，因此可将二者看成是分别属于同一体系的两种彼此无关的状态，其中力系所属状态称为力状态，如图 4-5（a）所示；位移所属状态称为位移状态，如图 4-5（b）所示。如用 W 表示力状态的力在位移状态的相应位移上所做的虚功，则有

$$W = F_P \Delta_{12}$$

（2）在虚功中，做功的力不限于集中力，它们可以是力偶，也可以是一组包括支座反力在内的力系。如图 4-6（a）所示力偶对如图 4-6（b）所示位移状态下的位移上所做

---

❶　约翰·伯努利（John Bernoulli，1667—1748）在 1725 年发表的《新的力学或静力学》中给出了虚功原理的最初表述，现在的表述是科里奥利在 19 世纪初提出的。

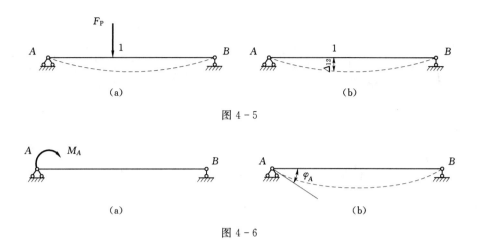

图 4 - 5

图 4 - 6

的虚功为

$$W = M_A \varphi_A$$

又如图 4-7（a）所示力状态，它在如图 4-7（b）所示位移状态下的位移上所做的虚功为

$$W = F_{P1}\Delta_1 + F_{P2}\Delta_2 + M_1\varphi_1 + F_{R1}c_1 + F_{R2}c_2 = \sum P\Delta$$

式中　P ——包括力状态中的集中力、集中力偶和支座反力等，这些与力有关的因素统称为**广义力**；

Δ ——位移状态中与广义力对应的位移因素，这些与位移有关的因素统称为**广义位移**。

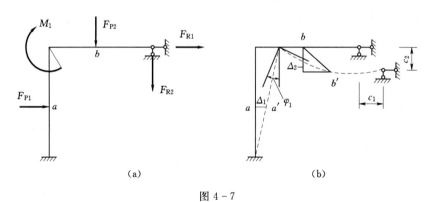

图 4 - 7

二、刚体体系的虚功原理及应用

图 4-8 给出了两种刚体体系的力状态和对应的位移状态，则：

对于图 4-8（a）：外力虚功为 $W_e = \int_0^l q\,\mathrm{d}x\varphi x - \dfrac{1}{2}ql^2\varphi = 0$，内力虚功为 $W_i = 0$。

对于图 4-8（b）：外力虚功为 $W_e = \int_0^l q\,\mathrm{d}x\dfrac{\Delta}{l}x - \dfrac{1}{2}ql^2\Delta = 0$，内力虚功为 $W_i = 0$。

通过以上计算可以看出刚体体系在力状态满足平衡条件，位移状态满足变形协调条件

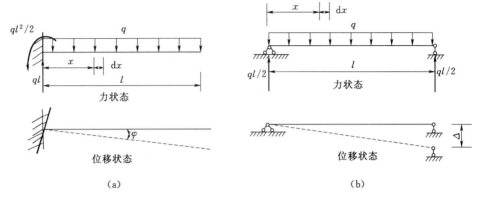

图 4 - 8

下，外力虚功与内力虚功都等于零。根据从特殊到一般的逻辑思维，刚体体系上虚功原理可表述为：**在具有理想约束的刚体体系上，如果力状态中的力系满足平衡条件，位移状态中的刚体位移能与约束几何相容，则外力虚功恒等于内力虚功，都等于零。即**

$$W_e = W_i = 0 \qquad (4-1)$$

式（4-1）称为刚体体系的**虚功方程**。

由于虚功原理中有两种彼此独立的状态（力状态和位移状态），因此在应用虚功原理时，可以根据不同的需要，将其中一个状态看作虚设的，而另一个状态则是问题的实际状态。根据虚设对象的不同选择，虚功原理主要有两种应用形式：虚设位移，求未知力；虚设力系，求位移。可解决两类问题，下面举例说明。

1. 虚设位移，求未知力——虚位移原理

应用虚功原理求某一体系的未知力时，以体系实际的内、外力平衡状态作为力状态，再根据所要求的未知力适当选择虚设位移。

如图 4-9（a）所示一静定梁，现欲求 B 端的支座反力 X。为了使该梁发生刚体位移，可去掉与力 X 相应的约束（即支座 B），并以未知力 X 代替其作用。于是，原结构变成自由度为 1 的机构，它在外力 F_{Ax}、F_{Ay}、F_P、X 作用下维持平衡。现使该机构发生与约束条件相符合的虚位移，如图 4-9（b）所示，并在图 4-9（a）所示力状态与图 4-9（b）所示位移状态之间建立虚功方程：

$$X\Delta_X + F_P\Delta_P = 0$$

得

$$X = -F_P \frac{\Delta_P}{\Delta_X} \qquad (a)$$

式中　Δ_X 和 Δ_P——沿 X 和 F_P 方向的虚位移。

根据几何关系有

$$\Delta_X = l\varphi, \quad \Delta_P = -a\varphi$$

式中，Δ_P 中的负号是由于它的方向与 F_P 的方向相反。以此代入式（a）即可求得

$$X = F_P \frac{a}{l}$$

上述计算是在实际的力状态与虚设位移状态之间应用虚功原理，这种形式的应用称为**虚位移原理**。由此建立的虚功方程实质上描述了实际受力状态的平衡关系（在本例中，所得虚功方程与 $\sum M_A = 0$ 的方程相同）。这种方法的特点是将一个静力平衡问题转化为几何问题，即利用 Δ_X、Δ_P 的几何关系来计算未知力 X。

由于所设的 Δ_X 的大小并不影响拟求未知力 X 的数值，为了计算上的方便，可以设 $\Delta_X = \delta_X = 1$，如图 4-9 (c) 所示，此时 $\Delta_P = \delta_P = -a/l$，故 $X = -F_P\delta_P = F_P a/l$。这种在拟求未知力方向虚设单位位移的方法称为**单位位移法**。

2. 虚设力，求未知位移——虚力原理

应用虚功原理求某一体系的未知位移时，以体系的实际的已知位移状态作为虚功原理的位移状态，再根据所要求的未知位移适当选择虚设力状态。

如图 4-10 (a) 所示静定梁的支座 B 向下移动一个已知距离 c，现拟求 C 点的竖向位移 Δ_{CV}。为此，在 C 点沿竖向加一外力 F_P，并以此为梁的虚力状态，如图 4-10 (b) 所示。这一虚力状态在如图 4-10 (a) 所示的位移上做虚功，虚功方程为

$$F_P\Delta_{CV} - F_{By}c = 0$$

得
$$\Delta_{CV} = F_{By}\frac{c}{F_P} = \frac{F_P a}{l}\frac{c}{F_P} = \frac{a}{l}c \tag{b}$$

为了便于计算，可以在拟求位移 Δ_{CV} 方向虚设单位荷载 $F_P = 1$，由图 4-10 (c) 可得

$$\Delta_{CV} = \overline{F}_{By}c = \frac{a}{l}c$$

这一沿所求位移方向虚设单位荷载 $F_P = 1$ 的方法即称为**单位荷载法**。

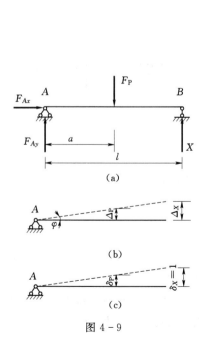

图 4-9

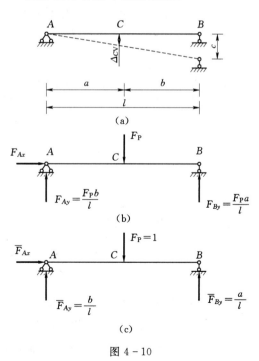

图 4-10

上述计算是在虚设的力状态与实际位移状态之间应用虚功原理，这种形式的应用称为**虚力原理**。由此建立的虚功方程实质上描述了各实际位移之间的几何关系。这种方法的特点是把一个寻求未知位移的几何问题，转化为静力平衡问题，即利用 $\overline{F}_{By}$、$F_P=1$ 的静力平衡关系来计算未知位移 Δ_{CV}。

三、变形体的虚功原理及应用

前面讨论了刚体体系这一特殊情况下的虚功原理（虚位移原理和虚力原理），在此基础上进一步讨论变形体体系的虚功原理。在刚体体系的虚功原理中，由于刚体的应变恒为零，故内力所做的虚功恒为零，因此只需考虑外力所做的虚功，通过计算得出外力所做的虚功也为零，即得出刚体体系的虚功原理为外力虚功恒等于内力虚功，都等于零。而在变形体体系的虚功原理中，由于变形体中存在应变，因而既要考虑外力虚功，也要考虑内力所做的虚功。根据刚体的虚功原理，按照从特殊到一般的推理原则，总结得出变形体的虚功原理，**即在具有理想约束的变形体系上，设变形体在力系作用下处于平衡状态，又设变形体由于其他原因产生符合约束条件的微小连续变形，则外力在位移上所做虚功 W_e 恒等于各个微段的内力在相应变形上所做的内力虚功 W_i，即有**

$$W_e = W_i \tag{4-2}$$

式（4-2）称为变形体系的虚功方程。

下面将先给出变形直杆的外力虚功和内力虚功的表达式，然后讨论变形体系虚功原理的应用。

1. 变形直杆的外力虚功和内力虚功

设变形直杆 AB 的力状态如图 4-11 所示，其中图 4-11（b）表示任一微段 $\mathrm{d}x$ 上作用的切割面内力和外荷载情况。变形直杆 AB 的位移状态如图 4-12 所示，其中图 4-12（b）表示任一微段 $\mathrm{d}x$ 的相对变形情况。

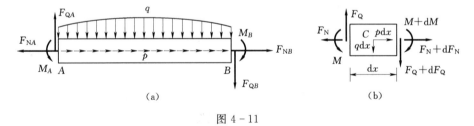

图 4-11

图 4-11（a）中的平衡受力状态在图 4-12（a）中连续变形状态上做虚功，以 W_e 表示变形直杆的外力虚功，则有

$$W_e = (F_{NB}u_B + F_{QB}\omega_B + M_B\theta_B) - (F_{NA}u_A + F_{QA}\omega_A + M_A\theta_A) + \int_A^B (pu + q\omega)\mathrm{d}x \tag{4-3}$$

式中前两项是杆端力做的虚功，第三项是分布荷载做的虚功。

图 4-11（b）中的平衡受力状态在图 4-12（b）中连续变形状态上做虚功，以 W_i 表示变形直杆的内力虚功，则微段 $\mathrm{d}x$ 两端面的内力在相应微段变形上做的内力虚功为

$$\mathrm{d}W_i = F_N \mathrm{d}u + F_Q \mathrm{d}\omega + M\mathrm{d}\theta$$

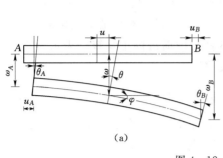 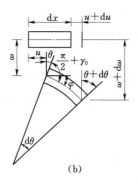

(a)   (b)

图 4-12

微段 dx 的局部应变包括三部分，即轴向线应变、平均剪应变和轴线曲率，根据材料力学的相关知识，得

$$\varepsilon = \frac{du}{dx}, \quad \gamma_0 = \varphi = \frac{d\omega}{dx}, \quad \kappa = \frac{1}{\rho}$$

根据微段 dx 的三类应变，可求得微段两端截面的三种相对位移，代入上式得

$$dW_i = F_N \varepsilon dx + F_Q \gamma_0 dx + M\kappa dx$$

因此，整个变形体的内力虚功为

$$W_i = \int_A^B (F_N \varepsilon dx + F_Q \gamma_0 dx + M\kappa dx) \tag{4-4}$$

将式（4-3）和式（4-4）代入式（4-2），得

$$(F_{NB} u_B + F_{QB} \omega_B + M_B \theta_B) - (F_{NA} u_A + F_{QA} \omega_A + M_A \theta_A)$$

$$+ \int_A^B (pu + q\omega) dx = \int_A^B (F_N \varepsilon dx + F_Q \gamma_0 dx + M\kappa dx) \tag{4-5}$$

如果杆上除分布荷载外，还有集中荷载，只需在外力虚功 W_e 中加入集中荷载 F_P 做的虚功 $\sum F_P \Delta$（Δ 是与 F_P 相应的位移），便得到推广的变形体虚功方程。

对于杆系结构，对每个杆件分别应用式（4-5），然后进行叠加，可得杆件体系的虚功方程为

$$\sum [M\theta + F_N u + F_Q \omega]_A^B + \sum \int_A^B (pu + q\omega) ds + \sum F_P \Delta$$

$$= \sum \int_A^B (M\kappa ds + F_N \varepsilon ds + F_Q \gamma_0 ds) \tag{4-6}$$

式中等号左边第一项是所有各杆杆端力所做虚功总和。

现将所有杆的杆端截面分为两类：

（1）杆端截面是结构内部结点处的杆端截面（图 4-13 中杆件 1、2、3 杆的截面 A_1、A_2、A_3），由于结点本身处于平衡状态，因此在同一结点周围各杆的杆端力组成一个平衡力系，它们在结点位移上所做虚功总和等于零。

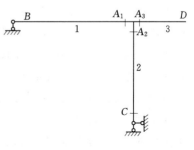

图 4-13

（2）杆端截面是结构的边界截面（图 4-13 中的截面 B、C、D）。这些杆端力的虚功总和就是结构边界外力的虚功，包括边界荷载和支座反力的虚功。其中支座反力的虚功可记为 $\sum F_{RK}c_K$，这里 F_{RK} 是支座反力，c_K 是与 F_{RK} 相应的支座位移。

通常可将结构边界荷载所作虚功与各杆集中荷载的虚功统一表示为 $\sum F_P\Delta$，于是可得到杆件结构（体系）虚功方程的一般表达形式：

$$\sum F_P\Delta + \sum F_{RK}c_K + \sum \int(pu + q\omega)\mathrm{d}s = \sum\int_A^B(M\kappa\,\mathrm{d}s + F_N\varepsilon\,\mathrm{d}s + F_Q\gamma_0\,\mathrm{d}s) \quad (4-7)$$

式中等号左边第一项和第三项分别表示集中荷载和分布荷载做的虚功。这两项也可合成一项，仍记为 $\sum F_P\Delta$，则式（4-7）还可简写为

$$\sum F_P\Delta + \sum F_{RK}c_K = \sum\int_A^B(M\kappa + F_N\varepsilon + F_Q\gamma_0)\mathrm{d}s \quad (4-8)$$

式（4-8）即为变形体虚功方程的一般表达式，从变形体虚功方程的形成过程可以看出以下几点：

（1）刚体的虚功方程是变形体虚功方程的特殊形式。

（2）虚功方程实际上是平衡方程和协调方程的总和。

（3）虚功原理仅是必要性命题，即力状态必须满足平衡条件，位移状态必须满足协调条件。

（4）以上结论与材料物理性质及具体结构无关，因此，虚功原理适用于一切线性、非线性、静定、超静定结构。

2. 变形体虚功原理的应用

与刚体的虚功原理一样，变形体系的虚功原理也有两种不同形式的应用。由于力系的平衡条件和变形的协调条件是应用变形体虚功原理时所需满足的全部条件，而上述两方面的条件是分别对力系和变形独立给出的，即力状态和位移状态彼此是独立无关的。因此，如果力系是给定的，则位移是虚设的，式（4-8）便称为变形体的虚位移方程，它代表力系的平衡方程，可用于求力系的某未知力；如果位移是给定的，力系是虚设的，则式（4-8）称为变形体的虚力方程，它代表几何协调方程，可用于求给定变形状态中的某未知位移。下面将根据变形体的虚力方程推导结构位移计算的一般公式。

第三节　结构位移计算的一般公式

现在讨论建立平面杆系结构位移计算的一般公式。对于图 4-14（a）所示平面杆系结构，荷载、温度变化及支座移动等因素引起了图 4-14（a）中虚线所示变形，这是结构的实际位移状态，简称为实际状态。现要求该结构上某点 K 沿任一指定方向 $k-k$ 上的位移 Δ_K。为了应用变形体的虚功原理求解这一位移状态中的位移，还需要建立一个力状态。由于力状态和位移状态是彼此独立无关的，因此，可以根据计算的需要来假设力状态。为了使待求的位移 Δ_K 包含在外力虚功中，并直接得到所求的位移，可以只在 K 点沿待求位移的 $k-k$ 方向施加一虚设的集中荷载 F_K，F_K 的大小可以任意假设，为了计算方便，可设 $F_K=1$，这样建立的状态就是力状态，如图 4-14（b）所示。在该单位荷载

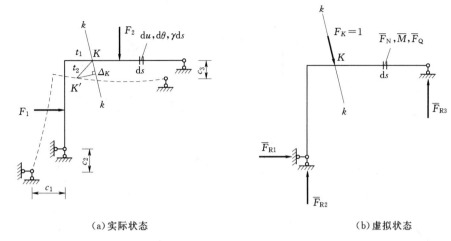

（a）实际状态　　　　　　　　　　　　　　（b）虚拟状态

图 4 - 14

$F_K = 1$ 作用下，结构将产生虚反力 $\overline{F}_R$ 和虚内力 $\overline{F}_N$、$\overline{F}_Q$、$\overline{M}$，它们构成一个虚设力系，由于这时的力状态是根据计算需要假设的，故称为虚拟状态。根据式（4 - 8）有

$$F_K \Delta_K + \overline{F}_{R1} c_1 + \overline{F}_{R2} c_2 + \overline{F}_{R3} c_3 = \sum \int \overline{F}_N \varepsilon \, ds + \sum \int \overline{M} \kappa \, ds + \sum \int \overline{F}_Q \gamma_0 \, ds$$

或

$$\Delta_K = \sum \int \overline{F}_N \varepsilon \, ds + \sum \int \overline{M} \kappa \, ds + \sum \int \overline{F}_Q \gamma_0 \, ds - \sum \overline{F}_{Ri} c_i \qquad (4 - 9)$$

式（4 - 9）就是计算结构位移的一般公式。应用式（4 - 9）计算位移时，因为虚拟状态中的虚拟力是一个单位荷载，故此法也称为**单位荷载法**[1]。它可以用于计算静定或超静定平面杆件结构由于荷载、温度变化和支座沉陷等因素的作用所产生的位移，并且适用于弹性或非弹性材料的结构。

此外，式（4 - 9）不仅可以用于计算结构的线位移，而且可以计算任一广义位移（如角位移和相对位移等），只要虚力状态中的单位荷载是与所计算的广义位移相对应的广义力即可。下面就几种情况具体说明如下：

（1）当要求某点沿某方向的线位移时，应在该点沿所求位移方向加一个单位集中力。如图 4 - 15（a）所示即为求 A 点垂向位移时的虚力状态。

（2）当要求某截面的角位移时，则应在该截面处加一单位力偶，如图 4 - 15（b）所示。

（3）当求桁架某杆的角位移时，则在该杆两端加一对与杆轴垂直的反向平行力使其构成一个单位力偶，力偶中每个力都等于 $1/l$，如图 4 - 15（c）所示。

（4）当求结构上某两点 C、D 的相对线位移时，则在此二点连线上加一对方向相反的单位集中力，如图 4 - 15（d）所示。

（5）当求结构上某两个截面 E、F 的相对角位移时，则在此二截面上加一对转向相反

　　[1]　单位荷载法是由麦克斯韦于 1864 年、莫尔于 1874 年各自独立地发展了这个方法，故又称为麦克斯韦-莫尔法。

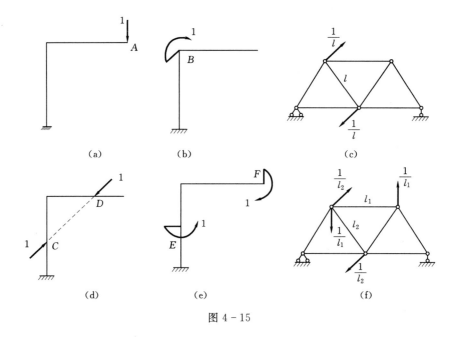

图 4 - 15

的单位力偶，如图 4 - 15（e）所示。

（6）当求桁架某两杆的相对角位移时，则在此二杆上加两个转向相反的单位力偶，如图 4 - 15（f）所示。

以上几种情况都是根据拟求的广义位移来虚设对应的广义力。虚功方程中的外力虚功项即为广义力与相应的广义位移的乘积。注意到广义力仍是一种单位力，所以可以应用式（4 - 9）来计算各种广义位移。

第四节　静定结构在荷载作用下的位移计算

现在根据位移计算的一般公式（4 - 9）导出荷载作用下位移计算的公式。本节中只讨论静定结构，而且材料是线弹性的情况。

当结构只受到荷载作用时，由于没有支座移动，故式（4 - 9）中的 $\sum \overline{F}_{Ri} c_i$ 一项为零，因而式（4 - 9）可简化为

$$\Delta_{KP} = \sum \int \overline{F}_N \varepsilon \, ds + \sum \int \overline{M} \kappa \, ds + \sum \int \overline{F}_Q \gamma_0 \, ds \qquad (4 - 9a)$$

式中　ε、κ、γ_0——实际状态中微段的轴向应变、曲率、平均剪应变。

若实际荷载引起的内力为 M_P、F_{NP}、F_{QP}，在线弹性范围内，由材料力学可知

$$\kappa = \frac{M_P}{EI} \qquad (4 - 9b)$$

$$\varepsilon = \frac{F_{NP}}{EA} \qquad (4 - 9c)$$

$$\gamma_0 = \frac{k F_{QP}}{GA} \qquad (4 - 9d)$$

式中　EA、GA、EI——杆件截面的抗拉、抗剪和抗弯刚度；

　　　　k——剪应力沿截面分布不均匀而引进的修正系数，其值与截面形状有关，也叫截面形状系数。

k 的计算公式为

$$k = \frac{A}{I^2} \int_A \frac{S_z^{*2}}{b^2} \mathrm{d}A \qquad (4-9e)$$

式中　b——所求剪应力处截面的宽度；

　　　　S_z^*——该处一侧截面面积对中性轴 z 的静矩。

矩形截面 $k = 6/5$，圆形截面 $k = 10/9$，薄壁圆环截面 $k = 2$，"工"字形截面 $k \approx \frac{A}{A'}$（A' 为腹板截面积）。

将式（4-9b）~式（4-9d）代入式（4-9a）得静定结构在荷载作用下的位移计算公式：

$$\Delta_{KP} = \sum \int \frac{\overline{F}_N F_{NP} \mathrm{d}s}{EA} + \sum \int \frac{\overline{M} M_P \mathrm{d}s}{EI} + \sum \int \frac{k \overline{F}_Q F_{QP} \mathrm{d}s}{GA} \qquad (4-10)$$

式中　$\overline{M}$、$\overline{F}_N$、$\overline{F}_Q$——虚拟状态中由于广义的虚拟单位荷载所产生的虚内力；

　　　　M_P、F_{NP}、F_{QP}——原结构由于实际荷载作用所产生的内力。

对于静定结构，式中 $\overline{M}$、$\overline{F}_N$、$\overline{F}_Q$ 和 M_P、F_{NP}、F_{QP} 等均可通过静力平衡条件求得，故可以利用该式计算静定结构在荷载作用下的位移，轴力以拉为正，剪力以使脱离体顺时针转为正，弯矩以杆件同侧受拉为正。

式（4-10）等号右边的三项分别代表了杆件的轴向变形、弯曲变形和剪切变形对结构位移的影响，该式只适用于线弹性结构。在实际计算中，根据杆件的受力情况以及上述三种基本变形对结构位移影响的大小，式（4-10）还可作相应简化。

（1）在梁和刚架中，位移主要是弯矩引起的，轴力和剪力的影响较小，因此位移公式（4-10）可简化为

$$\Delta_{KP} = \sum \int \frac{\overline{M} M_P \mathrm{d}s}{EI} \qquad (4-11)$$

（2）在桁架中，各杆只受轴力，而且每根杆的截面面积 A 以及轴力 $\overline{F}_N$ 和 F_{NP} 沿杆长一般都是常数，因此位移公式（4-10）可简化为

$$\Delta_{KP} = \sum \int \frac{\overline{F}_N F_{NP} \mathrm{d}s}{EA} = \sum \frac{\overline{F}_N F_{NP}}{EA} \int \mathrm{d}s = \sum \frac{\overline{F}_N F_{NP} l}{EA} \qquad (4-12)$$

（3）在组合结构中，有两类不同性质的受力杆件，一类是以受弯为主的弯曲杆件，另一类是只有轴向变形的杆件，故位移公式（4-10）可简化为

$$\Delta_{KP} = \sum \int \frac{\overline{M} M_P \mathrm{d}s}{EI} + \sum \frac{\overline{F}_N F_{NP} l}{EA} \qquad (4-13)$$

需要注意，式（4-13）中等号右边的第二项只是对仅受轴力的杆件而言的，它不包含受弯杆件中轴向变形的影响。

（4）在拱中，当不考虑曲率的影响时，其位移可近似按式（4-10）计算。通常只考虑弯曲变形一项已足够精确，仅在扁平拱中计算水平位移或当拱轴与合理拱轴线比较接近

时，才需要考虑轴向变形对位移的影响，即

$$\Delta_{KP} = \sum \int \frac{\overline{F}_N F_{NP} ds}{EA} + \sum \int \frac{\overline{M} M_P ds}{EI} \qquad (4-14)$$

【例 4 - 1】 试求如图 4 - 16（a）所示简支梁跨中点 C 的竖向位移 Δ_{CV}，并比较弯曲变形与剪切变形对位移的影响。设梁的截面为矩形。

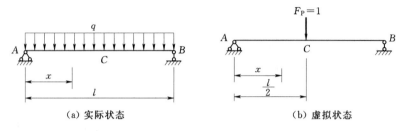

（a）实际状态　　　　　　　　　　　（b）虚拟状态

图 4 - 16

解：（1）求如图 4 - 16（a）所示实际荷载作用下的内力，为此取 A 点为坐标原点，任意截面 x 的内力为

$$M_P = \frac{1}{2} q(lx - x^2), \ F_{NP} = 0, \ F_{QP} = \frac{q}{2}(l - 2x)$$

（2）在 C 点加一竖向单位荷载作为虚拟状态，如图 4 - 16（b）所示。其任意截面 x 的虚内力为

$$\overline{M} = \frac{1}{2} x \left(0 \leqslant x \leqslant \frac{l}{2}\right), \ \overline{F}_N = 0 \left(0 \leqslant x \leqslant l\right), \ \overline{F}_Q = \frac{1}{2} \left(0 < x < \frac{l}{2}\right)$$

（3）把 M_P、$\overline{M}$ 代入式（4 - 10）求位移，考虑对称性，弯曲变形引起的位移为

$$\Delta_{CV}^M = \int \frac{\overline{M} M_P}{EI} ds = 2 \int_0^{l/2} \frac{1}{EI} \frac{x}{2} \frac{q}{2} (lx - x^2) dx = \frac{5ql^4}{384EI}$$

剪切变形引起的位移为

$$\Delta_{CV}^Q = k \int \frac{\overline{F}_Q F_{QP}}{GA} ds = 2k \int_0^{l/2} \frac{1}{GA} \times \frac{1}{2} \times \frac{q}{2} (l - 2x) dx = \frac{kql^2}{8GA}$$

由于梁的轴力为 0，故总位移为

$$\Delta_{CV} = \Delta_{CV}^M + \Delta_{CV}^Q = \frac{5ql^4}{384EI} + \frac{kql^2}{8GA}$$

现在比较剪切变形与弯曲变形对位移的影响。对于矩形截面，$k = 1.2$，$I/A = h^2/12$，设横向变形系数 $\mu = 1/3$，$E/G = 2(1 + \mu) = 8/3$，h 为截面高度，于是有

$$\frac{\Delta_{CV}^Q}{\Delta_{CV}^M} = \frac{\dfrac{kql^2}{8GA}}{\dfrac{5ql^4}{384EI}} = 2.56 \left(\frac{h}{l}\right)^2$$

当梁的高跨比 h/l 是 1/10 时，则 $\Delta_{CV}^Q / \Delta_{CV}^M = 2.56\%$，剪切变形影响约为弯曲变形影响的 2.56%，故对于一般的梁可以忽略剪切变形对位移的影响，但是，当梁的高跨比 h/l 增大为 1/2 时，则 $\Delta_{CV}^Q / \Delta_{CV}^M > 10.2\%$。因此，对于深梁，剪切变形对位移的影响不可忽略。

【例 4 - 2】 试求如图 4 - 17（a）所示刚架 A 点总的竖向位移 Δ_{AV}，各杆材料相同。截面的 I、A 均为常数。

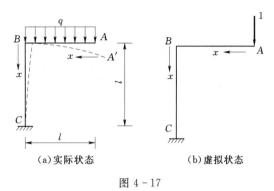

（a）实际状态　　（b）虚拟状态

图 4 - 17

解：（1）在实际状态中，如图 4 - 17（a）所示，分别设各杆的 x 坐标如图所示，则各杆内力方程如下。

AB 段：

$$M_{\mathrm{P}} = -\frac{qx^2}{2}, \ F_{\mathrm{NP}} = 0, \ F_{\mathrm{QP}} = qx$$

BC 段：

$$M_{\mathrm{P}} = -\frac{ql^2}{2}, \ F_{\mathrm{NP}} = -ql, \ F_{\mathrm{QP}} = 0$$

（2）在 A 点加一竖向单位荷载作为虚拟状态，如图 4 - 17（b）所示，各杆内力方程如下。

AB 段：　　　　　　　$\overline{M} = -x, \ \overline{F}_{\mathrm{N}} = 0, \ \overline{F}_{\mathrm{Q}} = 1$

BC 段：　　　　　　　$\overline{M} = -l, \ \overline{F}_{\mathrm{N}} = -1, \ \overline{F}_{\mathrm{Q}} = 0$

（3）代入式（4 - 10）得

$$\Delta_{AV} = \sum\int \frac{\overline{M}M_{\mathrm{P}}\mathrm{d}s}{EI} + \sum\int \frac{\overline{F}_{\mathrm{N}}F_{\mathrm{NP}}\mathrm{d}s}{EA} + \sum\int \frac{k\overline{F}_{\mathrm{Q}}F_{\mathrm{QP}}\mathrm{d}s}{GA}$$

$$= \int_0^l (-x)\left(-\frac{qx^2}{2}\right)\frac{\mathrm{d}x}{EI} + \int_0^l (-l)\left(-\frac{ql^2}{2}\right)\frac{\mathrm{d}x}{EI} + \int_0^l (-1)(-ql)\frac{\mathrm{d}x}{EA} + \int_0^l k\times 1 qx\frac{\mathrm{d}x}{GA}$$

$$= \frac{5}{8}\frac{ql^4}{EI} + \frac{ql^2}{EA} + \frac{kql^2}{2GA} = \frac{5}{8}\frac{ql^4}{EI}\left(1 + \frac{8}{5}\frac{I}{Al^2} + \frac{4}{5}\frac{kEI}{GAl^2}\right)$$

（4）讨论：在上式中，第一项为弯矩的影响，第二、第三项分别为轴力和剪力的影响。若设杆件的截面为矩形，其宽度为 b，高度为 h，则有 $A = bh$，$I = \frac{bh^3}{12}$，$k = \frac{6}{5}$，代入上式得

$$\Delta_{AV} = \frac{5}{8}\frac{ql^4}{EI}\left[1 + \frac{2}{15}\left(\frac{h}{l}\right)^2 + \frac{2}{25}\frac{E}{G}\left(\frac{h}{l}\right)^2\right]$$

可以看出，杆件截面高度与杆长之比 h/l 越大，则轴力和剪力影响所占的比重越大。例如 $h/l = 1/10$，并取 $G = 0.4E$，可得

$$\Delta_{AV} = \frac{5}{8}\frac{ql^4}{EI}\times\left(1 + \frac{1}{750} + \frac{1}{500}\right)$$

可见，轴力和剪力对位移的影响是很小的，通常可以忽略。

【例 4 - 3】 试求如图 4 - 18（a）所示对称桁架结点 D 的竖向位移 Δ_{DV}。图中右半部各括号内数值为杆件的截面面积 A（单位为 $10^{-4}\,\mathrm{m}^2$），设 $E = 210\mathrm{GPa}$。

解：实际状态和虚拟状态的各杆内力分别如图 4 - 18（a）、（b）所示（左半部），根据式（4 - 12），可把计算列在表格里，由于对称，可只计算半个桁架的杆件，详见表 4 - 1。最后计算时将表中的求和总值乘 2 再减去一根 CD 杆的数值即可。由此可求得

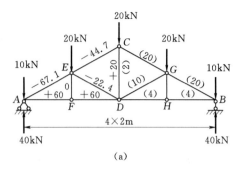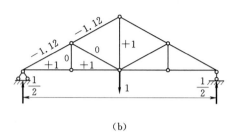

图 4 - 18

$$\Delta_{DV}=\sum\frac{\overline{F}_N F_{NP} l}{EA}=\frac{(2\times940300-200000)\times10^3}{210\times10^9}=0.008\text{m}=8\text{mm}(\downarrow)$$

表 4 - 1   各 杆 内 力 表

杆 件		l /m	A /m²	l/A /(1/m)	$\overline{F}_N$	F_{NP} /kN	$\overline{F}_N F_{NP}l/A$ /(kN/m)
上弦	AE	2.24	20×10^{-4}	1120	−1.12	−67.1	84200
	EC	2.24	20×10^{-4}	1120	−1.12	−44.7	56100
下弦	AD	4.00	4×10^{-4}	10000	1	60	600000
斜杆	ED	2.24	10×10^{-4}	2240	0	−22.4	0
竖杆	EF	1.00	1×10^{-4}	10000	0	0	0
	CD	2.00	2×10^{-4}	10000	1	20	200000
Σ							940300

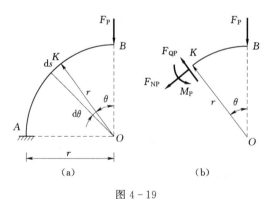

图 4 - 19

【例 4 - 4】 如图 4 - 19（a）所示为一等截面圆弧形曲杆 AB，半径为 r，截面为矩形，试求 B 点的竖向位移 Δ_{BV}。I 和 A 均为常数，且不考虑曲率的影响。

解： 在与 OB 成 θ 角的截面 K 上，实际荷载作用下的内力分量如图 4 - 19（b）所示，其值为

$$M_P=F_P r\sin\theta, \quad F_{NP}=F_P\sin\theta, \quad F_{QP}=F_P\cos\theta$$

欲求 B 点的竖向位移 Δ_{BV}，只需在图 4 - 19（b）中令 $F_P=1$ 即得虚拟状态，于是得虚拟状态的内力：

$$\overline{M}=r\sin\theta, \quad \overline{F}_N=\sin\theta, \quad \overline{F}_Q=\cos\theta$$

根据式（4 - 10）有

$$\Delta_{KP}=\sum\int\frac{\overline{F}_N F_{NP}\text{d}s}{EA}+\sum\int\frac{\overline{M}M_P\text{d}s}{EI}+\sum\int\frac{k\overline{F}_Q F_{QP}\text{d}s}{GA}$$

若用 Δ_{CV}^M、Δ_{CV}^N、Δ_{CV}^Q 分别表示弯矩、轴力和剪力引起的位移，考虑到 $\text{d}s=r\text{d}\theta$，得

$$\Delta_{CV}^{M} = \int_{B}^{A} \frac{M_P \overline{M}}{EI} ds = \frac{1}{EI} \int_{0}^{\pi/2} F_P r^3 \sin^2\theta d\theta = \frac{\pi F_P r^3}{4EI}$$

$$\Delta_{CV}^{N} = \int_{B}^{A} \frac{F_{NP} \overline{F}_N}{EA} ds = \frac{1}{EA} \int_{0}^{\pi/2} F_P r \sin^2\theta d\theta = \frac{\pi F_P r}{4EA}$$

$$\Delta_{CV}^{Q} = \int_{B}^{A} \frac{k F_{QP} \overline{F}_Q}{GA} = \frac{k}{GA} \int_{0}^{\pi/2} F_P \cos^2\theta d\theta = \frac{\pi}{4} \frac{k F_P r}{GA}$$

若矩形截面宽为 b，高为 h，则有

$$k = 1.2, \quad A = 12I/h^2$$

此外，设 $G = 0.4E$，于是得

$$\Delta_{CV}^{M} = \frac{\pi F_P r^3}{4EI}$$

$$\Delta_{CV}^{N} = \frac{1}{4} \left(\frac{h}{r} \right)^2 \frac{\pi F_P r^3}{4EI}$$

$$\Delta_{CV}^{Q} = \frac{1}{12} \left(\frac{h}{r} \right)^2 \frac{\pi F_P r^3}{4EI}$$

通过前面例子的讨论可知，弯曲变形对位移的影响是主要的。这里再进行一次比较，为此求出比值 $\Delta_{BV}^{N}/\Delta_{BV}^{M}$ 和 $\Delta_{BV}^{Q}/\Delta_{BV}^{M}$，设 $h/r = 1/10$，则有

$$\frac{\Delta_{BV}^{N}}{\Delta_{BV}^{M}} = \frac{1}{4} \left(\frac{h}{r} \right)^2 = \frac{1}{400}$$

$$\frac{\Delta_{BV}^{Q}}{\Delta_{BV}^{M}} = \frac{1}{12} \left(\frac{h}{r} \right)^2 = \frac{1}{1200}$$

结果表明，在一定的条件下，轴力和剪力所引起的位移可以忽略不计。在实际工程中，截面的厚度 h 远小于 r，因而可只计算弯曲变形一项的影响。

第五节　图　乘　法

计算梁和刚架在荷载作用下的位移时，经常会遇到如下的积分式：

$$\Delta_{KP} = \sum \int \frac{\overline{M} M_P}{EI} ds \tag{a}$$

当荷载较复杂且杆件数量较多时，计算工作还是比较麻烦的。实际的工程结构，大多数都是由等截面直杆构成的。此时，一般可以用以下的图乘法代替积分运算，从而简化计算工作。

一、图乘法及其应用条件

如图 4-20 所示，设等截面直杆 AB 段上的两弯矩图中，$\overline{M}$ 图为一段直线，而 M_P 图为任意形状，以杆轴为 x 轴，$\overline{M}$ 图的延长线与 x 轴的交点 O 为原点，并设置 y 轴。由 $\overline{M}$ 图可知

$$\overline{M} = y = x \tan\alpha$$

用 dx 代替 ds，将上式代入积分式（a），则有

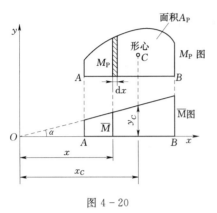

图 4 - 20

$$\Delta_{KP} = \int \frac{\overline{M} M_P \mathrm{d}s}{EI} = \frac{\tan\alpha}{EI} \int x M_P \mathrm{d}x = \frac{\tan\alpha}{EI} \int x \, \mathrm{d}A_P$$

式中，$\mathrm{d}A_P = M_P \mathrm{d}x$，为 M_P 图中有阴影线的微分面积，故 $x \, \mathrm{d}A_P$ 为微分面积对 y 轴的静矩。$\int x \, \mathrm{d}A_P$ 即为整个 M_P 图的面积对 y 轴的静矩，根据静矩和形心的关系，它应等于 M_P 图的面积 A_P 乘以其形心 C 到 y 轴的距离 x_C，即

$$\int x \, \mathrm{d}A_P = A_P x_C$$

代入上式有

$$\Delta_{KP} = \int \frac{\overline{M} M_P \mathrm{d}s}{EI} = \frac{\tan\alpha}{EI} A_P x_C = \frac{A_P y_C}{EI}$$

这里 y_C 是 M_P 图的形心 C 处所对应的 $\overline{M}$ 图的竖标。可见，上述积分式等于一个弯矩图的面积 A_P 乘以其形心处所对应的另一个直线弯矩图上的竖标 y_C，再除以 EI。这种按图形计算代替积分运算的位移计算方法就是图形相乘法，简称为**图乘法**[❶]。

由以上推导过程可以看出，如果满足以下的三个条件，就可以用两个弯矩图 $\overline{M}$ 和 M_P 相乘的方法来代替积分运算。这三个条件如下：

（1）杆轴线为直线。

（2）EI 为常数。

（3）$\overline{M}$ 和 M_P 两个弯矩图中至少有一个是直线图形。

对于等截面直杆，上述的前两个条件自然恒被满足，第三个条件，虽然在均布荷载作用下 M_P 为曲线图，但 $\overline{M}$ 图却总是直线段组成，只要分段考虑就可得到满足。因此对于等截面直杆（包括截面分段变化的杆件）所构成的梁和刚架，在位移计算时，均可采用图乘法代替积分运算。

如果结构上所有杆段均可图乘，且只考虑弯曲变形对位移的影响，则计算位移的公式可写为

$$\Delta = \Sigma \int \frac{\overline{M} M_P \mathrm{d}s}{EI} = \Sigma \frac{A_P y_C}{EI} \qquad (4-15)$$

根据上述推证过程可知，在应用图乘法时应注意以下各点：①必须符合上述三个条件；②竖标 y_C 只能取自直线图形；如果两个图形都是直线图形，则竖标 y_C 可取自其中任一图形；③ A_P 与 y_C 若在杆件的同侧，则乘积取正号，否则取负号。

二、几种常见图形的面积和形心位置

在应用图乘法时，必须知道某一图形的面积及该图形的形心位置，然后才能计算另一图形上相应的竖标 y_C。现将常用的几种简单图形的面积及形心位置表达式列入图 4 - 21 中。在图 4 - 21 所示的各抛物线图形中，抛物线顶点处的切线都是与基线平行的。这种图形称为**标准抛物线图形**。

[❶]　图乘法是 Vereshagin 于 1925 年提出的，他当时为莫斯科铁路运输学院的学生。

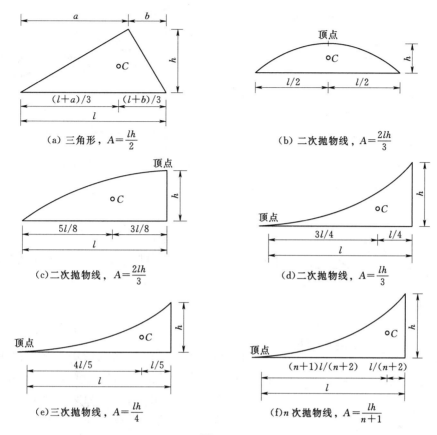

图 4-21

三、复杂图形图乘法的技巧

在用图乘法时，当遇到弯矩图形的面积或形心位置不便确定时，则可以利用叠加原理，将弯矩图分解为两个（或两个以上）易于确定面积和形心的简单图形，将它们分别与另一图形相乘，然后把所得结果叠加。

如图 4-22 所示两个梯形相乘时，可不必定出 M_P 图的梯形形心位置，而把它分解成两个三角形（也可分为一个矩形及一个三角形）。此时 $M_P = M_{Pa} + M_{Pb}$，故有

$$\Delta = \frac{1}{EI}(A_1 y_1 + A_2 y_2)$$

其中面积 A_1、A_2 和竖标 y_1、y_2 可按下式计算：

$$A_1 = \frac{1}{2}al, \quad A_2 = \frac{1}{2}bl$$

$$y_1 = \frac{2}{3}c + \frac{1}{3}d, \quad y_2 = \frac{1}{3}c + \frac{2}{3}d$$

当 M_P 或 $\overline{M}$ 图的竖标 a、b 或 c、d 不在基线的同一侧时，如图 4-23 所示，处理原则仍和上面一样，M_P 可分解为位于基线两侧的 ABC 和 ABD 两个三角形，于是有

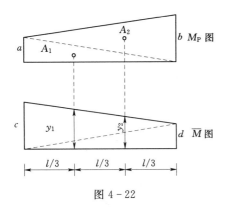

图 4-22

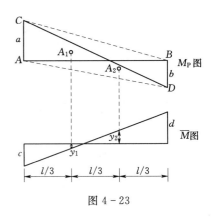

图 4-23

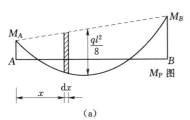

(a)

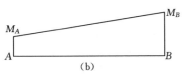

(b)

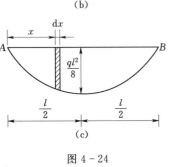

(c)

图 4-24

$$\Delta = \frac{1}{EI}(-A_1 y_1 - A_2 y_2)$$

其中，面积 A_1、A_2 和竖标 y_1、y_2 可按下式计算：

$$A_1 = \frac{1}{2}al, \quad A_2 = \frac{1}{2}bl$$

$$y_1 = \frac{2}{3}c - \frac{1}{3}d, \quad y_2 = \frac{2}{3}d - \frac{1}{3}c$$

对于如图 4-24（a）所示结构中的一段直杆 AB 在均布荷载 q 作用下的 M_P 图，在应用图乘法时，可看成由两端弯矩 M_A、M_B 作用下如图 4-24（b）所示的梯形图与简支梁在均布荷载 q 作用下如图 4-24（c）所示的一个标准抛物线弯矩图的叠加。将上述两个图形分别与 $\overline{M}$ 图相乘，其代数和即为所求结果。

当 y_C 所属图形不是一段直线而是由若干段直线组成时，或当各杆段的截面不相等时，均应分段图乘，再进行叠加。如对于图 4-25 应为

$$\Delta = \frac{1}{EI}(A_1 y_1 + A_2 y_2 + A_3 y_3)$$

对于图 4-26 应为

$$\Delta = \frac{A_1 y_1}{EI_1} + \frac{A_2 y_2}{EI_2} + \frac{A_3 y_3}{EI_3}$$

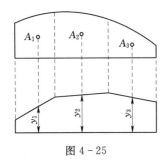

图 4-25

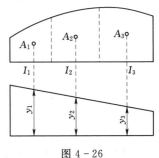

图 4-26

【**例 4 - 5**】 试用图乘法计算如图 4 - 27（a）所示简支梁 A 端截面的角位移 θ_A 和跨中截面 C 的竖向位移 Δ_{CV}。设 EI 为常数。

解：（1）计算 A 端角位移 θ_A。作出 M_P 图，如图 4 - 27（b）所示。在 A 端加单位力偶 $M = 1$ 作单位弯矩图，如图 4 - 27（c）所示。将图 4 - 27（b）与图 4 - 27（c）图乘得

$$\theta_A = \frac{1}{EI}\left(\frac{2}{3}l \times \frac{1}{8}ql^2\right) \times \frac{1}{2} = \frac{ql^3}{24EI}(\curvearrowleft)$$

（2）计算 C 点的竖向位移 Δ_{CV}。在 C 点加单位力 $F_P = 1$，作 $\overline{M}$ 图，如图 4 - 27（d）所示。由于 $\overline{M}$ 图是折线，故需分段进行图乘，然后叠加。因两个弯矩图均为对称，故只需取一半进行计算再乘 2 即可。图乘得 C 点竖向位移为

$$\Delta_{CV} = \frac{1}{EI} \times 2\left[\left(\frac{2}{3} \times \frac{l}{2} \times \frac{1}{8}ql^2\right)\left(\frac{5}{8} \times \frac{l}{4}\right)\right] = \frac{5ql^4}{384EI}(\downarrow)$$

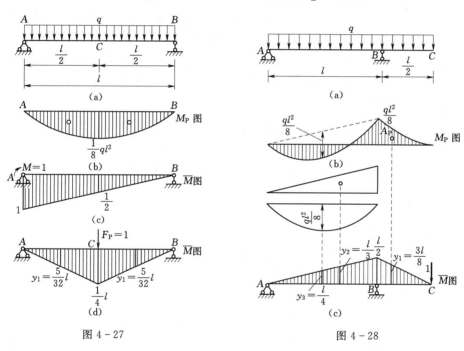

图 4 - 27

图 4 - 28

【**例 4 - 6**】 试用图乘法计算如图 4 - 28（a）所示外伸梁 C 截面竖向位移 Δ_{CV}。设 EI 为常数。

解： 作出 M_P 图和 $\overline{M}$ 图，如图 4 - 28（b）、（c）所示。将 AB 段的 M_P 图分解为一个三角形和一个标准二次抛物线图形，应用图乘法求得

$$\Delta_{CV} = \frac{1}{EI}\left[\left(\frac{1}{3} \times \frac{ql^2}{8} \times \frac{l}{2}\right) \times \frac{3l}{8} + \left(\frac{1}{2} \times \frac{ql^2}{8}l\right) \times \frac{l}{3} - \left(\frac{2}{3} \times \frac{ql^2}{8}l\right) \times \frac{l}{4}\right] = \frac{ql^4}{128EI}(\downarrow)$$

【**例 4 - 7**】 试用图乘法计算如图 4 - 29（a）所示悬臂梁 C 截面竖向位移 Δ_{CV}。设 EI 为常数。

解： 作出 M_P 图和 $\overline{M}$ 图，如图 4 - 29（b）、（c）所示。应用图乘法，取 $\overline{M}$ 图的面积，自 M_P 图取标距，求得

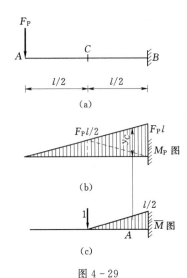

图 4-29

$$\Delta_{CV} = \frac{1}{EI}\int \overline{M}M_P\,\mathrm{d}x = \frac{1}{EI}A_P y_C$$

$$= \frac{1}{EI}\left(\frac{1}{2}\times\frac{l}{2}\times\frac{l}{2}\right)\left(\frac{F_P l}{2}\times\frac{1}{3}+F_P l\times\frac{2}{3}\right)$$

$$= \frac{1}{EI}\times\frac{l^2}{8}\times\frac{5F_P l}{6}=\frac{5F_P l^3}{48EI}(\downarrow)$$

在应用图乘法时，如果 M_P 图面积计算结果为 $A_P = \frac{1}{2}F_P l^2$，取 $\overline{M}$ 图上相应的标距 $y_C = \frac{l}{6}$，则将得到错误结果 $\Delta_{CV} = \frac{F_P l^3}{12EI}(\downarrow)$。其中错误在哪里？请读者分析其中原因。

【例 4-8】 试求如图 4-30（a）所示刚架铰 C 处左、右两侧截面的相对转角 $\Delta_{\varphi C}$。设 $EI = 5\times10^4\,\mathrm{kN\cdot m^2}$。

解： 作出荷载作用下的 M_P 图，如图 4-30（b）所示。在铰 C 处两点加一对转向相反的单位力偶（因所求的是相对位移），作出 $\overline{M}$ 图，如图 4-30（c）所示。图乘可得

$$\Delta_{\varphi C} = \frac{2}{5\times10^7}\times\left[\left(\frac{1}{2}\times5\times80\times10^3\right)\times\left(\frac{2}{3}\times\frac{5}{8}\right)+\left(\frac{1}{2}\times5\times80\times10^3\right)\right.$$

$$\left.\times\left(\frac{2}{3}\times\frac{5}{8}+\frac{1}{3}\times1\right)-\left(\frac{2}{3}\times5\times32\times10^3\right)\times\left(\frac{1}{2}\times\frac{5}{8}+\frac{1}{2}\right)\right]$$

$$= 0.005867\,\mathrm{rad}(\downarrow\downarrow)$$

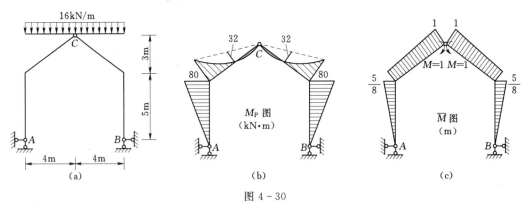

图 4-30

【例 4-9】 试求如图 4-31（a）所示刚架 B 点的水平位移 Δ_{BH}。

解： 作出 M_P 图和 $\overline{M}$ 图，分别如图 4-31（b）、（c）所示。由图乘法可得

$$\Delta_{BH} = \frac{1}{EI}(-A_1 y_1)+\frac{1}{2EI}(-A_2 y_2-A_3 y_3)$$

$$= \frac{1}{EI}\left(-\frac{1}{2}qa^3\times\frac{2}{3}a\right)+\frac{1}{2EI}\left(-\frac{1}{2}qa^3 a-\frac{1}{12}qa^3 a\right)$$

$$= -\frac{5qa^4}{8EI}(\rightarrow)$$

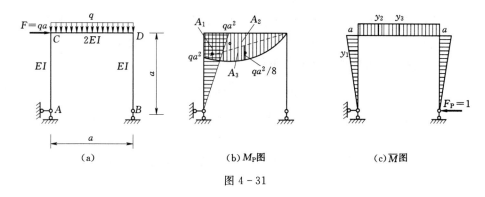

(a)　　　　　　　　(b) M_P图　　　　　　　　(c) $\overline{M}$图

图 4-31

【例 4-10】　如图 4-32（a）所示为一组合结构，链杆 CD、BD 的抗拉（压）刚度为 E_1A_1，受弯杆件 AC 的抗弯刚度为 E_2I_2，在结点 D 有集中荷载 F_P 作用，试求 D 点竖向位移 Δ_{DV}。

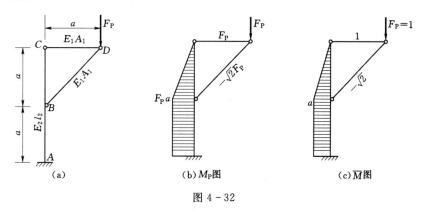

(a)　　　　　　　　(b) M_P图　　　　　　　　(c) $\overline{M}$图

图 4-32

解：计算组合结构在荷载作用下的位移时，对链杆只计轴力影响，对受弯杆只计弯矩影响，现分别作出 F_{NP}、M_P 及 $\overline{F}_N$、$\overline{M}$ 图，如图 4-32（b）、（c）所示。于是由图乘法可得

$$\Delta_{DV} = \sum \frac{\overline{F}_N F_{NP} l}{E_1 A_1} + \sum \frac{A y_C}{E_2 I_2}$$

$$= \frac{1 F_P a + (-\sqrt{2})(-\sqrt{2} F_P) \times \sqrt{2} a}{E_1 A_1} + \frac{1}{E_2 I_2}\left(\frac{F_P a^2}{2} \times \frac{2a}{3} + F_P a^2 a\right)$$

$$= \frac{(1 + 2\sqrt{2}) F_P a}{E_1 A_1} + \frac{4 F_P a^3}{3 E_2 I_2}(\downarrow)$$

第六节　静定结构由于温度改变和支座移动引起的位移

静定结构由于温度改变和支座移动并不引起内力，但将产生位移。下面讨论这种位移的计算。

一、由于温度改变引起的位移

设如图 4-33（a）所示的静定结构，外侧温度升高 $t_1℃$，内侧温度升高 $t_2℃$，且

$t_1 < t_2$，结构由此产生如图虚线所示的位移，现要求任一点 K 沿任意方向 $K-K$ 的位移 Δ_{Kt}，下标 t 表示位移 Δ_{Kt} 是由温度变化引起的。为了求位移，建立如图 $4-33$（b）所示的虚拟状态，于是由变形体的虚功原理可得

$$\Delta_{Kt} = \sum \int \overline{F}_N du_t + \sum \int \overline{M} d\theta_t + \sum \int \overline{F}_Q \gamma_0 ds_t \qquad (4-16a)$$

式中　$\overline{F}_N$、$\overline{M}$、$\overline{F}_Q$ ——虚拟状态中微段 ds 两侧截面上轴力、弯矩和剪力；

　　　　du_t、$d\theta_t$、$\gamma_0 ds_t$ ——实际状态中微段 ds 两侧截面上由于温度变化引起的轴向位移、两端截面的相对转角和剪切位移，它们可按下述方法确定。

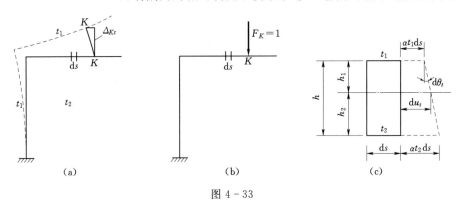

图 $4-33$

设杆件 ds 微段的上边缘温度升高 t_1℃，下边缘温度升高 t_2℃，并假定温度沿杆截面厚度 h 按直线规律变化，如图 $4-33$（c）所示，则在发生变形后，截面仍将保持为平面。此时，杆件轴线温度变化值 t_0 与上、下边缘温变后温差 Δt 分别为

$$t_0 = \frac{h_1 t_2 + h_2 t_1}{h}, \quad \Delta t = t_2 - t_1$$

式中　h ——杆件截面厚度，h_1 和 h_2 分别是由杆轴至上、下边缘的距离。

如果杆件的截面是对称于形心轴，则 $h_1 = h_2 = \frac{1}{2}h$，$t_0 = \frac{1}{2}(t_2 + t_1)$。在温度变化时，杆件 ds 微段引起的变形分别为

$$du_t = \varepsilon ds = \alpha t_0 ds, \quad d\theta_t = \kappa ds = \frac{\alpha(t_2 - t_1)ds}{h} = \frac{\alpha \Delta t}{h} ds, \quad \gamma_0 ds = 0$$

式中　α ——材料的线膨胀系数。

将上列各式代入式（$4-16a$），即得静定平面结构在温度变化影响下的位移计算公式：

$$\Delta_{Kt} = \sum (\pm) \int \overline{F}_N \alpha t_0 ds + \sum (\pm) \int \overline{M} \frac{\alpha \Delta t}{h} ds \qquad (4-16b)$$

如果 t_0、Δt 和 h 沿每一杆件的全长为常数，则得

$$\Delta_{Kt} = \sum (\pm) \alpha t_0 \overline{F}_N l + \sum (\pm) \frac{\alpha \Delta t}{h} A_{\overline{M}} \qquad (4-17)$$

式中　l ——杆件的长度；

　　　$A_{\overline{M}}$ —— $\overline{M}$ 图的面积；

　　　t_0 ——形心轴处的温度变化值；

Δt ——杆件上、下边缘温变后的温度差。

应用式（4-17）时，其正负号可按如下方法确定，即比较虚拟状态的变形与实际状态由于温度变化所引起的变形，若两者变形方向相同，则取正号，反之，则取负号。相应的式中各项均取绝对值。

由式（4-16）和式（4-17）可以看出，温度变化时，杆件的轴向变形与截面的大小无关，即使截面很大的杆件，也可以产生显著的轴向变形，因此，计算由于温度变化所引起的位移时，不能忽略轴向变形的影响。

由式（4-16）和式（4-17）可得温度变化时桁架结构结点的位移计算公式为

$$\Delta_{Kt} = \sum (\pm) \int \overline{F}_N \alpha t_0 \mathrm{d}s = \sum (\pm) \overline{F}_N \alpha t_0 l \qquad (4-18)$$

【例 4-11】　试求如图 4-34（a）所示结构由于杆件一边温度升高 10℃，在 C 点产生的竖向位移 Δ_{CV}。各杆的截面相同且与形心轴对称。

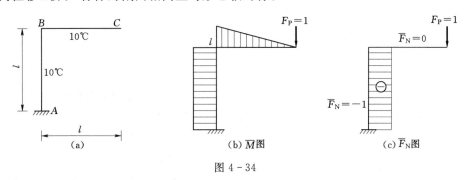

图 4-34

解：在点 C 加一竖向单位荷载 $F_P = 1$，作出各杆的 $\overline{M}$ 图和 $\overline{F}_N$ 图，分别如图 4-34（b）、（c）所示。由弯矩图可以看出，温度变化时，各杆的弯曲方向与虚拟荷载引起的弯曲方向相反，故计算时弯曲项应取负值。至于轴向变形的影响，因杆 AB 的虚拟荷载是压力，而温度变形是使杆 AB 伸长，故也应取负值。因此点 C 的竖向位移为

$$\Delta_{CV} = -1\alpha \times \frac{10+0}{2}l - \alpha \left(\frac{10-0}{h}\right)\left(\frac{1}{2}ll + ll\right) = -\left(5\alpha l + 15\alpha \frac{l^2}{h}\right)(\uparrow)$$

【例 4-12】　如图 4-35（a）所示刚架施工时温度为 20℃，试求冬季当外侧温度为 -10℃，内侧温度为 0℃ 时 A 点的竖向位移 Δ_{AV}，已知 $l = 4\mathrm{m}$，$\alpha = 10^{-5}$，各杆均为矩形截面，高度 $h = 0.4\mathrm{m}$。

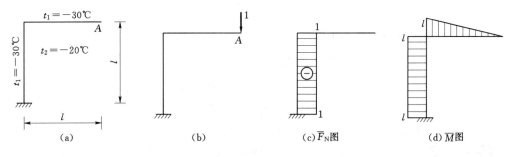

图 4-35

解： 虚拟状态如图 4 - 35（b）所示，外侧温度变化为 $t_1 = -10-20 = -30℃$，内侧温度变化为 $t_2 = 0-20 = -20℃$，故有

$$t_0 = \frac{t_1 + t_2}{2} = \frac{-30-20}{2} = -25℃$$

$$\Delta t = t_2 - t_1 = -20-(-30) = 10℃$$

作出 $\overline{F}_N$、$\overline{M}$ 图如图 4 - 35（c）、（d）所示，代入式（4 - 16），并注意正负号的确定，可得

$$\Delta_{AV} = \sum \alpha t_0 \int \overline{F}_N ds + \sum \frac{\alpha \Delta t}{h} \int \overline{M} ds$$

$$= \alpha \times 25 \times 1l - \frac{\alpha \times 10}{h} \left(\frac{l^2}{2} + l^2 \right)$$

$$= 25\alpha l - \frac{15\alpha l^2}{h} = 25\alpha l \left(1 - \frac{3l}{5h} \right)$$

$$= 25 \times 1 \times 10^{-5} \times 4 \times \left(1 - \frac{3 \times 4}{5 \times 0.4} \right)$$

$$= -5mm(\uparrow)$$

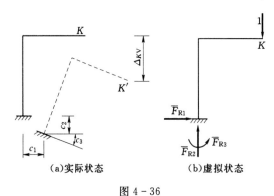

图 4 - 36

二、支座移动时的位移计算

设如图 4 - 36（a）所示静定结构，其支座发生了水平位移 c_1、竖向沉陷 c_2 和转角 c_3，现要求由此引起的任一点沿任一方向的位移，例如 K 点的竖向位移 Δ_{KV}。根据变形体的虚功原理，建立如图 4 - 36（b）所示的虚拟状态。其中，$\overline{F}_{R1}$、$\overline{F}_{R2}$ 和 $\overline{F}_{R3}$ 分别为虚拟荷载作用下支座 A 所产生的水平反力、竖向反力和反力矩。

对于静定结构，支座发生移动并不引起内力，因而材料不发生变形，故此时结构的位移纯属刚体位移，通常不难由几何关系求得，但是这里仍用变形体系虚功原理来计算这种位移。由式（4 - 9）简化可得静定结构在支座移动时的位移计算公式为

$$\Delta_{Kc} = -\sum \overline{F}_{Ri} c_i \qquad (4 - 19)$$

式中　c_i——实际状态中的支座位移，如图 4 - 36（a）所示；

　　　$\overline{F}_{Ri}$——虚拟状态中与 c_i 对应的支座反力，如图 4 - 36（b）所示；

　　$\sum \overline{F}_{Ri} c_i$——支座反力 $\overline{F}_{Ri}$ 在对应的支座位移 c_i 上做的虚功和，当 $\overline{F}_{Ri}$ 与实际支座位移 c_i 方向一致时，其乘积取正，相反时为负。

计算时务必注意，式（4 - 19）右边前面有一负号不可漏掉。

【例 4 - 13】 如图 4 - 37（a）所示三铰刚架右边支座发生移动，其竖向位移量 $\Delta_{By} = 60mm$（向下），水平位移量 $\Delta_{Bx} = 40mm$（向右），已知 $l = 12m$，$h = 8m$，试求由此引起

的 A 端转角 φ_A。

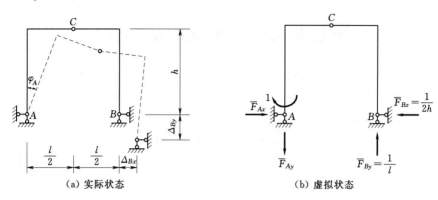

（a）实际状态　　　　　　　　（b）虚拟状态

图 4 - 37

解：因求 A 端转角，故在 A 处施加单位力偶，如图 4 - 37（b）所示。考虑刚架的整体平衡，由 $\sum M_A = 0$ 可求得 $\overline{F}_{By} = \dfrac{1}{l}$（↑）；再考虑右半刚架的平衡，由 $\sum M_C = 0$ 可求得 $\overline{F}_{Bx} = \dfrac{1}{2h}$（←）。由式（4 - 19）有

$$\varphi_A = -\sum \overline{F}_{Ri}c_i = -\left(-\frac{1}{l}\Delta_{By} - \frac{1}{2h}\Delta_{Bx}\right) = \frac{\Delta_{By}}{l} + \frac{\Delta_{Bx}}{2h}$$

$$= \frac{0.06}{12} + \frac{0.04}{2 \times 8} = 0.0075\,\text{rad（顺时针转向）}$$

【例 4 - 14】 桁架结构右支座移动如图 4 - 38（a）所示，求由此引起的 CB 杆的转角 φ_{CB}。

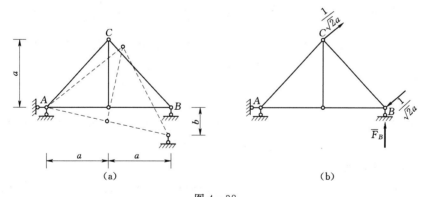

（a）　　　　　　　　　　　（b）

图 4 - 38

解：在 CB 杆上加单位力偶，得到虚拟状态如图 4 - 38（b）所示。利用平衡方程 $\sum M_A = 0$ 求得 $\overline{F}_B = \dfrac{1}{2a}$，代入式（4 - 19）得

$$\varphi_{CB} = -\sum \overline{F}_{Ri}c_i = -\left(-\frac{1}{2a}b\right) = \frac{b}{2a}$$

结果为正，表示杆的转角与单位力偶的转向一致，为顺时针转向。

第七节　线弹性结构的互等定理

本节介绍适用于线弹性结构的四个互等定理，其中最基本的是功的互等定理，其他三个定理都可由此推导出来。这些定理在以后的章节中经常要引用。

一、功的互等定理

设有两组外力 F_{P1} 和 F_{P2} 分别作用于同一线弹性结构上，如图 4-39 所示，分别称为结构的第一状态和第二状态。令第一状态的外力和内力在第二状态相应的位移和变形上做

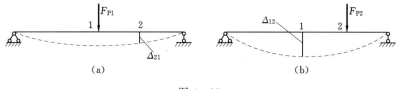

(a)　　　　　　　　　　　　(b)

图 4-39

虚功，可写出虚功方程如下：

$$F_{P1}\Delta_{12} = \sum\int \frac{M_1 M_2 \, ds}{EI} + \sum\int \frac{F_{N1} F_{N2} \, ds}{EA} + \sum\int k \frac{F_{Q1} F_{Q2} \, ds}{GA} \qquad (4-20a)$$

式中位移 Δ_{12} 的两个下标的含义与前相同：第一个下标 "1" 表示发生位移的地点和方向，即该位移是 F_{P1} 作用点沿 F_{P1} 方向上的位移；第二个下标 "2" 表示产生位移的原因，即该位移是由于 F_{P2} 作用引起的。

反过来，如果令第二状态的外力和内力在第一状态相应的位移和变形上做虚功，写出虚功方程如下：

$$F_{P2}\Delta_{21} = \sum\int \frac{M_2 M_1 \, ds}{EI} + \sum\int \frac{F_{N2} F_{N1} \, ds}{EA} + \sum\int k \frac{F_{Q2} F_{Q1} \, ds}{GA} \qquad (4-20b)$$

由于式 (4-20a)、式 (4-20b) 两式右边是相等的，因此左边也应相等，故有

$$F_{P1}\Delta_{12} = F_{P2}\Delta_{21} \qquad (4-20)$$

或写为

$$W_{12} = W_{21} \qquad (4-21)$$

这表明：第一状态的外力在第二状态的位移上所做的虚功，等于第二状态的外力在第一状态的位移上所做的虚功，这就是**功的互等定理**[1]。

二、位移互等定理

如图 4-40 (a)、(b) 所示为功的互等定理应用的一种特殊情形。设两个状态中的荷载都是单位力，即 $F_{P1}=1$，$F_{P2}=1$，则由功的互等定理式 (4-21) 有

$$1 \cdot \delta_{12} = 1 \cdot \delta_{21}$$

即

$$\delta_{12} = \delta_{21} \qquad (4-22)$$

---

[1] 功的互等定理是由 E. 贝蒂（Betti，1823—1892）于 1872 年和 L. 瑞利（Rayleigh，1842—1919）于 1877 年提出的，故通常称它为贝蒂-瑞利互等定理。

式中 δ_{12} 和 δ_{21} 都是由于单位力所引起的位移，这就是**位移互等定理**[1]。它表明：第一个单位力所引起的第二个单位力作用点沿其方向的位移，等于第二个单位力所引起的第一个单位力作用点沿其方向的位移。

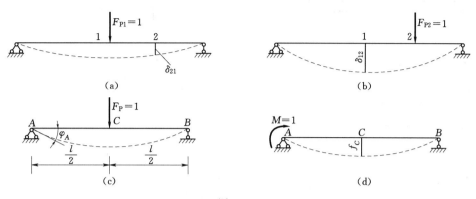

图 4-40

应当指出，这里的单位荷载可以是广义荷载，位移则是相应的广义位移。如图 4-40（c）、（d）所示的两个状态中，根据位移互等定理，应有 $\varphi_A = f_C$。实际上，由材料力学可知：

$$\varphi_A = \frac{F_P l^2}{16EI}, \quad f_C = \frac{M l^2}{16EI}$$

现在因 $F_{P1} = 1$，$M = 1$（注意这里设单位荷载 1 都是不带单位的，即都是无量纲量），故有 $\varphi_A = f_C = \dfrac{l^2}{16EI}$。可见，虽然 φ_A 代表单位力引起的角位移，f_C 代表单位力偶引起的线位移，含义不同，但此时两者数值相等，量纲相同。

三、反力互等定理

反力互等定理也是功的互等定理的一种特殊情况。它用来说明在超静定结构中假设两个支座分别产生单位位移时，两个状态中反力的互等关系。如图 4-41（a）所示表示支座 1 发生单位位移 $\Delta_1 = 1$ 的状态，此时使支座 2 产生的反力为 r_{21}；如图 4-41（b）所示表示支座 2 发生单位位移 $\Delta_2 = 1$ 的状态，此时使支座 1 产生的反力为 r_{12}。根据功的互等定理，有

$$r_{21}\Delta_2 = r_{12}\Delta_1$$

因 $\Delta_1 = \Delta_2 = 1$，故得

$$r_{21} = r_{12} \tag{4-23}$$

这就是**反力互等定理**。它表明：支座 1 发生单位位移所引起的支座 2 的反力，等于支座 2 发生单位位移所引起的支座 1 的反力。

这一定理对结构上任何两个支座都适用，但应注意反力与位移在做功关系上应相互对应，即力对应于线位移，力偶对应于角位移。如图 4-41（c）、（d）所示的两个状态中，

---

[1]　位移互等定理首先由麦克斯韦得出，并发表于 1864 年，故通常称它为麦克斯韦互等定理。

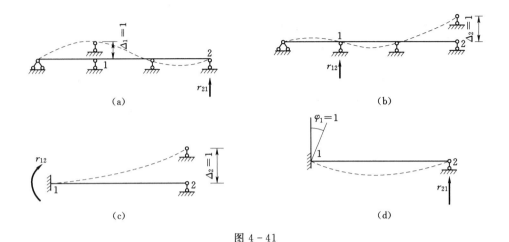

图 4 - 41

应有 $r_{12} = r_{21}$，它们虽然一个为单位位移引起的反力偶 r_{12}，一个为单位转角引起的反力 r_{21}，含义不同，但此时两者数值相等，量纲相同。

四、反力位移互等定理

这个定理是功的互等定理的又一特殊情况，它说明一个状态中的反力与另一个状态中的位移具有的互等关系。如图 4 - 42（a）所示，单位荷载 $F_{P1} = 1$ 作用时，支座 2 的反力偶为 r_{21}，其方向假设如图所示。如图 4 - 42（b）所示，当支座 2 顺 r_{21} 的方向发生单位转角 $\varphi_2 = 1$ 时，点 1 沿 F_{P1} 作用方向的位移为 δ_{12}。对这两个状态应用功的互等定理，就有

$$r_{21}\varphi_2 + F_{P1}\delta_{12} = 0$$

因 $\varphi_2 = 1$，$F_{P1} = 1$，故有

$$r_{21} = -\delta_{12} \tag{4-24}$$

这就是**反力位移互等定理**。它表明：单位力所引起的结构某支座反力，等于该支座发生单位位移时所引起的单位力作用点沿其方向的位移，但符号相反。

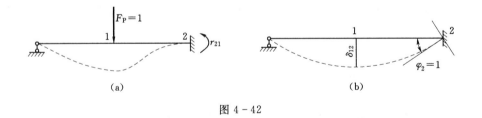

图 4 - 42

小　　结

本章主要讨论了应用虚功原理计算静定结构位移的问题。位移计算一方面是计算结构位移本身的需要，另一方面又为超静定结构的内力分析做准备，起着承上启下的作用。因此，学好本章内容，有十分重要的意义。

1. 虚功原理及其应用

虚功原理是力学中的基本原理。本章首先讨论了虚功原理。虚功和虚功方程的特点是力状态与位移状态无关，因此，可以根据不同的需要，将其中一个状态看作虚设的，而另一个状态则是问题的实际状态。根据虚设对象的不同选择，虚功原理主要有两种应用形式：虚设位移，求未知力；虚设力系，求位移。本章讨论的是应用变形体虚力原理求位移方法。

2. 结构位移计算的一般公式

应用变形体虚力原理可导出计算结构位移的一般公式为式（4-9），即

$$\Delta_K = \sum \int \overline{F}_N \varepsilon \, ds + \sum \int \overline{M} \kappa \, ds + \sum \int \overline{F}_Q \gamma_0 \, ds - \sum \overline{F}_{Ri} c_i \tag{4-9}$$

由于式（4-9）的推导过程所虚设力系是以单位荷载为标志的，故又称为单位荷载法。式（4-9）可以用于计算静定或超静定平面杆件结构由于荷载、温度变化和支座沉陷等因素的作用所产生的位移，并且适用于弹性或非弹性材料的结构；不仅可以计算结构的线位移，而且可以计算角位移。其关键是虚力状态中的单位荷载必须与所求的广义位移相对应。

3. 荷载作用下的位移计算

当静定结构只受荷载作用时，位移计算公式为式（4-10），即

$$\Delta_{KP} = \sum \int \frac{\overline{F}_N F_{NP} \, ds}{EA} + \sum \int \frac{\overline{M} M_P \, ds}{EI} + \sum \int \frac{k \overline{F}_Q F_{QP} \, ds}{GA} \tag{4-10}$$

对于梁和刚架，只考虑弯矩一项；对于桁架结构只考虑轴力一项；若为桁梁混合的组合结构，要考虑弯曲和轴力两项的影响。

4. 图乘法

在应用位移计算公式求解时，要进行一个积分运算，当荷载复杂时，计算工作还是很麻烦的。但是当杆件为等截面直杆，且 M_P 和 $\overline{M}$ 两个弯矩图中至少有一个是直线图形时，则可以用图乘法来代替积分运算，使计算工作得以简化，但具体运用时要了解图乘法的应用条件，熟练掌握计算方法（例如复杂图形的分解）。

5. 静定结构温度改变和支座移动时的位移计算

静定结构由于温度改变和支座移动并不引起内力，但将产生位移。由温度改变引起结构的位移可用式（4-16b）来计算，即

$$\Delta_{Kt} = \sum (\pm) \int \overline{F}_N \alpha t_0 \, ds + \sum (\pm) \int \overline{M} \frac{\alpha \Delta t}{h} \, ds \tag{4-16b}$$

由支座移动引起结构的位移可用式（4-19）来计算，即

$$\Delta_{Kc} = -\sum \overline{F}_{Ri} c_i \tag{4-19}$$

应用式（4-16b）、式（4-19）计算时，要注意各项正负的确定方法。

6. 线性变形体系的互等定理

针对线弹性结构，可导出四个互等定理。其中功的互等定理是基础，位移互等定理、反力互等定理、位移反力互等定理是功的互等定理的特例。反力互等定理须由超静定体系

的虚功原理导出，而其他三个互等定理可用于静定或超静定结构。

思　考　题

4-1　说明变形体虚功原理与刚体虚功原理的区别。

4-2　为什么说变形体虚力方程实际上就是变形协调方程？

4-3　求结构位移时虚设了单位荷载，这样求出的位移会等于原来的实际位移吗？它是否包括了虚设单位荷载引起的位移？

4-4　说明变形体虚功原理的应用条件和应用范围。

4-5　应用虚力原理计算位移有何优越性？

4-6　求位移时怎样确定虚拟的单位广义力？这个单位广义力具有什么量纲？为什么？

4-7　图乘法的适用条件是什么？求变截面梁和拱的位移时是否可用图乘法？如果梁的截面沿杆长成阶梯形变化，求位移时能否用图乘法？对于等截面梁、刚架结构，轴力图之间、剪力图之间是否可用图乘法？

4-8　计算由温度变化引起的位移时，如何确定公式中各项的正负号？

4-9　反力互等定理是否可用于静定结构？这时会得出什么结果？

4-10　何谓线弹性结构？位移互等定理能否用于非线弹性的静定结构？

4-11　下列各图的图乘结果是否正确？若不正确加以改正。〔（a）、（b）、（c）中 EI 为常数〕

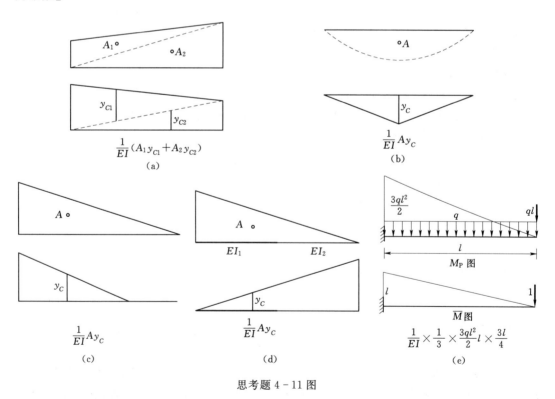

思考题 4-11 图

习　题

4-1　试利用积分法求图示悬臂梁 A 端的竖向位移和转角。

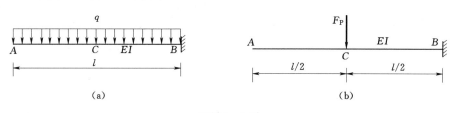

习题 4-1 图

4-2　试利用积分法求下列结构的位移：（a）Δ_{CV}；（b）φ_A；（c）Δ_{CV}；（d）Δ_{BH}（不考虑曲率的影响和轴力、剪力的影响）；（e）Δ_{AV} 和 Δ_{AH}（不考虑曲率的影响和轴力、剪力的影响）。

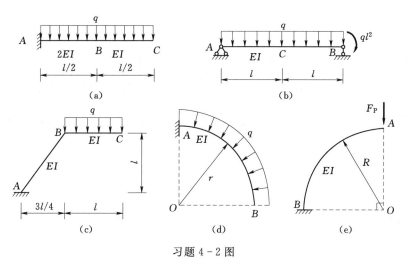

习题 4-2 图

4-3　试用图乘法求下列结构的位移：（a）Δ_{CV}；（b）Δ_{DV}；（c）Δ_{CV}。

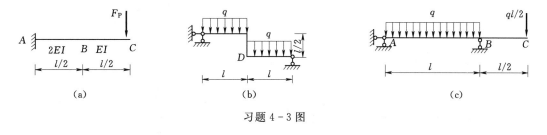

习题 4-3 图

4-4　试求图示梁的最大竖向位移 $\Delta_{\max}$，其中 EI 为常数。

4-5　求图示梁截面 C 和 E 的竖向位移。其中 $E=2.0\times10^5\,\mathrm{MPa}$，$I_1=6560\mathrm{cm}^4$，$I_2=12430\mathrm{cm}^4$。

4-6　试用图乘法求下列结构的位移：（a）Δ_{CV}（已知 $EI=2\times10^7\,\mathrm{N\cdot m^2}$）；（b）$\varphi_C$ 和 Δ_{CH}；（c）Δ_{BH}；（d）Δ_{DV}；（e）Δ_{EH} 和 φ_B；（f）Δ_{BH}。

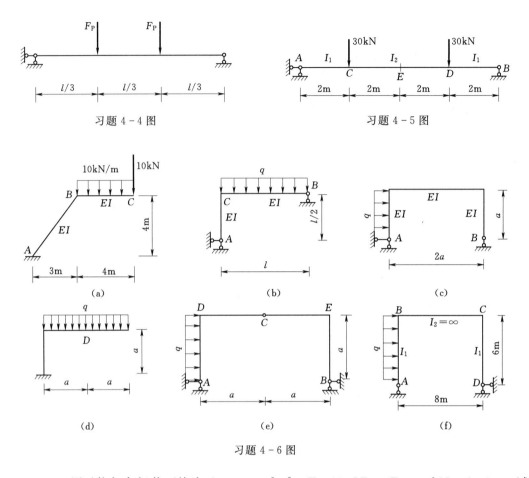

习题 4-4 图　　　　　　　　习题 4-5 图

(a)　　　　　　　(b)　　　　　　　(c)

(d)　　　　　　　(e)　　　　　　　(f)

习题 4-6 图

4-7　图示桁架各杆截面均为 $A=2\times10^{-3}\,\text{m}^2$，$E=210\text{GPa}$，$F_P=40\text{kN}$，$d=2\text{m}$，试求 C 点的竖向位移 Δ_{CV}。

4-8　求图示桁架 C 点的水平位移 Δ_{CH}。

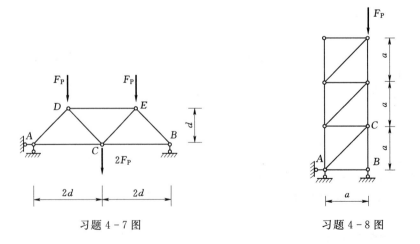

习题 4-7 图　　　　　　　　习题 4-8 图

4-9　计算图示组合结构 C 点的竖向线位移 Δ_{CV}，受弯杆件 $EI = 4500 \times 10^4 \mathrm{kN} \cdot \mathrm{cm}^2$，各链杆的 $EA = 30 \times 10^4 \mathrm{kN}$。

4-10　求图示刚架 A、B 两点间水平相对位移，其中 $EI =$ 常数。

4-11　图示桁架 BD 杆制造时短了 $1\mathrm{cm}$，试求由此引起的 C 点竖向位移 Δ_{CV}。

4-12　已知曲梁的轴线为抛物线，其方程为 $y = \dfrac{4f}{l^2}x(l-x)$，$EI$ 为常数，承受均布荷载 q 作用。试求 B 点的水平位移 Δ_{BH}。计算时只考虑弯曲变形，可取 $\mathrm{d}s = \mathrm{d}x$。

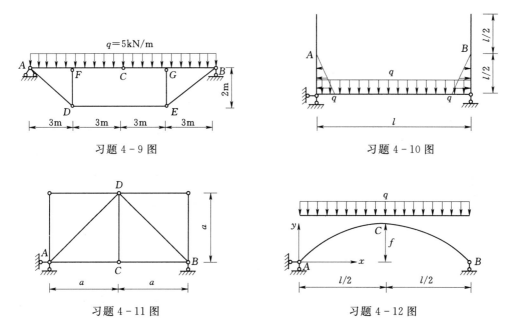

习题 4-9 图　　　　　　　　　　习题 4-10 图

习题 4-11 图　　　　　　　　　　习题 4-12 图

4-13　设三铰拱支座向右移动单位距离，试求 C 点的竖向位移 Δ_{CV}、水平位移 Δ_{CH}。

4-14　设三铰拱中的拉杆 AB 在 D 点装有花兰螺丝。如果扭紧螺丝，使截面 D_1 和 D_2 彼此靠近的距离为 λ，试求点的 C 竖向位移 Δ_{CV}。

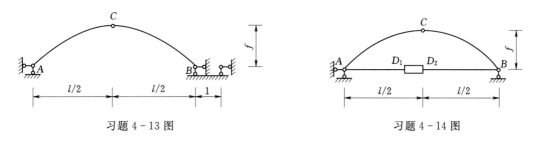

习题 4-13 图　　　　　　　　　　习题 4-14 图

4-15　求图示刚架由于温度变化引起的 C 处的竖向位移 Δ_{CV}。线膨胀系数为 α，截面高度为 h。

4-16　图示结构，已知支座 A 有位移 Δ_x、Δ_y、Δ_φ，试求点 K 的竖向位移 Δ_{KV}、水平位移 Δ_{KH} 和转角 φ_K。

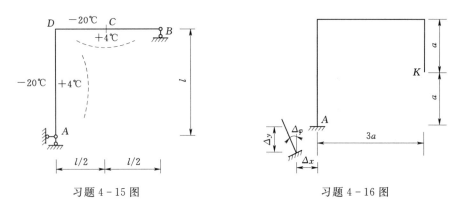

习题 4-15 图　　　　　　　习题 4-16 图

4-17　求图示结构在支座移动时的位移：(a)$\Delta_{\varphi C}$；(b)$\Delta_{\varphi C}$ 和 Δ_{CV}。

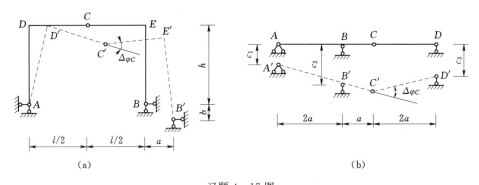

(a)　　　　　　　　　　(b)

习题 4-17 图

4-18　设三铰刚架内部升温 30℃，各杆截面为矩形，截面高度 h 相同。试求 C 点的竖向位移 Δ_{CV}。

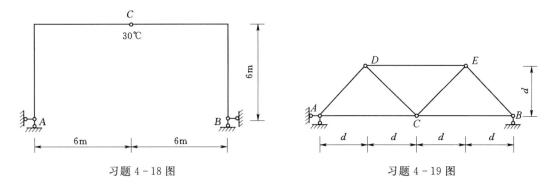

习题 4-18 图　　　　　　习题 4-19 图

4-19　图示桁架下弦杆温度升高 t 度，试求 C 点的竖向位移 Δ_{CV}。

4-20　图示框架结构，在其顶部横梁中点被切开，试求切口处两侧横截面 A 与 B 的竖向相对线位移 Δ_1、水平相对线位移 Δ_2 和相对转角 Δ_3，设各杆 EI 为常数。

4-21　已知 $A=I/a^2$，求 A 点的水平位移 Δ_{AH}。

4-22　试求图示刚架 C 点的水平位移 Δ_H、竖向位移 Δ_V、转角 θ，设各杆 EI 与 EA 为常数。(a) 忽略轴向变形的影响；(b) 考虑轴向变形的影响。

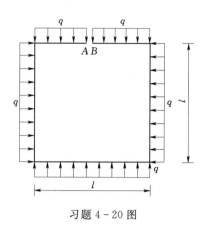

习题 4 - 20 图

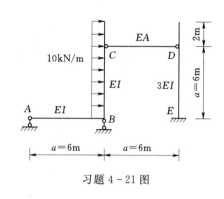

习题 4 - 21 图

4 - 23　图示等截面简支梁上侧温度升高 t_1，下侧温度降低 t_1，同时两端有一对力偶 M 作用，试求端点的转角 θ。若欲使梁端转角 θ 为零，M 应为多少？

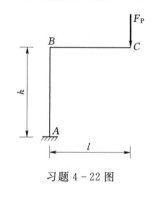

习题 4 - 22 图

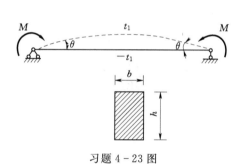

习题 4 - 23 图

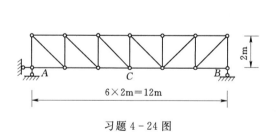

习题 4 - 24 图

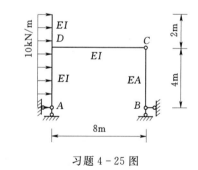

习题 4 - 25 图

4 - 24　欲在图示桁架下弦结点 C 设置向上的上拱度 3cm，问上弦六根杆如何制造才能达到要求？要求这六根杆制造的长度相同，其他杆件按设计的精确尺寸制造。

4 - 25　图示结构，EI 和 EA 均为已知，试求 BC 杆的转角 φ_{BC}。

4 - 26　求铰 C 处左、右两侧截面的相

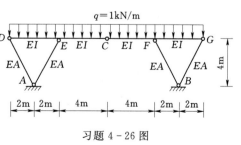

习题 4 - 26 图

对转角 $\Delta_{\varphi C}$，EI 和 EA 均为常数。

4-27 已知等截面简支梁在图（a）所示跨中集中荷载作用下的挠曲线方程为 $y(x) = \dfrac{F_P x}{48EI}(3l^2 - 4x^2)$ $\left(0 \leqslant x \leqslant \dfrac{l}{2}\right)$。试利用功的互等定理求其在图（b）所示均布荷载作用下的跨中截面的挠度 Δ_{Cy}。

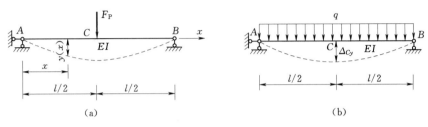

习题 4-27 图

习 题 参 考 答 案

4-1 (a) $\Delta_{AV} = \dfrac{ql^4}{8EI}(\downarrow)$，$\varphi_A = \dfrac{ql^3}{6EI}(\circlearrowright)$；(b) $\Delta_{AV} = \dfrac{5F_P l^3}{48EI}(\downarrow)$，$\varphi_A = \dfrac{F_P l^2}{8EI}(\circlearrowright)$

4-2 (a) $\Delta_{CV} = \dfrac{17ql^4}{256EI}(\downarrow)$；(b) $\varphi_A = 0$；(c) $\Delta_{CV} = \dfrac{27ql^4}{16EI}(\downarrow)$；

(d) $\Delta_{BH} = \dfrac{qr^4}{2EI}(\leftarrow)$；(e) $\Delta_{AV} = \dfrac{\pi}{4}\dfrac{F_P R^3}{EI}(\downarrow)$，$\Delta_{AH} = \dfrac{1}{2}\dfrac{F_P R^3}{EI}(\rightarrow)$

4-3 (a) $\Delta_{CV} = \dfrac{3F_P l^3}{16EI}(\downarrow)$；(b) $\Delta_{DV} = \dfrac{ql^4}{3EI}(\downarrow)$；(c) $\Delta_{CV} = \dfrac{ql^4}{24EI}(\downarrow)$

4-4 $\Delta_{max} = \dfrac{23F_P l^3}{648EI}(\downarrow)$

4-5 $\Delta_{CV} = 1.58\text{cm}(\downarrow)$，$\Delta_{EV} = 2.06\text{cm}(\downarrow)$

4-6 (a) $\Delta_{CV} = 3.042\text{cm}(\downarrow)$；(b) $\varphi_C = \dfrac{ql^3}{24EI}$，$\Delta_{CH} = \dfrac{ql^4}{48EI}(\rightarrow)$

(c) $\Delta_{BH} = \dfrac{17qa^4}{24EI}(\rightarrow)$；(d) $\Delta_{DV} = \dfrac{65qa^4}{24EI}$

(e) $\Delta_{EH} = \dfrac{3qa^4}{16EI}(\rightarrow)$，$\varphi_B = \dfrac{11qa^3}{48EI}(\downarrow)$；(f) $\Delta_{BH} = \dfrac{432q}{EI_1}(\rightarrow)$

4-7 3.52mm $(\downarrow)$

4-8 $\Delta_{CH} = \dfrac{F_P a}{EA}(\rightarrow)$

4-9 $\Delta_{CV} = 0.027\text{m}$

4-10 $\Delta_{AB} = \dfrac{ql^4}{60EI}$

4-11 $\Delta_{CV} = \dfrac{\sqrt{2}}{2}\text{cm}$

4 - 12 $\Delta_{BH} = \dfrac{qfl^3}{15EI}(\rightarrow)$

4 - 13 $\Delta_{CV} = \dfrac{l}{4f}(\downarrow)$，$\Delta_{CH} = \dfrac{1}{2}(\rightarrow)$

4 - 14 $\Delta_{CV} = \dfrac{l\lambda}{4f}(\uparrow)$

4 - 15 $\Delta_{CV} = \dfrac{3\alpha l^2}{h} + 4\alpha l$

4 - 16 $\Delta_{KV} = \Delta_y - 3a\Delta_\varphi(\downarrow)$，$\Delta_{KH} = \Delta_x + a\Delta_\varphi(\leftarrow)$，$\varphi_K = \Delta_\varphi$

4 - 17   (a) $\Delta_{\varphi C} = \dfrac{a}{h}$； (b) $\Delta_{CV} = \dfrac{3c_2}{2} - \dfrac{c_1}{2}$，$\Delta_{\varphi C} = \dfrac{3c_1}{4a} + \dfrac{c_3}{2a} - \dfrac{5c_2}{4a}$

4 - 18 $\Delta_{CV} = 180\alpha + \dfrac{1080\alpha}{h}(\uparrow)$

4 - 19 $\Delta_{CV} = 2\alpha td(\downarrow)$

4 - 20 $\Delta_1 = 0$，$\Delta_2 = 0.917\dfrac{ql^4}{EI}(\rightarrow\leftarrow)$，$\Delta_3 = 1.17\dfrac{ql^3}{EI}$

4 - 21 $\Delta_{AH} = \dfrac{23460}{EI}(\rightarrow)$，$a = 6\mathrm{m}$

4 - 22   (a) $\Delta_H = \dfrac{F_P l h^2}{2EI}$，$\Delta_V = \dfrac{F_P l^2(l + 3h)}{3EI}$，$\theta = \dfrac{F_P l(l + 2h)}{2EI}$；

          (b) $\Delta_H = \dfrac{F_P l h^2}{2EI}$，$\Delta_V = \dfrac{F_P l^2(l + 3h)}{3EI} + \dfrac{F_P h}{EA}$，$\theta = \dfrac{F_P l(l + 2h)}{2EI}$

4 - 23 $\theta = \dfrac{\alpha t_1 l}{h} - \dfrac{Ml}{2EI}$，$M = \dfrac{2\alpha t_1 EI}{h}$

4 - 24   上弦六根杆均加长 $\lambda = 0.545\mathrm{cm}$

4 - 25 $\varphi_{BC} = \dfrac{20}{EA} + \dfrac{600}{EI}$

4 - 26 $\Delta_{\varphi C} = \dfrac{37.33}{EI} + \dfrac{22.36}{EA}$

4 - 27 $\Delta_{Cy} = \dfrac{5ql^4}{384EI}(\downarrow)$

部分习题参考答案详解请扫描下方二维码查看。

第五章 力 法

从本章开始讨论超静定结构内力、位移等的计算方法。

通过前面的学习已经掌握了结构的几何组成，利用平衡条件分析静定结构的受力，还掌握了结构位移计算的原理和方法。这些内容有其本身的工程意义，也是解决大量工程中普遍存在的超静定结构的基础。

对于超静定结构，从受力上看，待求的反力和内力的总数多于能列出的独立平衡方程数，因此，仅仅利用平衡方程不能求出全部反力和内力。若要求出它们，必须建立补充方程。计算超静定结构的方法有许多，基本方法有力法和位移法。本章介绍以多余未知力作为基本未知量计算超静定结构的基本方法——力法❶，同时还将介绍与其相关的计算技巧和超静定结构的特性等。

第一节 超静定结构概述

一、超静定结构的概念

通过前面的讨论可知，全部反力和各截面的内力都可以用静力平衡条件唯一确定的结构，称为静定结构。如果一个结构的支座反力和各截面的内力不能完全由静力平衡条件唯一确定，则这种结构称为超静定结构。如图 5-1（a）所示梁，其竖向反力仅靠平衡条件就无法确定，因而也就无法确定其内力。又如图 5-2（a）所示桁架，虽然由平衡条件可以确定其全部反力和部分杆件内力，但不能确定全部杆件的内力。因此，这两个结构都是超静定结构。

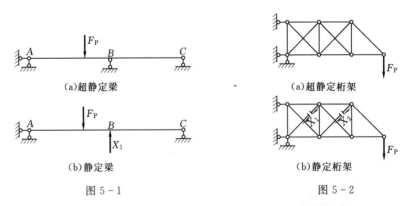

（a）超静定梁 　　　　　　　　　（a）超静定桁架

（b）静定梁 　　　　　　　　　（b）静定桁架

图 5-1 　　　　　　　　　　图 5-2

从几何组成方面，静定结构是无多余约束的几何不变体系，对其而言，使其保持几何不变的约束个数是最低限度的，不能再少了，若去掉一个，体系将成为几何可变体系。因

---

❶ 力法是由麦克斯韦（Maxwell，1831—1879）于 1864 年从能量法导出的求解超静定结构的一般方法，莫尔（O. Mohr，1835—1918）于 1874 年加以系统整理并规范化，故也称它为麦克斯韦-莫尔法。

此，所有约束都是必要约束。而超静定结构是有多余约束的几何不变体系，对其而言，除了具有保持体系几何不变所需的必要约束外，存在多余约束，若去掉它们仍能保持几何不变。这里所谓"多余"，是指这些约束仅就保持结构的几何不变性来说，是不必要的。多余约束中产生的力称为**多余未知力**。如图 5-1 (a) 所示的梁，可把任一根竖向支座链杆作为多余约束，例如把中间支座链杆作为多余约束，则相应的多余未知力就是该支座的反力 X_1，如想办法求出 X_1，则原结构就转化为静定结构，如图5-1 (b) 所示。又如图 5-2 (a) 所示的桁架，可分别把左边和中间两节间的各一根斜杆作为多余约束，相应的多余未知力就是该两杆的轴力 X_1 及 X_2，同理，如想办法求出 X_1 及 X_2，则原结构也转化为静定结构，如图 5-2 (b) 所示。

总之，有多余约束是超静定结构区别于静定结构的基本特性。

二、超静定次数的确定

从静力分析角度来看，超静定次数等于根据静力平衡方程计算未知力时所缺少的方程的个数，即多余未知力的个数。

从几何构造角度来看，超静定次数是超静定结构中多余约束的个数。若一个超静定结构去掉 n 个约束后变为静定结构，则原结构即为 n 次超静定。因此，确定超静定次数最直接的方法是取消多余约束法，即在原结构上去掉多余约束，使原结构变成一个静定结构，则去掉的多余约束数目即为原结构的超静定次数。

从超静定结构上去掉多余约束的基本方式，通常有以下几种：

(1) 去掉一个支杆或切断一根链杆，相当于去掉一个约束，如图 5-1 和图 5-2 所示。

(2) 去掉一个固定铰支座或截开一个单铰，相当于去掉两个约束，如图 5-3 和图 5-4 所示。

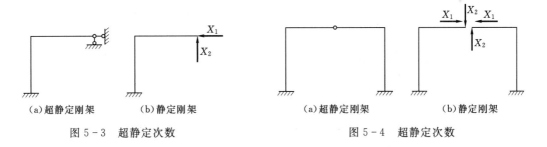

(a) 超静定刚架　　　(b) 静定刚架　　　　　　(a) 超静定刚架　　　(b) 静定刚架

图 5-3　超静定次数　　　　　　　　图 5-4　超静定次数

(3) 去掉一个固定端或截断一个梁式杆，相当于去掉三个约束，如图 5-5 所示。

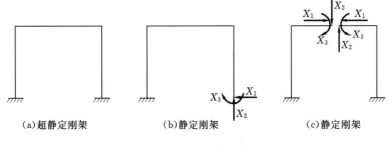

(a) 超静定刚架　　　　　(b) 静定刚架　　　　(c) 静定刚架

图 5-5　超静定次数

　　（4）将刚结改为单铰连结，或将一固定端支座改成固定铰支座，相当于去掉一个约束，如图5-6所示。

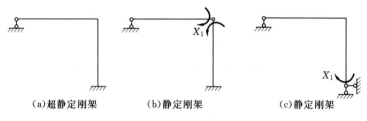

（a）超静定刚架　　　　　　（b）静定刚架　　　　　　（c）静定刚架

图5-6 超静定次数

　　需要指出的是，对于同一个超静定结构，可以采取不同的方式去掉多余约束，而得到不同的静定结构。但不论采用哪种方式，所去掉的多余约束的数目总是相等的。由此说明，超静定次数是超静定结构本身的属性，并不因为变成的静定结构的不同而改变，只是解除的多余约束不同，所暴露出来的多余未知力就不同，但多余未知力的数目相同。

　　此外，还需注意以下几点：

　　（1）不要把原结构拆成一个几何可变体系，即不能去掉必要约束。例如，若把如图5-1（a）所示梁中的水平链杆去掉，它就变成了几何可变体系。

　　（2）要把全部多余都要去掉。例如，如图5-7（a）所示的结构，如果只去掉一根竖向支座链杆，如图5-7（b）所示，则其中的闭合框仍然有三个多余约束，必须把闭合框切开，变成如图5-7（c）所示的静定结构。因此，原结构总共有四个多余约束，是四次超静定结构。

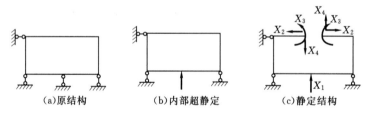

（a）原结构　　　　　　　　（b）内部超静定　　　　　　（c）静定结构

图5-7 去掉全部多余约束

　　（3）对于具有较多框格的超静定结构，可按框格的数目来确定超静定次数。一个无铰封闭框有三个多余约束，当结构有 h 个封闭无铰框格时，其超静定次数为 $3h$。如图5-8（a）所示结构的超静定次数为 $n=3\times4=12$。

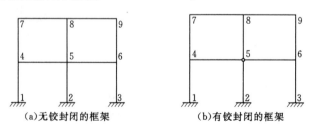

（a）无铰封闭的框架　　　　　　　　（b）有铰封闭的框架

图5-8 超静定结构

若将如图 5-8（a）所示结构中 5 结点改为铰结点，如图 5-8（b）所示，其超静定次数 n 等于多少？请读者思考。

第二节　力法的基本原理和典型方程

力法是计算超静定结构的最基本的方法。

力法计算的基本思路是把超静定结构的计算问题转化为静定结构的计算问题，即利用已经熟悉的静定结构的计算方法来达到计算超静定结构的目的。

一、力法的基本原理

下面通过一简单超静定结构来说明力法的基本原理。如图 5-9（a）所示一端固定、另一端铰支的单跨超静定梁，显然，该梁为一次超静定结构。若将支座 B 处的链杆作为多余约束去掉，则得到如图 5-9（b）所示的静定结构。将原超静定结构中去掉多余约束后所得到的静定结构称为力法的**基本结构**。所去掉的多余约束代之以相应的多余未知力 X_1，则得如图 5-9（b）所示的同时承受与原结构相同的荷载 q 和多余未知力 X_1 的静定结构——悬臂梁，基本结构在原有荷载和多余力共同作用下的体系称为力法的**基本体系**。显然，基本体系与原结构的受力状态完全相同。因此，基本结构是将超静定结构计算问题转化为静定结构计算问题的桥梁。

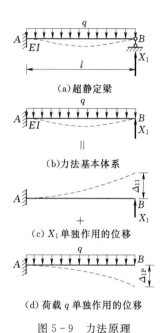

(a) 超静定梁

(b) 力法基本体系

(c) X_1 单独作用的位移

(d) 荷载 q 单独作用的位移

图 5-9　力法原理

现在要设法解出基本体系中的多余未知力 X_1，一旦求得多余未知力 X_1，就可在基本体系上用静力平衡条件求出原结构的所有反力和内力。因此，力法的主要特点是把多余未知力的计算问题当作解超静定结构的关键问题。处于关键地位的多余未知力称为力法的**基本未知量**。力法这个名称就是由此而来的。

如何计算基本未知量 X_1 是问题的关键，很显然仅从静力平衡条件是无法求出的。因为在基本体系中截取的任何脱离体，除 X_1 之外还有三个未知反力或内力，故平衡方程数目总少于未知力的个数，其解答是不定的。实际上，就原结构而言，X_1 是荷载作用下 B 支座的反力，具有固定值，而对基本体系而言，X_1 已成为主动力，只要能满足强度条件，每给出一个 X_1，可得出一组反力及内力。因此，为了确定基本未知量 X_1 的唯一值，就必须考虑变形协调条件以建立补充方程。

为此，对比原结构与基本体系的变形情况。原结构在 B 支座处由于多余约束（竖向链杆）的约束而不可能有竖向位移，即 $\Delta_1=0$。在基本体系中，该多余约束已被去掉，基本未知量 X_1 是主动力，是变量，B 点可以有位移。如果 X_1 过大，则梁的 B 端将往上翘，如果 X_1 过小，则梁的 B 端向下，即 B 点的位移不受约束的限制。只有当 B 端的竖向位移 Δ_1 正好等于零时，基本体系中的变力 X_1 才是原结构中支座链杆 B 处的实际反力

X_1，这样两者在变形状态方面一致。

由此可知，基本体系转化为原结构的条件是：基本结构在原有荷载和多余未知力共同作用下，沿多余未知力方向的位移 Δ_1 应与原结构在 X_1 方向的位移相等，即

$$\Delta_1 = 0 \qquad\qquad (a)$$

这个转化条件是一个变形条件或位移条件，也就是计算多余未知力所需要的补充条件。

根据此方程可求得多余未知力，这样原结构中其他的反力可在基本体系上由平衡条件求得，这样的一组解才是基本体系同时满足平衡条件和变形协调条件的唯一的一组解。

设 Δ_{11} 和 Δ_{1P} 分别表示多余未知力 X_1 和荷载 q 单独作用在基本结构上时，B 点沿 X_1 方向的位移，如图 5-9 (c)、(d) 所示，其方向以与 X_1 的正方向相同为正。两个下标的含义与第四章所述相同，即第一个表示位移的地点和方向，第二个表示产生位移的原因。根据叠加原理，有

$$\Delta_1 = \Delta_{11} + \Delta_{1P} = 0 \qquad\qquad (b)$$

Δ_{11} 是由未知力 X_1 引起的位移，根据叠加原理，Δ_{11} 与 X_1 成正比。若以 δ_{11} 表示基本结构在单位力 $X_1 = 1$ 单独作用下沿 X_1 方向的位移，则 $\Delta_{11} = \delta_{11}X_1$，于是上述位移条件 (b) 可写为

$$\delta_{11}X_1 + \Delta_{1P} = 0 \qquad\qquad (5-1)$$

由于 δ_{11} 和 Δ_{1P} 都是已知力作用在静定结构上的相应位移，均可按静定结构位移计算的方法求得，从而多余未知力的大小和方向，即可由式 (5-1) 解出。此方程称为一次超静定结构的力法**基本方程**。

为了具体计算位移 δ_{11} 和 Δ_{1P}，分别绘出基本结构在单位力 $X_1 = 1$ 单独作用下的单位弯矩图 $\overline{M}_1$ 和荷载 q 单独作用下的荷载弯矩图 M_P，分别如图 5-10 (a)、(b) 所示，然后用图乘法计算这些位移。

计算图 5-10 (a) 中 $X_1 = 1$ 引起的位移 δ_{11} 时需建立虚设单位力状态，而虚设单位力状态与图 5-10 (a) 状态相同，故将如图 5-10 (a) 所示单位弯矩图 $\overline{M}_1$ 图乘 $\overline{M}_1$ 图 (称为 $\overline{M}_1$ 图 "自乘") 即得 δ_{11}：

$$\delta_{11} = \int \frac{\overline{M}_1\overline{M}_1}{EI}ds = \int \frac{\overline{M}_1^2}{EI}ds = \frac{1}{EI} \times \frac{ll}{2} \times \frac{2l}{3} = \frac{l^3}{3EI}$$

计算 Δ_{1P} 时则为 $\overline{M}_1$ 图与 M_P 图相乘，即

$$\Delta_{1P} = \int \frac{\overline{M}_1 M_P}{EI}ds = -\frac{1}{EI}\left(\frac{1}{3} \times \frac{ql^2}{2}l\right) \times \frac{3l}{4} = -\frac{ql^4}{8EI}$$

将上述位移结果代入式 (5-1)，可得

$$\frac{l^3}{3EI}X_1 - \frac{ql^4}{8EI} = 0$$

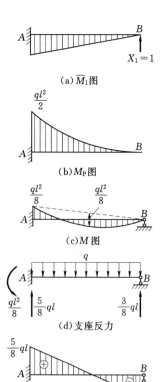

(a) $\overline{M}_1$ 图

(b) M_P 图

(c) M 图

(d) 支座反力

(e) F_Q 图

图 5-10 力法原理

由此可得
$$X_1 = \frac{3}{8}ql$$

求得的未知力 X_1 是正值，表示反力 X_1 的实际方向与基本体系中假设的方向相同。

多余未知力 X_1 求出后，可用静力平衡条件求得原结构的支座反力和内力，作内力图，计算结果如图 5-10（c）、（e）所示。

根据叠加原理，结构任一截面上的弯矩可用式（5-2）表示：
$$M = \overline{M}_1 X_1 + M_P \tag{5-2}$$

式中　$\overline{M}_1$——单位力 $X_1 = 1$ 在基本结构中任一截面所产生的弯矩；

　　　M_P——荷载在基本结构中所产生的弯矩。

综上所述，力法的基本特点是：以多余未知力作为基本未知量，去掉多余约束后的静定结构为基本结构，并根据基本体系去掉多余约束处的已知位移条件建立基本方程，将多余未知力求出，以后就是解算静定结构的问题（利用叠加原理求内力并绘制内力图）。这种方法可以用来分析任何类型的超静定结构。

此外，由于多余约束不是唯一的，因此超静定结构的基本结构也不唯一。采用不同的基本结构并不会影响计算的最后结果，但计算的工作量可能相差甚远，故选取基本结构应按照计算简便的原则进行。

例如，对于如图 5-9（a）所示的超静定结构，也可将其左端的固定端支座改为固定铰支座，并代之以相应的多余未知力 X_1，则得到如图 5-11（a）所示的基本体系。此时与 X_1 相应的位移 Δ_1 是指梁 A 端截面的角位移。因为原结构 A 端的实际角位移为零，故位移条件仍为 $\Delta_1 = 0$，力法方程为
$$\delta_{11} X_1 + \Delta_{1P} = 0$$

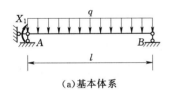 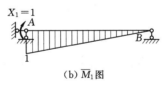 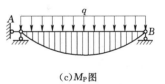

（a）基本体系　　　　　　　　（b）$\overline{M}_1$ 图　　　　　　　　（c）M_P 图

图 5-11　力法原理

由图 5-11（b）、（c）可得
$$\delta_{11} = \frac{1}{EI} \times \frac{1}{2} l \times \frac{2}{3} = \frac{l}{3EI}$$

$$\Delta_{1P} = \frac{1}{EI} \left(\frac{2}{3} \times \frac{ql^2}{8} l \right) \times \frac{1}{2} = \frac{ql^3}{24EI}$$

代入式（5-1）得
$$\frac{l}{3EI} X_1 + \frac{ql^3}{24EI} = 0$$

可解得
$$X_1 = -\frac{1}{8}ql^2$$

所得 X_1 为负值，表明 X_1 的实际方向与原假设方向相反，绘弯矩图和剪力图，与图 5-10（c）、（e）相同。

二、力法典型方程

通过以上讨论一次超静定结构的求解，已经初步了解了力法的基本概念和解题步骤，下面对多次超静定的情形作进一步说明。

如图 5-12（a）所示为一个两次超静定刚架，根据力法基本原理，去掉支座 B 处两个链杆，并用相应的多余未知力 X_1 和 X_2 代替所去约束的作用，则得如图 5-12（b）所示基本体系，而 X_1 和 X_2 即为基本未知量。

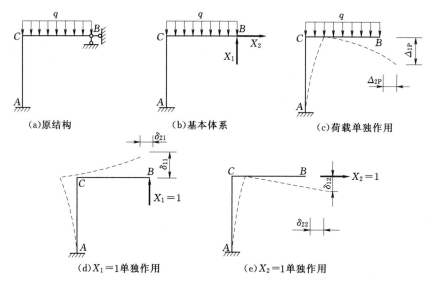

图 5-12 力法原理

为了确定多余未知力 X_1、X_2，可利用多余约束处的位移条件，使基本结构在荷载和多余未知力 X_1、X_2 共同作用下在 B 点沿 X_1 和 X_2 方向的位移分别与原结构相同，即均应等于零。因此可写成

$$\left.\begin{array}{l} \Delta_1 = 0 \\ \Delta_2 = 0 \end{array}\right\} \qquad (a)$$

式中 Δ_1 是基本结构在荷载和多余未知力 X_1、X_2 共同作用下 X_1 作用点沿其方向的位移，即 B 点的竖向位移；Δ_2 是基本结构在荷载和多余未知力 X_1、X_2 共同作用下 X_2 作用点沿其方向的位移，即 B 点的水平位移。

下面应用叠加原理将变形条件式（a）展开。为了计算基本结构在荷载和多余未知力 X_1、X_2 共同作用下的位移 Δ_1、Δ_2，先分别计算基本结构在每种力单独作用下的位移：

（1）荷载单独作用时，相应位移为 Δ_{1P}、Δ_{2P}，如图 5-12（c）所示。

（2）单位力 $X_1 = 1$ 单独作用时，相应位移为 δ_{11}、δ_{21}，如图 5-12（d）所示；未知力 X_1 单独作用时，相应位移为 $\delta_{11}X_1$、$\delta_{21}X_1$。

（3）单位力 $X_2 = 1$ 单独作用时，相应位移为 δ_{12}、δ_{22}，如图 5-12（e）所示；未知力 X_2 单独作用时，相应位移为 $\delta_{12}X_2$、$\delta_{22}X_2$。

根据叠加原理，得

$$\Delta_1 = \delta_{11}X_1 + \delta_{12}X_2 + \Delta_{1P}$$
$$\Delta_2 = \delta_{21}X_1 + \delta_{22}X_2 + \Delta_{2P}$$

因此变形条件（a）即为

$$\left.\begin{aligned}\delta_{11}X_1 + \delta_{12}X_2 + \Delta_{1P} = 0\\ \delta_{21}X_1 + \delta_{22}X_2 + \Delta_{2P} = 0\end{aligned}\right\} \tag{5-3}$$

这就是两次超静定结构的力法基本方程。其物理意义是：在基本体系中，由于全部多余未知力和已知荷载共同作用，沿去掉多余约束处的位移应与原结构中相应的位移相等。

力法基本方程中的系数 δ_{ij} 和自由项 Δ_{iP} 都是基本结构的位移，由于基本结构是静定的，所以这些系数和自由项的计算可按静定结构位移计算的方法进行。

由基本方程求出多余未知力 X_1、X_2 后，便可由静力平衡条件求出原结构的其余反力和内力，也可由叠加原理求内力：

$$M = \overline{M}_1 X + \overline{M}_2 X_2 + M_P$$

式中　M_P——荷载在基本结构中任一截面所产生的弯矩；

$\overline{M}_1$、$\overline{M}_2$——单位力 $X_1=1$ 和 $X_2=1$ 在基本结构中同一截面所产生的弯矩。

用同样的分析方法，可以建立能求解 n 个多余未知力的力法方程。首先去掉 n 个多余约束，用 n 个多余未知力代替其作用，得到同时承受荷载和 n 个多余未知力作用的基本体系。当原结构在去掉多余约束处的位移为零时，相应地也就有 n 个已知的位移条件：$\Delta_i = 0(i=1, 2, \cdots, n)$。在线性变形体系中，根据叠加原理，可以建立 n 个关于求解多余未知力的方程：

$$\left.\begin{aligned}\delta_{11}X_1 + \delta_{12}X_2 + \cdots + \delta_{1n}X_n + \Delta_{1P} = 0\\ \delta_{21}X_1 + \delta_{22}X_2 + \cdots + \delta_{2n}X_n + \Delta_{2P} = 0\\ \vdots\\ \delta_{n1}X_1 + \delta_{n2}X_2 + \cdots + \delta_{nn}X_n + \Delta_{nP} = 0\end{aligned}\right\} \tag{5-4}$$

式（5-4）是 n 次超静定结构在荷载作用下力法方程的一般形式。由于上述方程组有一定规律，不论超静定结构的类型、次数及所选取的基本结构如何，只要是 n 次超静定结构，它们在荷载作用下的力法方程都与式（5-4）相同，所以称之为**力法典型方程**。

写成矩阵形式：

$$\begin{bmatrix}\delta_{11} & \delta_{12} & \cdots & \delta_{1n}\\ \delta_{21} & \delta_{22} & \cdots & \delta_{2n}\\ \vdots & \vdots & \ddots & \vdots\\ \delta_{n1} & \delta_{n2} & \cdots & \delta_{nn}\end{bmatrix}\begin{Bmatrix}X_1\\ X_2\\ \vdots\\ X_n\end{Bmatrix} + \begin{Bmatrix}\Delta_{1P}\\ \Delta_{2P}\\ \vdots\\ \Delta_{nP}\end{Bmatrix} = \begin{Bmatrix}0\\ 0\\ \vdots\\ 0\end{Bmatrix} \tag{5-5}$$

式（5-5）中的矩阵称为**柔度矩阵**，其中的每一项 δ_{ij} 称为**柔度系数**，矩阵中从左上角到右下角的对角线称为主对角线，其上的系数 δ_{ii} 称为**主系数**，主对角线两侧的其他系数 $\delta_{ij}(i \neq j)$ 称为**副系数**。Δ_{iP} 称为**自由项**。

这些系数和自由项都代表基本结构的位移，以上位移均用两个下标，第一个下标表示位移的位置和方向，第二个下标表示产生位移的原因。例如：Δ_{iP} 为在 X_i 作用点由荷载产

生的沿 X_i 方向的位移；δ_{ij} 为在 X_i 作用点由单位力 $X_j = 1$ 产生的沿 X_i 方向的位移。

位移正负号规则为：当位移 Δ_{iP} 或 δ_{ij} 与相应未知力 X_i 的正方向相同时，则位移规定为正。

由于主系数 δ_{ii} 代表单位力 $X_i = 1$ 作用时，在其本身方向引起的位移，它必然与单位力 $X_i = 1$ 的方向一致，所以主系数恒为正，且不会等于零。而副系数 $\delta_{ij}(i \neq j)$ 和自由项 Δ_{iP} 的值可能为正、负或零。

根据位移互等定理有

$$\delta_{ij} = \delta_{ji}$$

所以柔度矩阵是一个对称矩阵。

按第四章求静定结构位移的方法，求得典型方程中的系数和自由项后，即可由力法典型方程求出多余未知力，然后将其视为外力作用于基本体系，按静定结构的分析方法求得原结构的全部反力和内力。内力也可由叠加原理用式（5-6）计算：

$$\left.\begin{array}{l} M = \overline{M}_1 X_1 + \overline{M}_2 X_2 + \cdots + \overline{M}_n X_n + M_P = \sum \overline{M}_i X_i + M_P \\ F_Q = \overline{F}_{Q1} X_1 + \overline{F}_{Q2} X_2 + \cdots + \overline{F}_{Qn} X_n + F_{QP} = \sum \overline{F}_{Qi} X_i + F_{QP} \\ F_N = \overline{F}_{N1} X_1 + \overline{F}_{N1} X_2 + \cdots + \overline{F}_{Nn} X_n + F_{NP} = \sum \overline{F}_{Ni} X_i + F_{NP} \end{array}\right\} \quad (5-6)$$

式中　$\overline{M}_i$、$\overline{F}_{Qi}$、$\overline{F}_{Ni}$——基本结构由于 $X_i = 1$ 作用而产生的内力；

M_P、F_{QP}、F_{NP}——基本结构由于荷载作用而产生的内力。

通常，都是应用式（5-6）第一式画出原结构的弯矩图后，再直接利用平衡条件求 F_Q 和 F_N 并画出 F_Q 和 F_N 图，很少用式（5-6）中的第二、三式来求 F_Q 和 F_N。

总结以上分析过程可以看出，力法求解超静定结构的实质就是解、代、调、四基本。**解**即为解除多余约束，**代**即为用多余力代替多余约束的作用，**调**即为列出力法的变形协调方程，**四基本**即为基本未知力、基本结构、基本体系、基本方程。抓住力法的本质，再加以练习，就能掌握起这种求解超静定结构的基本方法。

第三节　荷载作用下超静定结构的力法求解

一、解题步骤

根据力法的基本原理和思路，用力法计算超静定结构的步骤可归纳如下：

（1）判断超静定次数，以去掉多余约束代之以相应多余未知力后得到的静定结构作为力法的基本体系，以相应的多余未知力为力法的基本未知量。

（2）建立力法典型方程。

（3）计算系数和自由项。作单位弯矩图 $\overline{M}_i$ 和荷载弯矩图 M_P，按图乘法或积分法计算系数 δ_{ij} 和自由项 Δ_{iP}。

（4）解力法典型方程求出多余未知力。

（5）按静定结构的方法作内力图。将已求出的 X_i 视为外力，根据基本体系的平衡条件，直接求内力；或根据叠加原理，按式（5-6）计算。

（6）校核。

二、力法应用示例

用力法计算各类超静定结构，方法步骤相同，应注意在计算过程中系数及自由项计算的区别。下面分别举例说明用力法计算超静定梁和刚架、超静定桁架、超静定组合结构、铰结排架及两铰拱的具体方法。

1. 超静定梁和刚架

(1) 计算位移时，通常忽略轴力和剪力的影响，而只考虑弯矩的影响，因而使计算简化。但在高层刚架中，轴力对柱的影响比较大；当杆件短而粗时，剪力的影响也比较大，此时应做特殊处理。

主、副系数和自由项按式 (5-7) 计算：

$$\left.\begin{aligned} \delta_{ii} &= \sum\int\frac{\overline{M_i^2}}{EI}ds \\ \delta_{ij} &= \sum\int\frac{\overline{M_i}\,\overline{M_j}}{EI}ds \\ \Delta_{iP} &= \sum\int\frac{\overline{M_i}M_P}{EI}ds \end{aligned}\right\} \tag{5-7}$$

(2) 选取恰当的基本结构：同一结构取不同的基本结构计算，力法典型方程代表的位移条件不同，力法方程中的系数、自由项不同，计算过程的简繁程度不同，最后内力图相同。

因此，在保证基本结构是几何不变的前提下，尽量选择恰当的基本结构，使力法方程中的系数和自由项计算简单，并有较多的副系数和自由项等于零。另外，应使基本结构由几个独立的基本部分形成，荷载所在部分尽量是基本部分，这样可使各单位弯矩图和荷载弯矩图局部分布，减少它们之间的重叠，使副系数和自由项的计算简单，也有可能为零，求解力法方程也简单。

【例 5-1】　试绘出如图 5-13 (a) 所示的超静定梁的弯矩图，设 EI 为常数。

解： (1) 确定超静定次数，选取基本体系。该梁为三次超静定结构，去掉 B 端 3 个多余约束，用多余未知力 X_1、X_2、X_3 代替其作用，得到如图 5-13 (b) 所示的基本体系。

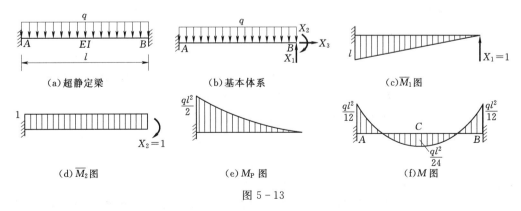

(a) 超静定梁　　　(b) 基本体系　　　(c) $\overline{M}_1$ 图

(d) $\overline{M}_2$ 图　　　(e) M_P 图　　　(f) M 图

图 5-13

(2) 建立力法典型方程。根据支座 B 处位移为零的条件，可建立以下的力法典型方程：

$$\left.\begin{array}{l}\delta_{11}X_1+\delta_{12}X_2+\delta_{13}X_3+\Delta_{1P}=0\\\delta_{21}X_1+\delta_{22}X_2+\delta_{23}X_3+\Delta_{2P}=0\\\delta_{31}X_1+\delta_{32}X_2+\delta_{33}X_3+\Delta_{3P}=0\end{array}\right\}$$

（3）求系数和自由项。作出基本结构在各单位力单独作用下的单位弯矩图和荷载弯矩图，如图 5-13（c）～（e）所示，其中 $\overline{M}_3=0$，$\overline{F}_{N3}=1$。

利用图乘法，可得

$$\delta_{11}=\frac{1}{EI}\times\frac{l\times l}{2}\times\frac{2l}{3}=\frac{l^3}{3EI}$$

$$\delta_{12}=\delta_{21}=-\frac{1}{EI}\times\frac{l\times l}{2}\times 1=-\frac{l^2}{2EI}$$

$$\delta_{22}=\frac{1}{EI}\times(l\times 1)\times 1=\frac{l}{EI}$$

$$\Delta_{1P}=-\frac{1}{EI}\times\left(\frac{1}{3}\times l\times\frac{ql^2}{2}\right)\times\frac{3}{4}l=-\frac{ql^4}{8EI}$$

$$\Delta_{2P}=\frac{1}{EI}\times\left(\frac{1}{3}\times l\times\frac{ql^2}{2}\right)\times 1=\frac{ql^3}{6EI}$$

由于 $\overline{M}_3=0$，所以 $\delta_{13}=\delta_{31}=\delta_{23}=\delta_{32}=0$，$\Delta_{3P}=0$。

考虑轴力的影响，有

$$\delta_{33}=\int\frac{\overline{M}_3^2}{EI}\mathrm{d}x+\int\frac{\overline{F}_{N3}^2}{EA}\mathrm{d}x=\frac{l}{EA}$$

（4）解方程求多余未知力。将以上各系数和自由项代入力法典型方程，得

$$\left.\begin{array}{l}\dfrac{l^3}{3EI}X_1-\dfrac{l^2}{2EI}X_2-\dfrac{ql^4}{8EI}=0\\[2mm]-\dfrac{l^2}{2EI}X_1+\dfrac{l}{EI}X_2+\dfrac{ql^3}{6EI}=0\\[2mm]\dfrac{l}{EA}X_3=0\end{array}\right\}$$

解上述方程组得

$$X_1=\frac{1}{2}ql,\ X_2=\frac{1}{12}ql^2,\ X_3=0$$

式中 $X_3=0$，在一定条件下此结果具有普遍性，在以后的计算中可直接用此结果。因为在小变形条件下，如超静定梁所受荷载垂直于梁轴，无论梁支座形式如何，梁的轴力恒等于零。利用这一结果可将本例简化为只需求解两个多余未知力的问题。

（5）绘制最后弯矩图。按式（5-6）第一式计算最后弯矩，弯矩图如图 5-13（f）所示。

【例 5-2】 作如图 5-14（a）所示超静定刚架的内力图。

解：（1）确定超静定次数，选取基本体系。该结构为二次超静定结构，取如图 5-14（b）所示的悬臂刚架为基本体系。

（2）建立力法典型方程：

$$\left.\begin{array}{l}\delta_{11}X_1 + \delta_{12}X_2 + \Delta_{1P} = 0\\ \delta_{21}X_1 + \delta_{22}X_2 + \Delta_{2P} = 0\end{array}\right\}$$

（3）求系数和自由项。作出基本结构的单位弯矩图和荷载弯矩图，如图 5-14（c）～（e）所示。

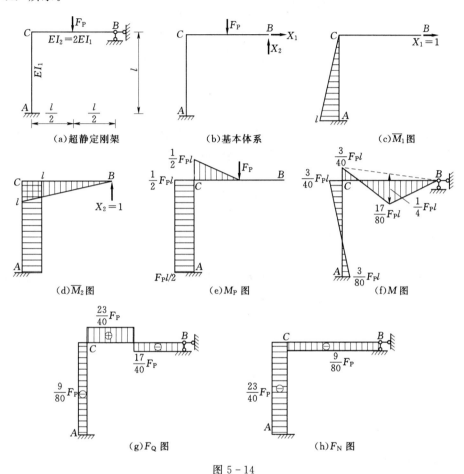

图 5-14

利用图乘法，可得

$$\delta_{11} = \frac{1}{EI_1} \times \frac{l^2}{2} \times \frac{2l}{3} + 0 = \frac{l^3}{3EI_1}$$

$$\delta_{12} = \delta_{21} = -\frac{1}{EI_1} \times \frac{l^2}{2} \times l + 0 = -\frac{l^3}{2EI_1}$$

$$\delta_{22} = \frac{1}{EI_1} \times l^2 \times l + \frac{1}{2EI_1} \times \frac{l^2}{2} \times \frac{2l}{3} = \frac{7l^3}{6EI_1}$$

$$\Delta_{1P} = \frac{1}{EI_1} \times \frac{l^2}{2} \times \frac{F_P l}{2} + 0 = \frac{F_P l^3}{4EI_1}$$

$$\Delta_{2P} = -\frac{1}{EI_1} \times \left(\frac{F_P l}{2} \times l\right) \times l - \frac{1}{2EI_1} \times \left(\frac{1}{2} \times \frac{F_P l}{2} \times \frac{l}{2}\right) \times \frac{5l}{6} = -\frac{53 F_P l^3}{96 EI_1}$$

（4）解方程求多余未知力。将以上各系数和自由项代入力法典型方程，得

$$\left.\begin{array}{l} \dfrac{l^3}{3EI_1}X_1 - \dfrac{l^3}{2EI_1}X_2 + \dfrac{F_P l^3}{4EI_1} = 0 \\[3mm] -\dfrac{l^3}{2EI_1}X_1 + \dfrac{7l^3}{6EI_1}X_2 - \dfrac{53F_P l^3}{96EI_1} = 0 \end{array}\right\}$$

上述力法方程的各项都含有 EI_1，可以消去，力法方程变成以下形式：

$$\left.\begin{array}{l} \dfrac{l^3}{3}X_1 - \dfrac{l^3}{2}X_2 + \dfrac{F_P l^3}{4} = 0 \\[3mm] -\dfrac{l^3}{2}X_1 + \dfrac{7l^3}{6}X_2 - \dfrac{53F_P l^3}{96} = 0 \end{array}\right\}$$

从上式可见，在荷载作用下，超静定结构的多余未知力及最后内力只与各杆刚度的相对值有关，而与其绝对值无关，计算时可以采用相对刚度。

解上述力法方程，可得

$$X_1 = -\frac{9}{80}F_P, \quad X_2 = \frac{17}{40}F_P$$

（5）绘制最后弯矩图、剪力图和轴力图如图 5-14（f）～（h）所示。

2. 超静定桁架

桁架是链杆体系，特点是在结点荷载作用下各杆仅受轴力作用，因此在计算系数和自由项时，只考虑轴力的影响，计算公式为

$$\left.\begin{array}{l} \delta_{ii} = \sum \dfrac{\overline{F}_{Ni}^2 l}{EA} \\[3mm] \delta_{ij} = \sum \dfrac{\overline{F}_{Ni}\overline{F}_{Nj} l}{EA} \\[3mm] \Delta_{iP} = \sum \dfrac{\overline{F}_{Ni}\overline{F}_{NP} l}{EA} \end{array}\right\} \tag{5-8}$$

各杆轴力的叠加公式为

$$F_N = \overline{F}_{N1}X_1 + \overline{F}_{N2}X_2 + \cdots + \overline{F}_{Nn}X_n + F_{NP} = \sum \overline{F}_{Ni}X_i + F_{NP} \tag{5-9}$$

【例 5-3】 设各杆的 EA 相同，试计算如图 5-15（a）所示超静定桁架的轴力。

解：（1）确定超静定次数，选取基本体系。该桁架为一次超静定桁架，$CDFE$ 方框内任一杆件可视为多余约束。在此将杆 CF 认为是多余约束，切断 CF 杆，并以多余未知力代替，得到如图 5-15（b）所示的基本体系。

（2）建立力法典型方程。根据杆 CF 切口处两侧截面沿杆轴方向的相对位移为零的条件，可建立力法典型方程，如下：

$$\delta_{11}X_1 + \Delta_{1P} = 0$$

（3）求系数和自由项。分别求出基本结构在单位多余未知力 $X_1=1$ 和已知荷载作用下各杆的轴力，如图 5-15（c）、（d）所示。系数和自由项可根据式（5-8）计算，见表 5-1。

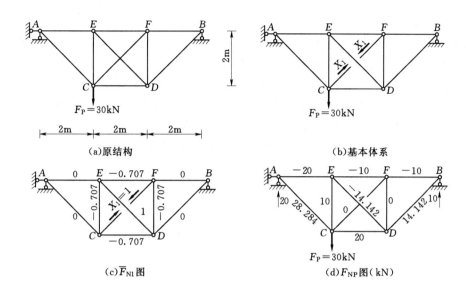

图 5 - 15

表 5 - 1　　　　　　　　　δ_{11}、Δ_{1P}和轴力 F_N 的计算

杆件	l/m	$\overline{F}_{N1}$	F_{NP}/kN	$\overline{F}_{N1}^2 l$/m	$\overline{F}_{N1} F_{NP} l$/(kN·m)	$F_N = \overline{F}_{N1} X_1 + F_{NP}$/kN
AE	2	0	−20	0	0	−20
AC	2.828	0	28.284	0	0	28.284
EC	2	−0.707	10	1	−14.142	5
EF	2	−0.707	−10	1	14.142	−15
ED	2.828	1	−14.142	2.828	−39.994	−7.071
CF	2.828	1	0	2.828	0	7.071
CD	2	−0.707	20	1	−28.284	15
FB	2	0	−10	0	0	−10
FD	2	−0.707	0	1	0	−5
DB	2.828	0	14.142	0	0	14.142
Σ				9.656	−68.278	

由表 5 - 1 中数据可得

$$\delta_{11} = \frac{9.656}{EA}$$

$$\Delta_{1P} = -\frac{68.278}{EA}$$

（4）解方程求多余未知力。将以上系数和自由项代入力法方程，解得

$$X_1 = 7.071\text{kN}$$

（5）计算各杆轴力。利用叠加公式计算：

$$F_N = \overline{F}_{N1} X_1 + F_{NP}$$

计算结果也见表 5-1。

讨论：在计算该桁架时，若不切断 CF 杆，而是将 CF 杆整个去掉，则相应的力法方程应是什么形式？最终计算结果是否相同？请读者自行分析。

3. 超静定组合结构

在工程实际中，有时也采用组合结构。这类结构是由链杆和梁式杆组成的结构，其中链杆只受轴力作用，梁式杆既承受弯矩，也承受轴力和剪力作用。在计算位移时，对链杆只考虑轴力的影响，对梁式杆通常可忽略轴力和剪力的影响，只考虑弯矩的影响。因此，力法方程的系数和自由项的计算公式为

$$\left.\begin{aligned}
\delta_{ii} &= \sum \int \frac{\overline{M}_i^2}{EI}\mathrm{d}s + \sum \frac{\overline{F}_{Ni}^2 l}{EA} \\
\delta_{ij} &= \sum \int \frac{\overline{M}_i \overline{M}_j}{EI}\mathrm{d}s + \sum \frac{\overline{F}_{Ni}\overline{F}_{Nj} l}{EA} \\
\Delta_{iP} &= \sum \int \frac{\overline{M}_i M_P}{EI}\mathrm{d}s + \sum \frac{\overline{F}_{Ni}\overline{F}_{NP} l}{EA}
\end{aligned}\right\} \quad (5-10)$$

各杆内力的叠加公式为

$$\left.\begin{aligned}
M &= \overline{M}_1 X_1 + \overline{M}_2 X_2 + \cdots + \overline{M}_n X_n + M_P = \sum \overline{M}_i X_i + M_P \\
F_N &= \overline{F}_{N1} X_1 + \overline{F}_{N2} X_2 + \cdots + \overline{F}_{Nn} X_n + F_{NP} = \sum \overline{F}_{Ni} X_i + F_{NP}
\end{aligned}\right\} \quad (5-11)$$

【例 5-4】 计算如图 5-16（a）所示超静定组合结构中各桁架的轴力。横梁抗弯刚度为 EI，桁架抗拉压刚度为 EA。

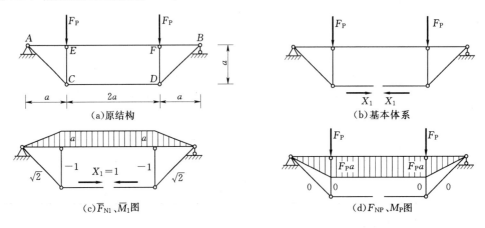

图 5-16

解：（1）确定超静定次数，选取基本体系。

该组合结构为一次超静定结构，切断 CD 杆并以多余未知力代替，得到如图 5-16（b）所示的基本体系。

（2）建立力法典型方程。根据杆 CD 切口处两侧截面沿杆轴方向的相对位移为 0 的条件，可建立力法典型方程如下：

$$\delta_{11} X_1 + \Delta_{1P} = 0$$

（3）求系数和自由项。分别作出基本结构在单位多余未知力 $X_1=1$ 和已知荷载作用

下的弯矩图 $\overline{M}_1$ 图和 M_P 图，并求出各桁架杆的轴力，如图 5-16（c）、（d）所示。

由此可求得系数和自由项：

$$\delta_{11} = \sum \int \frac{\overline{M}_1^2}{EI}\mathrm{d}s + \sum \frac{\overline{F}_{N1}^2 l}{EA}$$

$$= \frac{1}{EI}\left[(a \times 2a)a + \frac{aa}{2} \times \frac{2a}{3} \times 2\right]$$

$$+ \frac{1}{EA}\left[1^2 \times 2a + (-1)^2 a \times 2 + (\sqrt{2})^2 \times \sqrt{2}a \times 2\right]$$

$$= \frac{8a^3}{3EI} + \frac{4 \times (1+\sqrt{2})a}{EA}$$

$$\Delta_{1P} = \sum \int \frac{\overline{M}_1 M_P}{EI}\mathrm{d}s + \sum \frac{\overline{F}_{N1}\overline{F}_{NP}l}{EA}$$

$$= -\frac{1}{EI}\left[\frac{F_P a \times a}{2} \times \frac{2a}{3} \times 2 + (Pa \times 2a) \times a\right] + 0 = -\frac{8F_P a^3}{3EI}$$

（4）解方程求多余未知力。将以上各系数和自由项代入力法典型方程，解得

$$X_1 = -\frac{\Delta_{1P}}{\delta_{11}} = \frac{\frac{8F_P a^3}{3EI}}{\frac{8a^3}{3EI} + \frac{4(1+\sqrt{2})a}{EA}} = \frac{F_P}{1+K}$$

式中

$$K = \frac{3(1+\sqrt{2})EI}{2EAa^2}$$

（5）计算各杆轴力。计算出 X_1 后，可根据公式 $F_N = \overline{F}_{N1}X_1 + F_{NP}$ 计算各桁架杆的轴力，请读者自行完成。

讨论：分析该题中 K 的计算公式，结构的内力接近于三跨连续梁的情况。反之，当桁架杆 EA 较小，而梁式杆 EI 较大时，K 很大，$X_1 \to 0$，结构的内力接近于简支梁的情况。

4. 铰结排架

单层工业厂房往往采用排架结构，也属于一种组合结构，由屋架（或屋面大梁）、柱和基础共同组成。如图 5-17（a）所示为装配式单层厂房的横剖面结构示意图。当对排架进行受力分析时，通常可把阶梯形变截面柱的下端与基础的连接简化为固结，其上端与屋架一般处理成铰结。在屋面荷载作用下，屋架按桁架计算。当柱承受荷载作用（例如风荷载、屋架传来的偏心荷载、吊车荷载和地震荷载等）时，屋架则起着与柱的联系作用。当屋架沿水平向的轴向刚度比较大时，为简化计算，一般把屋架（或屋面大梁）视作抗拉刚度为无限大（$EA \to \infty$）的链杆来处理，其计算简图如图 5-17（b）所示。因横梁与柱顶为铰结，所以称为**铰结排架**。

用力法计算排架时，超静定次数等于排架的跨数，选取基本体系时，通常把链杆作为多余约束而切断其轴向约束，代以一对大小相等、方向相反的广义力作为多余未知力，如图 5-17（c）所示，利用切口两侧截面相对线位移（或柱顶间的相对线位移）为零的条件，建立力法典型方程。因链杆的刚度 $EA \to \infty$，计算系数和自由项时，忽略链杆轴向变形的影响，只考虑柱子弯矩对变形的影响。因此，系数和自由项的表达式仍为式（5-7）。

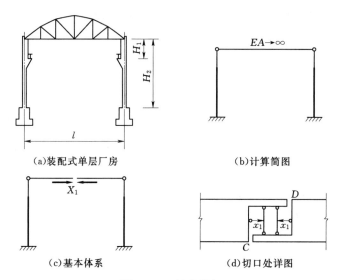

（a）装配式单层厂房　　　　　　　　　（b）计算简图

（c）基本体系　　　　　　　　　　（d）切口处详图

图 5 – 17　铰结排架

需要指出，通常说的切断一根杆件，是指在切口处把与轴力、剪力、弯矩相应的三个约束全部切断。这里说的切断杆件中的轴向约束，即只切断与轴力相应的那一个约束，另外两个约束仍然保留。如图 5 – 17（d）所示为杆 CD 在切口处的详细情形。

【例 5 – 5】 计算如图 5 – 18（a）所示两跨不等高排架。

解：（1）确定超静定次数，选取基本体系。该排架为两次超静定，计算时切断两根横梁 DE 和 FG，并以两对多余未知力 X_1、X_2 代替，得到如图 5 – 18（b）所示的基本体系。

（2）建立力法典型方程。根据杆 DE 和 FG 切口处两侧截面沿杆轴方向的相对位移为零的条件，可建立力法典型方程，如下：

$$\left.\begin{array}{l} \delta_{11}X_1 + \delta_{12}X_2 + \Delta_{1P} = 0 \\ \delta_{21}X_1 + \delta_{22}X_2 + \Delta_{2P} = 0 \end{array}\right\}$$

（3）求系数和自由项。分别作出基本结构在单位多余未知力 $X_1=1$、$X_2=1$ 和已知荷载作用下的弯矩图 $\overline{M}_1$ 图、$\overline{M}_2$ 和 M_P 图，如图 5 – 18（c）～（e）所示。因为横梁的 $EA \to \infty$，故在计算系数 δ_{11}、δ_{22} 时不考虑横梁的轴向变形。据此可求得系数和自由项：

$$\delta_{11} = \frac{1}{EI_1} \times \frac{6 \times 6}{2} \times \left(\frac{2}{3} \times 6\right) + \frac{1}{EI_2} \times \frac{6 \times 6}{2} \times \left(\frac{2}{3} \times 6\right) = \frac{504}{EI_2}$$

$$\delta_{12} = \delta_{21} = -\frac{1}{EI_2} \times \frac{6 \times 6}{2} \times \left(\frac{2}{3} \times 10 + \frac{1}{3} \times 4\right) = -\frac{144}{EI_2}$$

$$\delta_{22} = \frac{2}{EI_1} \times \frac{3 \times 3}{2} \times \left(\frac{2}{3} \times 3\right) + \frac{2}{EI_2}\left[\frac{7 \times 10}{2} \times \left(\frac{2}{3} \times 10 + \frac{1}{3} \times 3\right)\right.$$

$$\left. + \frac{7 \times 3}{2} \times \left(\frac{1}{3} \times 10 + \frac{2}{3} \times 3\right)\right] = \frac{2270}{3EI_2}$$

$$\Delta_{1P} = 0$$

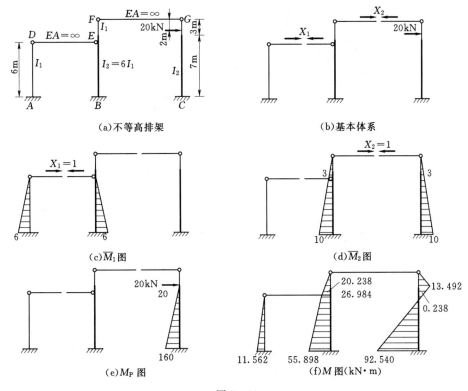

图 5 - 18

$$\Delta_{2P} = -\frac{1}{EI_1} \times \frac{1 \times 20}{2} \times \left(\frac{2}{3} \times 3 + \frac{1}{3} \times 2 \right) - \frac{2}{EI_2} \left[\frac{7 \times 160}{2} \times \left(\frac{2}{3} \times 10 + \frac{1}{3} \times 3 \right) \right.$$

$$\left. + \frac{7 \times 20}{2} \times \left(\frac{1}{3} \times 10 + \frac{2}{3} \times 3 \right) \right]$$

$$= -\frac{14480}{3EI_2}$$

（4）解方程求多余未知力。将以上各系数和自由项代入力法典型方程，解得

$$X_1 = 1.927 \text{kN}, \quad X_2 = 6.746 \text{kN}$$

（5）绘制最后弯矩图。多余未知力求出后，各柱的弯矩图可按悬臂梁直接作出，如图 5 - 18（f）所示。

5. 两铰拱

超静定拱是工程中应用很广泛的一种结构型式。在桥梁方面，常采用钢筋混凝土拱桥和石拱桥，例如历史上著名的赵州石拱桥，近年来双曲拱桥也被广泛采用。在建筑方面，除采用落地式拱顶结构外，常采用带拉杆的拱式屋架，如图 5 - 19（a）所示，曲杆为钢筋混凝土构件，拉杆为角钢，吊杆是为了防止拉杆下垂而设的附件，如图 5 - 19（b）所示为其计算简图。水利工程和地下隧洞衬砌也是一种拱式结构，如图 5 - 19（c）、（d）所示。

超静定拱主要有如图 5 - 19（e）、（f）所示的无铰拱和两铰拱两种。此外，闭合环形

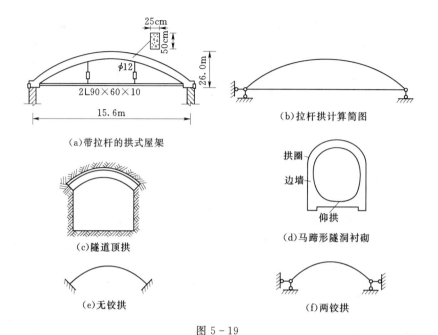

(a)带拉杆的拱式屋架

(b)拉杆拱计算简图

(c)隧道顶拱

(d)马蹄形隧洞衬砌

(e)无铰拱

(f)两铰拱

图 5-19

结构可看作是无铰拱的特殊情况。下面对用力法求解两铰拱的计算方法作一简单介绍。

（1）不带拉杆的两铰拱。两铰拱为如图 5-20（a）所示的一次超静定结构，计算时通常以简支曲梁为基本体系，如图 5-20（b）所示，水平推力 X_1 作为基本未知量。由原结构在支座 B 处沿 X_1 方向的位移等于零的条件，可建立力法方程：

$$\delta_{11}X_1 + \Delta_{1P} = 0$$

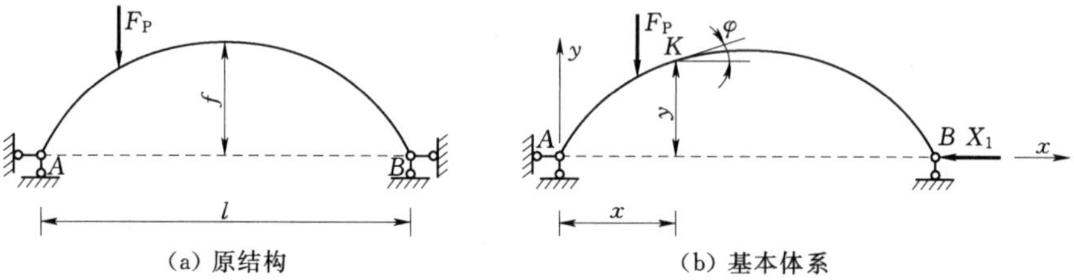

(a) 原结构

(b) 基本体系

图 5-20 不带拉杆两铰拱的计算

由于拱是曲杆，计算系数 δ_{11} 和自由项 Δ_{1P} 时不能采用图乘法，只能应用积分法计算。基本体系为一简支曲梁，曲率对位移的影响可忽略不计。一般情况下剪力对位移的影响很小，常常把它忽略不计。此外，当拱高大于跨度的 1/3，拱截面厚度与跨度之比小于 1/10 时，即比较高和薄的拱，轴力对自由项 Δ_{1P} 的影响较小，也可忽略不计，但计算 δ_{11} 时需考虑轴力的影响。因此，根据位移计算公式可得

$$\left.\begin{aligned}
\delta_{11} &= \int \frac{\overline{M_1^2}}{EI}\mathrm{d}s + \int \frac{\overline{F_{N1}^2}}{EA}\mathrm{d}s \\
\Delta_{1P} &= \int \frac{\overline{M_1}M_P}{EI}\mathrm{d}s
\end{aligned}\right\}$$

$$(5-12)$$

设坐标原点在 A 点，任意截面 K 的横坐标为 x，向右为正；纵坐标为 y，向上为正；φ 为截面 K 处拱轴切线与 x 轴所成的锐角，左半拱的 φ 为正，右半拱的 φ 为负。弯矩以使拱体内侧受拉为正，轴力以使拱轴受压为正，则基本结构上 $X_1 = 1$ 所引起的弯矩、轴力为

$$\left.\begin{aligned}\overline{M}_1 &= -y \\ \overline{F}_{N1} &= \cos\varphi\end{aligned}\right\} \tag{a}$$

在竖向荷载作用下，简支曲梁任意截面的弯矩 M_P 与同跨度同荷载的简支水平梁相应截面的弯矩 M^0 彼此相等，即

$$M_P = M^0 \tag{b}$$

将式（a）和式（b）代入式（5-12），得

$$\left.\begin{aligned}\delta_{11} &= \int \frac{y^2}{EI}\mathrm{d}s + \int \frac{\cos^2\varphi}{EA}\mathrm{d}s \\ \Delta_{1P} &= -\int \frac{yM^0}{EI}\mathrm{d}s\end{aligned}\right\} \tag{c}$$

代入力法方程可解出多余约束力 X_1（即水平推力 F_H）：

$$X_1 = F_H = -\frac{\Delta_{1P}}{\delta_{11}} = \frac{\displaystyle\int \frac{yM^0}{EI}\mathrm{d}s}{\displaystyle\int \frac{y^2}{EI}\mathrm{d}s + \int \frac{\cos^2\varphi}{EA}\mathrm{d}s} \tag{5-13}$$

求出推力 F_H 后，可由平衡条件求两铰拱的反力。在竖向荷载下，两铰拱任意截面上的计算方法与三铰拱的完全相同，即

$$\left.\begin{aligned}M_K &= M_K^0 - X_1 y_K \\ F_{QK} &= F_{QK}^0 \cos\varphi_K - X_1 \sin\varphi_K \\ F_{NK} &= F_{NK}^0 \sin\varphi_K + X_1 \cos\varphi_K\end{aligned}\right\} \tag{5-14}$$

将拱轴等分若干段，用内力公式计算分段点截面的内力，连成曲线，即得内力图。

从以上讨论中可以看出以下两点：

1）从力法计算来看，两铰拱与两铰刚架基本相同，只是位移 δ_{11} 和 Δ_{1P} 需按曲杆公式计算，不能采用图乘法。

2）从受力特性来看，两铰拱与三铰拱基本相同。内力计算公式（5-14）在形式上与三铰拱完全相同。只是其中的 F_H 值有所不同：在三铰拱中，推力 F_H 是由平衡条件求得的；在两铰拱中，推力 F_H 则是由位移条件求得的。

计算力法方程的系数 δ_{11} 和自由项 Δ_{1P} 时，如直接积分有困难，可采用数值积分。但对于比较扁平的拱（$f/l < 1/5$），可近似取 $\cos\varphi = 1$，即用 $\mathrm{d}x$ 代替 $\mathrm{d}s$，因而式（5-13）简化为

$$X_1 = F_H = -\frac{\Delta_{1P}}{\delta_{11}} = \frac{\displaystyle\int \frac{yM^0}{EI}\mathrm{d}x}{\displaystyle\int \frac{y^2}{EI}\mathrm{d}x + \frac{l}{EA}} \tag{5-15}$$

（2）带拉杆的两铰拱。当拱的基础比较弱时（如支承在砖墙或独立柱上的两铰拱式屋

盖结构），为避免砖墙或独立柱承受水平推力，通常可在两铰拱底部设置拉杆以承担水平推力，如图 5-21 （a）所示。

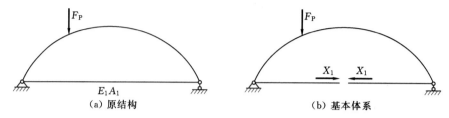

图 5-21 带拉杆的两铰拱

带拉杆两铰拱的计算方法与无拉杆情况相似。通常切断拉杆，以拉杆中的拉力 X_1 为基本未知量，如图 5-21 （b）所示。根据拉杆切口两侧水平相对位移为零的条件，建立力法方程：

$$\delta_{11}X_1 + \Delta_{1P} = 0$$

自由项 Δ_{1P} 的计算与无拉杆两铰拱的情况完全相同；系数 δ_{11} 的计算则除拱本身的变形外，还须考虑拉杆轴向变形的影响。在单位力 $X_1=1$ 作用下，由于拉杆轴向变形引起的相对位移为 $\dfrac{l}{E_1A_1}$（其中 E_1、A_1 为拉杆的弹性模量和横截面面积），因此，多余未知力 X_1 的计算公式为

$$X_1 = \frac{\displaystyle\int \frac{yM^0}{EI}\mathrm{d}s}{\displaystyle\int \frac{y^2}{EI}\mathrm{d}s + \int \frac{\cos^2\varphi}{EA}\mathrm{d}s + \frac{l}{E_1A_1}} \qquad (5-16)$$

拉杆的拉力 X_1 求出后，可按式（5-14）计算拱的内力。

由式（5-16）可知：当拉杆的刚度很大（即 $E_1A_1 \to \infty$）时，两种形式的推力基本相等。若拉杆的刚度很小（即 $E_1A_1 \to 0$）时，则带拉杆的两铰拱的推力将趋于零，即拱将变成曲梁，而失去拱的特征。因此，在设计带拉杆的拱时，为了减小拱肋的弯矩，改善拱的受力状态，应适当加大拉杆的刚度。

【例 5-6】 计算如图 5-22 （a）所示等截面两铰拱。已知拱轴方程为 $y = \dfrac{4f}{l^2}x(l-x)$，拱截面面积 $A=384\times10^{-3}\,\mathrm{m}^2$，惯性矩 $I=1843\times10^{-6}\,\mathrm{m}^4$，$E=192\times10^6\,\mathrm{kN/m}^2$。

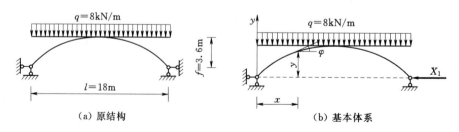

图 5-22

解：由于 $\dfrac{f}{l}=\dfrac{3.6}{18}=\dfrac{1}{5}$，故需考虑轴力的影响。又当高跨比 $\dfrac{f}{l}\leqslant\dfrac{1}{5}$ 时，可近似地取 $\mathrm{d}x=\mathrm{d}s$，$\cos\varphi=1$。因此系数和自由项的公式简化为

$$\delta_{11}=\frac{1}{EI}\int_0^l y^2\,\mathrm{d}x+\frac{1}{EA}\int_0^l\mathrm{d}x$$

$$\Delta_{1P}=-\frac{1}{EI}\int_0^l yM^0\,\mathrm{d}x$$

先计算 δ_{11}：

$$\delta_{11}=\frac{1}{EI}\int_0^l\left[\frac{4f}{l^2}x(l-x)\right]^2\mathrm{d}x+\frac{1}{EA}\int_0^l\mathrm{d}x=\frac{16f^2l^3}{30EI}+\frac{l}{EA}$$

$$=\frac{16\times3.6^2\times18^3}{30\times192\times10^6\times1843\times10^{-6}}+\frac{18}{192\times10^6\times384\times10^{-3}}$$

$$=3518.45\times10^{-7}$$

计算 Δ_{1P} 时，先求相应简支梁的弯矩 M^0：$M^0=\dfrac{q}{2}x(l-x)$。则

$$\Delta_{1P}=-\frac{1}{EI}\int_0^l\frac{4f}{l^2}x(l-x)\frac{q}{2}x(l-x)\mathrm{d}x=-\frac{qfl^3}{15EI}$$

$$=-\frac{8\times3.6\times10^3}{15\times192\times10^6\times1843\times10^{-6}}=-316.44\times10^{-4}$$

所以

$$X_1=-\frac{\Delta_{1P}}{\delta_{11}}=89.94\mathrm{kN}$$

多余未知力求得后，即可按式（5-14）计算拱中各截面的内力，并作出内力图，因属静定拱问题，这里从略。

第四节　支座移动和温度变化时超静定结构的计算

静定结构无荷载作用时不产生内力，有支座移动、温度改变、材料收缩和制造误差等因素作用时也不产生内力，但超静定结构则不同。由于存在多余约束，而多余约束具有阻止产生自由变形的能力，因此凡是能使结构产生变形因素的，都有可能使超静定结构由于多余约束的作用而产生相应的内力。在上述因素作用下产生的内力称为自内力。用力法计算自内力的步骤、方法与荷载时相同。

超静定结构在荷载作用下的力法方程中，系数的计算与荷载无关，荷载的影响只体现在自由项。同理，对于在支座移动和温度变化等外因作用下的力法方程的计算，外因的影响同样只体现在自由项。因此，与前述荷载作用下的力法求解相比，温度变化和支座移动等外因作用下的力法求解的不同之处仅在于对力法方程的自由项的计算。

一、支座移动时的内力计算

计算方法同荷载作用时的，主要区别是力法方程中右端项与基本结构形式有关及自由项的计算。下面通过例题说明。

【例5-7】　如图5-23（a）所示为一等截面梁 AB，左端 A 为固定端，右端 B 为可动

铰支座。如果已知支座 A 转动角度 φ，求梁中引起的自内力。

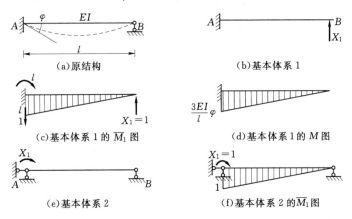

图 5 - 23

解：（1）确定超静定次数，选取基本体系。此梁为一次超静定，将支座 B 处的链杆视为多余约束，去掉代以多余未知力 X_1，得到如图 5 - 23（b）所示基本体系 1——悬臂梁。

（2）建立力法典型方程。基本体系在 B 点的竖向位移 Δ_1 应与原结构的相同，即 $\Delta_1 = 0$，由此得力法方程为

$$\delta_{11} X_1 + \Delta_{1c} = 0$$

式中自由项 Δ_{1c} 是基本结构在支座 A 有转角位移 φ 时产生的在 X_1 作用点沿其方向的位移。

（3）计算系数和自由项。作出基本结构 1 的 $\overline{M}_1$ 图，如图 5 - 23（c）所示，由此可得

$$\delta_{11} = \int \frac{\overline{M}_1^2}{EI} \mathrm{d}s = \frac{1}{EI} \times \frac{l \times l}{2} \times \frac{2l}{3} = \frac{l^3}{3EI}$$

自由项 Δ_{1c} 的计算，可由第四章的位移计算公式 $\Delta_{Kc} = -\sum \overline{F}_R c$ 计算：

$$\Delta_{1c} = -\varphi l$$

（4）解力法方程求多余未知力。将系数和自由项代入典型方程后，可得

$$X_1 = -\frac{\Delta_{1c}}{\delta_{11}} = -\frac{-\varphi l}{\dfrac{l^3}{3EI}} = \frac{3EI}{l^2}\varphi$$

（5）作最后弯矩图。因为基本体系静定，支座移动在基本体系中不引起内力，所以内力全部由多余未知力引起。根据 $M = \overline{M}_1 X_1$ 作最后弯矩图，如图 5 - 23（d）所示。

下面说明两点：

（1）支座移动的计算特点。与荷载作用时的计算相比，这里有以下的特点：

1）力法方程的右边可不为零，且随基本结构的选取不同而异。

2）力法方程的自由项是基本结构在由支座移动产生的多余未知力作用点的位移，其计算方法应按式（4-19）进行，即

$$\Delta_{Kc} = -\sum \overline{F}_{Ri} c_i \tag{5-17}$$

3）内力全部是由多余未知力引起的，即

$$M = \overline{M_1}X_1 + \overline{M_2}X_2 + \cdots + \overline{M_n}X_n = \sum \overline{M_i}X_i \tag{5-18}$$

4）内力与杆件 EI 的绝对值有关，计算中必须采用刚度的绝对值。

（2）可取不同的基本体系计算。如果本例选取如图 5-23（e）所示简支梁为基本体系 2，取支座 A 的反力偶作为多余未知力 X_1，则变形条件为简支梁在支座 A 处的转角应等于给定值，即 $\Delta_1 = \varphi$，相应的力法典型方程为

$$\delta_{11}X_1 + \Delta_{1c} = \varphi$$

作出基本结构 2 的 $\overline{M_1}$ 图，由此可得

$$\delta_{11} = \int \frac{\overline{M_1^2}}{EI}ds = \frac{1}{EI} \times \frac{1 \times l}{2} \times \frac{2}{3} = \frac{l}{3EI}$$

当支座 A 产生转角 φ 时，在基本体系中 A 支座不会产生的位移，所以得

$$\Delta_{1c} = -\sum \overline{F}_{R1} c_i = 0$$

将 δ_{11} 和 Δ_{1P} 代入力法方程，得

$$\frac{l}{3EI}X_1 + 0 = \varphi$$

$$X_1 = \frac{3EI}{l}\varphi$$

由此作出的最后弯矩图仍与图 5-23（d）一样。由此看出，所选基本体系不同，力法方程中系数和自由项不同，但最后内力图相同。

二、温度变化时的内力计算

温度变化引起的超静定结构的内力计算与荷载作用时的计算方法相同，不同的是：

（1）力法方程中的自由项是由于温度变化引起的，记为 Δ_{it}，它是基本结构上温度变化引起的在 X_i 作用点沿其方向的位移，在计算 Δ_{it} 时必须考虑轴向变形的影响：

$$\Delta_{it} = \sum \int \overline{M} \frac{\alpha \Delta t}{h}ds + \sum \int \overline{F}_N \alpha t_0 ds = \sum \frac{\alpha \Delta t}{h} \omega_{\overline{M}} + \sum \alpha t_0 \omega_{\overline{F}_N} \tag{5-19}$$

（2）由于温度变化在基本体系（静定）中不引起内力，所以最后的内力与支座移动时一样，全部是由多余未知力引起的：

$$M = \overline{M_1}X_1 + \overline{M_2}X_2 + \cdots + \overline{M_n}X_n = \sum \overline{M_i}X_i$$

【例 5-8】 如图 5-24（a）所示刚架，施工时的温度为 15℃，图中所标注为使用时冬季室外温度为 -35℃，室内温度为 15℃，试求此时由于温度变化在刚架中引起的内力。各杆 EI 为常数，截面尺寸如图 5-24（a）所示。混凝土的弹性模量为 $E = 2 \times 10^{10}$ Pa，材料的线膨胀系数为 $\alpha = 0.00001$。

解：（1）确定超静定次数，选取基本体系。此刚架为一次超静定，取如图 5-24（b）所示三铰刚架为基本体系。

（2）建立力法典型方程。变形条件为基本体系在铰 C 处相对转角应等于零。这个相对角位移是由温度变化和多余未知力 X_1 共同作用产生的，所以力法方程为

$$\delta_{11}X_1 + \Delta_{1t} = 0$$

（3）计算系数和自由项。作出 $\overline{M_1}$ 图和 $\overline{F}_{N1}$ 图，如图 5-24（c）、（d）所示。由图乘法可得

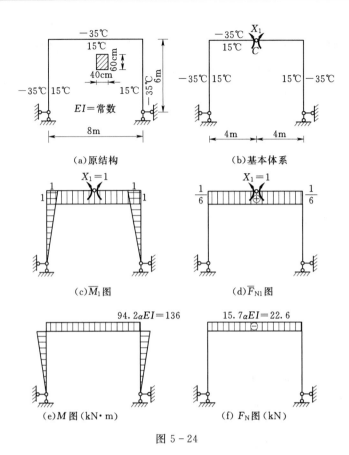

图 5-24

$$\delta_{11} = \frac{1}{EI}\left[(1\times8)\times1 + \frac{1\times6}{2}\times\frac{2}{3}\times2\right] = \frac{12}{EI}$$

施工时的温度与冬季温度的变化值为：室外 $t_1 = -50℃$，室内 $t_2 = 0℃$。因此轴线平均温度变化为

$$t_0 = \frac{-50+0}{2} = -25℃$$

内外温差为 $\qquad \Delta t = 0 - (-50) = 50℃$

所以 $\Delta_{1t} = \alpha\times\dfrac{50}{0.6}\times\left(1\times8+\dfrac{1\times6}{2}\times2\right) - \alpha\times25\times\left(\dfrac{1\times8}{6}\right) = 1166\alpha - 33\alpha = 1133\alpha$。

（4）解力法方程，求多余未知力。将系数和自由项代入典型方程后可求得

$$X_1 = -\frac{\Delta_{1t}}{\delta_{11}} = -\frac{1133\alpha}{\dfrac{12}{EI}} = -94.4\alpha EI$$

由杆件截面尺寸计算 $I = \dfrac{0.4\times0.6^3}{12} = 0.0072\text{m}^4$，连同 E、α 值代入上式得

$$X_1 = -94.4\times0.00001\times2\times10^7\times0.0072 = -135.936\text{kN·m}$$

（5）作最后内力图。因为基本结构静定，温度变化在基本结构中不引起内力，所以内

力全部由多余未知力引起。根据 $M=\overline{M_1}X_1$ 和 $F_N=\overline{F_{N1}}X_1$ 作最后的弯矩图和轴力图，如图 5-24 (e)、(f) 所示。

以上计算结果表明，超静定结构在温度改变作用下的内力与各杆刚度的绝对值有关（成正比），计算中必须用刚度的绝对值。在给定的变温条件下，截面尺寸越大，内力也越大。因此为了改善结构在变温作用下的受力状态，加大截面尺寸并不是一个有效的途径。此外，当杆件截面内外有温差时，弯矩图的竖标出现降温面一侧，使升温面产生压应力，降温面产生拉应力。因此在钢筋混凝土结构中，要特别注意因降温可能出现裂缝的问题。

第五节　对称性的利用

用力法分析超静定结构时，超静定次数越高，计算工作量越大，而其中主要工作量在于组成和解算典型方程，即需要计算大量的系数、自由项并求解线性方程组。若要使计算简化，则须从简化典型方程入手。在力法典型方程中，若能使一些系数及自由项为零，则计算可得到简化。在力法方程中，主系数恒为正且不会等于零，而副系数和自由项可为正值、负值或是为零。因此，力法简化总的原则是使尽可能多的副系数以及自由项等于零。能达到这一简化目的的途径很多，例如利用对称性、弹性中心法等，而各种方法的关键在于选择合理的基本体系及设置适宜的基本未知量。

在实际工程中，很多结构是对称的。可利用对称性质使对称结构计算得到简化。

一、结构和荷载的对称性的概念

1. 结构的对称性

所谓**对称结构**，必须满足以下条件：

（1）结构的几何形状和支承情况对某一几何轴对称。

（2）杆件截面和材料性质也关于此轴对称（因而杆件的截面刚度 EI、EA、GA 也关于此轴对称）。该轴线称为结构的对称轴。

因此，对称结构绕对称轴对折后，结构在轴两边的部分将完全重合。如图 5-25 所示均为对称结构的例子。

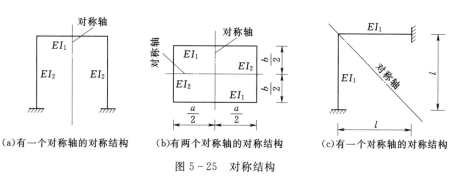

（a）有一个对称轴的对称结构　　（b）有两个对称轴的对称结构　　（c）有一个对称轴的对称结构

图 5-25　对称结构

2. 荷载的对称性

如图 5-26 (b) 所示，作用在对称结构上的任何荷载都可分解为两部分：一部分是

对称荷载 ［图 5-26（c）］，即绕对称轴对折后，左右两部分的荷载彼此重合（作用点相对应，数值相等，方向相同）；另一部分是**反对称荷载** ［图 5-26（d）］，即绕对称轴对折后，左右两部分的荷载正好相反（作用点相对应，数值相等，方向相反）。

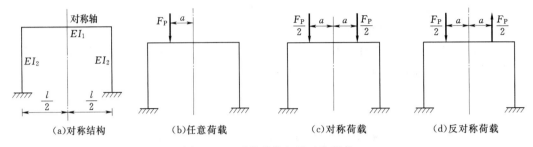

图 5-26　对称荷载与反对称荷载

利用结构的对称性，恰当地选取基本结构，使力法典型方程中尽可能多的副系数以及自由项等于零，从而可使计算工作大为简化。对称性的利用是工程设计中常用的一种简化计算方法。

二、选取对称的基本结构

计算对称结构时，选取对称的基本结构，并取对称或反对称的多余未知力作为基本未知量，可以使计算简化。这是因为在对称的基本结构上，单位内力图有可能成为正对称或反对称的图形，从而使得一部分副系数等于零，这就简化了力法方程的求解。

如图 5-26（b）所示对称刚架为三次超静定，若将此刚架沿对称轴上梁的中间截面切开，得到的基本体系是对称的，如图 5-27（a）所示。切口两侧有三对多余未知力：一对弯矩 X_1、一对轴力 X_2、一对剪力 X_3，它们是基本未知量。根据力的对称性分析，X_1 和 X_2 是对称力，X_3 是反对称力。

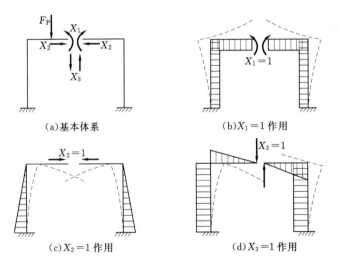

图 5-27　对称基本结构的单位弯矩图及变形图

基本结构在外荷载与多余未知力共同作用下，切口两侧截面的相对转角、相对水平位移和相对竖向位移均应为零。力法典型方程为

$$\left.\begin{array}{l} \delta_{11}X_1+\delta_{12}X_2+\delta_{13}X_3+\Delta_{1P}=0 \\ \delta_{21}X_1+\delta_{22}X_2+\delta_{23}X_3+\Delta_{2P}=0 \\ \delta_{31}X_1+\delta_{32}X_2+\delta_{33}X_3+\Delta_{3P}=0 \end{array}\right\} \tag{a}$$

如图 5-27（b）～（d）所示为各单位未知力单独作用时的单位弯矩图和变形图。显然，对称未知力 X_1 和 X_2 产生的 $\overline{M}_1$ 图、$\overline{M}_2$ 图和变形图是对称的，反对称未知力 X_3 产生的弯矩 $\overline{M}_3$ 图和变形图是反对称的。

这样在求力法方程中系数时，正对称的弯矩图与反对称的弯矩图图乘的结果必为零，即

$$\delta_{13}=\delta_{31}=\sum\int\frac{\overline{M}_1\overline{M}_3}{EI}\mathrm{d}s=0$$

$$\delta_{23}=\delta_{32}=\sum\int\frac{\overline{M}_2\overline{M}_3}{EI}\mathrm{d}s=0$$

因此，力法方程可简化为

$$\left.\begin{array}{l} \delta_{11}X_1+\delta_{12}X_2+\Delta_{1P}=0 \\ \delta_{21}X_1+\delta_{22}X_2+\Delta_{2P}=0 \\ \delta_{33}X_3+\Delta_{3P}=0 \end{array}\right\} \tag{b}$$

由此可见，力法方程已分解为独立的两组：式（b）的前两式只含对称未知力 X_1、X_2，而第三式只含反对称未知力 X_3。这样将原来高阶方程组化为两个低阶方程组，因而使计算得到简化。

结论 Ⅰ：对于对称结构，若选择对称的基本结构，基本未知量为对称的和反对称的两组，可将高阶方程组化为两组低阶方程组，第一组只包含正对称的未知力，第二组只包含反对称的未知力。

由此可见，选取对称的基本结构不仅简化了系数的计算，同时也简化了联立方程的求解过程。

三、荷载对称性的利用

如前所述，选取对称的基本结构，并取对称的基本未知力可以使力法方程中一部分副系数为零。同理，如果作用在原结构上的荷载也是对称的，则可以使一部分自由项等于零，从而进一步简化计算。

1. 对称结构作用对称荷载

如图 5-26（c）所示一对称三次超静定结构，所受荷载是对称的。在选取的对称基本结构上，对称荷载的弯矩 M_P 图也是对称的，如图 5-28（a）所示，因此有

$$\Delta_{3P}=\sum\int\frac{\overline{M}_3M_P}{EI}\mathrm{d}s=0$$

代入力法方程式（b）中的第三个方程，可知反对称未知力 $X_3=0$。至于对称未知力 X_1、X_2，则需根据式（b）的前两式计算。

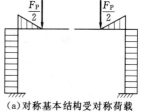

（a）对称基本结构受对称荷载

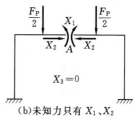

（b）未知力只有 X_1、X_2

图 5-28 对称基本体系受对称荷载作用

结构的最后弯矩为

$$M = \overline{M}_1 X_1 + \overline{M}_2 X_2 + M_P$$

因 $\overline{M}_1$ 图、$\overline{M}_2$ 图和 M_P 图均为对称图形，所以 M 图为对称图形。

结论Ⅱ：对称结构在对称荷载作用下，取对称的基本结构，只有对称的多余未知力，反对称的多余未知力必为零；结构的所有反力、内力及变形是对称的。

关于结构内力对称，需注意两点：①从内力图来看，弯矩图和轴力图是对称的，剪力图是反对称的（这是由于剪力的正负号规定所致，而剪力的实际方向则是对称的）；②考虑对称轴上各截面的内力，应只有轴力和弯矩，而剪力为零。

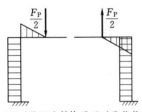

(a)对称基本结构受反对称荷载

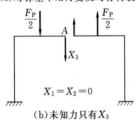

$$X_1 = X_2 = 0$$

(b)未知力只有 X_3

图 5 - 29 对称基本体系受
反对称荷载作用

2. 对称结构作用反对称荷载

如图 5 - 26（d）所示一对称三次超静定结构，所受荷载是反对称的。此时，对称基本结构上的反对称荷载弯矩 M_P 图反对称，如图 5 - 29（a）所示。由于 $\overline{M}_1$ 图与 $\overline{M}_2$ 图是对称的，因此有

$$\Delta_{1P} = \sum \int \frac{\overline{M}_1 M_P}{EI} ds = 0$$

$$\Delta_{2P} = \sum \int \frac{\overline{M}_2 M_P}{EI} ds = 0$$

则力法方程式（b）变为

$$\left. \begin{array}{l} \delta_{11} X_1 + \delta_{12} X_2 = 0 \\ \delta_{21} X_1 + \delta_{22} X_2 = 0 \\ \delta_{33} X_3 + \Delta_{3P} = 0 \end{array} \right\} \quad \text{（c）}$$

要使上述方程前两式成立，只有 $X_1 = X_2 = 0$。至于反对称未知力 X_3，则需根据式（c）的第三式进行计算。

结构的最后弯矩为

$$M = \overline{M}_3 X_3 + M_P$$

因 $\overline{M}_3$ 图和 M_P 图均为反对称图形，所以 M 图为反对称图形。

结论Ⅲ：对称结构在反对称荷载作用下，取对称的基本结构，只有反对称的未知力，对称的未知力必为零；结构的所有反力、内力及变形是反对称的。

关于结构内力对称，需注意两点：①从内力图来看，弯矩图和轴力图是反对称的，剪力图是对称的；②考虑对称轴上各截面的内力，应只有剪力，而轴力和弯矩为零。

3. 对称结构作用非对称荷载

第一种做法：将荷载分解成为对称和反对称两部分，对这两部分分别计算，然后把两种结构叠加起来即可。

第二种做法：不进行分解，直接取对称的基本结构和对称的基本未知量，将力法典型方程分组。

上述两种做法各有利弊，可根据情况选用。

四、选用组合未知力

简化计算的另一个途径是采用组合未知力，组合未知力是单个未知力的线性组合。如

图 5-30（a）所示超静定刚架，各杆 EI 相同，为了利用对称性，对称地撤掉左右两边的支杆，得到如图 5-30（b）所示的对称基本体系，则相应的单位弯矩图如图 5-30（c）、（d）所示。显然多余未知力对结构的对称轴来说，既不是对称的，也不是反对称的。因此，如果选取 Y_1 和 Y_2 作为多余未知力则实际上仍然没有利用对称性。

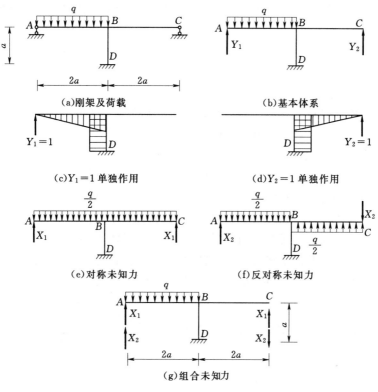

图 5-30 采用组合未知力简化计算

对于这种特殊情况，为了利用结构的对称性，可以采用组合未知力的方法。为此，将图 5-30（a）中的荷载先分成对称和反对称两部分。在对称荷载作用下，如图5-30（e）所示，A 点和 C 点的支座反力数值相等，方向相同，它们组成一组对称的未知力 X_1。在反对称荷载作用下，如图 5-30（f）所示，A 点和 C 点的支座反力数值相等，方向相反，它们组成一组反对称的未知力 X_2。由此看出，由于采用了组合未知力，多余未知力 X_1 和 X_2 才成为对称力或反对称力。经过以上未知力分组后，关于求解原结构两个单独未知力 Y_1 和 Y_2 的问题，就转变为求解两组未知力 X_1 和 X_2 的问题了。

如图 5-30（a）中所示的荷载也可以不分解，直接按非对称荷载进行计算。这时为了利用对称性，应选用如图 5-30（g）所示的基本体系，实际上这就是如图 5-30（e）、（f）所示的两种情况叠加的结果。这个基本体系不仅结构是对称的，而且基本未知量也是对称和反对称的，因而才有可能利用对称性来简化计算，力法基本方程才有可能分解为独立的两组，即

$$\left.\begin{aligned} \Delta_1 = \delta_{11} X_1 + \Delta_{1P} = 0 \\ \Delta_2 = \delta_{22} X_2 + \Delta_{2P} = 0 \end{aligned}\right\} \tag{a}$$

式中　Δ_1——与未知力 X_1 相应的位移，即 A、C 两点沿 X_1 方向的位移之和；

　　　Δ_2——与未知力 X_2 相应的位移，即 A、C 两点沿 X_2 方向的位移之差（亦即 A、C 两点的相对竖向位移），因为原结构上 A 点和 C 点均无竖向位移，故两者竖向位移之和与差显然应该为零。

解方程式（a）得未知力 X_1 和 X_2 后，经线性组合得原结构 A、C 两支座的反力，即

$$\left.\begin{aligned} Y_1 &= X_1 + X_2 \\ Y_2 &= X_1 - X_2 \end{aligned}\right\} \tag{b}$$

五、取半结构计算

根据对称结构在对称荷载和反对称荷载作用下的内力与变形特点，还有一种简化计算的方法——取半结构计算，称为**半结构法**。

1. 对称结构作用对称荷载

由结论Ⅱ可知，对称结构在对称荷载作用下，内力和变形是对称的，弯矩图和轴力图是对称的，而剪力图是反对称的。下面分奇数跨与偶数跨两种情形加以说明：

（1）奇数跨（无中柱结构）。如图 5-31（a）所示刚架，在对称荷载作用下，由于只产生对称的内力和位移，故可知在对称轴上的截面 C 处不可能发生水平位移和转角，但可有竖向位移。同时该截面上将有弯矩和轴力，而无剪力。因此，截取刚架的一半时，在该处应用一定向支座来代替原有约束，从而得到如图 5-31（b）所示的半结构。

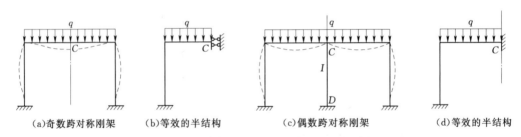

（a）奇数跨对称刚架　　（b）等效的半结构　　（c）偶数跨对称刚架　　（d）等效的半结构

图 5-31　对称结构在对称荷载作用时的半结构

（2）偶数跨（中柱结构）。如图 5-31（c）所示刚架，在对称荷载作用下，若忽略杆件的轴向变形，则在对称轴上的截面 C 处不可能产生任何位移。同时在该处的横梁杆端有弯矩、剪力和轴力存在。因此，截取刚架的一半时，在该处应用固定支座代替，从而得到如图 5-31（d）所示的半结构。

2. 对称结构作用反对称荷载

由结论Ⅲ可知，对称结构在反对称荷载作用下，内力和变形是反对称的，弯矩图和轴力图是反对称的，而剪力图是对称的。下面仍分奇数跨与偶数跨两种情形加以说明：

（1）奇数跨。如图 5-32（a）所示刚架，在反对称荷载作用下，由于只产生反对称的内力和位移，故可知在对称轴上的截面 C 处不可能发生竖向位移，但可有水平位移和转角。同时该截面上弯矩和轴力均为零，而只有剪力。因此，截取一半时应在该处应用一竖向链杆来代替原有约束，从而得到如图 5-32（b）所示的半结构。

（2）偶数跨。如图 5-33（a）所示刚架，在反对称荷载作用下，中间竖柱 CD 没有轴

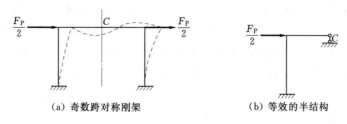

（a）奇数跨对称刚架　　　　　　　（b）等效的半结构

图 5-32　对称结构在反对称荷载作用时的半结构

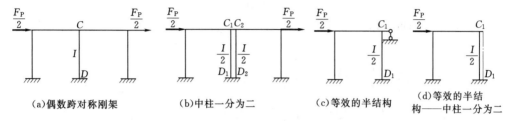

（a）偶数跨对称刚架　　（b）中柱一分为二　　（c）等效的半结构　　（d）等效的半结构——中柱一分为二

图 5-33　对称结构在反对称荷载作用时的半结构

力和轴向位移，但有弯矩和弯曲变形。可设想中间柱由两根惯性矩各为 $I/2$ 的竖柱组成，它们分别在对称轴的两侧与横梁刚结，如图 5-33（b）所示，显然这与原结构是等效的。若将此两柱中间的横梁切开，由于荷载是反对称的，故该截面上只有剪力存在。这对剪力将只使两柱分别产生等值反号的轴力而不使其他杆件产生内力。由于原结构中间柱的内力是两根竖柱的内力之和，故剪力实际对原结构的内力和变形均无影响。因此，可将其去掉不计，从而得到如图 5-33（d）所示的半结构。

当按照上述规则取出原对称结构的半结构后，即可按解超静定结构的方法作出其内力图，然后再根据本节前述的结论Ⅱ和结论Ⅲ的内力图的对称性质，作出另一半结构的内力图。

【例 5-9】　试作如图 5-34（a）所示对称刚架在水平力 F_P 作用下的弯矩图，设 EI 为常数。

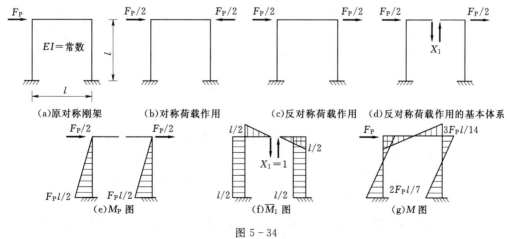

（a）原对称刚架　　　（b）对称荷载作用　　　（c）反对称荷载作用　　（d）反对称荷载作用的基本体系

（e）M_P 图　　　　　　（f）$\overline{M}_1$ 图　　　　　　（g）M 图

图 5-34

解：（1）将荷载 F_P 可分解为对称荷载［图 5-34（b）］和反对称荷载［图 5-34（c）］的叠加。

在对称荷载作用下，不考虑轴力对变形的影响时，只有横梁承受轴向压力 $F_P/2$，其他杆件无内力。故只需要计算在反对称荷载下的弯矩图即为原结构的弯矩图。

（2）基本体系如图 5-34（d）所示。切口截面的弯矩、轴力都是对称未知力，应为零；只有反对称未知力——剪力 X_1 存在。

力法典型方程为

$$\delta_{11}X_1 + \Delta_{1P} = 0$$

（3）求系数和自由项。作出 M_P 图和 $\overline{M}_1$ 图，如图 5-34（e）、（f）所示。由图乘法，可得

$$\delta_{11} = \frac{2}{EI}\left[\left(\frac{l}{2}\times l\right)\times\frac{l}{2} + \left(\frac{1}{2}\times\frac{l}{2}\times\frac{l}{2}\right)\times\left(\frac{2}{3}\times\frac{l}{2}\right)\right] = \frac{7l^3}{12EI}$$

$$\Delta_{1P} = \frac{2}{EI}\left[\left(\frac{1}{2}\times\frac{F_P l}{2}\times l\right)\times\frac{l}{2}\right] = \frac{F_P l^3}{4EI}$$

（4）解力法方程求得

$$X_1 = -\frac{\Delta_{1P}}{\delta_{11}} = -\frac{3}{7}F_P$$

（5）作弯矩图。由 $M = \overline{M}_1 X_1 + M_P$，作出弯矩图，如图 5-34（g）所示。

【例 5-10】 试作如图 5-35（a）所示对称刚架的弯矩图。

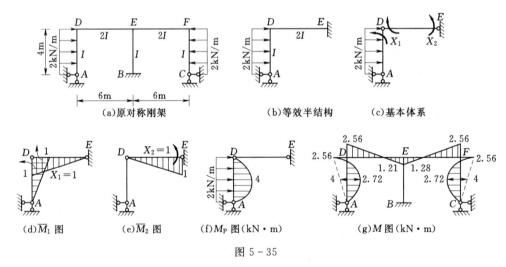

图 5-35

解：（1）对称性分析。这是一个四次两跨对称超静定刚架，可取半结构分析，在对称荷载作用下，计算简图如图 5-35（b）所示。

（2）基本体系。此半结构为两次超静定刚架，可取如图 5-35（c）所示三铰刚架为基本体系，基本未知量为 X_1 和 X_2。

（3）力法方程。根据基本体系在 X_1、X_2 和荷载共同作用下，在铰结点 D 处两侧截面相对转角为零和铰支座 E 的转角为零的变形条件，可列出力法典型方程：

$$\left.\begin{array}{l} \delta_{11}X_1 + \delta_{12}X_2 + \Delta_{1P} = 0 \\ \delta_{21}X_1 + \delta_{22}X_2 + \Delta_{2P} = 0 \end{array}\right\}$$

（4）系数和自由项。作出 $\overline{M}_1$ 图、$\overline{M}_2$ 图和 M_P 图，如图 5-35（d）～（f）所示。由图乘法，可得

$$\delta_{11} = \frac{1}{2EI} \times \left(\frac{1}{2} \times 1 \times 6\right) \times \left(\frac{2}{3} \times 1\right) + \frac{1}{EI} \times \left(\frac{1}{2} \times 1 \times 4\right) \times \left(\frac{2}{3} \times 1\right) = \frac{7}{3EI}$$

$$\delta_{12} = \delta_{21} = \frac{1}{2EI} \times \left(\frac{1}{2} \times 1 \times 6\right) \times \left(\frac{1}{3} \times 1\right) = \frac{1}{2EI}$$

$$\delta_{22} = \frac{1}{2EI} \times \left(\frac{1}{2} \times 1 \times 6\right) \times \left(\frac{2}{3} \times 1\right) = \frac{1}{EI}$$

$$\Delta_{1P} = \frac{1}{EI} \times \left(\frac{2}{3} \times 4 \times 4\right) \times \left(\frac{1}{2} \times 1\right) = \frac{16}{3EI}$$

$$\Delta_{2P} = 0$$

（5）解力法方程，可得

$$X_1 = -2.56\text{kN} \cdot \text{m}, \quad X_2 = 1.28\text{kN} \cdot \text{m}$$

（6）作弯矩图。利用叠加公式 $M = \overline{M}_1 X_1 + \overline{M}_2 X_2 + M_P$ 及弯矩图的对称性质，作出弯矩图，如图 5-35（g）所示。

六、无铰拱计算——弹性中心法

如图 5-36（a）所示对称无铰拱为三次超静定结构。为了简化计算，力法的基本体系可选取为对称的两悬臂曲梁。为此，在拱顶处将刚结切开，选取拱顶的弯矩 X_1、轴力 X_2、剪力 X_3 为基本未知量，如图 5-36（b）所示，其中 X_1 和 X_2 是对称未知力，X_3 是反对称未知力，因此力法方程中副系数 $\delta_{13} = \delta_{31} = \delta_{23} = \delta_{32} = 0$。于是力法方程简化为独立的两组，如下：

$$\left.\begin{array}{l} \delta_{11}X_1 + \delta_{12}X_2 + \Delta_{1P} = 0 \\ \delta_{21}X_1 + \delta_{22}X_2 + \Delta_{2P} = 0 \\ \delta_{33}X_3 + \Delta_{3P} = 0 \end{array}\right\} \qquad (\text{a})$$

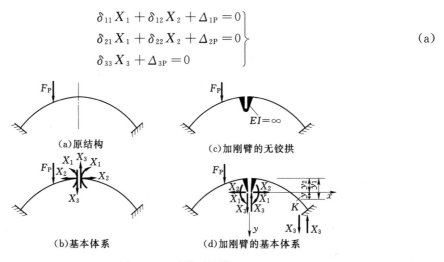

(a)原结构   (c)加刚臂的无铰拱

(b)基本体系   (d)加刚臂的基本体系

图 5-36 对称无铰拱

若能设法使式（a）中对称未知力之间的副系数 $\delta_{12} = \delta_{21} = 0$，从而可将力法方程进一步简化为三个独立的一元一次方程，即

$$\left.\begin{array}{l} \delta_{11}X_1 + \Delta_{1P} = 0 \\ \delta_{22}X_2 + \Delta_{2P} = 0 \\ \delta_{33}X_3 + \Delta_{3P} = 0 \end{array}\right\} \qquad (5-20)$$

下面说明如何利用刚臂来达到上述目的。

首先，设想在拱顶把无铰拱切开，在切口处沿竖向对称轴方向引出两根刚性为无穷大的伸臂，称为刚臂，然后在端部把两个刚臂重新刚性地连接起来，得到如图5-36（c）所示的结构。由于刚臂本身不变形，因而切口两侧的截面也就没有任何相对位移（包括相对移动和相对转动），这就保证了此结构与原无铰拱的变形情况完全一致，所在计算中可以用它来代替原无铰拱。

其次，取基本体系。将如图5-36（c）所示的结构从刚臂下端的刚结处切开，在切口处加了三对多余未知力 X_1、X_2、X_3，得到如图5-36（d）所示的基本体系。这个基本体系仍然是对称的，X_1 和 X_2 是对称未知力，X_3 是反对称未知力，前述力法方程式（a）仍然适用。

下面确定刚臂的长度，目的是使副系数 $\delta_{12} = \delta_{21} = 0$。因此可根据这个条件确定刚臂的长度。为此，先写出副系数 δ_{12} 的算式（忽略曲率对变形的影响）：

$$\delta_{12} = \int \frac{\overline{M_1}\,\overline{M_2}}{EI}\mathrm{d}s + \int k\frac{\overline{F_{Q1}}\,\overline{F_{Q2}}}{GA}\mathrm{d}s + \int \frac{\overline{F_{N1}}\,\overline{F_{N2}}}{EA}\mathrm{d}s \qquad (b)$$

这个积分的范围只包括拱轴的全长，而不包括刚臂部分，因为刚臂为绝对刚性，其积分值等于零。

再次，求单位力 $X_1 = 1$ 和 $X_2 = 1$ 产生的内力。现以刚臂端点为坐标原点，x 轴向右为正，y 轴向下为正，弯矩以使拱体内侧受拉为正，剪力以使脱离体顺时针转为正，轴力以使拱轴受压为正，则有

$$\overline{M_1} = 1,\ \overline{F_{Q1}} = 0,\ \overline{F_{N1}} = 0$$
$$\overline{M_2} = y,\ \overline{F_{Q2}} = \sin\varphi,\ \overline{F_{N2}} = \cos\varphi$$

式中 φ ——拱轴各点切线的倾角，右半拱 φ 为正值，左半拱 φ 为负值。

代入式（b），有 $\delta_{12} = \delta_{21} = \int \frac{y}{EI}\mathrm{d}s = \int \frac{1}{EI}(y_1 - y_s)\mathrm{d}s$

要使 $\delta_{12} = \delta_{21} = 0$，必有 $\int y_1 \frac{1}{EI}\mathrm{d}s - y_s \int \frac{1}{EI}\mathrm{d}s = 0$

即刚臂的长度 y_s 应为

$$y_s = \frac{\displaystyle\int y_1 \frac{1}{EI}\mathrm{d}s}{\displaystyle\int \frac{1}{EI}\mathrm{d}s} \qquad (5-21)$$

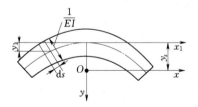

图5-37　带状拱轴曲线

若设想沿拱轴以 $\dfrac{1}{EI}$ 为截面宽作一图形，如图5-37所示，则 $\dfrac{\mathrm{d}s}{EI}$ 代表此图中的微面积，积分 $\displaystyle\int \frac{1}{EI}\mathrm{d}s$ 为整个图形的面积，称为弹性面积，$\displaystyle\int y_1 \frac{1}{EI}\mathrm{d}s$ 为弹性面

积对 x_1 轴的静矩，y_s 为弹性面积形心 O 至 x_1 轴的距离。由此得出结论：刚臂端点就是弹性面积的形心，称为**弹性中心**。

这种以确定弹性中心、附加刚臂取代原结构来解三次超静定结构的方法称为**弹性中心法**，其要点为先由式（5-21）确定弹性中心的位置，然后取带刚臂的基本体系，多余未知力作用在弹性中心，最后按前述力法方程式（5-20）解出多余未知力，其关键是确定刚臂端点的位置。

以弹性中心为坐标原点，各主系数及自由项的计算公式为

$$\left.\begin{aligned}
\delta_{11} &= \int \frac{\overline{M}_1^2}{EI} \mathrm{d}s = \int \frac{1}{EI} \mathrm{d}s \\
\delta_{22} &= \int \frac{\overline{M}_2^2}{EI} \mathrm{d}s + \int \frac{\overline{F}_{\mathrm{N1}}^2}{EA} \mathrm{d}s = \int \frac{y^2}{EI} \mathrm{d}s + \int \frac{\cos^2\varphi}{EA} \mathrm{d}s \\
\delta_{33} &= \int \frac{\overline{M}_3^2}{EI} \mathrm{d}s = \int \frac{x^2}{EI} \mathrm{d}s \\
\Delta_{1P} &= \int \frac{\overline{M}_1 M_P}{EI} \mathrm{d}s = \int \frac{M_P}{EI} \mathrm{d}s \\
\Delta_{2P} &= \int \frac{\overline{M}_2 M_P}{EI} \mathrm{d}s = \int \frac{y M_P}{EI} \mathrm{d}s \\
\Delta_{3P} &= \int \frac{\overline{M}_3 M_P}{EI} \mathrm{d}s = \int \frac{x M_P}{EI} \mathrm{d}s
\end{aligned}\right\} \tag{5-22}$$

计算主系数及自由项时，若 $\dfrac{f}{l} > \dfrac{1}{5}$，可只考虑弯曲变形的影响；当 $\dfrac{f}{l} \leqslant \dfrac{1}{5}$ 时，对 δ_{22} 还应考虑轴向变形的影响。还需注意一点，超静定拱（含两铰拱和无铰拱）许多是变截面的，又是曲杆，所以求 δ_{ij} 和 Δ_{iP} 时常需用数值积分法分段求和计算。

解式（5-20）求出多余未知力后，用静力平衡条件即可求出各截面内力。

【**例 5-11**】 如图 5-38（a）所示对称变截面无铰拱的轴线方程为 $y_1 = \dfrac{4f}{l^2} x^2$。截面为矩形，拱顶截面高度 $h_C = 0.6\mathrm{m}$，取宽度 $b = 1\mathrm{m}$ 计算。$I = \dfrac{I_C}{\cos\varphi}$，并取 $A = \dfrac{A_C}{\cos\varphi}$。试求 K 截面的内力。

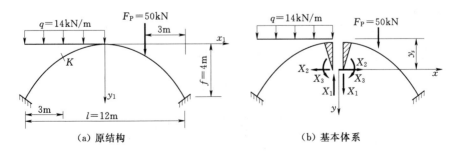

（a）原结构　　　　　　　　　（b）基本体系

图 5-38

解：（1）求多余未知力。采用弹性中心法，取如图 5 - 38（b）所示基本体系。

1）拱轴方程为

$$y_1 = \frac{4f}{l^2}x^2 = \frac{4 \times 4}{12^2}x^2 = \frac{x^2}{9}$$

2）求弹性中心：由式（5 - 21），注意到 $\dfrac{\mathrm{d}s}{I} = \dfrac{\mathrm{d}x}{I_C}$，可得

$$y_s = \frac{\int y_1 \dfrac{1}{EI}\mathrm{d}s}{\int \dfrac{1}{EI}\mathrm{d}s} = \frac{\dfrac{1}{EI_C}\int y_1 \mathrm{d}x}{\dfrac{1}{EI_C}\int \mathrm{d}x} = \frac{\displaystyle\int_{-6}^{6} \dfrac{x^2}{9}\mathrm{d}x}{\displaystyle\int_{-6}^{6} \mathrm{d}x} = \frac{4}{3}$$

3）求系数和自由项。由式（5 - 22），$y = y_1 - y_s = \dfrac{x^2}{9} - \dfrac{4}{3}$，$\dfrac{f}{l} = \dfrac{4}{12} = \dfrac{1}{3} > \dfrac{1}{5}$，忽略轴向变形的影响，可求得各系数如下：

$$\delta_{11} = \int \frac{1}{EI}\mathrm{d}s = \frac{1}{EI_C}\int_{-6}^{6} \mathrm{d}x = \frac{12}{EI_C}$$

$$\delta_{22} = \int \frac{y^2}{EI}\mathrm{d}s = \frac{1}{EI_C}\int_{-6}^{6} \left(\frac{x^2}{9} - \frac{4}{3}\right)\mathrm{d}x = \frac{17.07}{EI_C}$$

$$\delta_{33} = \int \frac{x^2}{EI}\mathrm{d}s = \frac{1}{EI_C}\int_{-6}^{6} x^2 \mathrm{d}x = \frac{144}{EI_C}$$

根据静力平衡条件，可得基本体系在荷载作用下 M_P 的表达式：

$$M_P = \begin{cases} -\dfrac{1}{2}qx^2 = -7x^2 & (-6 \leqslant x \leqslant 0) \\ 0 & (0 \leqslant x \leqslant 3) \\ -50(x-3) & (3 \leqslant x \leqslant 6) \end{cases}$$

由式（5 - 22）得

$$\Delta_{1P} = \int \frac{M_P}{EI}\mathrm{d}s = \frac{1}{EI_C}\left[\int_{-6}^{0}(-7x^2)\mathrm{d}x + 0 - \int_{3}^{6}50(x-3)\mathrm{d}x\right] = \frac{729}{EI_C}$$

$$\Delta_{2P} = \int \frac{yM_P}{EI}\mathrm{d}s = \frac{1}{EI_C}\left[\int_{-6}^{0}\left(\frac{x^2}{9} - \frac{4}{3}\right)(-7x^2)\mathrm{d}x + 0 - \int_{3}^{6}\left(\frac{x^2}{9} - \frac{4}{3}\right) \times 50(x-3)\,\mathrm{d}x\right]$$

$$= \frac{-875.1}{EI_C}$$

$$\Delta_{3P} = \int \frac{xM_P}{EI}\mathrm{d}s = \frac{1}{EI_C}\left[\int_{-6}^{0}x(-7x^2)\mathrm{d}x + 0 - \int_{3}^{6}x \times 50(x-3)\mathrm{d}x\right] = \frac{1143}{EI_C}$$

4）由力法方程式（5 - 20）求多余未知力，得

$$X_1 = -\frac{\Delta_{1P}}{\delta_{11}} = \frac{729}{12} = 60.8\text{kN}$$

$$X_2 = -\frac{\Delta_{2P}}{\delta_{22}} = \frac{875.1}{17.07} = 51.26\text{kN}$$

$$X_3 = -\frac{\Delta_{3P}}{\delta_{33}} = -\frac{1173}{144} = -7.9\text{kN} \cdot \text{m}$$

(2) 求 K 截面的内力。当三个多余未知力求出后，可将无铰拱视为在荷载和多余未知力 X_1、X_2、X_3 共同作用下的悬臂曲梁，用叠加法即可求出 K 截面的内力。

对于 K 截面：$\quad x_K = -3,\ y_K = \dfrac{x^2}{9} - \dfrac{4}{3} = -\dfrac{1}{3}$

$$\tan\varphi_K = y'\big|_{x=-3} = -0.667,\ \cos\varphi_K = 0.832,\ \sin\varphi_K = -0.555$$

$$\begin{aligned}
M_K &= X_1 + X_2 y_K + X_3 x_K + M_P \\
&= 60.8 + 51.26 \times \left(-\frac{1}{3}\right) - 7.9 \times (-3) - \frac{1}{2} \times 14 \times (-3)^2 \\
&= 4.41\text{kN} \cdot \text{m}
\end{aligned}$$

$$\begin{aligned}
F_{QK} &= X_2 \sin\varphi_K + X_3 \cos\varphi_K + F_{QP} \\
&= 51.26 \times (-0.555) - 7.9 \times 0.832 - 14 \times (-3) \times 0.832 \\
&= -0.08\text{kN}
\end{aligned}$$

$$\begin{aligned}
F_{NK} &= X_2 \cos\varphi_K - X_3 \sin\varphi_K + F_{NP} \\
&= 51.26 \times 0.832 + 7.9 \times (-0.555) + 14 \times (-3) \times (-0.555) \\
&= 61.57\text{kN}
\end{aligned}$$

第六节 超静定结构的位移计算与最后内力图的校核

一、位移计算

在第四章中，根据虚功方程推导出结构位移计算的一般公式，它不仅适用于静定结构，对超静定结构也同样适用。如图 5-39（a）所示刚架，要计算 K 截面的竖向位移，则首先需用力法求出在荷载 F_P 作用下超静定刚架的 M 图，然后取一虚力状态，在所求位移处虚加单位力如图 5-39（b）所示，为了作出 $\overline{M}$ 图又需要用力法解算一个一次超静定结构，最后利用图乘法计算位移。显然这种方法计算量是很大的。

众所周知，力法的计算思路是将超静定结构转化为静定结构进行计算。对于超静定结构，在计算内力和反力时，取基本体系（静定结构），同样在计算位移时也利用基本体系来计算原结构的位移。基本体系与原结构的唯一区别是把多余未知力由原来的被动力变为主动力。因此，只要多余未知力满足力法方程，则基本体系的受力状态和变形状态与原结构相同，因此可用基本体系上任意一截面的位移来代替原结构该截面的位

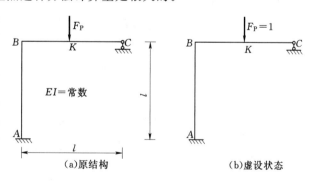

图 5-39 超静定结构的位移计算

移，即将超静定结构的位移计算转化为静定结构的位移计算，其优点在于避免求解单位力 $F_P = 1$ 作用下的超静定结构内力。

1. 计算公式

平面结构位移计算的一般公式为

$$\Delta_K = \sum \int \overline{F}_N \varepsilon \, ds + \sum \int \overline{M} k \, ds + \sum \int \overline{F}_Q \gamma_0 \, ds - \sum \overline{F}_{Ri} c_i$$

上式对静定和超静定结构都适用。下面专门列出超静定结构位移计算公式。

（1）荷载作用：

$$\Delta_{KP} = \sum \int \frac{\overline{M} M_P}{EI} ds + \sum \int \frac{\overline{F}_N F_{NP}}{EA} ds + \sum \int \frac{k \overline{F}_Q F_{QP}}{GA} ds \qquad (5-23)$$

式中　　M_P、F_{NP}、F_{QP}——超静定结构在荷载作用下的最后内力；

　　$\overline{M}$、$\overline{F}_N$、$\overline{F}_Q$——任一基本体系（或原超静定结构）在单位虚设荷载作用下的内力。

（2）支座移动：

$$\Delta_{Kc} = \sum \int \frac{\overline{M} M_c}{EI} ds + \sum \int \frac{\overline{F}_N F_{Nc}}{EA} ds + \sum \int \frac{k \overline{F}_Q F_{Qc}}{GA} ds - \sum \overline{F}_{Ri} c_i \qquad (5-24)$$

式中　　M_c、F_{Nc}、F_{Qc}——超静定结构在支座移动作用下的最后内力（在静定结构中这些内力全部为零）。

（3）温度变化：除内力引起弹性变形外，还有微段在自由膨胀的条件下由温度引起的变形。

$$\Delta_{Kt} = \sum \int \frac{\overline{M} M_t}{EI} ds + \sum \int \frac{\overline{F}_N F_{Nt}}{EA} ds + \sum \int \frac{k \overline{F}_Q F_{Qt}}{GA} ds$$
$$+ \sum \int \overline{M} \frac{\alpha \Delta t}{h} ds + \sum \int \overline{F}_N \alpha t_0 \, ds$$

$$(5-25)$$

式中　　M_t、F_{Nt}、F_{Qt}——超静定结构在温度变化作用下的最后内力（在静定结构中这些内力全部为零）。

（4）综合影响：

$$\Delta_K = \sum \int \frac{\overline{M} M}{EI} ds + \sum \int \frac{\overline{F}_N F_N}{EA} ds + \sum \int \frac{k \overline{F}_Q F_Q}{GA} ds$$
$$+ \sum \int \overline{M} \frac{\alpha \Delta t}{h} ds + \sum \int \overline{F}_N \alpha t_0 \, ds - \sum \overline{F}_{Ri} c_i$$

$$(5-26)$$

式中　　M、F_N、F_Q——超静定结构在全部因素影响下的最后内力；

　　$\overline{M}$、$\overline{F}_N$、$\overline{F}_Q$、$\overline{F}_{Ri}$——任一基本体系（或原超静定结构）在单位虚设荷载作用下的内力和支座反力。

2. 虚设状态可以取在力法计算中任一个基本结构

由于超静定结构的内力并不因所取的基本结构不同而有所改变，因此，可以将其内力看作是按任一基本体系求得的。这样，在计算超静定结构的位移时，也就可以将所设单位力 $F_P = 1$ 施加于任一基本结构作为虚设状态。为了使计算简化，应当选取单位内力图相对比较简单的基本结构。

图乘时，$\overline{M}$ 图可以取任一基本结构或在原结构上作出（一般在基本结构上，易绘制单位弯矩图），M 图为力法计算后的超静定结构的最后弯矩图。

如图 5 - 40（a）所示超静定梁，在计算跨中挠度时，虚设状态可取图 5 - 40（c）、(d）中任一种，但结果相同。

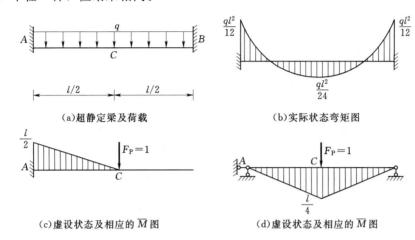

图 5 - 40　超静定结构的位移计算

图 5 - 40（b）与图 5 - 40（c）相乘，可得

$$\Delta_{CV} = \int \frac{\overline{M}M}{EI}\mathrm{d}s = \frac{1}{EI}\left[\left(\frac{ql^2}{12}\times\frac{l}{2}\right)\left(\frac{1}{2}\times\frac{l}{2}\right) - \left(\frac{2}{3}\times\frac{ql^2}{8}\times\frac{l}{2}\right)\left(\frac{3}{8}\times\frac{l}{2}\right)\right] = \frac{ql^4}{384EI}(\downarrow)$$

图 5 - 40（b）与图 5 - 40（d）相乘，可得

$$\Delta_{CV} = \sum\int\frac{\overline{M}M}{EI}\mathrm{d}s = \frac{2}{EI}\left[-\left(\frac{ql^2}{12}\times\frac{l}{2}\right)\left(\frac{1}{2}\times\frac{l}{4}\right) + \left(\frac{2}{3}\times\frac{ql^2}{8}\times\frac{l}{2}\right)\left(\frac{5}{8}\times\frac{l}{4}\right)\right] = \frac{ql^4}{384EI}(\downarrow)$$

3. 计算步骤

(1) 计算超静定结构的内力。

(2) 任选一基本结构，在需求位移处虚加单位力，计算其内力和反力。

(3) 按式（5 - 23）～式（5 - 26）的相应公式计算所求位移。

【例 5 - 12】　计算如图 5 - 41（a）所示超静定刚架 C 结点的转角 φ_C。

解：(1) 绘制原结构的弯矩图（见［例 5 - 2］用力法计算的结果），如图 5 - 41（b）所示。

(2) 分别取如图 5 - 41（c）所示的悬臂刚架和如图 5 - 41（d）所示的简支刚架为基本结构，在需求位移处虚加单位力，绘 $\overline{M}$ 图。

(3) 计算位移。图 5 - 41（b）与图 5 - 41（d）图乘，可得

$$\varphi_C = \sum\int\frac{\overline{M}M}{EI}\mathrm{d}s = \frac{1}{2EI_1}\left[-\left(\frac{l}{2}\times\frac{3F_\mathrm{P}l}{40}\right)\left(\frac{2}{3}\times1\right) + \left(\frac{l}{2}\times\frac{F_\mathrm{P}l}{4}\right)\left(\frac{1}{2}\times1\right)\right] = \frac{3F_\mathrm{P}l}{160EI_1}$$

图 5 - 41（b）与图 5 - 41（c）图乘，可得

$$\varphi_C = \sum\int\frac{\overline{M}M}{EI}\mathrm{d}s = \frac{1}{EI_1}\left[\left(\frac{l}{2}\times\frac{3F_\mathrm{P}l}{40}\right)\times1 - \left(\frac{l}{2}\times\frac{3F_\mathrm{P}l}{80}\right)\times1\right] = \frac{3F_\mathrm{P}l}{160EI_1}$$

由以上结果可知，选取如 5 - 41 （c）所示的基本结构进行位移计算更为简捷。

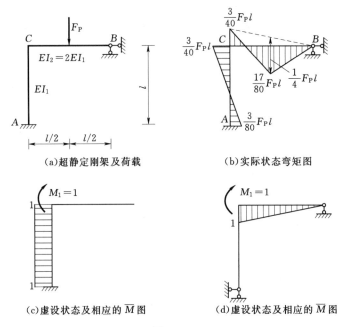

(a)超静定刚架及荷载　　　　(b)实际状态弯矩图

(c)虚设状态及相应的 $\overline{M}$ 图　　　　(d)虚设状态及相应的 $\overline{M}$ 图

图 5 - 41

二、超静定结构计算的校核

超静定结构的计算过程较长，数字运算较繁，因而计算的校核工作很重要。关于校核工作，应注意以下几点：

（1）要重视校核工作，培养校核习惯。未经校核的计算书绝不是正式的计算书。

（2）校核并不是简单地重算一遍，要培养校核的能力，其中包括运用不同的方法进行定量校核的能力，运用近似估算方法或者根据结构的力学性能对结果的合理性进行定性判断的能力。

（3）要培养科学作风，计算书要整洁易读，层次分明。这样可少出差错，也便于校核。

（4）校核工作要分阶段进行，要及时发现小错误，避免造成大返工。进行力法计算阶段的校核时要注意以下几点：

1）在计算前要核对计算简图和原始数据，要检查超静定次数是否正确、基本结构是否几何可变。

2）计算系数和自由项时，先要校核内力图，积分法和图乘法计算时注意正负号，注意分段积分或图乘。

3）方程解完后，应将解答代回原方程，检查是否满足。

4）最重要的是对最后内力图进行总检查、总校核。

最后内力图是结构设计的依据，必须保证其正确性，因此在作出最后内力图后应进行校核。正确的内力图必须同时满足平衡条件和位移条件，所以校核工作应从这两方面进行。

1. 平衡条件的校核

从结构中任取一部分都应满足静力平衡条件，一般的作法是截取结点或截取杆件。为了校核 M 图，可截取任一刚结点，如图 5-42（d）所示，截取结点 B（杆端剪力和轴力在图中未标出），检查是否满足力矩平衡 $\sum M = 0$；为了校核 F_Q、F_N 图，可截取某一杆件，如图 5-42（e）所示，截取杆段 ABC，检查是否满足平衡条件 $\sum F_x = 0$，$\sum F_y = 0$。从图中可以看出，以上的平衡条件是满足的。

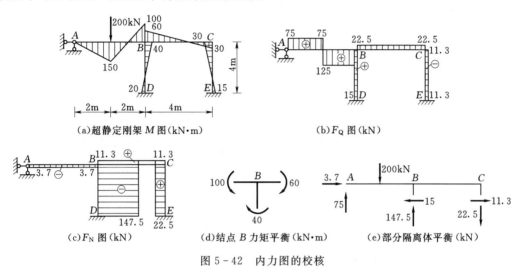

(a)超静定刚架 M 图(kN·m)　　(b)F_Q 图(kN)

(c)F_N 图(kN)　(d)结点 B 力矩平衡(kN·m)　(e)部分隔离体平衡(kN)

图 5-42　内力图的校核

2. 位移条件的校核

仅仅满足平衡条件还不能保证超静定结构的最后内力图一定正确，平衡条件只是校核超静定结构内力正确的必要条件，但不是充分条件。这是由于最后内力图是根据力法方程求得多余未知力后，在基本体系上按平衡条件作出的，而多余未知力是否正确，单靠平衡条件是检查不出来的，因此必须进行位移条件的校核。只有同时满足平衡条件和位移条件的内力图，才是唯一正确的解答。

由于在力法中多余未知力是根据位移条件求得的，所以其计算是否有误，可通过位移条件的校核来检查。特别是在力法中，计算工作量主要是在位移条件方面，因此校核工作也应以此为重点。

位移条件校核的一般方法是利用求超静定结构位移的方法，检查原结构中已知的位移是否与给定位移相符，若相符，则证明最后内力图正确无误，否则，最后内力图有错。

校核位移条件一般作法是：任意选取基本结构，任意选取一个多余未知力 X_i，然后根据最后的内力图算出沿 X_i 方向的位移 Δ_i，并检查 Δ_i 是否与原结构中的相应位移（如给定值 a）相等，即检查是否满足如下条件：

$$\sum \int \frac{\overline{M} M}{EI} ds + \sum \int \frac{\overline{F_N} F_N}{EA} ds + \sum \int \frac{k \overline{F_Q} F_Q}{GA} ds$$
$$+ \sum \int \overline{M} \frac{\alpha \Delta t}{h} ds + \sum \int \overline{F_N} \alpha t_0 ds - \overline{F_{Ri}} c_i = \text{给定值 } a$$

式中　M、F_N、F_Q ——超静定结构在全部因素影响下的最后内力；

$\overline{M}$、$\overline{F}_N$、$\overline{F}_Q$、$\overline{F}_{Ri}$——任一基本结构（或原超静定结构）在单位虚设荷载作用下的内力和支座反力。

例如，校核［例 5 - 2］的最终弯矩图是否正确。$\overline{M}_1$、$\overline{M}_2$ 及 M 图如图 5 - 43 所示。现将 $\overline{M}_1$ 图与 M 图相乘，计算 B 点的水平位移 Δ_{BH}；或将 $\overline{M}_2$ 图与 M 图相乘，计算 B 点的竖向位移 Δ_{BV}。计算结果如下：

$$\Delta_{BH} = \frac{1}{EI_1}\left[\left(\frac{1}{2} \times \frac{3F_P l}{40} \times l\right) \times \frac{l}{3} - \left(\frac{1}{2} \times \frac{3F_P l}{80} \times l\right) \times \frac{2l}{3}\right] = 0$$

$$\Delta_{BV} = \frac{1}{EI_1}\left[(l \times l) \times \frac{1}{2}\left(\frac{3F_P l}{80} - \frac{3F_P l}{40}\right)\right]$$

$$+ \frac{1}{2EI_1}\left[\left(\frac{1}{2} \times \frac{F_P l}{4} \times l\right) \times \frac{l}{2} - \left(\frac{1}{2} \times \frac{3F_P l}{40} \times l\right) \times \frac{2l}{3}\right] = 0$$

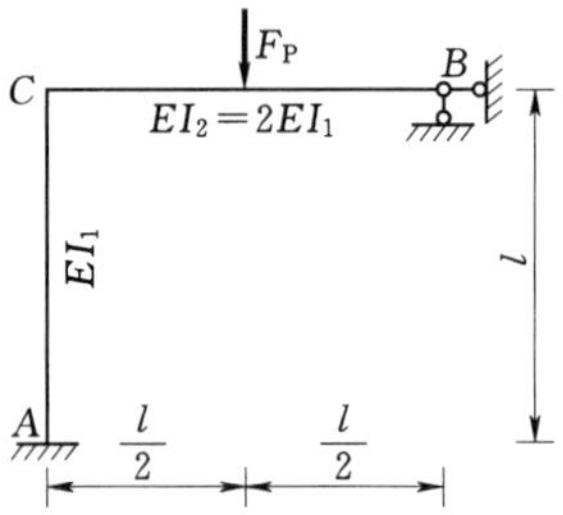

(a) 超静定梁及荷载 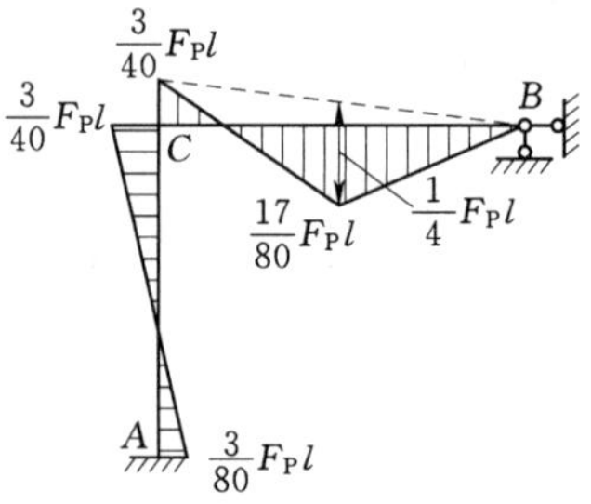　　　　(b) 实际状态弯矩图

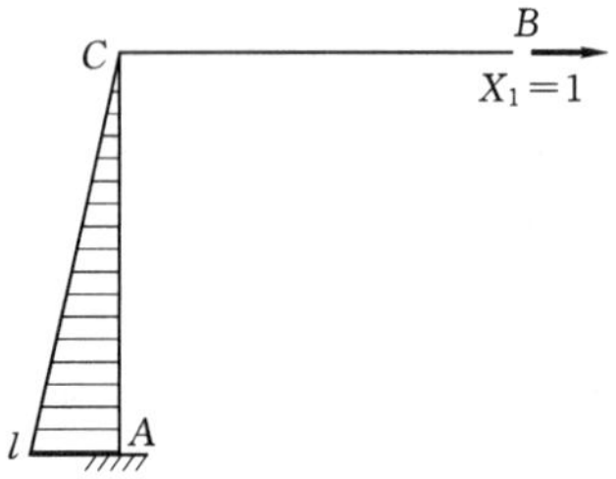

(c) $\overline{M}_1$ 图 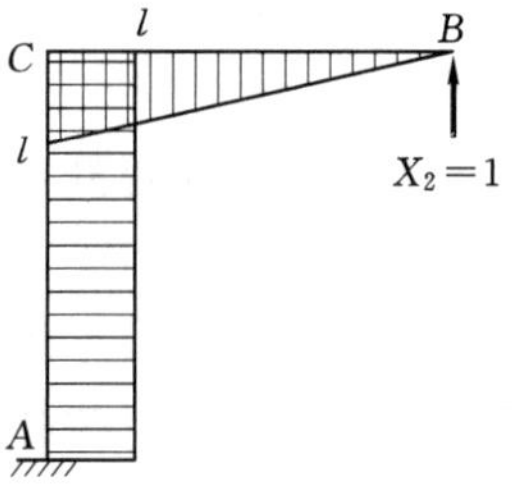　　　　(d) $\overline{M}_2$ 图

图 5 - 43　内力图的校核

由以上计算结果可以看出，所求位移与实际位移相符，说明最终弯矩图是正确的。

对于一个具有封闭框架的结构，可以利用封闭框架上作任一截面相对转角等于零的条件来校核。如图 5 - 44 （a） 所示具有封闭框架 ADBC 刚架的内力图，利用任一截面相对转角等于零的条件校核时，$\overline{M}$ 图在封闭框架的所有截面的纵坐标都为 1，如图 5 - 44 （b） 所示，则有

$$\oint \frac{M}{EI}\mathrm{d}s = 0 \tag{5-27}$$

由此得出结论：当结构只受荷载作用时，沿刚架的任何无铰封闭框格，$\dfrac{M}{EI}$ 图的总面积应等于零（若各杆 EI 相等，则 M 图总面积为零）。

值得指出的是，校核位移条件时，从理论上讲，对于一个 n 次超静定结构，由于需利

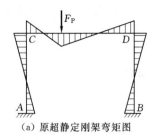
（a）原超静定刚架弯矩图

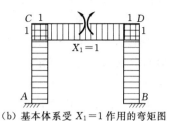
（b）基本体系受 $X_1=1$ 作用的弯矩图

图 5 - 44 封闭框架变形条件的校核

用 n 个位移条件才能求出 n 个多余未知力，所以做位移校核时也应进行 n 次。不过，通常只需进行少数几次校核即可，且不限于在原来计算时所用的基本结构上进行，每次校核可取不同的基本结构。

第七节　超静定结构的特性

根据前面的讨论结果，将超静定结构与静定结构比较，可看出超静定结构具有以下一些重要的特性。了解这些特性，有助于加深对超静定结构的认识，并更好地应用它们。

1. 超静定结构解答的唯一性

从几何组成看，静定结构在任一约束遭到破坏后，即成为几何可变体系，因而丧失了承载能力，而超静定结构由于具有多余联系，在多余联系遭破坏后，仍能维持几何不变性，还具有一定的承载能力。因此超静定结构具有较强的防御能力。在设计工作中，选择结构形式时，应注意这一特性。静定结构仅利用平衡方程即可求得全部反力和内力，即解答是唯一的，而超静定结构因为有多余约束，仅满足平衡条件的解答有无限多种，只有同时满足平衡条件和变形协调条件时反力和内力的解答才是唯一的，这就是**超静定结构解答的唯一性**。

2. 超静定结构的反力和内力与杆件材料的物理性质和截面尺寸有关

从静力分析看，静定结构的内力分析只需通过静力平衡条件就可唯一确定，因此，静定结构的内力与结构的材料性质及截面尺寸无关，而超静定结构的内力仅由静力平衡条件是不能唯一确定，必须同时考虑位移条件。所以，超静定结构的内力与结构的材料性质及截面尺寸有关。在设计超静定结构时，须事先确定截面尺寸。从前面的计算还可看出，荷载作用时，超静定结构的内力仅与结构各杆的相对刚度有关；若有温度变化和支座移动，其内力与结构各杆刚度的绝对值有关。因此对于超静定结构，有时不必改变杆件的布置，只要调整各杆截面的大小，就会使结构的内力重新分布，但为了提高结构对支座位移和温度改变的抵抗能力，增大结构截面的尺寸并不是有效的措施。

3. 温度改变、支座移动等因素会引起超静定结构的内力

从引起内力的原因看，对于静定结构，除荷载外，其他因素（例如支座移动、温度变化、材料收缩和制造误差等原因）均不会引起内力。而对于超静定结构，上述任何原因都将使结构产生内力。这主要是因为上述原因都将使结构产生变形，而这种变形将受到多余联系的限制，因而使结构产生内力。基于这一特性，在设计超静定结构时，要采取相应措

施，消除或减轻这种内力的不利影响。另一方面，又可利用这种内力来调整结构的整个内力状态，使得内力分布更为合理。

4. 超静定结构的内力和变形分布比较均匀，峰值较小

从荷载对结构的影响看，对于静定结构，若荷载作用在局部，部分结构能平衡该荷载时，其余部分不受影响，如图 5-45（a）所示；若在某一几何不变部分上外荷载作等效变换，也仅影响荷载变换部分的内力，其他部分不受影响，如图 5-45（b）、（c）所示。可以说，荷载作用对静定结构的影响是局部的，或者说静定结构在局部荷载作用下，影响范围小，但峰值较大。而对于超静定结构，由于多余联系的存在，结构任何部分受力或所受力有所变化，都将影响整个结构，也就是说荷载作用对超静定结构的影响是全局的，或者说超静定结构在局部荷载作用下，影响范围广，但内力分布较均匀，内力峰值也较小，如图 5-45（d）所示。

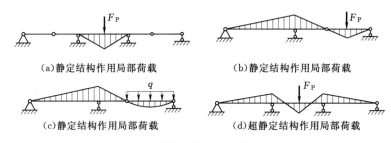

(a)静定结构作用局部荷载　　　　　　(b)静定结构作用局部荷载

(c)静定结构作用局部荷载　　　　　　(d)超静定结构作用局部荷载

图 5-45　荷载对结构内力分布的影响

又如，如图 5-46（a）所示的等截面固端梁，当全跨长 l 受均布荷载时，最大弯矩为 $ql^2/12$，最大挠度为 $ql^4/(384EI)$。但相同跨度、相同荷载和相同刚度的简支梁，如图 5-46（b）所示的最大弯矩为 $ql^2/8$，最大挠度为 $5ql^4/(384EI)$。可见超静定梁的弯矩和挠度峰值比相同情况下的简支梁要小。如果根据同样的容许应力和容许位移进行设计，超静定结构比静定结构的截面要小，这是具有经济意义的。

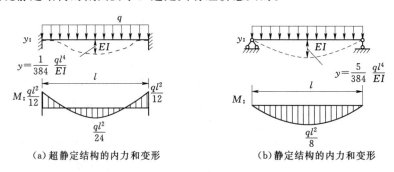

(a)超静定结构的内力和变形　　　　　　(b)静定结构的内力和变形

图 5-46　静定结构和超静定结构的内力和变形比较

小　　结

1. 力法的计算原理

力法是计算超静定结构的基本方法之一。超静定结构的主要特点是存在多余约束，力法以多余未知力为基本未知量，以去掉多余约束后得到的静定结构作为基本结构，利用基

本结构在荷载和多余未知力共同作用下的变形条件建立力法方程，从而求解多余未知力。求得多余未知力后，超静定问题就转化为静定问题，可用平衡条件求解所有未知力。

因此，力法计算的关键是：①确定基本未知量；②选择基本结构；③建立力法方程。

2. 确定基本未知量和选择基本结构

确定基本未知量和选择力法的基本结构，一般用去掉多余约束使原结构变为静定结构的方法。去掉的多余约束中的多余未知力即为基本未知量。去掉多余约束后得到的受多余未知力和原荷载（或支座移动、温度变化等）作用的静定结构即为基本体系，所以，基本未知量和基本结构是同时选定的。同一超静定结构可以选择多种基本结构，应力求选择计算简单的基本结构，但必须保证基本结构是几何不变且无多余约束的静定结构。这是力法计算中至关重要的一步，为此，应结合第二章结构的几何组成规律，以便正确判断多余约束和选择基本结构。

3. 建立力法方程

基本结构在荷载（或支座移动、温度变化等）及多余未知力作用下沿多余未知力方向的位移应与原结构在相应处的位移相等，据此列出力法方程。应充分理解力法方程所代表的变形条件的意义，以及方程中各项系数和自由项的意义。

4. 力法方程中系数和自由项的计算

力法方程中的系数和自由项都是基本结构（静定结构）上的位移，可用单位荷载法计算。根据不同结构的受力特性，在不同的变形因素（弯曲、剪切和轴向）中，考虑主要变形影响因素。具体计算系数和自由项时，对梁和刚架来说，一般仅考虑弯曲变形的影响，忽略轴向变形和剪切变形的影响，但须注意，在温度改变的影响下，计算自由项时，无论哪一种形式的结构或哪一类性质的杆件，其轴向变形的影响都要考虑，这是力法中计算工作量较大的一步。为此，应结合复习前几章中关于静定结构的内力和位移计算的内容，以便迅速获得正确的结果。

5. 超静定结构的内力计算与内力图的绘制

当多余未知力求出后，计算超静定结构的最后内力有两种方法：

（1）把所求得的多余未知力和已知外荷载一起加在基本结构上，然后按平衡条件求得基本体系的内力图即为超静定结构内力图。

（2）利用已经作出的单位内力图和荷载内力图，按内力叠加公式进行计算，对梁和刚架来说，一般先计算杆端弯矩、绘制弯矩图，然后计算杆端剪力、绘制剪力图，最后计算杆端轴力、绘制轴力图。

但须注意，因为基本结构是静定的，而静定结构在温度改变或支座位移的影响下，虽然发生位移，但不会产生任何内力；所以在温度改变或支座位移的影响下，超静定结构最后内力仅由多余未知力所产生。

6. 对称性的利用和简化

应尽量利用结构的对称性以简化计算。对于对称的超静定结构，应选取对称的基本结构形式或利用成对未知力，这样可使力法典型方程分解为两组：一组由对称未知力所组成；另一组由反对称未知力所组成。对称结构上作用的任意荷载均可分解为对称荷载和反对称荷载，对称结构在对称荷载作用下，只产生对称未知力，反对称未知力等于零；在反对称荷载作用下，只产生反对称未知力，对称未知力等于零。也可用半结构的计算简图进行简化。

7．超静定结构的位移计算和变形条件的校核

由于超静定结构的内力是综合应用结构的平衡条件和变形条件求解的，所以超静定结构内力图的校核应包括两方面：①平衡条件的校核；②变形条件的校核。按变形条件校核超静定结构的最后弯矩图，实际上就是计算超静定结构的位移，不过不是求任意的未知位移，而是校核原结构中的已知位移。如果计算的结果与结构的实际位移相符，则表明求得的最后弯矩图是正确的。

8．在温度改变和支座位移影响下超静定结构的内力与各杆刚度的绝对值有关系

超静定结构在荷载作用下，由于各系数和自由项的分母中都含有各杆刚度的公因子，可以消去，故超静定结构的内力与各杆刚度的绝对值无关，而仅与各杆刚度的相对值有关。然而，在温度改变和支座位移的影响下，由于只在各系数中含有各杆刚度的公因子，而自由项与刚度无关，力法方程中无法将它消去，故在温度改变和支座位移影响下的超静定结构内力就与各杆刚度的绝对值有关。

思 考 题

5-1 说明静定结构与超静定结构的区别，多余约束与非多余约束的区别。

5-2 用力法解超静定结构的思路是什么？何谓基本体系和基本未知量？为什么要首先计算基本未知量？基本体系与原结构有何异同？

5-3 在选取力法基本体系时，应掌握什么原则？如何确定超静定次数？

5-4 力法典型方程是根据什么条件建立的？每一个方程的物理意义是什么？方程中的系数和自由项的物理意义是什么？

5-5 为什么力法典型方程中主系数恒大于零，而副系数和自由项则可能为正值、负值或为零？

5-6 试比较在荷载作用下用力法计算超静定刚架、桁架、组合结构和排架的异同。

5-7 试述用力法求解超静定结构的步骤。

5-8 为什么在荷载作用下，超静定结构的内力状态只与各杆的 EI、EA 的相对值有关，而与它们的绝对值无关？为什么静定结构的内力与各杆的 EI、EA 无关？

5-9 用力法计算超静定结构时，当基本未知量求得后，绘制超静定梁、刚架、排架的最后内力图，可用哪些方法？

5-10 何谓对称结构？怎样利用结构的对称性以简化计算？利用对称性简化结构计算有哪些做法？

5-11 为什么对称结构在对称荷载作用下，反对称多余未知力等于零？反之，在反对称荷载作用下，对称的多余未知力等于零？

5-12 用力法计算超静定结构在温度改变、支座移动影响下的内力与荷载作用下有何异同？为什么在温度改变、支座移动影响下，超静定结构的内力与杆 EI 的绝对值有关？

5-13 计算超静定结构的位移与静定结构的位移有何异同？

5-14　计算超静定结构的位移时，为什么可以将所虚设的单位力施加于任一基本体系作为虚拟力状态？

5-15　计算超静定结构在荷载作用下的位移，与计算温度改变、支座移动影响下的位移有何不同？计算超静定结构的位移时，各杆的 EI 能用相对值吗？为什么？

5-16　为什么校核超静定结构的最后内力图时，除校核平衡条件外，还要校核位移条件？

5-17　试比较超静定结构与静定结构的不同特性。

5-18　结构上没有荷载就没有内力，这个结论在什么情况下适用？在什么情况下不适用？

习　题

5-1　确定以下结构的超静定次数。

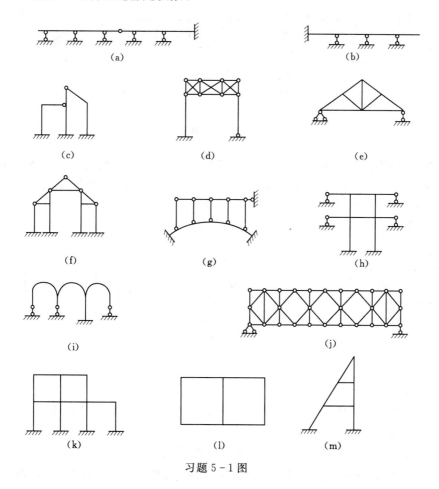

习题 5-1 图

5-2　用力法计算图示超静定梁，作 M 图、F_Q 图。

5-3　用力法计算图示超静定刚架，作内力图。

5-4　计算下列超静定桁架，求各杆轴力，各杆 EA ＝常数。

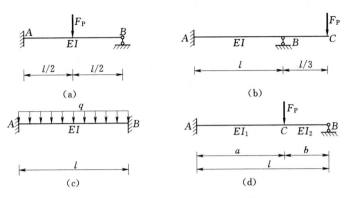

习题 5-2 图

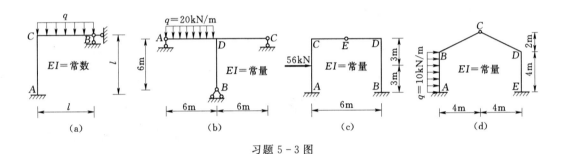

习题 5-3 图

5-5 用力法计算图示组合结构，作 M 图并计算各杆的轴力。已知各杆刚度为：AB 杆，$EI = 1.5 \times 10^4 \mathrm{kN \cdot m^2}$；$AD$ 和 BD 杆，$EA = 2.6 \times 10^5 \mathrm{kN}$；$CD$ 杆，$EA = 2.0 \times 10^5 \mathrm{kN}$。

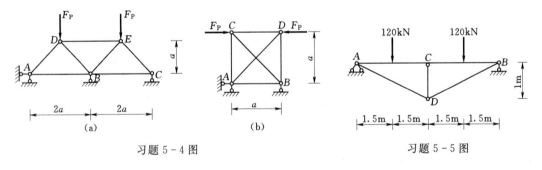

习题 5-4 图   习题 5-5 图

5-6 图示组合结构，$A = 10I/l^2$，试按去掉 CD 杆和切断 CD 杆两种不同的基本体系来建立力法方程进行计算。

5-7 用力法计算下列排架，作 M 图。已知 $I_1 : I_2 : I_3 = 1 : 2 : 5$。

5-8 作图示连续梁的 M 图、F_Q 图，求出各支座反力，并计算 K 点的竖向位移和截面 C 的转角。

5-9 对习题 5-3（d）图进行最终弯矩图的校核。若 $EI = 1.08 \times 10^5 \mathrm{kN \cdot m^2}$，计算 C 结点的转角和 D 点的水平位移。

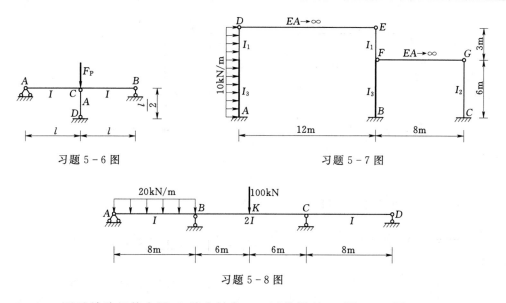

习题 5 - 6 图　　　　　　　　　　　习题 5 - 7 图

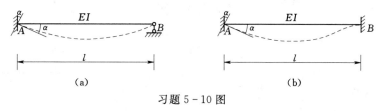

习题 5 - 8 图

5 - 10　图示单跨超静定梁 A 端有转角 α，试作梁的 M 图、F_Q 图。

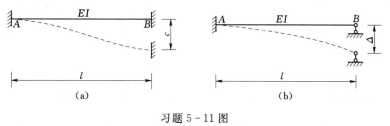

习题 5 - 10 图

5 - 11　图示单跨超静定梁，B 支座下沉如图所示，以两种不同的基本体系进行计算，试作梁的 M 图、F_Q 图。

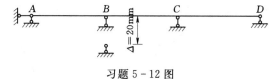

习题 5 - 11 图

5 - 12　绘出图示连续梁的 M 图，并作校核。已知 $E = 3 \times 10^7 \, \text{kN/m}^2$，$I = 36 \times 10^{-4}$ m^4，各杆长均为 $l = 4\text{m}$。

习题 5 - 12 图

5 - 13　设结构温度改变如图所示，试作结构的内力图。设各杆截面为矩形，截面高度为 $h = \dfrac{l}{10}$，线膨胀系数为 α，$EI = $ 常数。

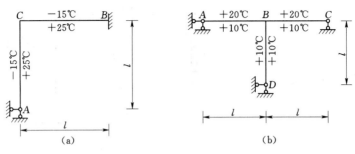

习题 5-13 图

5-14 利用对称性计算下列结构，并作 M 图。

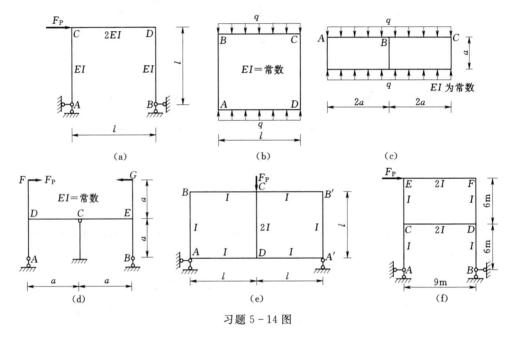

习题 5-14 图

5-15 图示抛物线两铰拱，$y=\dfrac{4f}{l^2}x(l-x)$，$l=30\text{m}$，$f=5\text{m}$，截面高度 $h=0.5\text{m}$，$EI=1\times10^5\text{kN}\cdot\text{m}^2$，$EA=2\times10^6\text{kN}$，近似取 $\cos\varphi=1$，$\text{d}s=\text{d}x$，计算水平推力及拱顶截面 C 的内力。

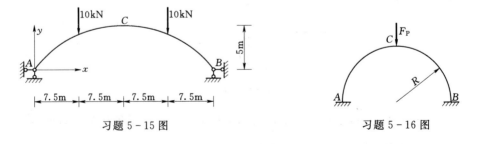

习题 5-15 图　　　　　　　　　习题 5-16 图

5-16 计算图示等截面半圆无铰拱的内力。

习 题 参 考 答 案

5-1 (a) $n=4$；(b) $n=3$；(c) $n=4$；(d) $n=3$；(e) $n=12$；(f) $n=7$；

(g) $n=3$；(h) $n=10$；(i) $n=3$；(j) $n=1$；(k) $n=15$；(l) $n=6$；

(m) $n=9$

5-2 (a) $M_{AB}=\dfrac{3}{16}F_{P}l$（上侧受拉）；(b) $M_{AB}=\dfrac{1}{6}F_{P}l$（下侧受拉）

(c) $M_{AB}=\dfrac{1}{12}ql^{2}$（上侧受拉）；(d) $R=\dfrac{F_{P}}{2}\times\dfrac{2l^{3}-3l^{2}b+b^{3}}{l^{3}-\left(1-\dfrac{I_{1}}{I_{2}}\right)b^{3}}$（竖直向上）

5-3 (a) $M_{CB}=\dfrac{1}{14}ql^{2}$（上侧受拉）；(b) $M_{DA}=M_{DC}=45\text{kN}\cdot\text{m}$（上侧受拉）

(c) $M_{AC}=97.5\text{kN}\cdot\text{m}$（左侧受拉）；$M_{BD}=34.5\text{kN}\cdot\text{m}$（左侧受拉）

(d) $M_{AD}=49.04\text{kN}\cdot\text{m}$（左侧受拉）；$M_{BE}=11.52\text{kN}\cdot\text{m}$（右侧受拉）

5-4 (a) $F_{NAB}=0.415F_{P}$，$F_{NDE}=0.17F_{P}$；(b) $F_{NAB}=0.104F_{P}$

5-5 $M_{CA}=M_{CB}=23.04\text{kN}\cdot\text{m}$（上侧受拉），$F_{NCD}=-135.4\text{kN}$

5-6 $F_{NCD}=-\dfrac{10}{13}F_{P}$

5-7 $F_{NDE}=-17.39\text{kN}$，$F_{NFG}=-8.69\text{kN}$

5-8 $M_{B}=175.2\text{kN}\cdot\text{m}$（上边受拉），$M_{C}=58.9\text{kN}\cdot\text{m}$（上边受拉）

$F_{By}=161.6\text{kN}$（↑），$\Delta_{KV}=\dfrac{747}{EI}$（↓），$\varphi_{C}=\dfrac{157}{EI}$（↙）

5-9 $\varphi_{C}=1.25\times10^{-5}\text{rad}$（↙），$\Delta_{DH}=2.83\text{mm}$（→）

5-10 (a) $M_{AB}=\dfrac{3EI}{l}\alpha$（下边受拉）；(b) $M_{AB}=\dfrac{4EI}{l}\alpha$（下边受拉）

5-11 (a) $M_{AB}=\dfrac{6EI}{l^{2}}c$（上边受拉）；(b) $M_{AB}=\dfrac{3EI}{l^{2}}\Delta$（上边受拉）

5-12 $M_{BA}=486\text{kN}\cdot\text{m}$（下边受拉），$M_{CB}=324\text{kN}\cdot\text{m}$（上边受拉）

5-13 (a) $M_{CA}=\dfrac{3750\alpha EI}{7l}$（左侧受拉）；(b) $M_{BA}=\dfrac{105\alpha EI}{l}$（下边受拉）

5-14 (a) $M_{CA}=\dfrac{F_{P}l}{2}$（右侧受拉）；(b) $M_{BA}=\dfrac{ql^{2}}{24}$（左侧受拉）

(c) $M_{AB}=\dfrac{qa^{2}}{6}$（上边受拉）；(d) $M_{CD}=\dfrac{Pa}{2}$（上边受拉）

(e) $M_{BA}=\dfrac{3F_{P}l}{28}$（左侧受拉），$M_{CB}=\dfrac{F_{P}l}{7}$（下边受拉）

(f) $M_{EC}=1.8F_{P}$（右侧受拉），$M_{CA}=3F_{P}$（右侧受拉）

5-15 推力 $F_H = 16.67$kN，$M_C = 8.40$kN·m（外部受拉）

5-16 推力 $F_H = 0.4519F_P$，$M_A = M_B = 0.1106F_P R$（内部受拉）

部分习题参考答案详解请扫描下方二维码查看。

第六章 位 移 法

力法是分析超静定结构历史最悠久的基本方法。随着工程实践的发展，力法在求解超静定结构时基本结构不唯一、计算工作量大等缺点逐步显现，在用计算机处理大型超静定结构时，很难用统一的形式进行程序化表达。这就促使了超静定结构分析的另一种基本方法——位移法❶的形成。从理论上，在一定的外因作用下，结构中的力与位移之间恒具有一定的关系。因此，也可以把结构中的某些位移作为基本未知量，先求出这些位移，再根据位移和力之间的关系求出结构的内力，这便是本章要介绍的位移法。位移法的基本结构是唯一的，很容易程序化表达。另外位移法的思路用于求解连续介质力学问题，具有普遍的适用性，所以位移法是计算力学的基础。

第一节 位移法的基本概念

首先通过一个简单刚架来说明位移法的基本概念和解题要点。如图 6-1（a）所示超静定刚架，在荷载作用下，刚架将发生图中虚线所示的变形，结点 1 的转角为 Z_1。虽然结点 1 还有微小的线位移，不过对于受弯直杆通常都可以略去轴向变形和剪切变形的影响，并认为弯曲变形是微小的，因而可假定各杆两端之间的距离在变形后仍保持不变，这个假设就是轴向刚度条件。于是，在图 6-1（a）所示刚架中，由于支座 2、支座 3 都不能移动，而结点 1 与结点 2、结点 3 两点之间的距离保持不变，所以结点 1 只有角位移 Z_1 而没有线位移。

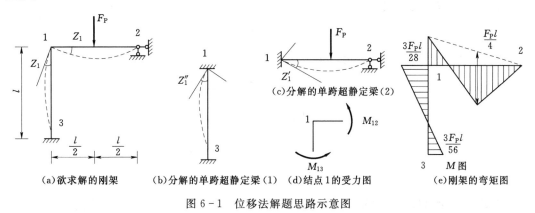

（a）欲求解的刚架　　（b）分解的单跨超静定梁（1）　（d）结点 1 的受力图　　（e）刚架的弯矩图

图 6-1　位移法解题思路示意图

该刚架由杆件 12、杆件 13 组成，首先对每根杆件进行研究。其中杆件 13 可以看成

---

❶　位移法，也称为刚度法。纳维在 1826 年首先使用刚度法，他取结点位移为未知量来分析静不定桁架结构。位移法一般形式是由奥斯滕费尔德（Ostenfeld）在 1926 年得出的。

是两端固定的单跨梁，在固定端 1 处发生转角位移 Z_1''，如图 6-1（b）所示；杆件 12 可以看成是一端固定，另一端铰支的单跨梁，除了受到荷载 F_P 的作用外，在固定端 1 处发生了转角位移 Z_1'，如图 6-1（c）所示。利用力法可以求出图 6-1（b）、（c）所示两种单跨梁的杆端弯矩：

$$\left.\begin{aligned} M_{12} &= 3iZ_1' - \frac{3F_Pl}{16} \\ M_{21} &= 0 \\ M_{13} &= 4iZ_1'' \\ M_{31} &= 2iZ_1'' \\ i &= \frac{EI}{l} \end{aligned}\right\} \tag{6-1}$$

式中 i——等截面直杆的线刚度。

式（6-1）表示**杆端力**和**杆端位移**之间的关系，称为杆件的**刚度方程**，也叫**转角位移方程**。用刚结点 1 连接图 6-1（b）、（c）所示两单跨梁，就得到图 6-1（a）所示的刚架。这时，两单跨梁的 1 端会有相同的转角，都等于结点 1 处的转角位移 Z_1，即

$$Z_1' = Z_1'' = Z_1 \tag{6-2}$$

式（6-2）称为变形协调条件。把式（6-2）代入式（6-1），得到用结点位移 Z_1 表示的杆端弯矩。但是由于 Z_1 是未知量，所以各杆端弯矩还不能确定。为了计算 Z_1，取结点 1 为隔离体如图 6-1（d）所示，由 $\sum M_1 = 0$，可得

$$M_{12} + M_{13} = 0 \tag{6-3}$$

式（6-3）称为位移法的基本方程。将式（6-1）代入式（6-3），并用 Z_1 代替 Z_1' 和 Z_1''，得

$$7iZ_1 - \frac{3F_Pl}{16} = 0$$

解上式得结点 1 的转角：

$$Z_1 = \frac{3F_Pl}{112i}$$

将 Z_1 代入式（6-1），就可以求出杆端弯矩：

$$\left.\begin{aligned} M_{12} &= -\frac{3F_Pl}{28} \\ M_{21} &= 0 \\ M_{13} &= \frac{3F_Pl}{28} \\ M_{31} &= \frac{3F_P}{56} \end{aligned}\right\}$$

据此可以绘出最后的弯矩图，如图 6-1（e）所示。

由上述简例归纳出位移法解题要点如下：

（1）位移法的基本未知量是结构的结点位移量。

（2）位移法的基本方程是平衡方程。

（3）建立方程的过程分两步。

1）把结构拆成杆件，进行杆件分析，得出杆件的刚度方程。

2）再把杆件综合成原结构，进行整体分析，得出结构的基本方程。

此过程是一分一合、分了再合的过程，是把复杂结构的计算问题转变为简单杆件的分拆和组合的问题，这就是位移法的基本思路。

综上所述，位移法以独立的结点位移为基本未知量，根据平衡条件、物理条件和变形协调条件建立起以结点位移为基本未知量的位移法方程，然后求出位移，再利用杆端力和杆端位移的关系求出杆端力，最终绘制内力图。

从以上分析可以看出，用位移求解超静定结构的关键，一是超静定结构独立位移的确定；二是单跨超静定梁在各种约束、各种外因作用下的杆端力和杆端位移、荷载的关系——单根杆件的刚度方程；三是位移法方程的建立，下面将逐步解决以上问题。

第二节 等截面单跨超静定梁的转角位移方程

本节首先推导一般弯曲杆件的转角位移方程，进而得出三种基本单跨梁的转角位移方程。

一、一般弯曲杆件及其变形分解

如图 6-2（a）所示的刚架，在图示外因作用下，变形如图中虚线所示。其中 AB 杆既有杆端转角 θ_A、θ_B，又有杆端相对线位移，也称杆端侧移 Δ。相对于结构中其他杆件，AB 杆就称为**一般弯曲杆件**。

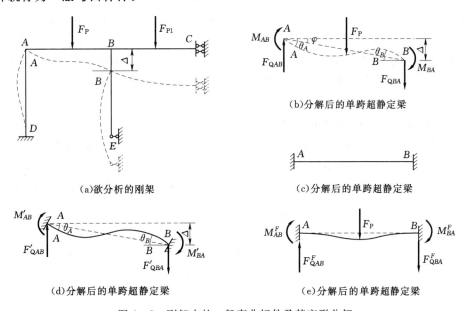

（a）欲分析的刚架   （b）分解后的单跨超静定梁

（c）分解后的单跨超静定梁

（d）分解后的单跨超静定梁   （e）分解后的单跨超静定梁

图 6-2　刚架中的一般弯曲杆件及其变形分解

取出变形后的 AB 杆如图 6-2（b）所示，其杆端转角 θ_A、θ_B 与杆端侧移 Δ 统称杆端位移。图中 φ 角称为 AB 杆的**弦转角**。设 AB 杆长 l，由小变形条件可得：$\Delta = \varphi l$。杆端弯矩 M_{AB}、M_{BA} 与杆端剪力 F_{QAB}、F_{QBA} 统称杆端力。为了运算方便，本章对以上各量的符号作如下规定：

（1）杆端转角与弦转角均以顺时针转向为正，逆时针转向为负。侧移量与弦转角的正负规定相同。

（2）杆端弯矩以顺时针转向为正，逆时针转向为负，对结点而言则是逆时针方向为正。杆端剪力的正负号与前面的规定相同。

图 6-2（b）中各量均以正向标出。为了把 AB 杆的杆端力 M_{AB}、M_{BA}、F_{QAB}、F_{QBA}，表达成杆端位移 θ_A、θ_B、Δ 以及外力 F_P 的函数，可把变形前的 AB 杆想象成两端固定的单跨超静定梁，如图 6-2（c）所示，然后分三步求解杆端力。

（1）先让杆端位移 θ_A、θ_B、Δ 作用于该单跨超静定梁，如图 6-2（d）所示，并产生杆端弯矩 M'_{AB}、M'_{BA}，杆端剪力 F'_{QAB}、F'_{QBA}，用力法求解建立起用杆端位移表达杆端力的物理关系，即一般弯曲杆件的转角位移方程。

（2）再让外力 F_P 单独作用于该单跨超静定梁，如图 6-2（e）所示，并产生固端弯矩 M^F_{AB}、M^F_{BA}，固端剪力 F^F_{QAB}、F^F_{QBA}，该固端力可通过力法求得。

（3）利用叠加法把如图 6-2（d）所示的杆端力与如图 6-2（e）所示的固端力相叠加，即得图 6-2（b）中由 θ_A、θ_B、Δ 与 F_P 共同作用下引起的总杆端力，即

$$\left.\begin{array}{l} M_{AB} = M'_{AB} + M^F_{AB} \\[4pt] M_{BA} = M'_{BA} + M^F_{BA} \\[4pt] F_{QAB} = F'_{QAB} + F^F_{QAB} \\[4pt] F_{QBA} = F'_{QBA} + F^F_{QBA} \end{array}\right\} \qquad (6-4)$$

在弯曲变形为小变形的条件下，不仅杆端力可按式（6-4）进行叠加，而且图 6-2（d）的变形曲线与图 6-2（e）的变形曲线可以叠加成图 6-2（b）的变形曲线。由于图 6-2（e）中无杆端位移，所以图 6-2（d）中的杆端位移与图 6-2（b）中的杆端位移完全相同。下面用另一种方法建立如图 6-2（d）所示的杆端力与杆端位移的物理关系。

二、一般弯曲杆件的转角位移方程

下面讨论在杆端位移单独作用下，如图 6-2（d）所示的杆端位移与杆端力的物理关系。为了以下讨论方便，在不改变杆端位移与杆端力的条件下，把图 6-2（d）画成图 6-3（a），并略去原杆端力上角标中的一撇。

因图 6-3（a）的变形，又可分解成图 6-3（b）所示的刚体位移与图 6-3（c）所示的变形的叠加，即有以下关系成立：

$$\left.\begin{array}{l} \theta_A = \theta'_A + \varphi = \theta'_A + \dfrac{\Delta}{l} \\[8pt] \theta_B = \theta'_B + \varphi = \theta'_B + \dfrac{\Delta}{l} \end{array}\right\} \qquad (a)$$

图 6-3（b）中只有刚体位移，不会产生杆端力，故图 6-3（c）的杆端力，等于图 6-3（a）的杆端力。对于图 6-3（c）所示的简支梁，设其抗弯刚度 $EI=$ 常数，杆端弯矩 M_{AB}、M_{BA} 作用下引起的杆端转角 θ'_A、θ'_B，可用图乘法求得：

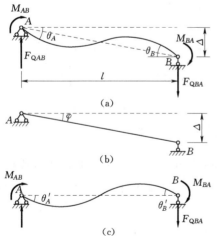

图 6-3　一般弯曲杆件杆端位移的分解

$$\left.\begin{array}{l}\theta'_A = \dfrac{l}{6EI}(2M_{AB} - M_{BA}) \\[3mm] \theta'_B = \dfrac{l}{6EI}(-M_{AB} + 2M_{BA})\end{array}\right\} \tag{b}$$

把式（b）代入式（a）得

$$\left.\begin{array}{l}\theta_A = \dfrac{1}{3i}M_{AB} - \dfrac{1}{6i}M_{BA} + \dfrac{\Delta}{l} \\[3mm] \theta_B = -\dfrac{1}{6i}M_{AB} + \dfrac{1}{3i}M_{BA} + \dfrac{\Delta}{l}\end{array}\right\} \tag{c}$$

由式（c）反解出杆端弯矩如下：

$$\left.\begin{array}{l}M_{AB} = 4i\theta_A + 2i\theta_B - \dfrac{6i}{l}\Delta \\[3mm] M_{BA} = 2i\theta_A + 4i\theta_B - \dfrac{6i}{l}\Delta\end{array}\right\} \tag{6-5}$$

在图6-3（c）中，简支梁的支座反力就是原杆端剪力。由平衡条件容易得到杆端剪力与杆端弯矩的关系如下：

$$F_{QAB} = F_{QBA} = -\dfrac{1}{l}(M_{AB} + M_{BA}) \tag{6-6}$$

把式（6-5）代入式（6-6）得

$$F_{QAB} = -\dfrac{6i}{l}\theta_A - \dfrac{6i}{l}\theta_B + \dfrac{12i}{l^2}\Delta \tag{6-7}$$

把式（6-5）与式（6-7）合写在一起，并用矩阵表示为

$$\begin{bmatrix} M_{AB} \\ M_{BA} \\ F_{QAB} \end{bmatrix} = \begin{bmatrix} 4i & 2i & -\dfrac{6i}{l} \\[3mm] 2i & 4i & -\dfrac{6i}{l} \\[3mm] -\dfrac{6i}{l} & -\dfrac{6i}{l} & \dfrac{12i}{l^2} \end{bmatrix} \begin{Bmatrix} \theta_A \\ \theta_B \\ \Delta \end{Bmatrix} \tag{6-8}$$

式（6-8）就是一般弯曲杆件的转角位移方程，也称作杆件的刚度方程。其中，方阵

$$\begin{bmatrix} 4i & 2i & -6i/l \\ 2i & 4i & -6i/l \\ -6i/l & -6i/l & 12i/l^2 \end{bmatrix} = \begin{bmatrix} k_{11} & k_{12} & k_{13} \\ k_{21} & k_{22} & k_{23} \\ k_{31} & k_{32} & k_{33} \end{bmatrix}$$

称为**刚度矩阵**。方阵中各元素 k_{ij} 的物理意义是，当 j 处的杆端位移等于1，其余杆端位移为零时在 i 处引起的沿 i 方向的杆端力。例如 k_{12} 表示 $\theta_B = 1$，$\theta_A = \Delta = 0$ 时，引起的杆端弯矩 M_{AB} 的值。由反力互等定理可知 $k_{ij} = k_{ji}$，即刚度矩阵为一对称矩阵。显然各刚度系数仅与杆件的材料和几何性质有关，而与外力无关。

当梁上有荷载作用时，式（6-8）表达的杆端力再叠加上由于荷载产生的杆端力，即得最终杆端力，即

$$
\left.
\begin{aligned}
M_{AB} &= 4i\theta_A + 2i\theta_B - \frac{6i}{l}\Delta + M_{AB}^F \\
M_{BA} &= 2i\theta_A + 4i\theta_B - \frac{6i}{l}\Delta + M_{BA}^F \\
F_{QAB} &= -\frac{6i}{l}\theta_A - \frac{6i}{l}\theta_B + \frac{12i}{l^2}\Delta + F_{QAB}^F \\
F_{QBA} &= -\frac{6i}{l}\theta_A - \frac{6i}{l}\theta_B + \frac{12i}{l^2}\Delta + F_{QBA}^F
\end{aligned}
\right\}
\qquad (6-9)
$$

当某段杆上无外力时，式（6-9）中的固端力一项为零。

从理论上讲，可以把梁或刚架中的所有等直杆，均先看成两端固定的单跨梁，并由式（6-9）来表达各杆端力。为了简化计算，将考虑实际结构中，除了图6-2（c）中的一般杆件 AB 外，还有三种特殊的杆件 AD、BE 与 BC，如图6-2（a）所示。其中 AD 杆的 D 端转角已知为零，称为远端固定，并将其表达成如图6-4（a）所示的形式。BE 杆的 E 端弯矩为零，称其为远端铰支，表达成如图6-4（b）所示的形式。BC 杆的 C 端转角为零、剪力为零，称其为远端定向支撑，表达成如图6-4（c）所示的形式。

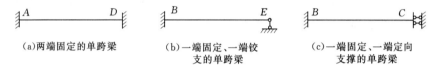

(a)两端固定的单跨梁　　(b)一端固定、一端铰　　(c)一端固定、一端定向
　　　　　　　　　　　　　支的单跨梁　　　　　　支撑的单跨梁

图6-4　三种基本单跨梁

在位移法中，把远端有如图6-4所示约束的三种单跨超静定梁，称为三种基本单跨梁。可利用式（6-8）与式（6-9）导出三种基本单跨梁的刚度方程。

三、三种基本单跨梁的刚度方程

1. 远端固定（$\theta_B \equiv 0$）

（1）无侧移，有转角（$\Delta = 0$，$\theta_A \neq 0$）。如图6-5（a）所示，当 $\theta_B = \Delta = 0$，$\theta_A \neq 0$ 时，由式（6-9）可得

$$
\left.
\begin{aligned}
M_{AB} &= 4i\theta_A \\
M_{BA} &= 2i\theta_A \\
F_{QAB} &= -\frac{6i}{l}\theta_A
\end{aligned}
\right\}
\qquad (6-10)
$$

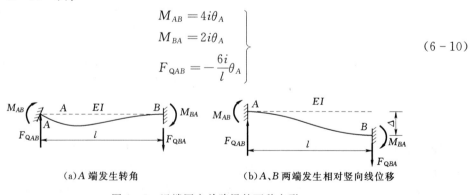

(a)A 端发生转角　　　　(b)A、B 两端发生相对竖向线位移

图6-5　远端固定单跨梁的两种变形

（2）有侧移，无转角（$\Delta \neq 0$，$\theta_A = 0$）。如图6-5（b）所示，当 $\theta_B = \theta_A = 0$，$\Delta \neq 0$ 时，同样可由式（6-9）得

$$M_{AB} = -\frac{6i}{l}\Delta$$

$$M_{BA} = -\frac{6i}{l}\Delta$$ (6-11)

$$F_{QAB} = F_{QBA} = \frac{12i}{l^2}\Delta$$

当 θ_A 与 Δ 同时不等于零时，其杆端力为式（6-10）与式（6-11）的叠加。

2. 远端铰支（$M_{BA} \equiv 0$）

（1）无侧移，有转角（$\Delta=0$，$\theta_A \neq 0$）。如图 6-6（a）所示，当 $M_{BA}=\Delta=0$，$\theta_A \neq 0$ 时，由式（6-5）第二式可得

$$\theta_B = -\frac{1}{2}\theta_A \tag{a}$$

式（a）说明 θ_B 不独立。故铰支处的转角可不作为基本未知量。把式（a）代入式（6-5）的第一式得

$$M_{AB} = 3i\theta_A$$

$$F_{QAB} = F_{QBA} = -\frac{3i}{l}\theta_A \tag{6-12}$$

（2）有侧移，无转角（$\Delta\neq0$，$\theta_A=0$）。如图 6-6（b）所示，当 $M_{BA}=\theta_A=0$，$\Delta\neq0$ 时，由式（6-5）的第二式得

$$\theta_B = \frac{3\Delta}{2l} \tag{b}$$

式（b）也说明 θ_B 不独立，可不作为基本未知量。把式（b）代入式（6-5）的第一式和式（6-7）得

$$M_{AB} = -\frac{3i}{l}\Delta$$

$$F_{QAB} = F_{QBA} = \frac{3i}{l^2}\Delta \tag{6-13}$$

当 θ_A 与 Δ 同时不为零时，叠加式（6-12）与式（6-13），即为 θ_A 与 Δ 共同作用时的杆端力。

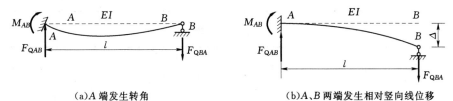

(a)A 端发生转角　　　　　　(b)A、B 两端发生相对竖向线位移

图 6-6　远端铰支单跨梁的两种变形

3. 远端定向支撑（$\theta_B = F_{QAB} = F_{QBA} \equiv 0$）

如图 6-7 所示，由式（6-7）可得

$$\Delta = \frac{1}{2}\theta_A l \tag{c}$$

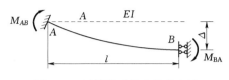

图 6-7 远端滑动单跨梁的变形

式（c）说明远端定向支撑的单跨梁，虽侧移量 Δ 不为零，但 Δ 并不独立，故远端为定向支座的梁的侧移量 Δ 可不作为基本未知量。

把式（c）代入式（6-5）得

$$\left.\begin{array}{l} M_{AB} = i\theta_A \\ M_{BA} = -i\theta_A \end{array}\right\} \qquad (6-14)$$

对于各种实际结构，可以运用式（6-10）～式（6-14），并通过叠加得到各种不同变形情况下的等直杆的杆端力计算式。

四、单跨超静定梁的形常数和载常数

利用上述单跨超静定梁的刚度方程，可以求得这些梁在各种外因单独作用下的杆端弯矩和杆端剪力。其中，由支座移动引起的杆端力只与杆件截面尺寸、材料性质有关，与外荷载无关的常数，称为**形常数**；由荷载产生的杆端力称为**载常数**。上述各常数在位移法和渐近法中经常用到，为了便于今后应用，各种常数见表 6-1、表 6-2。

表 6-1　　　　　　　　　　　常用单跨超静定梁的形常数

单跨超静定梁简图	M_{AB}	M_{BA}	$F_{QAB} = F_{QBA}$
	$4i$	$2i$	$-6i/l$
	$-6i/l$	$-6i/l$	$12i/l^2$
	$3i$	0	$-3i/l$
	$-3i/l$	0	$3i/l^2$
	i	$-i$	0

表 6-2　　　　　　　　　　　单跨超静定梁的载常数

序号	计算简图及挠度图	弯矩图	固端弯矩		固端剪力	
			M_{AB}	M_{BA}	F_{QAB}	F_{QBA}
1	EI q l	$ql^2/12$ $ql^2/12$	$-\dfrac{ql^2}{12}$	$\dfrac{ql^2}{12}$	$\dfrac{ql}{2}$	$-\dfrac{ql}{2}$
2	EI F_P l	$F_P l/8$ $F_P l/8$	$-\dfrac{F_P l}{8}$	$\dfrac{F_P l}{8}$	$\dfrac{F_P}{2}$	$-\dfrac{F_P}{2}$

序号	计算简图及挠度图	弯矩图	固端弯矩		固端剪力	
			M_{AB}	M_{BA}	F_{QAB}	F_{QBA}
3			$\dfrac{M}{4}$	$\dfrac{M}{4}$	$-\dfrac{3M}{2l}$	$-\dfrac{3M}{2l}$
4			$-\dfrac{\alpha EI\Delta t}{h}$	$\dfrac{\alpha EI\Delta t}{h}$	0	0
5			$-\dfrac{ql^2}{8}$	0	$\dfrac{5ql}{8}$	$-\dfrac{3ql}{8}$
6			$-\dfrac{3F_P l}{16}$	0	$\dfrac{11F_P}{16}$	$-\dfrac{5F_P}{16}$
7			$\dfrac{M}{2}$	M	$-\dfrac{3M}{2l}$	$-\dfrac{3M}{2l}$
8			$-\dfrac{3EI\alpha\Delta t}{2h}$	0	$\dfrac{3EI\alpha\Delta t}{2hl}$	$\dfrac{3EI\alpha\Delta t}{2hl}$
9			$-\dfrac{ql^2}{3}$	$-\dfrac{ql^2}{6}$	ql	0
10			$-\dfrac{F_P l}{2}$	$-\dfrac{F_P l}{2}$	F_P	F_P
11			$-\dfrac{EI\alpha\Delta t}{h}$	$\dfrac{EI\alpha\Delta t}{h}$	0	0
12			$-\dfrac{3F_P l}{8}$	$-\dfrac{F_P l}{8}$	F_P	0

第三节 位移法的基本未知量——独立位移的确定

由位移法基本思路可知，应用位移法求解超静定结构需要解决三个问题，上节已经解决了第二个问题，这里讨论第一个问题，即位移法的基本未知量及其数目的确定。位移法中的未知量是结点的独立位移，可以是角位移也可能是线位移。为了手工计算时能使基本未知量减少，使计算得以简化，对梁与刚架作出以下假定：

（1）轴力引起的轴向变形可忽略不计。

（2）弯曲变形为小变形，故各段杆弯曲后的轴线在原轴线上的投影长度不变。

下面就在以上两个假定的基础上，分别说明如何确定结构中的角位移与线位移个数。

一、结点角位移数目的确定

如图 6-8（a）所示的超静定刚架，在图示外力作用下，由以上两个假定可知，结构的变形只能如图中虚线所示。在刚结点 A 处，由变形协调条件可知 $\theta_{AG} = \theta_{AB} = \theta_{AD} = \theta_A$，因此刚结点 A 处只有一个独立的角位移 θ_A。同理在刚结点 B 处，有一个独立的角位移 θ_B。在铰结点 C 处还有一个未知角位移 θ_C。

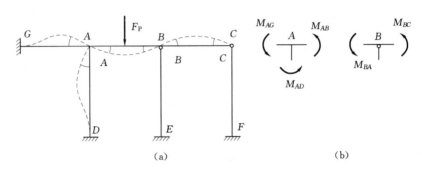

图 6-8 无结点线位移的刚架

由于刚结点处的杆端弯矩一般不为零，如图 6-8（b）所示，故在刚结点 A、B 两处可以写出力矩平衡条件如下：

$$\left. \begin{array}{l} M_{AG} + M_{AB} + M_{AD} = 0 \\ M_{BA} + M_{BC} = 0 \end{array} \right\} \tag{a}$$

因为铰结点处的杆端弯矩一定为零，所以铰结点 C 处的力矩平衡条件为零等于零的恒等式。由于式（a）的两个平衡条件只能求出两个未知量，所以本问题的基本未知量选成刚结点 A、B 处的角位移 θ_A 与 θ_B。而 θ_C 虽为未知量，但因其不独立，故不能作为基本未知量。所以在平衡条件或称基本方程式（a）中，应把各杆端弯矩表达成 θ_A 与 θ_B 的函数。

通过以上分析，可得出如下结论：位移法中独立角位移的数目等于结构中刚结点的数目。

二、结点线位移数目的确定

如图 6-8（a）所示的刚架只有结点角位移，无结点线位移，通常称其为无侧移刚架。对于如图 6-9（a）所示的排架，因其无刚结点，故无结点角位移。但在外力作用下，铰结点 A、B、C 会产生水平方向上的线位移 Δ_A、Δ_B 和 Δ_C。

由变形假定（1）可知，这三个线位移应该相等，故该排架只有一个独立的线位移 Δ，该线位移即为本问题的基本未知量。对应于该位移，应取如图 6-9（b）所示的局部结构，建立水平方向上力的投影平衡条件，即

$$F_{QAD} + F_{QBE} + F_{QCF} - F_P = 0 \tag{b}$$

式（b）即为本问题的基本方程。其中各杆端剪力 F_{QAD}、F_{QBE}、F_{QCF} 应是基本未知

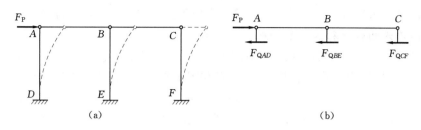

图 6-9　无结点角位移的排架

量 Δ 的函数。

　　对于如图 6-9（a）所示的排架，根据变形假定，就可分析出独立线位移的个数。但当结构较为复杂时，主观判断独立线位移的个数，将有一定的难度。为此，下面介绍一种能够准确判断结构中独立线位移个数的方法。

　　例如把图 6-8（a）的刚架和图 6-9（a）的排架中的刚结点和固定端，全部改成铰结点，使其成为如图 6-10（a）与图 6-10（b）所示的铰结体系。由几何构造分析可知，图 6-10（a）体系是无多余约束的几何不变体系，图 6-10（b）体系是可变的，其自由度为 1，正好与如图 6-8 所示的刚架无线位移、如图 6-9 所示的排架有一个线位移相吻合。这一吻合并不是巧合，而是前述变形假定所造成的必然结果。比较图 6-10（a）与图 6-10（b）可知，只要在图 6-10（b）的体系中，加上一个水平链杆 GA，就可使其成为如图 6-10（a）所示的零自由度体系。

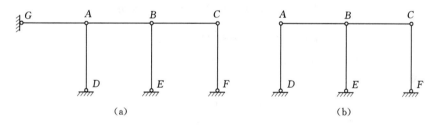

图 6-10　刚结点改为铰结点后的体系

　　综上分析，可以得出以下结论：位移法中的独立线位移个数，等于把结构中的刚结点（包括固定端支座）全部变成铰结点后，使其成为无多余约束的几何不变体系（静定结构）所需增加的单链杆根数。

　　如图 6-11（a）所示的两层框架结构，把其刚结点与固定端全部变成铰结点，并加上单链杆使其成为静定结构，如图 6-11（b）所示。由于在图 6-11（b）中共增加了两根单链杆，所以该框架应有两个独立的线位移。可见框架结构的独立线位移个数等于框架的层数。

　　综上所述，角位移未知量数目等于结构中可动刚结点的数目。线位移未知量数目等于使铰化体系成为几何不变所需加的链杆数目。

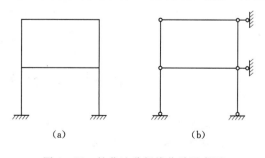

图 6-11　铰化法分析线位移示意图

位移法基本未知量数目与结构的超静定次数无关，它们是完全不同的两个概念。

三、基本未知量与基本方程举例

如图 6-12（a）所示的结构，共有三个刚结点 D、E、F，所以有三个独立的角位移 θ_D、θ_E、θ_F。把结构中的刚结点 D、E、F 与固定端 A、B、C 全部变成铰结点，并加上三根单链杆，使其成为如图 6-12（b）所示的静定结构。所以其独立线位移有三个，即 $\Delta_1 = \Delta_F = \Delta_H$，$\Delta_2 = \Delta_D = \Delta_E$，$\Delta_3 = \Delta_G$。故该结构共有六个独立的未知量。

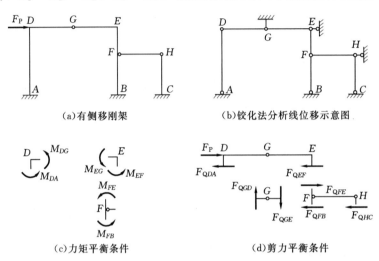

(a)有侧移刚架　　　　　(b)铰化法分析线位移示意图

(c)力矩平衡条件　　　　　(d)剪力平衡条件

图 6-12　刚架的独立未知量与基本方程分析

对应于 θ_D、θ_E、θ_F 三个角位移，应截取 D、E、F 三个刚结点，如图 6-12（c）所示。分别建立其力矩平衡条件，即

$$\left. \begin{array}{l} M_{DA} + M_{DG} = 0 \\ M_{EG} + M_{EF} = 0 \\ M_{FE} + M_{FB} = 0 \end{array} \right\} \tag{c}$$

对应于 Δ_1、Δ_2、Δ_3 三个线位移，应截取如图 6-12（d）所示的局部结构，分别建立沿各线位移方向上的力的投影平衡条件，即

$$\left. \begin{array}{l} F_{QDA} + F_{QEF} - F_P = 0 \\ F_{QFE} - F_{QFB} - F_{QHC} = 0 \\ F_{QGD} - F_{QGE} = 0 \end{array} \right\} \tag{d}$$

式（c）、式（d）就是本问题的基本方程。为了能通过以上六个基本方程求出六个基本未知量，必须把六式中各杆端弯矩与杆端剪力表达成六个基本未知量的函数。

第四节　位移法基本原理及示例

位移法基本未知量确定以后就可以建立位移法的基本结构、基本体系和基本方程。

一、基本结构及基本体系

位移法的基本结构为在所有发生独立结点位移处加上相应的附加约束并去掉外荷载后

得到的结构。在发生结点角位移的地方加上附加刚臂，在发生结点线位移的地方加上附加链杆，即可变成位移法的基本结构。这里，附加刚臂只限制结点的转动，附加链杆只限制结点的移动。

　　下面就以图 6-13（a）所示的超静定结构为例，说明如何建立位移法的基本结构和基本体系。

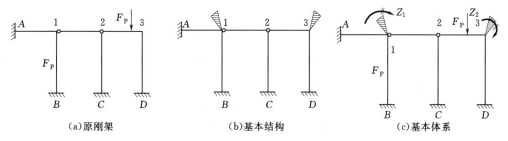

图 6-13　位移法的基本结构和基本体系

　　如图 6-13（a）所示结构，在结构的刚结点和组合结点上都要加附加刚臂，铰结点处不要加。结点 3 是刚结点，在 3 上加附加刚臂后如图 6-13（b）所示，杆 23 变为一端固定一端铰支杆，杆 3D 变为两端固定杆；结点 2 是铰结点，不加刚臂也构成了单跨梁，如图 6-13（b）所示，杆 23 为一端铰支一端固定梁，杆 2C 为一端铰支一端固定梁，杆 21 为两端铰支梁，所以铰结点无需加刚臂；结点 1 是组合结点，需要在杆 1A 与杆 1B 的刚性接头处加刚臂，以使此二杆变为两端固定梁，如图 6-13（b）所示，此结构是位移法的基本结构。注意：结点 1 上的附加刚臂只约束刚结于结点 1 的杆 A1 和杆 B1 的 1 端转角，而不约束铰结于结点 1 的杆 12 的 1 端转角。附加约束所约束的位移就是基本未知量。对于本例，结点 1 及结点 3 的转角 Z_1、Z_2 即为基本未知量，让基本结构在附加约束处发生和原结构相同的结点位移就得到基本体系，如图 6-13（c）所示。

二、位移法基本方程

　　根据以上讲解可知位移法的基本体系实质上是一组单跨超静定梁的组合体系，建立位移法基本方程的途径有两种：一种就是直接利用平衡条件建立，如本章第一节、第三节所述，称为**平衡方程法**；另一种就是仿照力法，用力法求解超静定结构时基本方程为多余约束力方向上的变形条件，该变形条件可用叠加法表达成具有固定规律的形式，并称其为力法的典型方程。位移法也应和力法一样，取位移法基本体系，然后把原结构和基本体系相比较，得出建立位移法基本方程的条件，然后进行计算，称为**典型方程法**。两种方法的原理相同，只是建立基本方程的表现形式不同，下面重点介绍典型方程法。

　　位移法典型方程的建立与力法一样，首先确定待分析问题基本未知量的个数，如几个独立结点位移，几个独立的线位移。图 6-14（a）所示刚架既有结点转角，又有结点线位移，在给定荷载作用下变形曲线大致形状如虚线所示。结点 1 及结点 2 的角位移用 Z_1、Z_2 表示，结点 3 的侧向线位移用 Z_3 表示。该体系的基本未知量有三个。为了把它转化为单跨梁系，在结点 1、2 两处加附加刚臂，以限制结点转动，在结点 3 处加附加支杆，以限制刚架侧向移动，形成的位移法基本结构如图 6-14（b）所示。

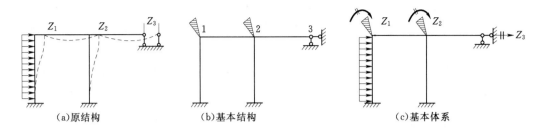

图 6-14　建立位移法方程示意图

在基本结构上，先加上已给定的外荷载，为了消除基本结构与原结构之间的差别，转动附加刚臂，使结点 1、2 分别发生转角 Z_1、Z_2，移动附加支杆 3，使结点 3 发生的水平侧移等于 Z_3，如图 6-14（c）所示。如果 Z_1、Z_2、Z_3 是原结构应有的位移，则该体系就恢复了其原来的自然状态，而附加约束就不起作用，即其反力等于零：

$$\left.\begin{array}{l} F_1=0 \\ F_2=0 \\ F_3=0 \end{array}\right\} \tag{6-15}$$

由于附加约束 1、2 是刚臂，反力 F_1、F_2 为刚臂 1、2 的反力矩。附加约束 3 是支杆，其反力为支杆反力。式（6-15）中，反力 F_1、F_2、F_3 是由转角位移 Z_1、Z_2，线位移 Z_3 和外荷载对基本结构共同作用引起的。按叠加原理，共同作用等于分别作用的叠加。因此有

$$\left.\begin{array}{l} F_1=F_{11}+F_{12}+F_{13}+F_{1P} \\ F_2=F_{21}+F_{22}+F_{23}+F_{2P} \\ F_3=F_{31}+F_{32}+F_{33}+F_{3P} \end{array}\right\} \tag{6-16}$$

式中　F_{11}、F_{21}、F_{31}——由 Z_1 单独作用引起的附加约束 1、2、3 的反力；

　　　F_{12}、F_{22}、F_{32}——由 Z_2 单独作用引起的附加约束 1、2、3 的反力；

　　　F_{13}、F_{23}、F_{33}——由 Z_3 单独作用引起的附加约束 1、2、3 的反力；

　　　F_{1P}、F_{2P}、F_{3P}——由外荷载单独作用引起的附加约束 1、2、3 的反力。

下标中的第一个字母表示是哪个约束的反力，第二个字母表示是引起反力的原因。为了把未知量 Z_1、Z_2、Z_3 显露出来，把它们引起的反力写成如下形式：

$$\left.\begin{array}{l} F_{11}=k_{11}Z_1 \\ F_{12}=k_{12}Z_2 \\ F_{13}=k_{13}Z_3 \end{array}\right\}, \quad \left.\begin{array}{l} F_{21}=k_{21}Z_1 \\ F_{22}=k_{22}Z_2 \\ F_{23}=k_{23}Z_3 \end{array}\right\}, \quad \left.\begin{array}{l} F_{31}=k_{31}Z_1 \\ F_{32}=k_{32}Z_2 \\ F_{33}=k_{33}Z_3 \end{array}\right\} \tag{6-17}$$

式中　k_{11}、k_{21}、k_{31}——$Z_1=1$ 单独作用引起的附加约束 1、2、3 的反力，如图 6-15（a）所示；

　　　k_{12}、k_{22}、k_{32}——$Z_2=1$ 单独作用引起的附加约束 1、2、3 的反力，如图 6-15（b）所示；

　　　k_{13}、k_{23}、k_{33}——$Z_3=1$ 单独作用引起的附加约束 1、2、3 的反力，如图 6-15（c）所示；

　　　F_{1P}、F_{2P}、F_{3P}——荷载单独作用下引起的附加约束 1、2、3 的反力，如图 6-15（d）所示。

图 6-15 中所示为反力正向。

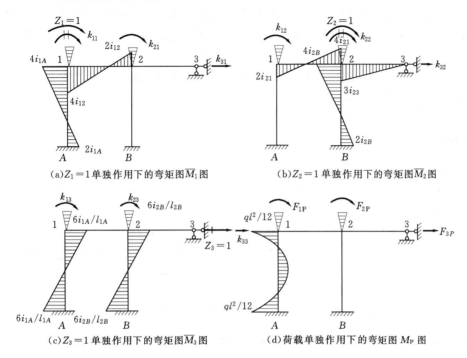

(a) $Z_1 = 1$ 单独作用下的弯矩图 $\overline{M}_1$ 图 　　(b) $Z_2 = 1$ 单独作用下的弯矩图 $\overline{M}_2$ 图

(c) $Z_3 = 1$ 单独作用下的弯矩图 $\overline{M}_3$ 图 　　(d) 荷载单独作用下的弯矩图 M_P 图

图 6-15　基本结构在各单一因素作用下的弯矩图

将式 (6-17) 代入式 (6-16) 得

$$
\left.\begin{aligned}
F_1 &= k_{11}Z_1 + k_{12}Z_2 + k_{13}Z_3 + F_{1P} = 0\\
F_2 &= k_{21}Z_1 + k_{22}Z_2 + k_{23}Z_3 + F_{2P} = 0\\
F_3 &= k_{31}Z_1 + k_{32}Z_2 + k_{33}Z_3 + F_{3P} = 0
\end{aligned}\right\}
\tag{6-18}
$$

式 (6-18) 所示方程组就是关于 3 个未知量的位移法典型方程。方程式的数目与基本未知量数目相同。因为有多少个未知位移就要加多少个约束，而加多少个附加约束，就要有多少个使附加约束反力等于零的方程，以使结构恢复自然状态。

典型方程式中的系数 k_{ij} 是位移 $Z_j = 1$ 时引起的附加约束 i 的反力。

第一个方程表示附加约束 1 的反力等于零，即 $F_1 = 0$。第一个附加约束是刚臂，其反力 F_1 为反力矩。第一个方程中的所有系数 k_{11}、k_{12}、k_{13} 和自由项 F_{1P} 都是附加刚臂 1 的反力矩，所以下标中第一个字母都是 1。

第二个方程表示附加约束 2 的反力等于零，即 $F_2 = 0$。第二个附加约束也是刚臂，故其反力 F_2 也为反力矩。第二个方程中的所有系数 k_{21}、k_{22}、k_{23} 和自由项 F_{2P} 都是附加刚臂 2 的反力矩，所以第一个下标都是 2。

第三个方程表示附加约束 3 的反力等于零，即 $F_3 = 0$。第三个方程中所有系数 k_{31}、k_{32}、k_{33} 和自由项 F_{3P} 都是附加支杆 3 的反力，所以第一个下标都是 3。

为了求系数和自由项，可以绘出 Z_1、Z_2、Z_3 分别单独作用在基本结构上引起的单位弯矩图 $\overline{M}_1$、$\overline{M}_2$、$\overline{M}_3$ 及荷载弯矩图 M_P 图，如图 6-15 所示。

根据如图 6-15 所示的单位内力图（弯矩图）和荷载内力图（弯矩图），取结点或部分隔离体可计算出 $Z_j = 1$ 时所引起的 Z_i 位移对应的附加约束上的反力系数 k_{ij}；取结点或部分隔离体可计算 $Z_i = 0$ 时所对应的荷载产生的附加约束上的反力 F_{iP}（与位移方向相同为正）。

在 $Z_1 = 1$，$Z_2 = 0$，$Z_3 = 0$ 时，如图 6-15（a）所示，取结点 1 为研究对象，如图 6-16 所示，由 $\sum M_1 = 0$，有

$$k_{11} = 4i_{1A} + 4i_{12}$$

同理有

$$k_{21} = 2i_{12}$$

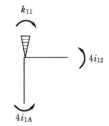

图 6-16 结点 1 的受力图

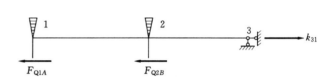

图 6-17 横梁 123 的受力图

取结构上部梁 123 为研究对象，如图 6-17 所示，由 $\sum F_x = 0$，有

$$k_{31} - F_{Q1A} - F_{Q2B} = 0$$

式中 F_{Q1A}、F_{Q2B}——杆 1A 和杆 2B 上的杆端剪力。

因为杆 1A 上的剪力为 $F_{Q1A} = -\dfrac{6i_{1A}}{l_{1A}}$，杆 2B 上无弯矩，也无剪力，$F_{Q2B} = 0$，所以有

$$k_{31} = -\frac{6i_{1A}}{l_{1A}}$$

同理，在 $Z_1 = 0$，$Z_2 = 1$，$Z_3 = 0$ 时和在 $Z_1 = 0$，$Z_2 = 0$，$Z_3 = 1$ 时，可以求出其他各系数：

$$k_{12} = k_{21} = 2i_{12}$$
$$k_{22} = 4i_{21} + 4i_{2B} + 3i_{23}$$
$$k_{13} = k_{31} = -\frac{6i_{1A}}{l_{1A}}$$
$$k_{32} = k_{23} = -\frac{6i_{2B}}{l_{2B}}$$
$$k_{33} = \frac{12i_{1A}}{l_{1A}^2} + \frac{12i_{2B}}{l_{2B}^2}$$

对于在荷载作用下的情形，取 $Z_1 = 0$，$Z_2 = 0$，$Z_3 = 0$，同样仿照以上做法可以求得常数项：

$$F_{1P} = \frac{1}{12}ql_{1A}^2, \quad F_{2P} = 0, \quad F_{3P} = -\frac{1}{2}ql_{1A}$$

把以上各值代入式（6-18）即可求出 Z_1，Z_2，Z_3，再利用叠加法可以作出内力图。

以上讨论的是三个基本未知量的情况，对于具有 n 个基本未知量的结构，必须加入 n 个附加约束才能得到它的基本结构。根据基本体系和原结构变形和受力一致的条件下，除了使基本结构承受相同的荷载外，还需使附加约束处分别发生 Z_1、Z_2、…、Z_n 的位移以便恢复到原来的状态。此时，各附加约束上的反力或者反力矩将会自然消失而等于零。据此，按叠加原理可以得出 n 个方程

$$\left.\begin{array}{c} k_{11}Z_1 + k_{12}Z_2 + \cdots + k_{1n}Z_n + F_{1P} = 0 \\ k_{21}Z_1 + k_{22}Z_2 + \cdots + k_{2n}Z_n + F_{2P} = 0 \\ \vdots \\ k_{n1}Z_1 + k_{n2}Z_2 + \cdots + k_{nn}Z_n + F_{nP} = 0 \end{array}\right\} \tag{6-19}$$

式（6-19）就是位移法的典型方程，从上面的讨论分析中可以看出：

（1）位移法方程的物理意义：基本体系在荷载等外因和各结点位移共同作用下产生的附加约束中的反力（矩）等于零。实质上是原结构应满足的平衡条件。

（2）位移法典型方程中每一项都是基本体系附加约束中的反力（矩）。其中 F_{iP} 表示基本结构在荷载单独作用下产生的第 i 个附加约束中的反力（矩），称为自由项，自由项可大于零、等于零或小于零。$k_{ij}Z_j$ 表示基本结构在 Z_j 作用下产生的第 i 个附加约束中的反力（矩）。

（3）主系数 k_{ii} 表示基本结构在 $Z_i = 1$ 作用下产生的第 i 个附加约束中的反力（矩）；k_{ii} 恒大于零。

（4）副系数 k_{ij} 表示基本结构在 $Z_j = 1$ 作用下产生的第 i 个附加约束中的反力（矩）；根据反力互等定理有 $k_{ij} = k_{ji}$，副系数可大于零、等于零或小于零。

（5）由于位移法的主要计算过程是建立方程求解方程，而位移法方程是平衡条件，所以位移法校核的重点是平衡条件（刚结点的力矩平衡和截面的投影平衡）。

在主、副系数中，不包含与外荷载有关的因素，所以它不随着荷载的改变而改变，只取决于结构本身，自由项则随外荷载而改变。因此，当结构不变而荷载改变时，只需重新计算自由项，而不需重新计算主、副系数。

位移法典型方程可用矩阵表达成

$$\begin{bmatrix} k_{11} & k_{12} & \cdots & k_{1n} \\ k_{21} & k_{22} & \cdots & k_{2n} \\ \vdots & \vdots & \ddots & \vdots \\ k_{n1} & k_{n2} & \cdots & k_{nn} \end{bmatrix} \begin{bmatrix} Z_1 \\ Z_2 \\ \vdots \\ Z_n \end{bmatrix} + \begin{bmatrix} F_{1P} \\ F_{2P} \\ \vdots \\ F_{nP} \end{bmatrix} = 0 \tag{6-20}$$

式（6-20）简记为

$$[K]\{Z\} + \{F_P\} = 0 \tag{6-21}$$

式中　$[K]$——结构的刚度矩阵；

　　　$\{Z\}$——未知位移列向量；

　　　$\{F_P\}$——外荷载单独作用引起的附加约束力列向量。

刚度矩阵 $[K]$ 中的元素 k_{ij} 称为刚度系数。k_{ij} 的物理意义为：第 j 个附加约束发生单位位移、其余附加约束不动时，在第 i 个附加约束中引起的附加约束力。

总结以上分析过程可以看出，位移求解超静定结构的实质就是"加、代、平、四基

本"。"加"即为在有独立位移的地方加约束;"代"即为原结构的独立位移用未知量代替;"平"即为列出位移法在附加约束处的平衡方程;"四基本"即为基本未知量、基本结构、基本体系、基本方程。力法和位移法在建立典型方程的方法上都是运用的叠加原理,但力法是以多余力作为基本未知量,典型方程反映的是解除约束处的变形协调条件,而位移法是以结构的独立位移作为基本未知量,典型方程反映的是附件约束处的平衡条件。把力法、位移法对应起来加以对比和理解,就能更好地掌握这两种求解超静定结构的方法。

三、位移法求解超静定结构示例

通常把只有结点角位移的刚架称为**无侧移刚架**,把有结点线位移或既有结点角位移又有结点线位移的刚架称为**有侧移刚架**。下面通过例题分别讨论。

1. 无侧移刚架的计算

用位移法解算无侧移刚架时,其基本未知量只有结点转角。

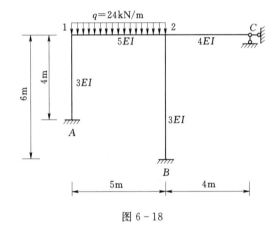

图 6-18

【例 6-1】 计算如图 6-18 所示刚架,并作内力图。

解: (1) 确定基本未知量,画出基本结构。本题有两个刚结点,故结点角位移有两个,用 Z_1、Z_2 表示,分别在结点 1、2 处加附加刚臂得位移法基本结构。

(2) 列位移法典型方程,附加刚臂的反力矩等于零,即

$$\left.\begin{array}{l} k_{11}Z_1 + k_{12}Z_2 + F_{1P} = 0 \\ k_{21}Z_1 + k_{22}Z_2 + F_{2P} = 0 \end{array}\right\}$$

(3) 求系数项和常数项。绘单位弯矩 $\overline{M}_1$ 图、$\overline{M}_2$ 图及荷载弯矩图 M_P,如图 6-19 (a)、(b) 及 (c) 所示。考虑到 $i_{1A} = \dfrac{3EI}{4}$,$i_{12} = \dfrac{5EI}{5} = EI$,$i_{2B} = \dfrac{3EI}{6} = 0.5EI$,$i_{2C} = \dfrac{4EI}{4} = EI$,计算系数及自由项。它们都是附加刚臂上的反力矩,由相应弯矩图直接求出 (可截取结点,由 $\sum M = 0$ 求得)。

$$k_{11} = 7EI, \quad k_{12} = k_{21} = 2EI, \quad k_{22} = 9EI, \quad F_{1P} = -\frac{ql^2}{12}, \quad F_{2P} = \frac{ql^2}{12}$$

(4) 将全部系数、自由项代入典型方程,解出 Z_1、Z_2。由

$$7EIZ_1 + 2EIZ_2 - \frac{ql^2}{12} = 0$$

$$2EIZ_1 + 9EIZ_2 + \frac{ql^2}{12} = 0$$

解得

$$Z_1 = \frac{9.32}{EI}, \quad Z_2 = -\frac{7.63}{EI}$$

(5) 用叠加法绘弯矩图。由 $M = \overline{M}_1 Z_1 + \overline{M}_2 Z_2 + M_P$ 得弯矩图,如图 6-19 (d) 所示。

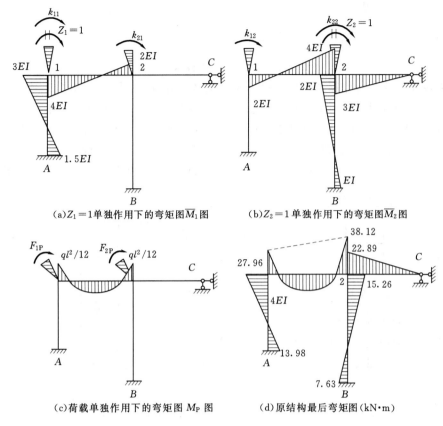

(a)$Z_1 = 1$单独作用下的弯矩图$\overline{M}_1$图　　(b)$Z_2 = 1$单独作用下的弯矩图$\overline{M}_2$图

(c)荷载单独作用下的弯矩图M_P图　　(d)原结构最后弯矩图(kN·m)

图 6-19　基本结构在各单一因素作用下的弯矩图及最后弯矩图

（6）根据弯矩图，绘F_Q图。有了弯矩图，可绘出剪力图。本题以杆件 12 为例再次说明杆端剪力的计算方法。把杆件 12 取出，如图 6-20（a）所示。该杆承受的已知力有均布荷载 q、杆端力矩 M_{12}（27.96kN·m）、杆端力矩 M_{21}（38.12kN·m），设剪力为正值。

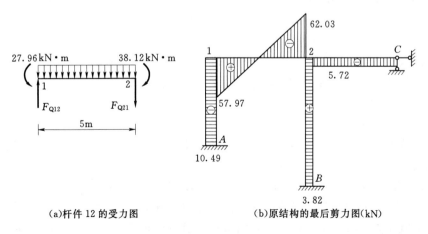

(a)杆件 12 的受力图　　(b)原结构的最后剪力图(kN)

图 6-20　剪力图

191

由 $\sum M_1 = 0$，得

$$F_{Q21} \times 5 + 38.12 + \frac{1}{2} \times 24 \times 5^2 - 27.96 = 0$$

解得 $\qquad\qquad\qquad\qquad\qquad F_{Q21} = -62.03\text{kN}$

其余各杆杆端剪力计算同理可求得，这里从略，剪力图如图 6-20（b）所示。

（7）根据剪力图绘轴力 F_N 图。截取结点 1，如图 6-21（a）所示，把杆端剪力视为已知的力按实际的方向画出。由投影方程 $\sum F_x = 0$，$\sum F_y = 0$ 得轴力 $F_{N12} = -10.49\text{kN}$，$F_{N1A} = -57.97\text{kN}$。再截取结点 2，如图 6-21（b）所示，由投影方程得出 $F_{N21} = -10.49\text{kN}$，$F_{N2C} = -6.67\text{kN}$，$F_{N2B} = -56.31\text{kN}$，它们的值如图 6-21（c）所示。

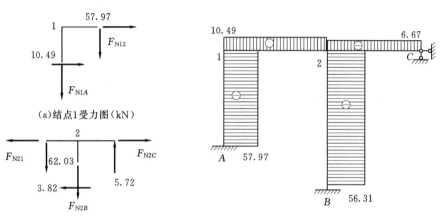

(a)结点1受力图(kN)

(b)结点2受力图(kN)

(c)原结构的最后轴力图(kN)

图 6-21 轴力图

总结以上解题过程，归纳出用位移法求解超静定结构的步骤如下：

（1）确定位移法基本未知量，加入附加约束，建立位移法基本体系。

（2）令附加约束发生与原结构相同的结点位移，根据基本结构在荷载等外因和结点位移共同作用下产生的附加约束中的总反力（矩）等于零，列位移法典型方程。

（3）绘出单位弯矩图、荷载弯矩图，利用平衡条件求系数和自由项。

（4）解方程，求出结点位移。

（5）用公式 $M = \sum \overline{M_i} Z_i + M_P$ 叠加绘制最后弯矩图，并校核平衡条件。

（6）根据 M 图，由杆件平衡求 F_Q，绘 F_Q 图，再根据 F_Q 图由结点投影平衡求 F_N，绘 F_N 图。

2. 有侧移刚架的计算

有侧移刚架的位移法的基本未知量包括结点角位移和结点线位移。下面通过具体实例来说明求解过程。

【例 6-2】 试作如图 6-22（a）所示有侧移刚架的弯矩图。

解：（1）确定基本结构。按位移法中基本未知量确定的方法，EC 是静定部分，不加约束。C 为刚结点，有一个角位移；将刚结点变成铰结体系时几何可变，需在 C 或 D 处加水平链杆消除可变，故独立线位移只有一个，为 C 或 D 结点的水平位移。因此基本体系如图 6-22 (b) 所示。此体系中 AC 为两端固定单元，BD、CD 均为一端固定一端铰结单元。

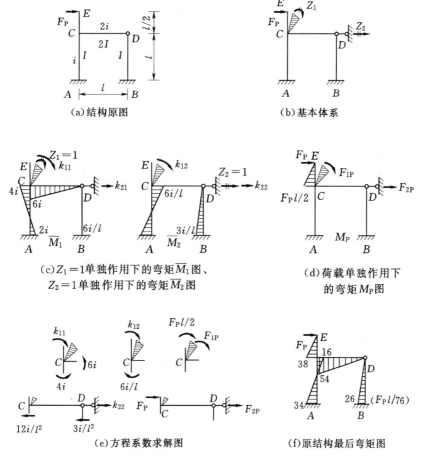

(a)结构原图

(b)基本体系

(c)$Z_1 = 1$单独作用下的弯矩$\overline{M}_1$图、
$Z_2 = 1$单独作用下的弯矩$\overline{M}_2$图

(d)荷载单独作用下
的弯矩M_P图

(e)方程系数求解图

(f)原结构最后弯矩图

图 6-22 原图及基本结构在各单一因素作用下的弯矩图及最后弯矩图

(2) 列位移法典型方程。设刚结点角位移为 Z_1，独立线位移为 Z_2，有

$$\left.\begin{array}{l} k_{11}Z_1 + k_{12}Z_2 + F_{1P} = 0 \\ k_{21}Z_1 + k_{22}Z_2 + F_{2P} = 0 \end{array}\right\}$$

(3) 求系数项和常数项。令角位移 Z_1、线位移 Z_2 分别产生单位位移，则由三种基本单跨超静定梁的形常数可绘出单位弯矩 $\overline{M}_1$ 图和 $\overline{M}_2$ 图，如图 6-22 (c) 所示。荷载作用下悬臂部分弯矩图按静定结构绘出，超静定部分无荷载，因此基本结构荷载弯矩 M_P 图如图 6-22 (d) 所示。求得刚度系数为

$$k_{11} = 10i, \quad k_{12} = k_{21} = -\frac{6i}{l}, \quad k_{22} = \frac{15i}{l^2}$$

$$F_{1P} = -\frac{F_P l}{2}, \quad F_{2P} = -F_P$$

(4) 将全部系数、荷载项代入典型方程，解得

$$Z_1 = \frac{9F_P l}{76i}, \quad Z_2 = \frac{13F_P l^2}{114i}$$

（5）用叠加法绘 M 图。由 $M = \overline{M}_1 Z_1 + \overline{M}_2 Z_2 + M_P$，即可作出如图 6-22（f）所示的结构最终弯矩图。静定部分的弯矩应由静定结构分析求得。

用位移法求解超静定结构除了上述介绍的典型方程法外，还有直接平衡方程法，下面通过具体例子对直接平衡方程法加以介绍。

【例 6-3】　试用位移法作如图 6-23（a）所示刚架的弯矩图。设 EI 为常数。

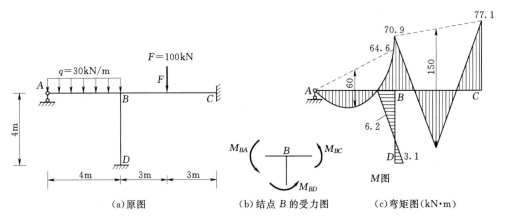

(a)原图　　　　(b)结点 B 的受力图　　　(c)弯矩图(kN·m)

图 6-23　原图及内力图

解：（1）确定基本未知量。基本未知量为刚结点 B 的转角 θ_B。

（2）列各杆杆端弯矩的计算式。各杆线刚度取相对值，为了方便起见，设 $EI = 12$，则

$$i_{AB} = i_{BD} = \frac{EI}{4} = 3, \quad i_{BC} = \frac{EI}{6} = 2$$

查形常数表和载常数表，并利用叠加原理写出各杆杆端弯矩的计算式：

AB 杆：
$$M_{AB} = 0$$
$$M_{BA} = 3i_{AB}\theta_B + \frac{1}{8}q l_{AB}^2 = 9\theta_B + 60$$

BC 杆：
$$M_{BC} = 4i_{BC}\theta_B - \frac{1}{8}F l_{BC} = 8\theta_B - 75$$
$$M_{CB} = 2i_{BC}\theta_B + \frac{1}{8}F l_{BC} = 4\theta_B + 75$$

BD 杆：
$$M_{BD} = 4i_{BD}\theta_B = 12\theta_B$$
$$M_{DB} = 2i_{BD}\theta_B = 6\theta_B$$

（3）建立位移法基本方程，求解基本未知量。取结点 B 为隔离体，如图 6-23（b）所示，由力矩平衡方程有

$$\sum M_B = 0, \quad M_{BA} + M_{BC} + M_{BD} = 0$$

即

$$9\theta_B + 60 + 8\theta_B - 75 + 12\theta_B = 0$$

解得

$$\theta_B = 0.517$$

（4）计算杆端弯矩：

$$M_{AB} = 0$$

$$M_{BA} = 9 \times 0.517 + 60 = 64.6 \text{kN} \cdot \text{m}$$

$$M_{BC} = 8 \times 0.517 - 75 = -70.9 \text{kN} \cdot \text{m}$$

$$M_{CB} = 4 \times 0.517 + 75 = 77.1 \text{kN} \cdot \text{m}$$

$$M_{BD} = 12 \times 0.517 = 6.2 \text{kN} \cdot \text{m}$$

$$M_{DB} = 6 \times 0.517 = 3.1 \text{kN} \cdot \text{m}$$

（5）作弯矩图。根据杆端弯矩的值以及杆上荷载情况，应用叠加原理可作出各杆的弯矩图如图6-23（c）所示。

第五节　对　称　性　的　利　用

通过上一节的计算可知，用位移法计算超静定结构时，若结点位移较多，需解多元一次方程，计算工作量较大。而对实际结构来说，大多数为对称结构，所以可以利用对称性来简化结构的计算。

在第五章中讨论结构的对称性时曾指出，任何荷载可分解为正对称荷载和反对称荷载。而对称结构在正对称荷载作用下，受力和变形都是对称分布的；对称结构在反对称荷载作用下，受力和变形都是反对称分布的。因此，用位移法计算对称结构时，在正对称荷载或者反对称荷载作用下，仍然可以利用对称轴处的变形和内力特征，取半边结构的计算简图进行计算，以减少基本未知量的数目，从而达到简化计算的目的。

【例6-4】 试用位移法作如图6-24（a）所示结构的弯矩图。

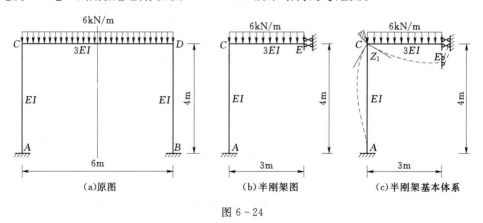

(a)原图　　　(b)半刚架图　　　(c)半刚架基本体系

图6-24

解：（1）确定基本未知量和基本体系。如图6-24（a）所示结构有两个结点角位移、一个结点线位移，共三个基本未知量。但是该刚架是对称结构，可以利用对称性进行简化。取如图6-24（b）所示的半边结构进行计算，此半结构只有结点C处的一个结点角位移，其半结构基本体系如图6-24（c）所示。

（2）列位移法典型方程，即

$$k_{11}Z_1 + F_{1P} = 0$$

（3）作 $\overline{M}_1$ 图，并求系数。作基本结构在 $Z_1 = 1$ 单独作用下的弯矩 $\overline{M}_1$ 图，如图 6-25（a）所示，由结点 C 的力矩平衡条件 ［图 6-25（b）］可得（令 $EI = i$）

$$k_{11} = i_{CE} + 4i_{CA} = \frac{3EI}{3} + \frac{4EI}{4} = 2i$$

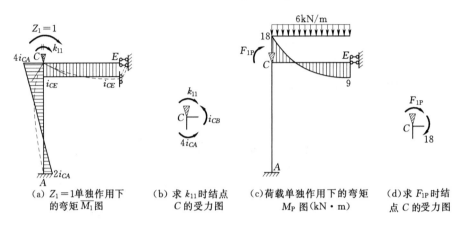

图 6-25　取半刚架后基本结构在单一因素作用下的弯矩图

（4）作 M_P 图，并求自由项。利用载常数表计算杆 CE 的固端弯矩，作出基本结构在荷载单独作用下的 M_P 图，如图 6-25（c）所示。

$$M_{CE}^F = -\frac{1}{3}ql^2 = -\frac{1}{3} \times 6 \times 3^2 = -18\text{kN} \cdot \text{m}$$

$$M_{EC}^F = -\frac{1}{6}ql^2 = -\frac{1}{6} \times 6 \times 3^2 = -9\text{kN} \cdot \text{m}$$

由结点 C 的力矩平衡条件如图 6-25（d）所示，可得

$$F_{1P} = -18\text{kN} \cdot \text{m}$$

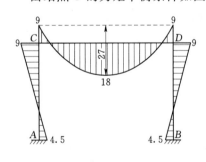

图 6-26　弯矩图（kN·m）

（5）解位移法方程：

$$2iZ_1 - 18 = 0$$

$$Z_1 = \frac{9}{i}$$

（6）作 M 图。利用叠加原理 $M = \overline{M}_1 Z_1 + M_P$ 作出半边结构的弯矩图，另外半边可以按照对称性作出，如图 6-26 所示。

【例 6-5】　用位移法作如图 6-27（a）所示对称结构的弯矩图（$EI =$ 常数）。

解：（1）确定基本未知量和基本体系。此结构为一封闭的矩形框架，有四个结点角位移。但是结构关于 x 轴和 y 轴对称。在图示正对称荷载作用下，可取 1/4 结构的计算简图来计算，如图 6-27（b）所示，这时只有结点 A 的角位移 Z_1 为基本未知量。基本体系如图 6-27（c）所示。

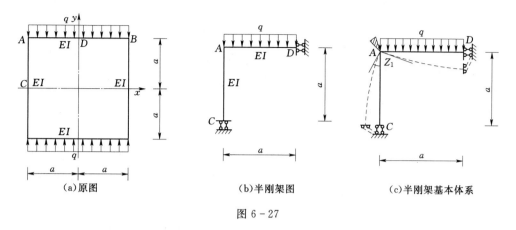

(a)原图　　　　　　　　(b)半刚架图　　　　　　　(c)半刚架基本体系

图 6-27

（2）列位移法典型方程：

$$k_{11}Z_1 + F_{1P} = 0$$

（3）作 $\overline{M}_1$ 图，并求系数。作基本结构在 $Z_1=1$ 单独作用下的 $\overline{M}_1$ 图，如图6-28（a）所示，由结点 A 的力矩平衡条件 [图6-28（b）] 可得 $\left(\text{令 } i = \dfrac{EI}{a}\right)$

$$k_{11} = 2i$$

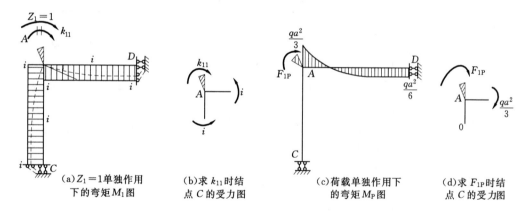

(a) $Z_1=1$ 单独作用 　　(b)求 k_{11} 时结 　　(c)荷载单独作用下 　　(d)求 F_{1P} 时结
下的弯矩 M_1 图 　　点 C 的受力图 　　的弯矩 M_P 图 　　点 C 的受力图

图 6-28　取半刚架后基本结构在单一因素作用下的弯矩图

（4）作 M_P 图，并求自由项。利用载常数表计算杆 AD 的固端弯矩，作出基本结构在荷载作用下的 M_P 图，如图6-28（c）所示。

$$M_{AD}^F = -\frac{1}{3}qa^2$$

$$M_{DA}^F = -\frac{1}{6}qa^2$$

由结点 A 的力矩平衡条件如图6-28（d）所示，可得

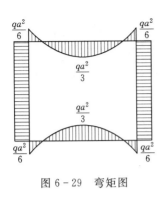

图 6 - 29 弯矩图

$$F_{1P} = -\frac{1}{3}qa^2$$

（5）解位移法方程：

$$2iZ_1 - \frac{1}{3}qa^2 = 0$$

$$Z_1 = \frac{qa^2}{6i}$$

（6）作 M 图。利用叠加原理 $M = \overline{M}_1 Z_1 + M_P$ 作出半边结构的弯矩图，另外半边可以按照对称性作出，如图 6 - 29 所示。

第六节 力法与位移法的比较

欲求解超静定结构，先选取基本体系，然后让基本体系与原结构受力一致（或变形一致），由此建立求解基本未知量的基本方程。由于求解过程中所选的基本未知量和基本体系不同，超静定结构的计算有两大基本方法——力法和位移法。所以力法和位移法有相同之处也有不同之处，两者比较见表 6 - 3。

表 6 - 3 力法与位移法的比较

比较项目	位 移 法	力 法
求解依据	综合应用静力平衡、变形连续及物理关系这三方面的条件，使基本体系与原结构的变形和受力情况一致，从而利用基本体系建立典型方程求解原结构	
基本未知量	独立的结点位移，基本未知量与结构的超静定次数无关	多余未知力，基本未知量的数目等于结构的超静定次数
基本体系	加入附加约束后得到的一组单跨超静定梁系为基本体系。对同一结构，位移法基本体系是唯一的	去掉多余约束后得到的静定结构为基本体系，同一结构可选取多个不同的基本体系
典型方程	$F_1 = k_{11}Z_1 + k_{12}Z_2 + \cdots + k_{1n}Z_n + F_{1P} = 0$ $F_2 = k_{21}Z_1 + k_{22}Z_2 + \cdots + k_{2n}Z_n + F_{2P} = 0$ $\vdots$ $F_n = k_{n1}Z_1 + k_{n2}Z_2 + \cdots + k_{nn}Z_n + F_{nP} = 0$	$\Delta_1 = \delta_{11}X_1 + \delta_{12}X_2 + \cdots + \delta_{1n}X_n + \Delta_{1P} = \overline{\Delta}_1$ $\Delta_2 = \delta_{21}X_1 + \delta_{22}X_2 + \cdots + \delta_{2n}X_n + \Delta_{2P} = \overline{\Delta}_2$ $\vdots$ $\Delta_n = \delta_{n1}X_1 + \delta_{n2}X_2 + \cdots + \delta_{nn}X_n + \Delta_{nP} = \overline{\Delta}_n$
典型方程的物理意义	基本体系在荷载等外因和各结点位移共同作用下产生的附加约束中的反力（矩）等于零。实质上是原结构应满足的平衡条件。方程右端项总为零	基本体系在荷载等外因和多余未知力共同作用下沿多余未知力方向产生的位移等于原结构相应的位移。实质上是位移条件。方程右端项也可能不为零
基本方程的系数矩阵	$\begin{bmatrix} k_{11} & k_{12} & \cdots & k_{1n} \\ \vdots & \vdots & \ddots & \vdots \\ k_{n1} & k_{n2} & \cdots & k_{nn} \end{bmatrix}$ ——刚度矩阵	$\begin{bmatrix} \delta_{11} & \delta_{12} & \cdots & \delta_{1n} \\ \vdots & \vdots & \ddots & \vdots \\ \delta_{n1} & \delta_{n2} & \cdots & \delta_{nn} \end{bmatrix}$ ——柔度矩阵
系数矩阵对称的原因	$k_{ij} = k_{ji}$——反力互等定理	$\delta_{ij} = \delta_{ji}$——位移互等定理

续表

比较项目	位 移 法	力 法
系数的物理意义	k_{ij} 表示基本结构在 $Z_j=1$ 单独作用下产生的第 i 个附加约束中的反力（矩）	δ_{ij} 表示基本结构在 $X_j=1$ 单独作用下产生的第 i 个多余未知力作用点沿其方向的位移
自由项的物理意义	F_{iP} 表示基本结构在荷载单独作用下产生的第 i 个附加约束中的反力（矩）	Δ_{iP} 表示基本结构在荷载单独作用下产生的第 i 个多余未知力作用点沿其方向的位移
方法的应用范围	只要有结点位移，就有位移法基本未知量，所以位移法既可求解超静定结构，也可求解静定结构	只有超静定结构才有多余未知力，才有力法基本未知量，所以力法只适用于求解超静定结构
叠加法作弯矩图	$M=\sum \overline{M}_i Z_i + M_P$	$M=\sum \overline{M}_i X_i + M_P$

第七节 联合法与混合法

对于对称刚架，利用对称性可将其作用的荷载分为正对称荷载和反对称荷载分别进行计算，如图 6-30 所示。在对称荷载作用下，对称刚架的变形是对称的，如图 6-30（b）所示，结点 2、3 的角位移是大小相等，转向相反的，又无结点线位移，其基本未知量只有一个结点角位移，所以用位移法计算比较简单。在反对称荷载作用下，对称轴截面上对称的未知量为零，只有反对称的未知量，用力法计算较为简单，如图 6-30（c）所示。对称刚架简化后可用位移法和力法分别进行计算，最后结果通过两种情况的叠加得到，这种联合应用力法和位移法求解超静定结构的方法称为**联合法**。

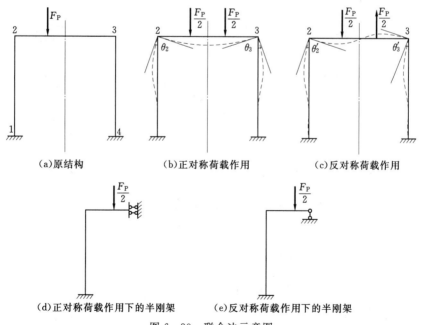

（a）原结构　　　（b）正对称荷载作用　　　（c）反对称荷载作用

（d）正对称荷载作用下的半刚架　　　（e）反对称荷载作用下的半刚架

图 6-30　联合法示意图

力法和位移法的联合应用，各取其长，互补其短，为对称刚架所常用。常采用半刚架法来计算，如图 6-30（d）、（e）所示。

奇数跨的对称刚架在正对称荷载作用下，在对称轴所在的截面只有竖向位移，不发生角位移和水平位移，故简化为定向支座来计算，如图 6-30（d）所示。在反对称荷载作用下，对称轴所在的截面发生角位移和水平线位移，但是不会有竖向线位移，所以简化为竖向支座链杆，如图 6-30（e）所示。

【例 6-6】 试用联合法解如图 6-31（a）所示刚架，并作弯矩图。

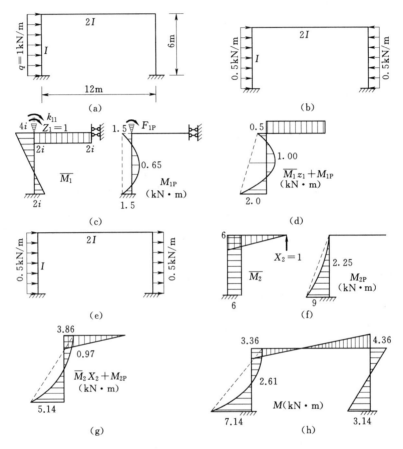

图 6-31

解： 对称结构在正对称荷载作用下，如图 6-31（b）所示，用位移法采用半刚架法计算，如图 6-31（c）所示，令 $i = \dfrac{EI}{6}$。位移法方程为

$$k_{11} Z_1 + F_{1P} = 0$$

由弯矩图根据结点的力矩平衡条件得

$$k_{11} = 6i, \quad F_{1P} = \frac{1}{12} \times \frac{q}{2} \times 6^2 = 1.5 \text{kN} \cdot \text{m}$$

代入位移法方程得

$$Z_1 = -\frac{1}{4i}$$

所以在对称荷载作用下的弯矩图由 $M = \overline{M}_1 Z_1 + M_{1P}$ 得到，如图 6-31（d）所示。

反对称荷载如图 6-31（e）所示，用力法采用半刚架计算，如图 6-31（f）所示，力法典型方程为

$$\delta_{22}X_2 + \Delta_{2P} = 0$$

作单位荷载作用下和荷载单独作用下的弯矩图，利用图乘法得

$$\delta_{22} = \frac{6 \times 6 \times 6}{EI} + \frac{1}{2} \times \frac{6 \times 6}{2EI} \times \frac{2}{3} \times 6 = \frac{252}{EI}$$

$$\Delta_{2P} = -\frac{1}{EI} \times \frac{1}{2} \times 9 \times 6 \times 6 = -\frac{162}{EI}$$

代入力法方程得

$$X_2 = 0.643\text{kN}$$

反对称荷载作用下的弯矩图由 $M = \overline{M}_2 X_2 + M_{2P}$ 得到，如图 6-31（g）所示。

最后的弯矩图由 $M = \overline{M}_1 Z_1 + M_{1P} + \overline{M}_2 X_2 + M_{2P}$ 得到，如图 6-31（h）所示。

力法以结构的多余未知力作为基本未知量，位移法以结构的独立结点位移作为基本未知量，对于超静定次数少而结点位移多的结构，宜用力法分析；反之，对于超静定次数多而结点位移少的结构，则以位移法分析为宜。如果结构中的一部分超静定次数少而结点位移多，另一部分超静定次数多而结点位移少，那就同时取超静定次数少的多余未知力和结点位移少的独立位移作为基本量进行求解，这种同时取多余力未知力和结点独立位移作为基本未知量求解超静定结构的方法称为**混合法**。

如图 6-32（a）所示的刚架，如用力法分析，上层有两个多余未知力，下层有六个多余未知力，共有八个未知数；若用位移法计算，上层有四个结点位移，下层有两个结点位移，共有六个未知量。用这两种方法分析都不简便。如果对上层取多余未知力作为未知量，对下层取结点位移作为未知量，这样总共只有四个未知量，可见用混合法分析较简便。混合法的基本体系如图 6-32（b）所示。

为了使基本结构的变形和受力与原结构一致，基本结构在原荷载和多余未知量共同作用下沿 X_1、X_2 方向相对位移应该等于零（$\Delta_1 = 0$、$\Delta_2 = 0$），各刚臂上的约束反力矩也应该等于零（$F_3 = 0$，$F_4 = 0$），由此得混合法典型方程为

$$\Delta_1 = \delta_{11}X_1 + \delta_{12}X_2 + \delta'_{13}Z_3 + \delta'_{14}Z_4 + \Delta_{1P} = 0$$

$$\Delta_2 = \delta_{21}X_1 + \delta_{22}X_2 + \delta'_{23}Z_3 + \delta'_{24}Z_4 + \Delta_{2P} = 0$$

$$F_3 = k'_{31}X_1 + k'_{32}X_2 + k_{33}Z_3 + k_{34}Z_4 + F_{3P} = 0$$

$$F_4 = k'_{41}X_1 + k'_{42}X_2 + k_{43}Z_3 + k_{44}Z_4 + F_{4P} = 0$$

典型方程中前两式是位移协调条件，后两式是静力平衡条件。每式中同时包含力和位移两种未知量。

方程中的系数和自由项的含义，分别如图 6-32（c）～（g）所示。系数共有四类：第一类是单位力引起的位移，如 δ_{11}、δ_{12}、δ_{21}、δ_{22}，它们与力法方程中的系数一样；第二类是单位位移引起的反力或者反力矩，如 k_{33}、k_{34}、k_{43}、k_{44}，它们与位移法方程中的系数相同；第三类是单位力引起的反力，如 k'_{31}、k'_{32}、k'_{41}、k'_{42}；第四类是单位位移引起的位移，如 δ'_{13}、δ'_{14}、δ'_{23}、δ'_{24}。

根据位移互等定理、反力互等定理和位移反力互等定理，混合法中的副系数有以下

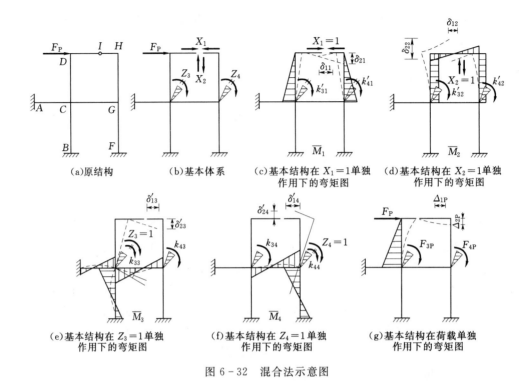

(a)原结构   (b)基本体系   (c)基本结构在 $X_1=1$ 单独   (d)基本结构在 $X_2=1$ 单独
作用下的弯矩图   作用下的弯矩图

(e)基本结构在 $Z_3=1$ 单独   (f)基本结构在 $Z_4=1$ 单独   (g)基本结构在荷载单独
作用下的弯矩图   作用下的弯矩图   作用下的弯矩图

图 6-32 混合法示意图

关系：

$$\delta_{ij}=\delta_{ji}, \ k_{ij}=k_{ji}, \ \delta_{ij}=-k_{ji}$$

在求得未知量后，可以利用叠加原理 $M=\overline{M}_1 X_1+\overline{M}_2 X_2+\overline{M}_3 Z_3+\overline{M}_4 Z_4+M_P$ 求出
各杆端弯矩，并作出最后弯矩图。

【例 6-7】 试用混合法作如图 6-33 （a）所示刚架的弯矩图，已知各杆的抗弯刚度
EI 相同，二力杆的刚度为 $EA=192EI/7a^2$。

解： 通过分析可得出本刚架有两个基本未知量，基本体系如图 6-33 （b）所示，典
型方程为

$$\Delta_1=\delta_{11}X_1+\delta'_{12}Z_2+\Delta_{1P}=0$$

$$F_2=k'_{21}X_1+k_{22}Z_2+F_{2P}=0$$

$\overline{M}_1$ 图、$\overline{M}_2$ 图、M_P 图分别如图 6-33 （c）~（e）所示，求出系数和自由项为

$$\delta_{11}=\frac{a^3}{16EI}=\frac{a^2}{16i}, \ k_{22}=8i, \ k'_{21}=-\frac{a}{8}$$

$$\delta'_{12}=\frac{a}{8}, \ \Delta_{1P}=0, \ F_{2P}=-\frac{3F_P a}{16}$$

将上述系数和自由项代入典型方程，解得

$$X_1=-\frac{F_P}{22}, \ Z_2=\frac{F_P a}{44i}$$

根据叠加原理 $M=\overline{M}_1 X_1+\overline{M}_2 Z_2+M_P$ 求出各杆端弯矩，并作出最后弯矩图，如图

6 - 33（f）所示。

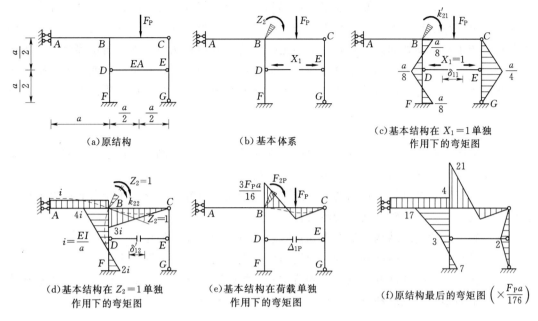

(a)原结构　　　　　　　(b)基本体系　　　　　(c)基本结构在 $X_1=1$ 单独
作用下的弯矩图

(d)基本结构在 $Z_2=1$ 单独　　(e)基本结构在荷载单独　　(f)原结构最后的弯矩图 $\left(\times\dfrac{F_{\mathrm{P}}a}{176}\right)$
作用下的弯矩图　　　　　作用下的弯矩图

图 6 - 33　原结构图及各单一因素作用下的弯矩图

小　　结

位移法是计算超静定结构的另一种基本方法（它也可用于计算静定结构），它在解算高次超静定刚架和连续梁方面优于力法。同时它又是适用于计算机计算的矩阵位移法的基础。因此，应认真掌握位移法的原理和物理概念。

位移法的基本未知量是结构的结点位移，即刚结点的角位移和独立的结点线位移。在学习位移法时，要紧紧抓住杆件分析和结构整体分析这两个主要环节。在杆件分析时，杆端位移与杆端力和外因与杆端力的关系极为重要，必须熟练掌握；在整体分析时，利用平衡条件，建立以结点位移为基本未知量的位移法方程是分析的主要目的。

等截面直杆的形常数、载常数和转角位移方程是重要概念，应了解它们的物理意义。这可以帮助了解在位移法中为什么可以取这些结点位移作为基本未知量，而不是取别的结点位移（如铰结点的角位移）作为基本未知量。还要注意关于位移和杆端力的正负号规定。

在位移法中，用以解算基本未知量的是平衡方程。对每一个刚结点，可以写一个结点力矩平衡方程。对每一个独立的结点线位移，可以写一个截面平衡方程。平衡方程的数目与基本未知量的数目正好相等。其基本思路是先建立位移法基本体系，再使用基本体系在位移和受力方面与原结构完全一致的条件，即基本体系发生与原结构完全相同的位移时，附加约束上反力为零的条件，最后通过单位位移法建立位移法方程。由于位移法以结构独立的结点位移作为基本未知量，其数目与结构的超静定次数无关。

为了简化计算，通常忽略轴力引起的变形。这样未知线位移的个数会大量减少。另外考虑到单跨梁有远端固定、远端铰支与远端滑动三种基本情况，每种又可分成近端发生转动与侧移两种情况，由于远端滑动梁的近端侧移不会引起杆端力，故只有五种情况会引起杆端力。由于在推导以上公式过程中，利用了远端铰支处与远端滑动处的已知条件，得到铰支处的转角和滑动处的侧移不独立的结论，由此得到位移法中的独立角位移个数，等于结构中刚结点的个数。再利用小变形条件，得到位移法中的独立线位移个数，等于把结构中的全部刚结点（包括固定端）变成铰结点，并使其成为无多余约束的几何不变体系，所需要增加的单链杆根数。

利用位移法求解时应当注意以下问题：

（1）平衡方程的总数与基本未知量的个数相等，即有一个刚结点或刚臂可列一个力矩平衡方程，有一个侧移可列一个截面平衡方程或剪力平衡方程。

（2）关于确定结点线位移的两个假定只适用于受弯直杆，不能用于受弯曲杆以及桁架和组合结构中需要考虑轴向变形的轴力杆。

（3）确定弹性支承结构的基本未知量时，应考虑弹性支承的位移。

（4）具有无限刚性横梁的结构，横梁与柱子刚结的结点角位移为零。

（5）支座位移时的计算，主要是弄清这些"特殊"荷载在被约束后的杆件（或基本结构）中产生的影响，原理和方法均与一般荷载作用时相同。

思　考　题

6-1　在什么条件下，才能用结构的相应铰结体系的自由度数等于结构中独立线位移个数的结论？

6-2　位移法中的变形协调条件是如何体现的？

6-3　为什么铰结点处的角位移可不作为基本未知量，也可作为基本未知量？试指出两种计算方法的优缺点。

6-4　为什么求内力时可用结构的相对刚度，而求位移时必须用结构的实际刚度？

6-5　力法的基本体系不是唯一的。在位移法中，其基本体系为什么是唯一？

6-6　为什么说位移法典型方程的实质是平衡方程？

6-7　位移法能计算静定结构吗？

6-8　位移法方程中的系数 k_{ii}、k_{ij} 和自由项 F_{iP} 各代表什么物理意义？

6-9　将力法和位移法求解超静定结构的方法加以比较。

6-10　位移法中对杆端角位移、杆端相对线位移、杆端弯矩和杆端剪力的正负号是怎么规定的？

6-11　什么是杆件的形常数和载常数？

习　　题

6-1　试确定下列结构用位移法求解时的独立角位移与独立线位移个数。

6-2　试用位移法计算图示连续梁，并画出其内力图，$EI =$ 常数。

6-3　试用位移法计算图示刚架和排架，并画出其弯矩图。

6-4　试用位移法计算图示结构，并画出其弯矩图。

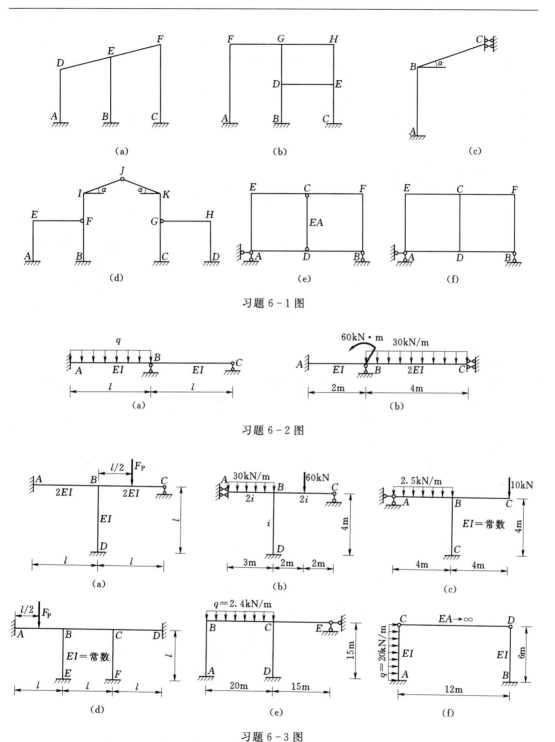

习题 6-1 图

习题 6-2 图

习题 6-3 图

6-5　试用位移法求解图示刚架，并画出其弯矩图。

6-6　利用对称性，求作图示结构的弯矩图，$EI=$ 常数。

6-7　利用对称性，求作图示结构的内力图，$EI=$ 常数。

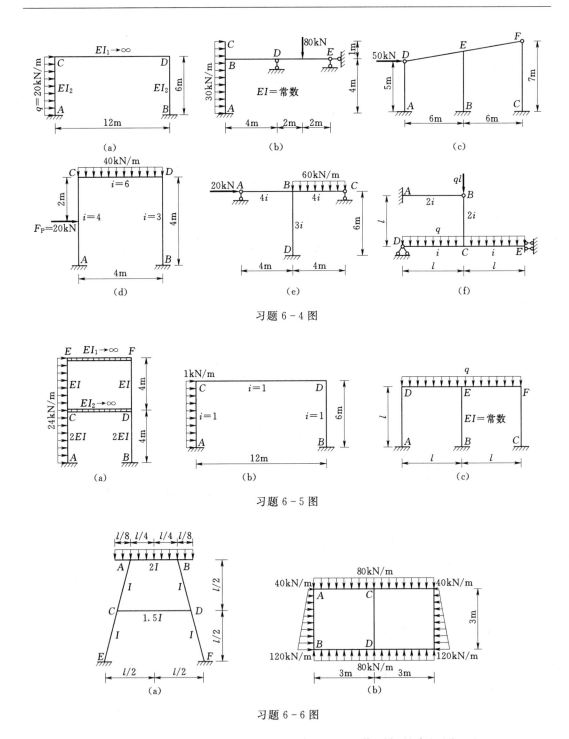

习题 6 - 4 图

习题 6 - 5 图

习题 6 - 6 图

6-8 图示刚架，设支座 B 处下沉 $\Delta_B = 0.5\text{cm}$，试作刚架的弯矩图。

6-9 试用位移法计算图示等截面连续梁，绘制梁的弯矩图。

6-10 试用位移法作图示刚架的弯矩图，设各杆截面尺寸均为 $500\text{mm} \times 600\text{mm}$，$E = 1.5 \times 10^3 \text{MPa}$，$\alpha = 1 \times 10^{-5}\,^\circ\text{C}^{-1}$。

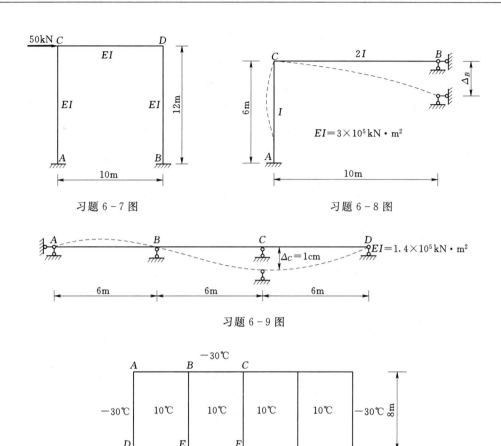

习题 6-7 图

习题 6-8 图

习题 6-9 图

习题 6-10 图

习 题 参 考 答 案

6-1 （a）角位移数=3，线位移数=1 　（b）角位移数=5，线位移数=2

（c）角位移数=1，线位移数=0 　（d）角位移数=6，线位移数=4

（e）角位移数=6，线位移数=2 　（f）角位移数=6，线位移数=2

6-2 （a）$M_{BC} = -\dfrac{1}{28}ql^2$

（b）$M_{AB}=40\text{kN}\cdot\text{m}$，$M_{BA}=80\text{kN}\cdot\text{m}$，$M_{BC}=-140\text{kN}\cdot\text{m}$，$M_{CB}=-100$ $\text{kN}\cdot\text{m}$

6-3 （a）$M_{AB}=\dfrac{1}{24}F_Pl$，$M_{BC}=-\dfrac{1}{8}F_Pl$

（b）$M_{AB}=52.5\text{kN}\cdot\text{m}$，$M_{BA}=82.5\text{kN}\cdot\text{m}$，$M_{BC}=-67.5\text{kN}\cdot\text{m}$

$M_{BD}=-15\text{kN}\cdot\text{m}$

（c）$M_{BA}=20\text{kN}\cdot\text{m}$，$M_{BC}=40\text{kN}\cdot\text{m}$

(d) $M_{AB} = -\dfrac{41}{280} F_P l$, $M_{BC} = -\dfrac{11}{280} F_P l$

(e) $M_{AB} = 24.3 \text{kN} \cdot \text{m}$, $M_{BC} = -48.7 \text{kN} \cdot \text{m}$, $M_{CB} = 69.6 \text{kN} \cdot \text{m}$

(f) $M_{AC} = -225 \text{kN} \cdot \text{m}$, $M_{BD} = -135 \text{kN} \cdot \text{m}$

6-4 (a) $M_{AC} = -150 \text{kN} \cdot \text{m}$, $M_{CA} = -30 \text{kN} \cdot \text{m}$, $M_{BD} = M_{DB} = -90 \text{kN} \cdot \text{m}$

(b) $M_{AB} = -51.35 \text{kN} \cdot \text{m}$, $M_{BA} = 17.3 \text{kN} \cdot \text{m}$, $M_{BD} = -2.31 \text{kN} \cdot \text{m}$
$M_{DB} = -29.42 \text{kN} \cdot \text{m}$

(c) $M_{AD} = -84.0 \text{kN} \cdot \text{m}$, $M_{CF} = -43 \text{kN} \cdot \text{m}$

(d) $M_{AC} = -34.4 \text{kN} \cdot \text{m}$, $M_{CA} = 14.7 \text{kN} \cdot \text{m}$, $M_{BD} = -20.1 \text{kN} \cdot \text{m}$

(e) $M_{BA} = 80 \text{kN} \cdot \text{m}$, $M_{BC} = -40 \text{kN} \cdot \text{m}$, $M_{DB} = -80 \text{kN} \cdot \text{m}$

(f) $M_{AB} = -\dfrac{215 q l^2}{108}$, $M_{CB} = \dfrac{13 q l^2}{18}$, $M_{EC} = -\dfrac{31 q l^2}{108}$

6-5 (a) $M_{AC} = -176 \text{kN} \cdot \text{m}$, $M_{CA} = -112 \text{kN} \cdot \text{m}$, $M_{BD} = M_{DB} = -144 \text{kN} \cdot \text{m}$

(b) $M_{AC} = -8.43 \text{kN} \cdot \text{m}$, $M_{DC} = 3.07 \text{kN} \cdot \text{m}$, $M_{CD} = 2.07 \text{kN} \cdot \text{m}$

(c) $M_{AD} = \dfrac{q l^2}{48}$, $M_{DE} = \dfrac{q l^2}{24}$

6-6 (a) $M_{AB} = -0.014 q l^2$, $M_{AC} = 0.006 q l^2$

(b) $M_{AB} = 59.14 \text{kN} \cdot \text{m}$, $M_{BA} = 60.86 \text{kN} \cdot \text{m}$, $M_{CA} = 59.14 \text{kN} \cdot \text{m}$
$M_{DB} = 60.86 \text{kN} \cdot \text{m}$

6-7 $M_{AC} = M_{BD} = -171.4 \text{kN} \cdot \text{m}$, $M_{CA} = M_{DB} = -128.6 \text{kN} \cdot \text{m}$

6-8 $M_{CB} = 47.37 \text{kN} \cdot \text{m}$

6-9 $M_{BC} = 93.3 \text{kN} \cdot \text{m}$, $M_{CB} = 140 \text{kN} \cdot \text{m}$

6-10 $M_{AB} = -6.77 \text{kN} \cdot \text{m}$, $M_{DA} = -10.87 \text{kN} \cdot \text{m}$, $M_{BA} = 11.27 \text{kN} \cdot \text{m}$
$M_{BE} = -1.40 \text{kN} \cdot \text{m}$, $M_{EB} = -1.07 \text{kN} \cdot \text{m}$

部分习题参考答案详解请扫描下方二维码查看。

第七章 渐　近　法

前面两章介绍了力法和位移法，这两种方法是计算超静定结构的基本方法，但都需建立并求解联立方程，当结构比较复杂、基本未知量数目较多时，手算求解这项计算工作十分繁重。为了避免建立和解算联立方程，人们提出了许多实用的计算方法。本章将主要介绍其中应用较广的力矩分配法及无剪力分配法。

力矩分配法[❶]和无剪力分配法都是以位移法为理论基础的一种渐近法，其共同特点是避免建立和求解联立方程，而以逐次渐近的方法来计算杆端弯矩，计算过程简单划一，易于掌握，故在工程实践中常被采用。

此外，本章还介绍附加链杆法和多层多跨刚架的分层计算法。

第一节　力矩分配法的基本概念

力矩分配法的理论基础是位移法，在力矩分配法中所有量的正负规定和位移法完全相同，即杆端转角、弦转角、杆端弯矩、固端弯矩都假设对杆端顺时针旋转为正。力矩分配法是以杆端弯矩为计算对象，采用逐步修正并逼近精确结果的一种渐近法，适用于连续梁和无结点线位移（简称无侧移）刚架。

一、转动刚度

不同杆件抵抗杆端转动的能力是不同的，一般用**转动刚度** S 来表示杆端抵抗转动能力的大小，其具体定义如下：当杆件 AB 的 A 端转动单位角时，A 端（又称近端）的弯矩 M_{AB} 称为该杆端的转动刚度，用 S_{AB} 来表示，如图 7-1 所示。其大小与杆件的线刚度 $i = \dfrac{EI}{l}$ 和杆件的另一端（又称远端）的支承情况有关，而与近端的支承情况无关，此结论可利用杆件的刚度方程去验证，读者可自行完成。

二、传递系数

当杆件 AB 的 A 端转动时，B 端也产生一定的弯矩，这好比是近端的弯矩按一定的比例传到了远端一样，故将 B 端弯矩与 A 端弯矩之比称为由 A 端向 B 端的**传递系数**，用 C_{AB} 来表示，即 $C_{AB} = \dfrac{M_{BA}}{M_{AB}}$。

利用传递系数的概念，远端弯矩可表达为 $M_{BA} = C_{AB}M_{AB}$。

等截面直杆的转动刚度和传递系数见表 7-1。当 B 端为自由或者是水平支杆和基础相连时，显然 A 端转动时杆件将毫无抵抗，故其转动刚度为零。

---

❶　1922 年卡里雪夫（Calisev）将无侧移刚架的位移法简化，提出逐次近似法，可以避免求解高阶方程组。1930 年美国人哈第·克劳斯（Hardy Cross，1885—1959）发展了一种不需求解方程的逐次近似法，即力矩分配法。

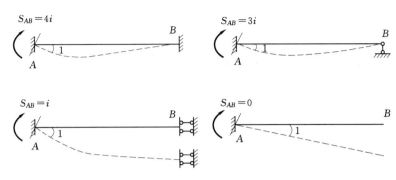

图 7-1 等截面直杆转动刚度

表 7-1   **等截面直杆的转动刚度及传递系数**

远端支承情况	转动刚度 S	传递系数 C	远端支承情况	转动刚度 S	传递系数 C
固定	$4i$	0.5	滑动	i	-1
铰支	$3i$	0	自由	0	0

第二节 力矩分配法的基本原理

如图 7-2（a）所示刚架，用位移法计算时只有一个结点角位移，这类结构用力矩分配法进行计算不需建立方程就可以得到精确解答，这种结构常称为一个力矩分配单元。

一、单结点结构在结点力偶作用下的力矩分配法

如图 7-2（a）所示刚架，设结点 A 处的角位移为 Z_1，则各杆近端弯矩可以用转动刚度表示为

$$M_{AC}=S_{AC}Z_1,\ M_{AD}=S_{AD}Z_1,\ M_{AB}=S_{AB}Z_1$$

即

$$M_{Ai}=S_{Ai}Z_1$$

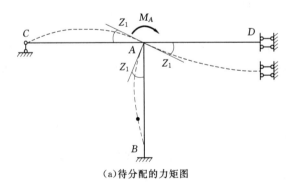

（a）待分配的力矩图   （b）结点力矩平衡受力图

图 7-2 力矩分配法示意图

取结点 A 为隔离体，如图 7-2（b）所示，由 $\sum M_A=0$ 得

$$(S_{AC} + S_{AB} + S_{AD})Z_1 = Z_1 \sum_A S_{Aj} = M_A \quad (j = B, C, D)$$

可以求得 Z_1 为

$$Z_1 = \frac{M_A}{\sum\limits_A S_{Aj}}$$

从而可以求得各杆近端弯矩为

$$M_{Aj} = \frac{S_{Aj}}{\sum\limits_A S_{Aj}} M_A$$

令

$$\mu_{Aj} = \frac{S_{Aj}}{\sum\limits_A S_{Aj}} \tag{7-1}$$

式中　μ_{Aj}——**力矩分配系数**，它只与汇交于结点 A 处的各杆件的转动刚度有关，根据定义可得汇交于刚结点 A 处的分配系数之和等于 1，即

$$\mu_{AC} + \mu_{AB} + \mu_{AD} = 1$$

有了分配系数的概念后，近端弯矩就可以改写为

$$M_{Aj}^\mu = S_{Aj} Z_1 = \mu_{Aj} M_A \tag{7-2}$$

M_{Aj}^μ 称为**分配弯矩**。各杆件的远端弯矩可以利用传递系数得到，即

$$M_{jA}^C = C_{Aj} M_{Aj}^\mu \tag{7-3}$$

M_{jA}^C 称为**传递弯矩**。依此，可以求出全部杆端弯矩。

由以上分析可知，在一个力矩分配单元里，当仅受结点力矩作用时，可以先按式（7-1）求出各杆近端的分配系数，再按式（7-2）求出相应的分配弯矩，最后再由式（7-3）计算远端的传递弯矩，这种方法就称为力矩分配法。此方法的优点是不需要建立和求解方程式。

二、单结点结构在结间荷载作用下的力矩分配法

对于单结点结构在结间荷载作用下的力矩分配，将整个分析过程分为两步，以如图7-3（a）所示连续梁为例来讲述。

首先，在刚结点加附加刚臂阻止结点转动，如图7-3（b）所示，将连续梁分解为两个单跨超静定梁，求出各杆端的固端弯矩。汇交于结点 B 的各杆端固端弯矩之和为附加刚臂中的约束力矩，称为**结点不平衡力矩** M_B，并规定顺时针方向为正，如图7-3（c）所示。

然后，去掉刚结点上的附加约束，相当于在结点 B 上加上负的不平衡力矩 M_B，如图7-3（d）所示，并将它分给各个杆端及传递到远端。

叠加以上两步的杆端弯矩，得到最后杆端弯矩，如图7-3（e）所示。

通过上述分析，可归纳出以下力矩分配法的基本原理：

（1）固定结点，即加入刚臂。此时各杆端产生固端弯矩，结点上有不平衡力矩，它暂时由刚臂承担，该结点的不平衡力矩等于汇交于该结点各杆端的固端弯矩的代数和，同时可计算得到各杆端的分配系数。

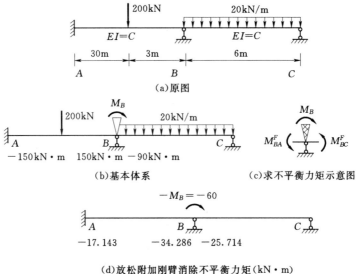

(a)原图

(b)基本体系   (c)求不平衡力矩示意图

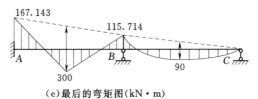

(d)放松附加刚臂消除不平衡力矩(kN·m)

(e)最后的弯矩图(kN·m)

图 7-3 结间荷载作用下的力矩分配法

（2）放松结点，即取消刚臂，让结点转动。这相当于在结点上又加入一个反号的不平衡力矩，使结点上的不平衡力矩被消除而获得平衡。这个反号的不平衡力矩将按分配系数的大小分配到各近端，于是各近端得到分配弯矩，同时各自按传递系数向远端传递，于是各远端得到传递弯矩。

（3）最后，各近端弯矩等于固端弯矩加上分配弯矩；各远端弯矩等于固端弯矩加上传递弯矩。

【例 7-1】 如图 7-3（a）所示的连续梁结构，其中各杆 EI 相同，试求杆端弯矩。

解： 在计算连续梁时，其过程见表 7-2，下面的计算是对表中各项计算说明。

（1）求分配系数。

各杆转动刚度：

$$S_{BA} = 4\frac{EI}{6} = \frac{2EI}{3}$$

$$S_{BC} = 3\frac{EI}{6} = \frac{EI}{2}$$

所以各杆的分配系数为

$$\mu_{BA} = \frac{S_{BA}}{\sum_A S} = \frac{\dfrac{2EI}{3}}{\dfrac{2EI}{3} + \dfrac{EI}{2}} = \frac{4}{7}$$

$$\mu_{BC} = \frac{S_{BC}}{\sum\limits_A S} = \frac{\dfrac{EI}{2}}{\dfrac{2EI}{3} + \dfrac{EI}{2}} = \frac{3}{7}$$

将它们填入表 7-2 中的第二行。

表 7-2   [例 7-1] 力矩分配与传递过程

杆端名称	AB	BA	BC	CB
分配系数		0.571	0.429	
固端弯矩/(kN·m)	−150	150	−90	0
分配与传递弯矩/(kN·m)	−17.143	← −34.286	−25.714 →	0
最后杆端弯矩/(kN·m)	−167.143	115.714	−115.714	0

（2）求各杆固端弯矩。如图 7-3（b）所示，左部为两端固定的梁，右部为一端固定另一端铰支的梁。查表 6-2 可算出

$$M_{AB}^F = -\frac{1}{8}F_P l = -\frac{1}{8} \times 200 \times 6 = -150 \text{kN} \cdot \text{m}$$

$$M_{BA}^F = \frac{1}{8}F_P l = \frac{1}{8} \times 200 \times 6 = 150 \text{kN} \cdot \text{m}$$

$$M_{BC}^F = -\frac{1}{8}q l^2 = -\frac{1}{8} \times 20 \times 6^2 = -90 \text{kN} \cdot \text{m}$$

把它们填入表 7-2 中第三行固端弯矩栏的相应位置，再计算结点 B 上各固端弯矩的代数和，则结点附加刚臂上的不平衡力矩为

$$M_B = M_{BA} + M_{BC} = 150 - 90 = 60 \text{kN} \cdot \text{m}$$

（3）计算分配弯矩与传递弯矩。如图 7-3（d）所示，对不平衡力矩 M_B 反向分配：

$$M_{BA}^\mu = \mu_{BA}(-M_B) = \frac{4}{7} \times (-60) = -34.286 \text{kN} \cdot \text{m}$$

$$M_{BC}^\mu = \mu_{BC}(-M_B) = \frac{3}{7} \times (-60) = -25.714 \text{kN} \cdot \text{m}$$

$$M_{AB}^C = C_{BA} M_{BA}^\mu = 0.5 \times (-34.286) = -17.143 \text{kN} \cdot \text{m}$$

$$M_{CB}^C = C_{BC} M_{BC}^\mu = 0$$

把它们填入表 7-2 中第四行分配与传递栏相应的位置，并在分配力矩下面画两条横线，表示分配与传递工作结束。

（4）求最后的杆端弯矩。将各杆杆端力矩与分配弯矩（或传递弯矩）相加，得到最终杆端弯矩。也可将表中第三行和第四行相加，得最终杆端弯矩。

$$M_{AB} = (-150) + (-17.143) = -167.143 \text{kN} \cdot \text{m}$$

$$M_{BA} = (150) + (-34.286) = 115.714 \text{kN} \cdot \text{m}$$

$$M_{BC} = (-90) + (-25.714) = -115.714 \text{kN} \cdot \text{m}$$

$$M_{CB} = 0$$

将最终结果填入表 7-2 中的第四行。

（5）绘弯矩图。按表格最末一行所示的杆端弯矩绘出弯矩图。以杆件 AB 为例，杆端弯矩 M_{AB} 为负，杆端弯矩应当为绕 A 端逆时针方向，故画在横线以上；M_{BA} 为正，杆端弯矩则应为绕 B 端顺时针方向，也画在横线以上。把杆端力矩的纵坐标连一虚线，再叠加上集中荷载 200kN 的影响，其中点值按简支梁计算，即 $\frac{1}{4} \times 200 \times 6 = 300$ kN·m。用相同的方法画杆件 BC 的弯矩图。最终弯矩图如图 7-3（e）所示。

应当指出：

（1）运用力矩分配法时，变形过程被想象成两个阶段。第一阶段是固定结点，加载得到的是固端弯矩。第二阶段是放松结点，产生的力矩是分配弯矩与传递弯矩。

（2）进行力矩分配之前，必须明确被分配的力矩等于多少，是正值还是负值，认定无误之后再进行分配。

结点的不平衡力矩等于汇交于刚结点上各杆固端弯矩的代数和，它有正、负之分。进行分配时，先将不平衡力矩变号，然后乘以各杆的分配系数，这样得到的便是相应杆的分配弯矩，然后按相应的传递系数向另一端传递，得到传递弯矩。

【例 7-2】 试作如图 7-4（a）所示刚架的弯矩图。

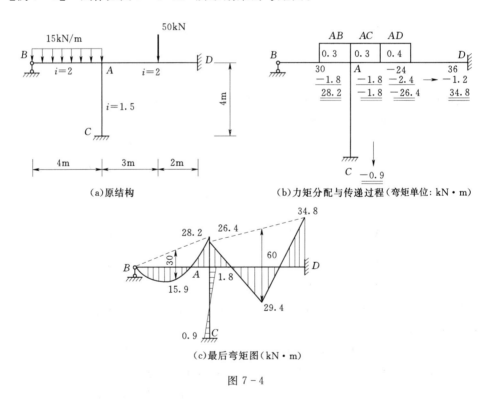

图 7-4

解：（1）计算各杆的分配系数、固端弯矩以及结点 A 的不平衡力矩。

$$\mu_{AB} = \frac{2 \times 3}{2 \times 3 + 1.5 \times 4 + 2 \times 4} = 0.3$$

$$\mu_{AD} = \frac{2 \times 4}{2 \times 3 + 1.5 \times 4 + 2 \times 4} = 0.4$$

$$\mu_{AC} = \frac{1.5 \times 4}{2 \times 3 + 1.5 \times 4 + 2 \times 4} = 0.3$$

$$M_{AB}^F = \frac{15 \times 4^2}{8} = 30 \text{kN} \cdot \text{m}$$

$$M_{AD}^F = -\frac{50 \times 3 \times 2^2}{5^2} = -24 \text{kN} \cdot \text{m}$$

$$M_{DA}^F = \frac{50 \times 2 \times 3^2}{5^2} = 36 \text{kN} \cdot \text{m}$$

$$M_{AC}^F = M_{CA}^F = M_{BA}^F = 0$$

$$\sum M_{Aj}^F = M_{AB}^F + M_{AC}^F + M_{AD}^F = 30 - 24 = 6 \text{kN} \cdot \text{m}$$

（2）计算分配弯矩及传递弯矩。将结点 A 的不平衡力矩反号后按分配系数分配到各近端得到分配弯矩，同时各自按传递系数向远端传递得到传递弯矩。

$$M_{AB}^\mu = 0.3 \times (-6) = -1.8 \text{kN} \cdot \text{m}$$

$$M_{AD}^\mu = 0.4 \times (-6) = -2.4 \text{kN} \cdot \text{m}$$

$$M_{AC}^\mu = 0.3 \times (-6) = -1.8 \text{kN} \cdot \text{m}$$

$$M_{BA}^C = 0$$

$$M_{CA}^C = \frac{1}{2} \times (-1.8) = -0.9 \text{kN} \cdot \text{m}$$

$$M_{DA}^C = \frac{1}{2} \times (-2.4) = -1.2 \text{kN} \cdot \text{m}$$

（3）计算各杆最后的杆端弯矩。近端弯矩等于分配弯矩加固端弯矩，远端弯矩等于传递弯矩加固端弯矩。

$$M_{AB} = M_{AB}^\mu + M_{AB}^F = -1.8 + 30 = 28.2 \text{kN} \cdot \text{m}$$

$$M_{AC} = M_{AC}^\mu + M_{AC}^F = -2.4 \text{kN} \cdot \text{m}$$

$$M_{AD} = M_{AD}^\mu + M_{AD}^F = -2.4 - 24 = -26.4 \text{kN} \cdot \text{m}$$

$$M_{BA} = M_{BA}^C + M_{BA}^F = 0$$

$$M_{DA} = M_{DA}^C + M_{DA}^F = -1.2 + 36 = 34.8 \text{kN} \cdot \text{m}$$

$$M_{CA} = M_{CA}^C + M_{CA}^F = -0.9 \text{kN} \cdot \text{m}$$

在用力矩分配法解题时，为了方便起见，可列表进行计算，见图 7-4（b）和表 7-3，表中弯矩单位为 kN·m。列表时，可将同一结点的各杆端列在一起，以便于进行分配计算。同时，同一杆件的两个杆端尽可能列在一起，以便于进行传递计算，求出最后的杆端弯矩后，再根据杆件上的荷载情况，利用叠加法作出弯矩图，如图 7-4（c）所示。

表 7-3　　　　　　　　　　　　杆端弯矩的计算

结点	B	A			D	C
杆端	BA	AB	AC	AD	DA	CA
分配系数		0.3	0.3	0.4		
固端弯矩/(kN·m)	0	+30	0	−24	+36	0
分配与传递弯矩/(kN·m)	0	−1.8	−1.8	−2.4	−1.2	−0.9
最后弯矩/(kN·m)	0	+28.2	−1.8	−26.4	+34.8	−0.9

【例 7-3】 试求如图 7-5 所示等截面连续梁的杆端弯矩，并绘制弯矩图。

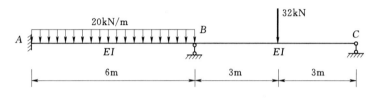

图 7-5

解：（1）计算各杆的杆端分配系数、固端弯矩以及结点 B 的不平衡力矩。在计算分配系数时，为了简便起见，可采用相对刚度。为此，可设 $i_{AB}=i_{BC}=\dfrac{EI}{6}=1$。

$$\mu_{BA}=\frac{4\times1}{4\times1+1\times3}=\frac{4}{7},\ \mu_{BC}=\frac{1\times3}{4\times1+1\times3}=\frac{3}{7}$$

$$M_{AB}^{F}=-\frac{20\times6^{2}}{12}=-60\text{kN}\cdot\text{m}$$

$$M_{BA}^{F}=\frac{20\times6^{2}}{12}=60\text{kN}\cdot\text{m}$$

$$M_{BC}^{F}=-\frac{3\times32\times6}{16}=-36\text{kN}\cdot\text{m}$$

$$M_{CB}^{F}=0$$

$$\sum M_{Bj}^{F}=M_{BA}^{F}+M_{BC}^{F}=+60-36=24\text{kN}\cdot\text{m}$$

（2）计算分配弯矩及传递弯矩。将结点 B 的不平衡力矩反号后按分配系数分配到各近端得到分配弯矩，同时各自按传递系数向远端传递得到传递弯矩。

$$M_{BA}^{\mu}=\frac{4}{7}\times(-24)=-13.70\text{kN}\cdot\text{m}$$

$$M_{BC}^{\mu}=\frac{3}{7}\times(-24)=-10.30\text{kN}\cdot\text{m}$$

$$M_{AB}^{C}=\frac{1}{2}\times(-13.70)=-6.85\text{kN}\cdot\text{m}$$

$$M_{CB}^{C}=0$$

（3）计算各杆最后杆端弯矩。近端弯矩等于分配弯矩加固端弯矩，远端弯矩等于传递弯矩加固端弯矩。

$$M_{BA} = M_{BA}^\mu + M_{BA}^F = -13.70 + 60 = 46.30 \text{kN} \cdot \text{m}$$

$$M_{BC} = M_{BC}^\mu + M_{BC}^F = -10.30 - 36 = -46.30 \text{kN} \cdot \text{m}$$

$$M_{AB} = M_{AB}^C + M_{AB}^F = -6.85 - 60 = -66.85 \text{kN} \cdot \text{m}$$

$$M_{CB} = M_{CB}^C + M_{CB}^F = 0$$

对于连续梁可以直接在梁下方列表进行计算，如图 7-6（a）所示，在列表计算中，只需将表中对应于每一杆端的竖列弯矩值相加，就得到各杆端的最后弯矩值。

根据各杆端最后弯矩和已知荷载作用情况，即可作出最后弯矩图，如图 7-6（b）所示。

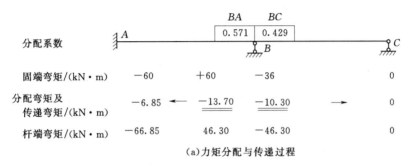

（a）力矩分配与传递过程

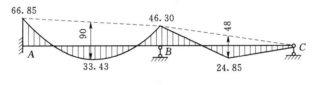

（b）最后的弯矩图（kN·m）

图 7-6

三、多结点结构的力矩分配法

前面介绍了具有一个结点角位移的结构用力矩分配法的解算过程（简称为单结点的力矩分配）。通过固定结点、放松结点，只进行一次力矩的分配和传递就可使体系恢复原来的状态，当然，力矩的分配与传递也是一次即告结束。那么对多结点的情况，能否不列位移法方程，也通过分配、传递等步骤来解决呢？这时解答是否还是精确的呢？

下面来介绍具有两个及两个以上结点角位移的连续梁和无侧移刚架用力矩分配法的解算过程（简称为多结点力矩分配）。

对于具有多个结点角位移但无侧移的结构，只需依次对各结点重复使用单结点力矩分配的方法便可求解。

具体做法是：先将所有具有结点角位移的结点固定，计算各杆的杆端分配系数、固端弯矩及各结点的不平衡力矩；然后依次轮流地放松各结点，即每次只放松一个结点，其他结点仍暂时固定，这样把各结点的不平衡力矩轮流地进行分配、传递，直到各结点的不平衡力矩小到可略去时，即可停止分配和传递；最后将各杆端的固端弯矩和依次得到的分配弯矩和传递弯矩累加起来，便得到各杆端的最后杆端弯矩，如图 7-7 所示。

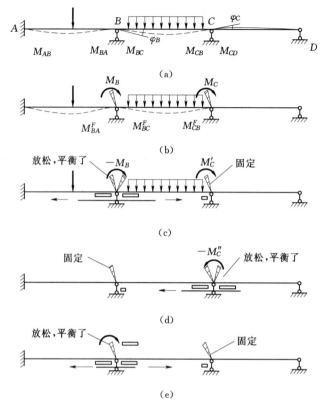

图 7-7 多结点力矩分配法

下面以图 7-8（a）所示等截面连续梁为例来说明多结点力矩分配法的原理，1A 段、2B 段刚度均为 $2EI$，12 段刚度为 EI。

首先，同时固定结点 1、2（加附加刚臂），然后加荷载如图 7-8（b）所示。梁 1A 无固端弯矩，梁 12 是两端固定梁，梁 2B 是一端固定另一端铰支梁。它们的固端弯矩分别为

$$M_{2B}^F = -\frac{3}{16} \times 50 \times 8 = -75\text{kN} \cdot \text{m}$$

$$M_{B2}^F = 0$$

$$M_{12}^F = -\frac{1}{12} \times 24 \times 8^2 = -128\text{kN} \cdot \text{m}$$

$$M_{21}^F = \frac{1}{12} \times 24 \times 8^2 = 128\text{kN} \cdot \text{m}$$

把固端弯矩记入表 7-4 第三行。为便于讨论，把固端弯矩写在图 7-8（b）中相应的杆端。固端弯矩写出后，结点 1、2 的不平衡力矩便容易求出：

$$M_1 = \sum M_{1i}^F = M_{1A}^F + M_{12}^F = 0 - 128 = -128\text{kN} \cdot \text{m}$$

$$M_2 = \sum M_{2i}^F = M_{21}^F + M_{2B}^F = 128 - 75 = 53\text{kN} \cdot \text{m}$$

把它们分别示于图 7-8（b）所示的结点 1、2 上。以上所进行的工作是力矩分配法

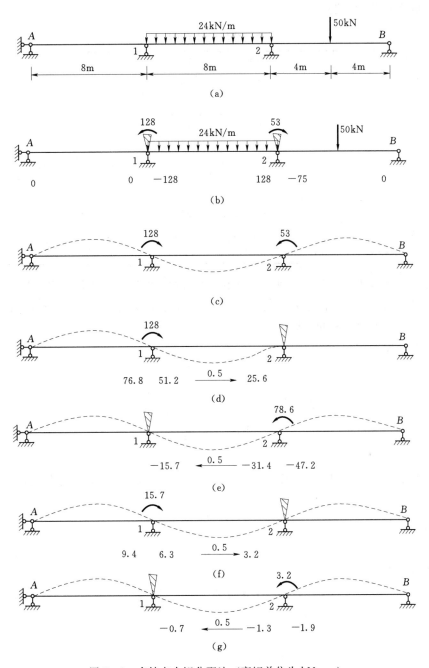

图 7-8　多结点力矩分配法（弯矩单位为 kN・m）

的第一阶段——固定结点、计算固端弯矩、计算不平衡力矩。

其次，轮流放松结点，逐次计算各杆的分配弯矩、传递弯矩，见表 7-4。

如果同时在结点 1、2 上分别加与 M_1、M_2 等值反向的力矩，这意味着结点 1、2 同时放松，如图 7-8（c）所示。但是，如图 7-8（c）所示情况不能用上节讲过的单结点力矩分配法进行计算，所以不能把两个结点同时放松，必须单独放松一个结点，把它化为单结点的力矩分配问题。

表 7-4 力矩分配与传递过程

杆端名称	A1	1A	12	21	2B	B2
分配系数		0.6	0.4	0.4	0.6	
固端弯矩/(kN·m)	0	0	−128	128	−75	0
分配与传递过程（弯矩单位为 kN·m）		76.8	51.2 ⟶ 25.6			
			−15.7 ⟵ −31.4		−47.2	
		9.4	6.3 ⟶ 3.2			
			−0.7 ⟵ −1.3		−1.9	
		0.42	0.28 ⟶ 0.14			
				−0.06	−0.08	
最后杆端弯矩/(kN·m)	0	86.6	−86.6	124.2	−124.2	

为了使计算尽快地收敛，一般先放松不平衡力矩大的结点，本例应先放松结点 1。放松结点 1 时，结点 2 还在固定着，如图 7-8（d）所示，这就形成了单结点的情况，可按上面讲过的单结点力矩分配法计算。

（1）求分配系数。

结点 1：

$$\mu_{1A}=\frac{3i_{1A}}{3i_{1A}+4i_{12}}, \quad \mu_{12}=\frac{4i_{12}}{3i_{1A}+4i_{12}}$$

式中

$$i_{1A}=\frac{2EI}{8}=\frac{EI}{4}, \quad i_{12}=\frac{EI}{8}$$

为了便于计算，采用相对刚度，设 $\frac{EI}{8}=1$，则 $i_{1A}=2$，$i_{12}=1$，于是分配系数为

$$\mu_{1A}=0.6, \quad \mu_{12}=0.4$$

同理求得结点 2：

$$\mu_{21}=0.4, \quad \mu_{2B}=0.6$$

将其填入表 7-4 第二行。

（2）计算分配弯矩和传递弯矩。分配结点 1 时，锁住结点 2，结点 2 在分配中相当于固定端。结点 1 的不平衡力矩 $M_1=-128\text{kN·m}$。

分配弯矩：

$$M^{\mu}_{1A}=\mu_{1A}(-M_1)=0.6\times128=76.8\text{kN·m}$$

$$M^{\mu}_{12}=\mu_{12}(-M_1)=0.4\times128=51.2\text{kN·m}$$

传递弯矩：

$$M^{C}_{21}=\frac{1}{2}M^{\mu}_{12}=0.5\times51.2=25.6\text{kN·m}$$

$$M^{C}_{A1}=0$$

将此计算数据填入"分配与传递过程"栏中的第 1 行。完毕后在结点 1 的分配力矩下

画一横线，表示该结点放松完毕。横线以上的杆端力矩总和为零，这标志结点 1 处于暂时平衡，但并没有恢复到自然状态，因为结点 2 还没有被放松，此时结点 2 还不平衡。下面放松结点 2，进行力矩分配和传递。

分配结点 2 时，锁住结点 1，结点 1 在分配中相当于固定端。结点 2 的不平衡力矩：

$$M_2 = 53 + 25.6 = 78.6 \text{kN} \cdot \text{m}$$

分配弯矩：

$$M_{21}^{\mu} = \mu_{21}(-M_2) = 0.4 \times (-78.6) = -31.4 \text{kN} \cdot \text{m}$$

$$M_{2B}^{\mu} = \mu_{2B}(-M_2) = 0.6 \times (-78.6) = -47.2 \text{kN} \cdot \text{m}$$

传递弯矩：

$$M_{12}^C = \frac{1}{2}M_{21}^{\mu} = 0.5 \times (-31.4) = -15.7 \text{kN} \cdot \text{m}$$

$$M_{B2}^C = 0$$

将此计算数据填入"分配与传递过程"栏中的第 2 行。完毕后在结点 2 的分配力矩下画一横线，表示该结点放松完毕。横线以上的杆端力矩总和为零，这标志结点 2 处于暂时平衡，但并没有恢复到自然状态，因为结点 1 被锁住后还没有被放松，此时结点 1 又处于不平衡状态。

下面再放松结点 1，锁住结点 2，结点 1 的不平衡力矩来自结点 2 的第 1 次传递，则 $M_1 = M_{12}^C = -15.7 \text{kN} \cdot \text{m}$。按第 1 次分配的过程再来一次。如此反复地将各结点轮流地固定、放松，不断地进行力矩分配和传递，则不平衡力矩的数值将越来越小，直到不平衡力矩的数值小到按精度要求可以略去时，便可停止计算。在本例中，力矩精度要求到小数点后一位为止。这时各结点经过逐次转动，也就逐渐逼近了其实际的平衡位置。

（3）将各杆端的固端弯矩和屡次得到的分配弯矩和传递弯矩累加起来，便得到各杆端的最后弯矩，即

$$\text{杆端弯矩} = \text{固端弯矩} + \sum \text{分配弯矩} + \sum \text{传递弯矩}$$

也就是说，把表 7-4 中同一杆端下面的弯矩代数相加，就得到杆的最终杆端弯矩。例如：

$$M_{21} = 128 + 25.6 - 31.4 + 3.2 - 1.3 + 0.14 - 0.06 = 124.2 \text{kN} \cdot \text{m}$$

（4）依据杆端弯矩作出弯矩图，如图 7-9 所示。

归纳上述分析过程，多结点力矩分配法的计算步骤如下：

（1）求各刚结点处的分配系数 μ。

（2）求各杆的固端弯矩 M^F。

（3）把汇交于各结点的固端弯矩分别相加（代数和），求出结点的不平衡力矩 M。

（4）依次从不平衡力矩绝对值大的结点进行力矩分配与传递。分配时 M 变号，分配与传递完毕后在分配弯矩下方画一横线以示结点已经暂时平衡。

（5）如此轮流对结点不平衡力矩进行分配与传递，直到不平衡力矩达到精度要求为止，在结束计算的分配弯矩下画双横线，以表示分配计算结束。

（6）计算杆端弯矩，绘制弯矩图，并由弯矩图作剪力图。

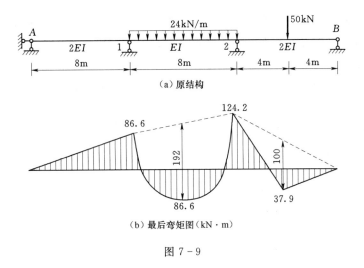

（a）原结构

（b）最后弯矩图（kN·m）

图 7-9

第三节　用力矩分配法计算连续梁和无侧移刚架

通过第二节的详细讲解可以看出，单结点力矩分配法就是固定—放松—叠加，多结点力矩分配法就是固定—放松—再固定—再放松……，直到计算精度达到要求，最后叠加求出杆端弯矩。特别注意的是以分配弯矩结束计算，而不是以传递弯矩结束计算，即传则必分，否则结点不满足平衡条件。下面通过实例说明。

【例 7-4】 用力矩分配法计算如图 7-10（a）所示连续梁，绘 M 图。

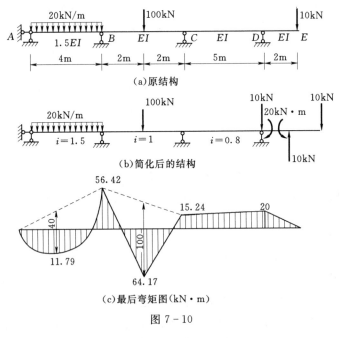

（a）原结构

（b）简化后的结构

（c）最后弯矩图（kN·m）

图 7-10

解： 为了方便起见，其计算过程可列表进行，全部计算见表 7-5。然后根据各杆端最后弯矩和已知荷载作用情况，即可利用叠加法作出最后弯矩图，如图 7-10（c）所示。

表7-5 [例7-4]力矩分配与传递过程

杆端名称	AB	BA	BC	CB	CD	DE
分配系数		0.529	0.471	0.625	0.375	
固端弯矩/(kN·m)	0	40.00	−50.00	50.00	10.00	20.00
力矩分配与传递过程（弯矩单位为kN·m）			−18.75 ←	−37.50	−22.50	
		15.21	13.54 →	6.77		
			−2.12 ←	−4.23	−2.54	
		1.12	1.00 →	0.50		
			−0.16 ←	−0.31	−0.19	
		0.08	0.08 →	0.04		
			−0.02 ←	−0.03	−0.01	
		0.01	0.01			
最后杆端弯矩/(kN·m)	0	56.42	−56.42	15.24	−15.24	20.00

该结构带有悬臂端。悬臂端 DE 为一静定部分，其内力可按静力平衡条件求出：

$$M_{DE} = -20\text{kN·m}, \quad F_{QDE} = 10\text{kN}$$

去掉悬臂部分，把 M_{DE}、F_{QDE} 作为外力施加在结点 D 上，则结点 D 可视为铰支座，原结构可按图 7-10（b）计算，它只有两个结点转角未知量（B、C 处）。计算步骤如下：

（1）求分配系数。取 $EI = 4$，则有

$$i_{AB} = \frac{1.5EI}{l_{AB}} = \frac{1.5 \times 4}{4} = 1.5$$

$$i_{BC} = \frac{EI}{l_{BC}} = \frac{4}{4} = 1$$

$$i_{CD} = \frac{EI}{l_{CD}} = \frac{4}{5} = 0.8$$

将各杆的线刚度记入连续梁各杆的下面，分配系数

$$\mu_{BA} = \frac{3i_{AB}}{3i_{AB} + 4i_{BC}} = \frac{3 \times 1.5}{3 \times 1.5 + 4 \times 1} = 0.529$$

同理有 $\mu_{BC} = 0.471$，$\mu_{CB} = 0.625$，$\mu_{CD} = 0.375$。

分配系数计算结果见表 7-5 的第二行中。这里要注意，在基本结构中，杆 CD 是 C 端固定，D 端铰支杆，$S_{CD} = 3i_{CD}$。

（2）求固端弯矩。

$$M_{BA}^F = \frac{1}{8} \times 20 \times 4^2 = 40\text{kN·m}$$

$$M_{BC}^F = -\frac{1}{8} \times 100 \times 4 = -50\text{kN·m}$$

$$M_{CB}^F = \frac{1}{8} \times 100 \times 4 = 50\text{kN·m}$$

$$M_{CD}^F = \frac{1}{2} \times 20 = 10\text{kN·m}$$

$$M_{DC}^F=20\text{kN}\cdot\text{m}$$

这里要说明一点：在基本结构中，杆 CD 为 C 端固定、D 端铰支杆，在 D 端承受力偶 20kN·m 及集中力 10kN。集中力 10kN 作用于支座上不产生弯矩，作用在支座 D 上的力偶 20kN·m 产生的固端力矩 $M_{DC}^F=20$kN·m，在另一端的固端力矩 $M_{CD}^F=10$ kN·m（由载常数表查得）。固端弯矩记入第三行。

由于结点 C 的不平衡力矩大，所以先放松结点 C。最大固端弯矩是两位数，取四位有效数字，故取到小数点后两位。

（3）放松结点 C。将 M_C 变号，分别乘以分配系数。力矩分配与传递过程记入表 7 - 5 中第四行。这里 D 端是铰支端，故传递弯矩为零。

（4）放松结点 B（固定结点 C）。此时，结点 B 的不平衡力矩

$$M_B=40-50-18.75=-28.75\text{kN}\cdot\text{m}$$

力矩分配与传递过程记入表7-5中第五行。

（5）再次放松结点 C（固定结点 B）。结点 C 的不平衡力矩为传递力矩（6.77 kN·m），分配与传递过程记入表 7 - 5 中第六行。

（6）再次放松结点 B，此时该结点的不平衡力矩为传递力矩（-2.12kN·m）。力矩分配与传递过程记入表 7 - 5 中第七行。继续轮流固定、放松……

（7）计算杆端弯矩，见表 7 - 5 中最后一行。

（8）根据杆端力矩绘 M 图，如图 7 - 10（c）所示。

【例 7 - 5】　试用力矩分配法求如图 7 - 11（a）所示的无侧移刚架结构弯矩图（每个结点计算两轮）。

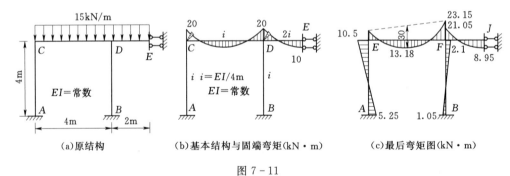

图 7 - 11

解：用力矩分配法计算无侧移刚架与计算连续梁的步骤完全相同。这是两个结点（多结点）力矩的分配问题。首先根据题目条件锁定结点 C、D，作出如图 7 - 11（b）所示的固端弯矩图。再根据题目条件可得各杆的线刚度，根据远端支承条件，可得转动刚度分别为

$$S_{CA}=S_{CD}=S_{DB}=S_{DC}=4i，\quad S_{DE}=2i$$

由此可得分配系数为

$$\mu_{CA}=\mu_{CD}=\frac{4i}{4i+4i}=0.5$$

$$\mu_{DB}=\mu_{DC}=\frac{4i}{4i+4i+2i}=0.4$$

$$\mu_{DE} = \frac{2i}{4i + 4i + 2i} = 0.2$$

步骤如下：

（1）将结点的分配和传递系数标于图 7-12 上。

（2）将固端弯矩分别标注在如图 7-12 所示的相应分配系数下方，即杆端处。

（3）因为 C 结点不平衡力矩大，所以先分配，D 结点后分配。按所求得的不平衡力矩反号后乘分配系数得分配弯矩。

（4）根据远端约束条件确定传递系数，将分配力矩向远端传递，并返回（3）进行两轮分配传递。

（5）叠加固端弯矩、分配弯矩或传递弯矩，得杆端最终弯矩。

（6）根据杆端弯矩作出如图 7-11（c）所示最终弯矩图。

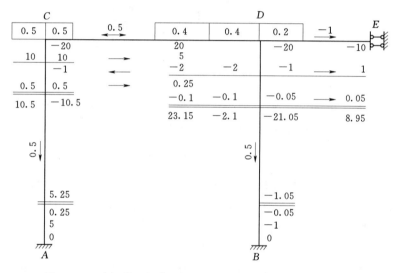

图 7-12　力矩分配与传递过程示意图（弯矩单位为 kN·m）

第四节　无剪力分配法

对于无侧移刚架，采用力矩分配法即可求解；对于有侧移刚架，则无法用力矩分配法来求解，但是当有侧移刚架满足某些特定条件时，采用**无剪力分配法**来计算则更加简便。

对于如图 7-13（a）所示单跨对称刚架，可将其所受荷载作用分解为正、反对称两种。刚架在正对称荷载作用下如图 7-13（b）所示，受力和变形都是正对称的，横梁两端连接的两个结点只有转角，没有侧移，所以可以用力矩分配法计算，这里不再赘述。刚架在反对称荷载作用下如图 7-13（c）所示，变形和受力是反对称的，两个结点除了转角位移外，还有侧移，力矩分配法不再适用，但是由于其受力特点可以用无剪力分配法计算。

一、单层单跨刚架

单层单跨对称刚架在反对称荷载作用下取一半结构来计算的半刚架是满足这些特定条件的一个典型例子。下面就以如图 7-14（a）所示单层单跨对称刚架的半刚架为例来说

225

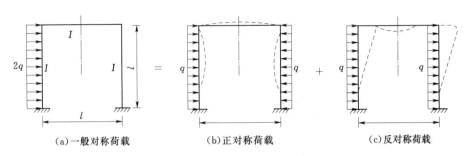

(a)一般对称荷载　　　　　　(b)正对称荷载　　　　　　(c)反对称荷载

图 7-13　对称刚架荷载分解

明无剪力分配法。

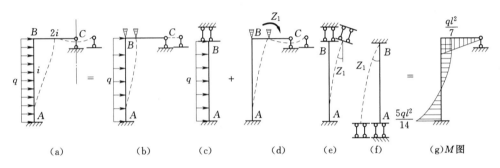

(a)　　　　　(b)　　　　　(c)　　　　　(d)　　　　　(e)　　　　　(f)　　　　　(g)M图

图 7-14　无剪力分配法示例

　　此半刚架的变形和受力有如下特点：横梁 BC 虽有水平位移但两端结点没有相对线位移（即没有垂直杆轴的相对线位移），这种杆件称为**无侧移杆件**；竖柱 AB 两端结点虽有相对线位移，但由于支座 C 处无水平反力，所以竖柱 AB 的剪力是静定的（剪力可根据静力平衡条件直接求出），这种杆件称为**剪力静定杆件**。可见，无剪力分配法的适用条件是：刚架中除无侧移杆件外，其余杆件都是剪力静定杆件。如立柱只有一根而各横梁外端的支杆均与立柱平行，如图 7-15（a）所示就属于这种情况。至于如图 7-15（b）所示有侧移刚架，竖柱 AB 和 CD 既不是无侧移杆件，也不是剪力静定杆件，故这种刚架不能直接用无剪力分配法求解。

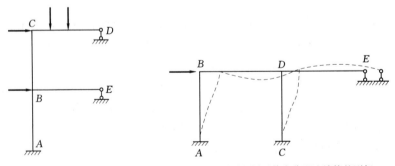

(a)可以用无剪力分配法计算的刚架　　　　(b)不可以用无剪力分配法计算的刚架

图 7-15　无剪力分配法适用条件

无剪力分配法的计算过程与力矩分配法是一样的。首先，固定结点。只加刚臂阻止结点 B 的转动，而不加链杆阻止其线位移，如图 7-14（b）所示，这样柱 AB 的上端虽不能转动但仍可自由地水平滑动，并且剪力是静定的，所以相当于下端固定上端滑动的梁，如图 7-14（c）所示。至于横梁 BC，因其平移并不影响本身内力，仍相当于一端固定另一端铰支的梁。则可得固端弯矩为

$$M_{AB}^F = -\frac{ql^2}{3}, \quad M_{BA}^F = -\frac{ql^2}{6}$$

结点 B 的不平衡力矩暂时由刚臂承担。此时柱 AB 的剪力仍然是静定的，例如顶点 B 处的剪力已知为零。

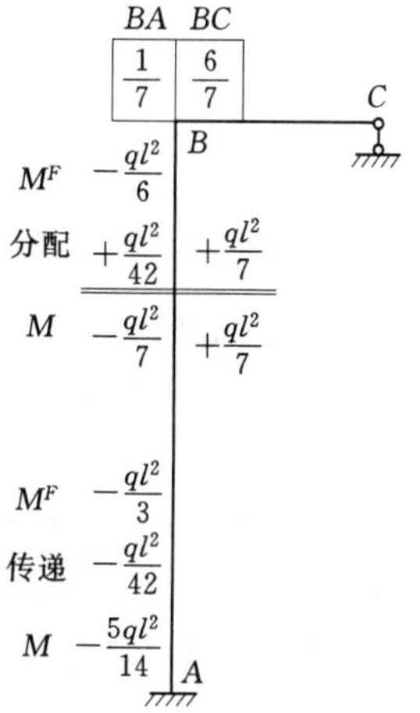

然后，放松结点。为了消除刚臂上的不平衡力矩，在其上加一反号的不平衡力矩，并对该力矩进行分配和传递，以达到放松结点的目的。此时柱 AB 的上端结点 B 既有转角，同时也有侧移，其上各截面的剪力都为零，因而各截面的弯矩为一常数（这种杆件称为零剪力杆件），即当近端分配弯矩为 M^u 时，远端必为 $-M^u$。对于下端固定上端滑动的柱 AB，如图 7-14（e）所示，当杆端转动时为零剪力杆件，处于纯弯曲受力状态，这与上端固定下端滑动的柱 AB［图 7-14（f）］发生相同杆端转角时的受力和变形状态完全相同。由此可知，零剪力杆件 AB 的转动刚度和传递系数为

$$S_{BA} = i, \quad C_{BA} = -1$$

图 7-16　杆端弯矩的计算

其余计算同力矩分配法，力矩分配与传递过程如图 7-16 所示。根据各杆端最后弯矩和已知荷载作用情况，即可作出最后弯矩图，如图 7-14（g）所示。

可见，在固定结点时，柱 AB 是剪力静定杆件，在放松结点时，柱 AB 是零剪力杆件。也就是说，在放松结点时，该杆件是在零剪力的条件下进行力矩分配和传递的，在该过程中，杆件上的原有剪力将保持不变，故将这种方法称为无剪力分配法。

二、多层单跨刚架

上述无剪力分配法亦可以推广到多层单跨刚架的情况。如图 7-17（a）所示刚架为一四层刚架，各横梁均为无侧移杆，各竖柱则均为剪力静定杆。

首先，固定结点。在结点 B、C、D、E 上加刚臂阻止结点的转动，但并不加链杆阻止其线位移。此时各层柱子两端均无转角，但有侧移，均可视为下端固定上端滑动的梁，并且根据静力平衡条件可得各层柱顶剪力值分别为

$$F_{QED} = 0, \quad F_{QDC} = ql$$
$$F_{QCB} = 2ql, \quad F_{QBA} = 3ql$$

可见，其值等于柱顶以上各层所有水平荷载的代数和。

总之，对于刚架中任何形式的剪力静定杆，求固端弯矩时都将其视为下端固定上端滑动的梁，然后将根据静力平衡条件求出的柱顶剪力看作杆端荷载，与本层柱身承受的荷载共同作用，得到该剪力静定杆的固端弯矩，如图 7-17（b）、（c）所示。

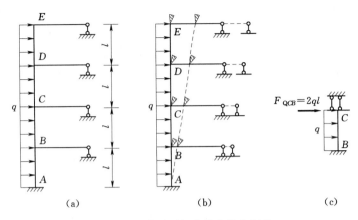

图 7 - 17 多层刚架中剪力静定杆件

然后，放松结点。此时刚架中的剪力静定杆均为零剪力杆件，这些零剪力杆件的转动刚度和传递系数与单层刚架情况完全相同，均为

$$S=i,\quad C=-1$$

对于那些无侧移杆件，处理方法同单层刚架一样，虽都有水平位移，但并不影响本身内力，都将其看作一端固定一端铰支的梁。其余计算同力矩分配法，不再赘述。

【例 7 - 6】 试作如图 7 - 18（a）所示刚架的弯矩图。

解： 竖柱 AC、CE、EG 均按下端固定、上端滑动来考虑。

（1）计算固端弯矩。对于柱 AC，有

$$M_{AC}^F=-\frac{10\times4}{8}=-5\text{kN}\cdot\text{m}$$

$$M_{CA}^F=-\frac{3\times10\times4}{8}=-15\text{kN}\cdot\text{m}$$

对于柱 CE，除了受本层荷载外，还受柱顶剪力（10kN），有

$$M_{CE}^F=-\frac{10\times4}{8}-\frac{10\times4}{2}=-25\text{kN}\cdot\text{m}$$

$$M_{EC}^F=-\frac{3\times10\times4}{8}-\frac{10\times4}{2}=-35\text{kN}\cdot\text{m}$$

对于柱 EG，除了受本层荷载外，还受柱顶剪力（20kN），有

$$M_{EG}^F=-\frac{10\times4}{8}-\frac{20\times4}{2}=-45\text{kN}\cdot\text{m}$$

$$M_{GE}^F=-\frac{3\times10\times4}{8}-\frac{20\times4}{2}=-55\text{kN}\cdot\text{m}$$

（2）计算分配系数。计算分配系数的时候要注意各杆端的转动刚度应等于其柱的线刚度。

结点 A：

$$\mu_{AB}=\frac{S_{AB}}{S_{AB}+S_{AC}}=\frac{3\times3i}{3\times3i+i}=\frac{9}{10}$$

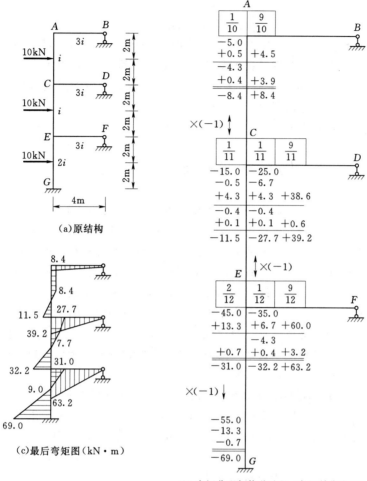

图 7-18

$$\mu_{AC} = \frac{S_{AC}}{S_{AB}+S_{AC}} = \frac{i}{3\times3i+i} = \frac{1}{10}$$

结点 C：

$$\mu_{CA} = \frac{S_{CA}}{S_{CA}+S_{CD}+S_{CE}} = \frac{i}{i+3\times3i+i} = \frac{1}{11}$$

$$\mu_{CD} = \frac{S_{CD}}{S_{CA}+S_{CD}+S_{CE}} = \frac{3\times3i}{i+3\times3i+i} = \frac{9}{11}$$

$$\mu_{CE} = \frac{S_{CE}}{S_{CA}+S_{CD}+S_{CE}} = \frac{i}{i+3\times3i+i} = \frac{1}{11}$$

结点 E：

$$\mu_{EC} = \frac{S_{EC}}{S_{EC}+S_{EF}+S_{EG}} = \frac{i}{i+3\times3i+2i} = \frac{1}{12}$$

$$\mu_{EF} = \frac{S_{EF}}{S_{EC}+S_{EF}+S_{EG}} = \frac{3\times3i}{i+3\times3i+2i} = \frac{9}{12}$$

$$\mu_{EG}=\frac{S_{EG}}{S_{EC}+S_{EF}+S_{EG}}=\frac{2i}{i+3\times3i+2i}=\frac{2}{12}$$

（3）力矩分配与传递。先固定结点 C 而同时放松结点 A、E，然后固定结点 A、E，分别进行力矩分配与传递，计算过程如图 7-18（b）所示。其中各柱柱端弯矩传递系数为 $C=-1$。进行两轮的力矩分配与传递可达到精度要求，相应的固端弯矩、分配弯矩和传递弯矩叠加得到最后的杆端弯矩。

（4）作弯矩图。最后弯矩图如图 7-18（c）所示。

第五节 附 加 链 杆 法

力矩分配法只能用于无结点线位移的刚架，对于有结点线位移（简称有侧移）的刚架则不再适用。对于立柱一侧只有一跨横梁，而且横梁的梁端支座链杆反力是平行于立柱的结构，可以用本章第四节介绍的无剪力分配法计算。对于结点有移动的一般结构，前面介绍的两种方法都不适用。但是对于有结点独立线位移而数目较少的结构，附加链杆阻止结点的移动，将结构转化成无结点线位移的结构后，力矩分配法就适用了。

对于附加链杆后转化为无结点线位移的结构，附加链杆的影响可以采用位移法来消除。因附加链杆后的结构无线位移，所以位移法方程中的系数可以用力矩分配法计算，通常把这种力矩分配法和位移法联合运用的方法叫作**附加链杆法**。下面通过具体例子来介绍联合应用力矩分配法和位移法计算有侧移刚架。

【例 7-7】 试用附加链杆法求如图 7-19（a）所示刚架的弯矩图。

解：通过分析可知，此刚架有两个结点角位移，一个结点线位移，取基本结构时，仅在发生结点线位移的地方加附加链杆，各结点角位移不加限制，就把原结构转化成为只有结点角位移而无结点线位移的刚架，如图 7-19（b）所示，也就是说所取的基本结构可以用力矩分配法进行求解，下面分析其具体计算过程。

（1）基本结构单独在荷载作用下的计算。首先在结点 C、结点 D 处加附加刚臂限制其转动，得到力矩分配法计算的基本结构，然后进行力矩分配计算，求出固端弯矩，并作出弯矩图，如图 7-19（c）所示。

固端弯矩为
$$M_{CD}^F=-\frac{1}{12}ql^2=-\frac{1}{12}\times2.4\times9^2=-16.2\text{kN}\cdot\text{m},\quad M_{DC}^F=16.2\text{kN}\cdot\text{m}$$

分配系数计算如下：
结点 C：
$$\mu_{CA}=\frac{S_{CA}}{S_{CA}+S_{CD}}=\frac{4\times\frac{2EI}{6}}{4\times\frac{2EI}{6}+4\times\frac{3EI}{9}}=0.5$$

$$\mu_{CD}=\frac{S_{CD}}{S_{CA}+S_{CD}}=\frac{4\times\frac{3EI}{9}}{4\times\frac{2EI}{6}+4\times\frac{3EI}{9}}=0.5$$

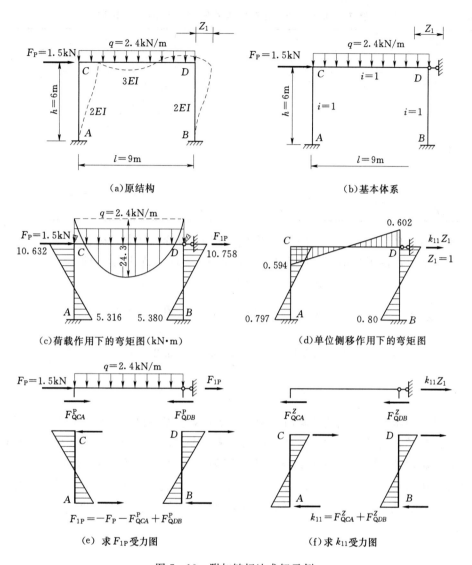

（a）原结构　　　　　　　　　　　　（b）基本体系

（c）荷载作用下的弯矩图（kN·m）　　　（d）单位侧移作用下的弯矩图

（e）求 F_{1P} 受力图　　　　　　　　（f）求 k_{11} 受力图

图 7-19　附加链杆法求解示例

结点 D：

$$\mu_{DC}=\frac{S_{DC}}{S_{DC}+S_{DB}}=\frac{4\times\dfrac{3EI}{9}}{4\times\dfrac{2EI}{6}+4\times\dfrac{3EI}{9}}=0.5$$

$$\mu_{DB}=\frac{S_{DB}}{S_{DC}+S_{DB}}=\frac{4\times\dfrac{2EI}{6}}{4\times\dfrac{2EI}{6}+4\times\dfrac{3EI}{9}}=0.5$$

列表进行力矩分配计算，见表 7-6。

表 7－6　　　　　　［例 7－7］基本结构在荷载作用下力矩分配与传递过程

结点		C		D		
杆端	AC	CA	CD	DC	DB	BD
分配系数 μ		0.5	0.5	0.5	0.5	
固端弯矩/(kN·m)	0	0	−16.2	16.2	0	0
力矩分配与传递 (弯矩单位为 kN·m)	4.05 ←	8.1	8.1 →	4.05		
			−5.063 ←	−10.125	−10.125 →	−5.063
	1.266 ←	2.5315	2.5315 →	1.266		
				−0.633	−0.633	−0.317
最后杆端弯矩/(kN·m)	5.316	10.632	−10.632	10.758	−10.758	−5.380

根据求得的杆端弯矩，再分层取隔离体，利用平衡条件 $\sum F_x=0$ 算出基本结构单独在荷载作用下所引起的附加链杆处的反力 F_{1P}，如图 7－19（e）所示，即

$$F_{1P}=-F_P-F_{QCA}^P+F_{QDB}^P$$

$$=-F_P+\frac{1}{h}(-M_{AC}^P-M_{CA}^P+M_{DB}^P+M_{BD}^P)$$

$$=-1.5+\frac{1}{6}\times(-5.316-10.632+10.758+5.380)$$

$$=-1.5+\frac{1}{6}\times0.19=-1.468\text{kN}$$

（2）基本结构发生结点线位移时引起的弯矩计算。基本结构与原结构的区别是，原结构有结点线位移，而基本结构在附加链杆后是无结点线位移的结构。为了使基本结构和原结构一致，可以使基本结构发生和原结构相同的线位移 Z_1。由于基本结构的结点移动，将使各杆产生弯矩，这些弯矩可用力矩分配法计算。即先将基本结构可能转动的结点 C、D 固定住，得到力矩分配法的基本结构，然后进行力矩分配计算，见表 7－7。其中令 $\frac{EI}{3}=1$。

表 7－7　　　　　　［例 7－7］基本结构在结点线位移作用下力矩分配与传递过程

结点		C		D		
杆端	AC	CA	CD	DC	DB	BD
分配系数 μ		0.5	0.5	0.5	0.5	
固端弯矩/(kN·m)	$-1\times Z_1$	$-1\times Z_1$	0	0	$-1\times Z_1$	$-1\times Z_1$
力矩分配与传递 (弯矩单位为 kN·m)	$0.25Z_1$ ←	$0.5Z_1$	$0.5Z_1$ →	$0.25Z_1$		
			$0.188Z_1$ ←	$0.375Z_1$	$0.375Z_1$ →	$0.188Z_1$
	$-0.047Z_1$ ←	$-0.094Z_1$	$-0.094Z_1$ →	$-0.047Z_1$		
			$0.0235Z_1$	$0.0235Z_1$ →	$0.0012Z_1$	
最后杆端弯矩/(kN·m)	$-0.797Z_1$	$-0.594Z_1$	$0.594Z_1$	$0.602Z_1$	$-0.602Z_1$	$-0.80Z_1$

（3）结点线位移及总弯矩计算。根据位移法，基本结构由于荷载单独作用引起的附加链杆的反力 F_{1P}，与基本结构由于结点位移所引起的附加链杆的反力 $k_{11}Z_1$，叠加起来应该等于零，即

$$k_{11}Z_1 + F_{1P} = 0$$

这就把附加链杆的影响通过位移法方程消除，即

$$F_{1P} + k_{11}Z_1 = -F_P + \frac{1}{h}\left[(-M_{AC}^P - M_{CA}^P + M_{DB}^P + M_{BD}^P) + (M_{AC}^Z + M_{CA}^Z + M_{DB}^Z + M_{BD}^Z)\right]$$

$$= -1.5 + \frac{1}{6}(-0.19 + 2.793Z_1)$$

$$= 0$$

于是可得

$$Z_1 = \frac{1.468}{0.466} = 3.15$$

求得 Z_1 后，原结构的弯矩就可以由基本结构在荷载单独作用下的弯矩和基本结构由于结点侧移所产生的弯矩叠加求得，即

$$M = M_P + M_Z = M_P + \overline{M}_1 Z_1$$

第六节　多层多跨刚架的分层计算法

力法、位移法都称精确法。用精确算法计算多层多跨刚架常有大量的计算工作，若不借助于计算机，进行计算相当困难。近似法可以在一定的条件下，以较小的工作量简单地计算，满足工程上一定的精度要求，具有一定的实际意义。下面介绍常用的方法——分层计算法。

分层计算法适用于多层多跨刚架承受竖向荷载作用下的情况，其中，采用两个近似：

（1）忽略侧移的影响，用力矩分配法计算。

（2）忽略每层梁的竖向荷载对其他各层的影响，把多层刚架分解成一层一层的，单独计算。

对于如图 7-20（a）所示的四层刚架，按层可分为如图 7-20（b）所示的四个无侧移刚架，每层包括与它相连的上下层柱子，各柱的两端当作固定端，然后分别按力矩分配法进行计算。除底层外，每个柱同属于相邻两层刚架，因此，柱的弯矩应由两部分叠加得出。

在一般情况下，多层多跨刚架在竖向荷载作用下，楼层侧移对刚架的弯矩影响不大。每层横梁上的荷载在刚架上产生约束力矩，通过反号分配和传递到本层竖柱的远端，由柱的远端经过分配和传递才影响到相邻楼层的横梁，其影响量已经很小，可忽略不计。

在各个分层刚架中，柱的远端都假设为固定端，除底层柱底外，其余各柱实际上应看作弹性固定端，为了反映这个特点，将上层各柱线刚度乘以折减系数 0.9，传递系数由 1/2 改为 1/3。

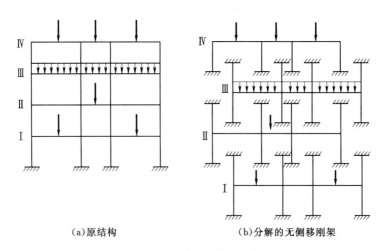

(a)原结构　　　　　　　　　(b)分解的无侧移刚架

图 7 - 20　分层计算法示例

分层计算的结果，在刚结点上弯矩是不平衡的，但一般误差不会很大。如有需要，对结点的不平衡力矩再进行一次分配。

【例 7 - 8】 用分层法计算如图 7 - 21 （a）所示的刚架的杆端弯矩。图中，杆端旁括号内的数值为杆件线刚度的相对值。均布荷载集度的单位为 kN/m，长度单位为 m。

解：（1）刚架分解：将原刚架分成如图 7 - 21 （b）、（c）所示两个分层刚架。

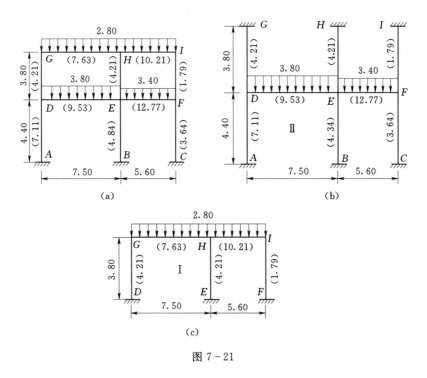

图 7 - 21

（2）用力矩分配法计算分层刚架。

求分配系数：

结点 G：
$$\mu_{GH}=\frac{4\times7.63}{4\times7.63+4\times4.21\times0.9}=0.667$$

$$\mu_{GD}=\frac{4\times4.21\times0.9}{4\times7.63+4\times4.21\times0.9}=0.333$$

结点 H：
$$\mu_{HG}=\frac{4\times7.63}{4\times7.63+4\times10.21+4\times4.21\times0.9}=0.353$$

$$\mu_{HI}=\frac{4\times10.21}{4\times7.63+4\times10.21+4\times4.21\times0.9}=0.472$$

$$\mu_{HE}=\frac{4\times4.21\times0.9}{4\times7.63+4\times10.21+4\times4.21\times0.9}=0.175$$

同理可算得 I 结点的分配系数为
$$\mu_{IH}=0.864,\ \mu_{IF}=0.136$$

求固端弯矩：
$$M_{GH}^F=-\frac{2.8\times7.5^2}{12}=-13.13\text{kN}\cdot\text{m},\ M_{HG}^F=\frac{2.8\times7.5^2}{12}=13.13\text{kN}\cdot\text{m}$$

$$M_{HI}^F=-\frac{2.8\times5.6^2}{12}=-7.32\text{kN}\cdot\text{m},\ M_{IH}^F=\frac{2.8\times5.6^2}{12}=7.32\text{kN}\cdot\text{m}$$

进行力矩分配与传递：传递顺序按 $G\rightarrow H\leftarrow I$、$G\leftarrow H\rightarrow I$ 进行循环，见表 7-8。

表 7-8　　　　　　　图 7-21 (c) 力矩分配与传递过程

结点	D	G		H			I		E	F
杆端	DG	GD	GH	HG	HE	HI	IH	IF	EH	FI
分配系数		0.333	0.667	0.353	0.175	0.472	0.864	0.136		
固端弯矩/ (kN·m)	0	0	−13.13	13.13	0	−7.32	7.32	0	0	0
力矩分配 与传递过程 （弯矩单位为 kN·m）	1.46 ←	4.37	8.76	→4.38		−3.16←	−6.32	−1.00		−0.33
			−1.24←	−2.49	−1.23	−3.33	→−1.66		−0.41	
	0.14 ←	0.41	0.83	→0.42		0.72	1.44	0.22		0.07
				−0.40	−0.20	−0.54			−0.07	
最后杆端弯矩/ (kN·m)	1.60	4.78	−4.78	15.04	−1.43	−13.63	0.78	−0.78	−0.48	−0.26

同理可计算图 7-21 (b) D、E、F 各结点的分配系数、固端弯矩，进行力矩分配，见表 7-9。

(3) 作弯矩图。弯矩图如图 7-22 所示，其中，立柱 GD、HE 及 IF 的弯矩为一、二层刚架的代数和，计算如下。
$$M_{GD}=4.78+1.20=5.98\text{kN}\cdot\text{m},\ M_{DG}=3.60+1.60=5.20\text{kN}\cdot\text{m}$$

$$M_{HE}=-1.43-1.37\div3=-1.89\text{kN}\cdot\text{m},\ M_{EH}=-1.37-0.48=-1.85\text{kN}\cdot\text{m}$$

$$M_{IF}=-0.78-0.20=-0.98\text{kN}\cdot\text{m},\ M_{FI}=-0.60-0.26=-0.86\text{kN}\cdot\text{m}$$

表 7 - 9 　　　　　　　图 7 - 21（b）力矩分配与传递过程

结点	D			E				F		
杆端	DA	DG	DE	ED	EB	EH	EF	FE	FI	FC
分配系数	0.348	0.186	0.466	0.313	0.143	0.124	0.420	0.709	0.089	0.202
固端弯矩/(kN·m)	0	0	−17.81	17.81	0	0	−8.89	8.89	0	0
力矩分配与传递（弯矩单位为kN·m）	6.20	3.31	8.30 →	4.15			−3.15←	−6.30	−0.79	−1.80
			−1.55 ←	−3.10	−1.42	−1.23	−4.17 →	−2.08		
	0.54	0.29	0.72 →	0.36			0.73 ←	1.47	0.19	0.42
				−0.34	−0.16	−0.14	−0.45			
最后弯矩/(kN·m)	6.74	3.60	−10.34	18.88	−1.58	−1.37	−15.93	1.98	−0.60	−1.38

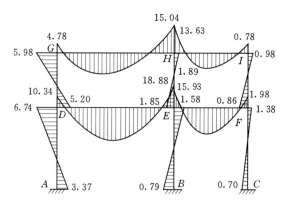

图 7 - 22　M 图（kN·m）

小　结

　　力矩分配法和无剪力分配法都是属于位移法范畴的一种渐近解法。所不同的是，位移法是通过建立和解算联立方程来同时放松各结点，结果是精确的；而力矩分配法和无剪力分配法则是通过依次放松各结点以消去其上的不平衡力矩来修正各杆端的弯矩值，使其逐渐接近于真实的弯矩值，所以称它们为渐近解法。

　　力矩分配法和无剪力分配法共同的优点是：无需建立和解算联立方程，收敛速度快（一般只需分配两轮或三轮），力学概念明确，能直接算出最后杆端弯矩。它们共同的缺点是适用范围小，力矩分配法只适用于连续梁和无侧移刚架，而无剪力分配法只适用于除无侧移杆件外，其余杆件均为剪力静定杆件的刚架。对于一般有结点线位移的刚架，则应用联合法来求解，这样能够充分发挥两种方法的优点，使计算更加简便。

　　力矩分配法的应用有单结点力矩分配和多结点力矩分配，单结点力矩分配是力矩分配法的基础，多结点力矩分配实际上就是重复进行的单结点力矩分配。单结点的结构通过一次力矩分配和传递（单结点力矩分配）就完成了对结点的放松，结果是精确的。多结点的结构则需进行多结点力矩分配，即依次对各结点重复进行单结点力矩分配，其结果的精度随计算轮次的增加而提高，最后收敛于精确解。一般当结点的不平衡力矩降低到所需精度要求时，便可认为该不平衡力矩已可略去不计，即各结点已放松完毕，各结点都已转动到实际的平衡位置，便可停止计算。

在放松结点时，可以遵循任意次序进行，但为了使计算收敛的速度快些，宜从不平衡力矩绝对值较大的结点开始放松，且不相邻的各结点每次均可同时放松，这样也能够加快收敛的速度。

虽然随着计算机在结构计算中的不断推广，渐近法这类手算方法的应用会有所减少，但在未知量较少的工程计算中仍不失为一种简便实用的解法。

无剪力分配法是力矩分配法的特例，适用于杆件立柱两端有相对结点线位移，但其剪力是静定的结构。不将结点线位移作为基本未知量，即可以直接求出其分配系数和传递系数，从而找到与力矩分配法相同的办法，进行单结点和多结点的力矩分配。

多层多跨刚架的分层计算法适用于承受竖向荷载作用，忽略侧移的影响，把多层刚架分解成一层一层的单独刚架，进行近似计算。

思　考　题

7-1　什么是转动刚度？转动刚度与哪些因素有关？

7-2　什么是传递系数？传递系数与哪些因素有关？

7-3　什么是分配系数？为什么每一结点处各杆端的分配系数之和等于 1？

7-4　什么是结点不平衡力矩？如何计算结点不平衡力矩？为什么要将它反号后才能进行分配？

7-5　什么是分配弯矩和传递弯矩？它们是如何得到的？

7-6　力矩分配法的适用条件是什么？它的基本运算有哪些步骤？每一步的物理意义是什么？

7-7　在多结点力矩分配时，为什么每次只放松一个结点？可以同时放松多个结点吗？在什么条件下可以同时放松多个结点？

7-8　为什么力矩分配法的计算过程是收敛的？

7-9　支座移动时，可以用力矩分配法计算吗？什么情况下可以？什么情况下不可以？

7-10　力矩分配法只适用于无结点线位移的结构，当这类结构发生已知支座移动时结点是有线位移的，为什么还可以用力矩分配法计算？

7-11　为什么对于一般有结点线位移的刚架，联合应用力矩分配法和位移法求解，能够充分发挥两种方法的优点？

7-12　附加链杆法适宜解算哪种类型的结构？为什么？

7-13　无剪力分配法的适用条件是什么？为什么称为无剪力分配法？

习　　题

7-1～7-6　用力矩分配法求图示连续梁的杆端弯矩，并绘弯矩图。

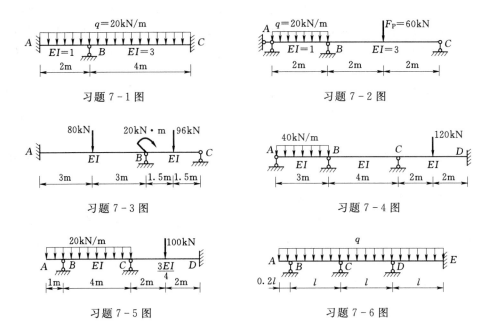

习题 7-1 图

习题 7-2 图

习题 7-3 图

习题 7-4 图

习题 7-5 图

习题 7-6 图

7-7～7-11　用力矩分配法求图示刚架的杆端弯矩，并绘弯矩图。

7-12　试用附加链杆法计算图示刚架，并绘弯矩图。

7-13～7-15　用无剪力分配法计算图示刚架，并绘弯矩图。

7-16　用分层法作图示刚架的弯矩图。

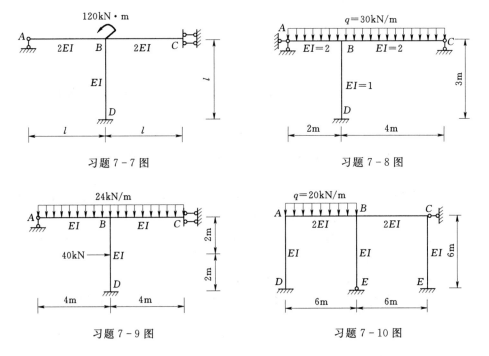

习题 7-7 图

习题 7-8 图

习题 7-9 图

习题 7-10 图

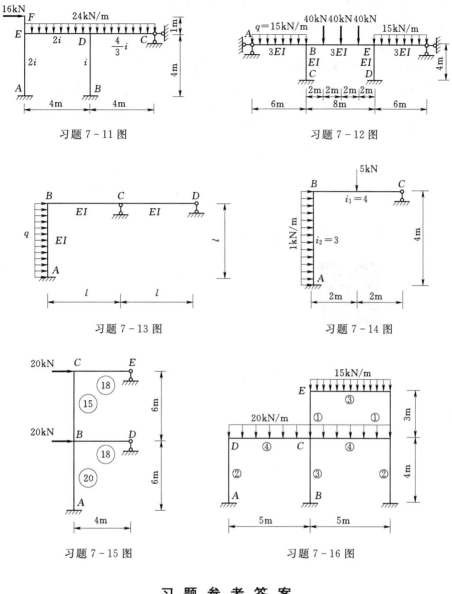

习题 7-11 图

习题 7-12 图

习题 7-13 图

习题 7-14 图

习题 7-15 图

习题 7-16 图

习 题 参 考 答 案

7-1　$M_{AB}=-2.67\text{kN}\cdot\text{m}$，$M_{BC}=-14.67\text{kN}\cdot\text{m}$

7-2　$M_{BA}=24.0\text{kN}\cdot\text{m}$

7-3　$M_{AB}=-57\text{kN}\cdot\text{m}$，$M_{BA}=66\text{kN}\cdot\text{m}$，$M_{BC}=-46\text{kN}\cdot\text{m}$

7-4　$M_{BA}=13.13\text{kN}\cdot\text{m}$，$M_{CB}=22.5\text{kN}\cdot\text{m}$，$M_{DC}=78.75\text{kN}\cdot\text{m}$

7-5　$M_{BC}=-10\text{kN}\cdot\text{m}$，$M_{CB}=42.5\text{kN}\cdot\text{m}$，$M_{DC}=53.75\text{kN}\cdot\text{m}$

7-6　$M_{CB}=0.1005ql^{2}$，$M_{ED}=0.857ql^{2}$

7-7　$M_{BA}=-60\text{kN}\cdot\text{m}$，$M_{BC}=-20\text{kN}\cdot\text{m}$，$M_{CB}=20\text{kN}\cdot\text{m}$，

　　$M_{BD}=-40\text{kN}\cdot\text{m}$

7 - 8　　$M_{BA} = 38.2\text{kN} \cdot \text{m}$, $M_{BC} = -48.4\text{kN} \cdot \text{m}$

7 - 9　　$M_{BA} = 70.5\text{kN} \cdot \text{m}$, $M_{BC} = -120.5\text{kN} \cdot \text{m}$, $M_{CB} = -71.5\text{kN} \cdot \text{m}$,

　　　　$M_{BD} = 50\text{kN} \cdot \text{m}$

7 - 10　　$M_{AB} = -26.5\text{kN} \cdot \text{m}$, $M_{BC} = -32.7\text{kN} \cdot \text{m}$

7 - 11　　$M_{AE} = 11.75\text{kN} \cdot \text{m}$, $M_{EA} = 23.5\text{kN} \cdot \text{m}$, $M_{ED} = -7.5\text{kN} \cdot \text{m}$

7 - 12　　$M_{BA} = 82.5\text{kN} \cdot \text{m}$, $M_{BE} = -92.5\text{kN} \cdot \text{m}$

7 - 13　　$M_{BA} = -0.129ql^2$, $M_{CB} = 0.0323ql^2$, $M_{AB} = -0.371ql^2$

7 - 14　　$M_{BA} = -1.39\text{kN} \cdot \text{m}$, $M_{AB} = 6.61\text{kN} \cdot \text{m}$

7 - 15　　$M_{AB} = -165.07\text{kN} \cdot \text{m}$, $M_{BA} = -74.93\text{kN} \cdot \text{m}$, $M_{CE} = 73.33\text{kN} \cdot \text{m}$

7 - 16　　$M_{AD} = 6.99\text{kN} \cdot \text{m}$, $M_{BC} = -0.74\text{kN} \cdot \text{m}$, $M_{DA} = 14\text{kN} \cdot \text{m}$

部分习题参考答案详解请扫描下方二维码查看。

第八章 影响线及其应用

前面几章所讨论的都是各种结构在恒载作用下的静力计算。所谓恒载是指不仅大小和方向保持不变，而且作用点位置也固定不变的荷载。在恒载作用下，结构的受力状态通常是不变的。但有些工程结构除了承受恒载作用外，还要受到各种活荷载的作用。而活荷载又可分为移动荷载和可动荷载。例如，在桥梁上行驶的车辆荷载，在吊车梁上行驶的吊车荷载等，都属于移动荷载；又如房屋楼面上的人群、货物或非固定设备等可以任意布置的分布荷载，也属于活动荷载的范围。本章主要讨论结构在移动荷载作用下的内力计算问题。

第一节 移动荷载和影响线的概念

所谓**移动荷载**一般是指荷载的大小和方向不变而作用位置在结构上移动的荷载。结构在移动荷载作用下的受力状态将随荷载作用位置的不同而变化，包括结构的支座反力、内力和位移等都是变化的，这样需要解决以下新的问题：

(1) 结构上某一量值（反力、内力或位移等）随荷载作用位置变动的变化规律。

(2) 确定使上述量值达到最大时移动荷载的作用位置，即该量值的最不利荷载位置，并求出相应的最不利值。

(3) 确定结构各截面上内力变化的范围，即内力变化的上限和下限。

以上 (1) 是基础，(2)、(3) 是进一步的应用，可为结构设计提供相应的依据。

移动荷载一般由若干个大小和间距保持不变的竖向荷载所组成，此时就称为**移动荷载组**。

如图 8-1 所示简支梁 AB 上有小车由左向右移动，小车的轮压可表示为两个间距不变的竖向荷载 F_{P1} 和 F_{P2}，其位置可以用其中某一个荷载与支座 A 端的距离 x 表示。小车移动时，支座反力 F_{Ay} 将逐渐减小，而支座反力 F_{By} 却逐渐增大。此时，梁内不同截面处内力的变化规律是各不相同的。即使在同一截面处，不同内力的变化规律也是不同的。因此，作为最基础的研究，可以从单一的移动荷载作用下给定截面上某种量值的变化规律开始，并且取荷载为单位荷载。

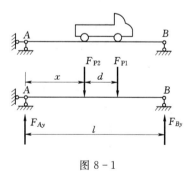

图 8-1

所谓单位荷载是指数值和量纲均为 1 的量，它能在实际移动荷载可以达到的范围内移动。在求得了某一指定量值（反力、内力或位移等）所产生的影响后，就可以根据叠加原理再进一步求得各种移动荷载组所引起的该量值的变化规律。

如图 8-2 (a) 所示简支梁，当单位竖向荷载 $F_P = 1$ 在梁上移动时，讨论支座反力

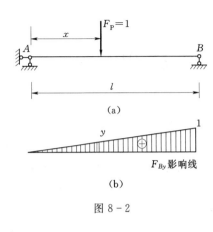

图 8 - 2

F_{By} 的变化规律。以 A 点为坐标原点，以 x 表示单位移动荷载 $F_P=1$ 的作用位置的横坐标，以纵坐标表示 x 位置相应的 F_{By} 值。当荷载 $F_P=1$ 在梁上的任意位置 $x(0 \leqslant x \leqslant l)$ 时，利用平衡方程可求出支座反力 F_{By}：

$$F_{By} = \frac{x}{l} F_P \quad (0 \leqslant x \leqslant l)$$

显然，当 $x=0$ 时，$F_{By}=0$；当 $x=l$ 时，$F_{By}=1$；当 x 在 A、B 之间变化时，F_{By} 是 x 的线性变化函数。按以上函数所绘出的图形，如图 8 - 2（b）所示，就表示了 $F_P=1$ 在梁上移动时反力 F_{By} 的变化规律。这一图形就称为反力 F_{By} 的**影响线**。

由此可得影响线的定义如下：当方向不变的单位集中荷载 $F_P=1$ 沿结构移动时，表示结构某一处的某一量值（反力、内力、位移等）变化规律的图形，称为该量值的影响线[1]。

影响线表明单位集中荷载在结构上各个位置时对某一量值所产生的影响，它是研究移动荷载作用下结构计算的基本工具。应用它可确定最不利荷载位置，进而求出相应量值的最大值。

第二节 静力法作静定结构影响线

静定结构的内力或支座反力影响线有两种基本作法，即静力法和机动法。所谓的静力法，就是以荷载 $F_P=1$ 的任意作用位置 x 为变量，暂将荷载看作不动，由静力平衡条件求出所研究的量值与 $F_P=1$ 作用位置的关系。表示这种关系的方程称为**影响线方程**。利用影响线方程，即可绘出相应量值的影响线。

下面先以静定梁为例，介绍用静力法绘制其支座反力、剪力和弯矩影响线的方法，然后再讨论其他静定结构影响线的绘制方法。

一、静定梁的影响线

1. 支座反力影响线

简支梁支座反力 F_{By} 的影响线已在上一节讨论过，如图 8 - 3（b）所示。现在仅讨论支座反力 F_{Ay} 的影响线。为此，取简支梁的左端 A 为原点，x 轴向右为正，以坐标 x 表示荷载 $F_P=1$ 的位置，设支座反力以向上为正。当 $F_P=1$ 在梁上任意位置，即 $0 \leqslant x \leqslant l$ 时，由平衡条件 $\sum M_B=0$ 得

$$F_{Ay}l - F_P(l-x) = 0$$

得

$$F_{Ay} = F_P \frac{l-x}{l} \quad (0 \leqslant x \leqslant l)$$

---

❶ 1865 年，布累塞（Bresse，1822—1883）在其应用力学教程第三卷中对连续梁的研究涉及影响线的初步概念。影响线的方法最早是由尹克勒（E. Winkler，1835—1888）于 1872 年提出来的。

这就是 F_{Ay} 的影响线方程。由此方程可知，F_{Ay} 的影响线也是一直线，只需定出两点。

当 $x=0$ 时，$F_{Ay}=1$；当 $x=l$ 时，$F_{Ay}=0$。利用这两个竖标就可以画出 F_{Ay} 的影响线，如图 8-3（c）所示。

在作影响线时，规定将正号影响线竖标绘在基线的上边，负号竖标绘在下边。同时，通常假定单位荷载 $F_P=1$ 为一无量纲量。但是，在利用影响线研究实际荷载对某一量值的影响时，要将实际荷载与影响线的竖标相乘，这时就必须将荷载的单位计入，方可得到该量值的实际单位。

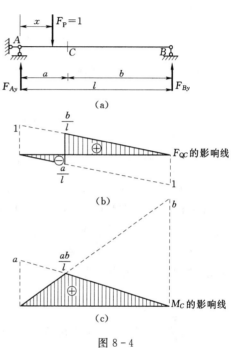

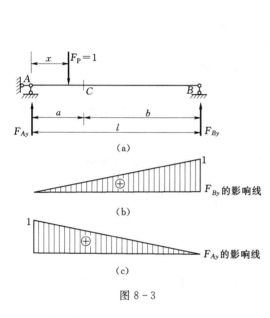

图 8-3　　　　　　　　　　　　图 8-4

2. 剪力影响线

现要绘制如图 8-4（a）所示简支梁上某指定截面 C 的剪力影响线。剪力的正负号与材料力学所规定的相同，即使隔离体顺时针转动者为正，反之为负。当 $F_P=1$ 在 AC 段移动时（$0 \leqslant x \leqslant a$），取截面 C 以右部分为隔离体，可得

$$F_{QC} = -F_{By}$$

这表明，将 F_{By} 的影响线反号并取其 AC 段，即得 F_{QC} 影响线的左直线，C 点的竖标可由比例关系求得为 $-\dfrac{a}{l}$，如图 8-4（b）所示。

当 $F_P=1$ 在 CB 段移动时（$a \leqslant x \leqslant l$），取截面 C 以左部分为隔离体，可得

$$F_{QC} = F_{Ay}$$

因此，直接利用 F_{Ay} 的影响线并取其 CB 段，即得 F_{QC} 影响线的右直线，C 点的竖标可由比例关系求得 $\dfrac{b}{l}$，如图 8-4（b）所示。

由上可知，F_{QC} 的影响线由两段相互平行的直线组成，其竖标在 C 点处有一突变，也

就是当 $F_P=1$ 由 C 点的左侧移到其右侧时，截面 C 的剪力值将发生突变，其突变值等于 1。而当 $F_P=1$ 恰作用于 C 点时，F_{QC} 值是不定的。请读者思考 $\dfrac{a}{l}$、$\dfrac{b}{l}$ 的物理含义。

3. 弯矩影响线

现要绘制如图 8-4（a）所示简支梁上某指定截面 C 的弯矩影响线。仍取 A 为原点，以 x 表示荷载 $F_P=1$ 的位置。当 $F_P=1$ 在截面 C 以左的梁段 AC 上移动时，为计算简便起见，取截面 C 以右部分为隔离体，以 F_{By} 对 C 点取矩，并规定使梁的下边受拉的弯矩为正，则有

$$M_C=F_{By}b=\frac{x}{l}b \quad (0\leqslant x\leqslant a)$$

由此可知，M_C 的影响线在截面 C 以左部分为一直线。

$$当 x=0 时，\quad M_C=0$$

$$当 x=a 时，\quad M_C=\frac{ab}{l}$$

于是，只需在截面 C 处取一个等于 $\dfrac{ab}{l}$ 的竖标，然后以其顶点与左端的零点相连，即可得出当荷载 $F_P=1$ 在截面 C 以左移动时 M_C 的影响线，如图 8-4（c）所示。

当荷载 $F_P=1$ 在截面 C 以右的梁段 CB 上移动时，上面所求得的影响线方程则不再适用。因此，需另行列出 M_C 的表达式才能绘出相应部分的影响线。这时，为了计算简便，可取截面 C 以左部分为隔离体，以 F_{Ay} 对 C 点取矩，即得当荷载 $F_P=1$ 在截面 C 以右移动时 M_C 的影响线方程：

$$M_C=F_{Ay}a=\left(\frac{l-x}{l}\right)a \quad (a\leqslant x\leqslant l)$$

上式表明，M_C 的影响线在截面 C 以右部分也是一直线。

$$当 x=a 时，\quad M_C=\frac{ab}{l}$$

$$当 x=l 时，\quad M_C=0$$

据此，即可绘出当荷载 $F_P=1$ 在截面 C 以右移动时 M_C 的影响线，如图 8-4（c）所示。可见，M_C 的影响线是由两段直线所组成的，其相交点就在截面 C 上。通常称截面以左的直线为左直线，截面以右的直线为右直线。

从上列弯矩影响线方程可以看出：左直线可由反力 F_{By} 的影响线将竖标放大到 b 倍而成，而右直线则可由反力 F_{Ay} 的影响线将竖标放大到 a 倍而成。因此，可以利用 F_{Ay} 和 F_{By} 的影响线来绘制 M_C 的影响线。其具体的绘制方法是：在左、右两支座处分别取竖标 a、b，如图 8-4（c）所示，将它们的顶点各与右、左两支座处的零点用直线相连，则这两条直线的交点与左右零点相连的部分就是 M_C 的影响线。这种利用某一已知量值的影响线来绘制其他量值影响线的方法是很方便的，以后还会经常用到。

由于已假定 $F_P=1$ 为无量纲量，故弯矩影响线的量纲为长度。

【例 8-1】 试作如图 8-5（a）所示外伸梁 F_{Ay}、F_{By}、F_{QC}、F_{QD} 的影响线。

解：（1）作 F_{Ay}、F_{By} 影响线。取 A 为坐标原点，x 向右为正。由平衡条件可求得两

支座反力为

$$\left.\begin{array}{l} F_{Ay}=\dfrac{l-x}{l} \\[2mm] F_{By}=\dfrac{x}{l} \end{array}\right\} \quad (-l_1 \leqslant x \leqslant l+l_2)$$

注意：当 $F_P=1$ 位于 A 点以左时，x 为负值，故上述两方程在梁的全长范围内都是适用的。由于上面两式与简支梁的反力影响线方程完全相同，因此只需将简支梁的反力影响线向两个伸臂部分延长，即得外伸梁的反力影响线，如图 8-5 （b）、（c）所示。

（2）作 F_{QC} 的影响线。当 $F_P=1$ 位于截面 C 的左边时，取截面 C 以右部分为隔离体，求得 F_{QC} 的影响线方程为

$$F_{QC}=-F_{By} \quad (-l_1 \leqslant x \leqslant a)$$

当 $F_P=1$ 位于截面 C 的右边时，则有

$$F_{QC}=F_{Ay} \quad (a \leqslant x \leqslant b+l_2)$$

由此可绘得 F_{QC} 的影响线，如图 8-5 （d）所示。可以看出，只需将简支梁相应截面的剪力影响线的左、右直线分别向左、右两伸臂部分延长，即可得外伸梁 F_{QC} 的影响线。同理可以绘出截面 C 弯矩 M_C 影响线，此处不再多述。

（3）作 F_{QD} 的影响线。当 $F_P=1$ 位于截面 D 的左边时，取截面 D 以右部分为隔离体，求得 F_{QD} 的影响线方程为

$$F_{QD}=0$$

当 $F_P=1$ 位于截面 C 的右边时，则有

$$F_{QC}=1$$

由此可绘得 F_{QD} 的影响线，如图 8-5 （e）所示。

【例 8-2】 试用静力法作如图 8-6 （a）所示梁 F_{By}、M_C 的影响线。

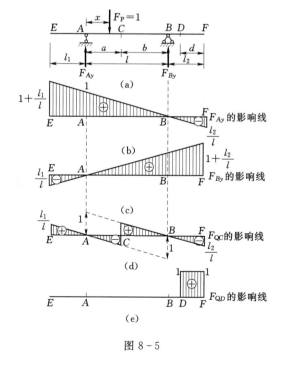

图 8-5

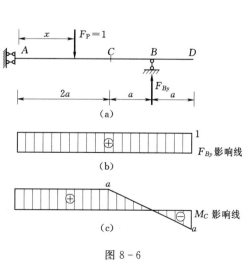

图 8-6

解： （1）作 F_{By} 影响线。由平衡条件 $\sum F_y = 0$ 可求得

$$F_{By} = 1$$

即 $F_P = 1$ 作用在梁上任何位置时，F_{By} 恒等于 1。于是，F_{By} 影响线为一水平直线，如图 8 - 6（b）所示。

（2）作 M_C 影响线。取 A 为坐标原点，x 向右为正。当 $F_P = 1$ 在截面 C 以左移动时，则有

$$M_C = F_{By} a \quad (0 \leqslant x \leqslant 2a)$$

当 $F_P = 1$ 在截面 C 以右移动时，由平衡条件 $\sum M_A = 0$ 可求得

$$M_C = 3a - x \quad (2a \leqslant x \leqslant 4a)$$

由此绘出 M_C 影响线，如图 8 - 6（c）所示。

二、结点荷载作用下主梁的影响线

如图 8 - 7（a）所示为一桥梁结构，荷载直接作用于上层纵梁上。纵梁是简支梁，两端支在横梁上。横梁则由主梁支承；荷载通过纵梁下面的横梁传递给下层主梁。以移动荷载来说，不论荷载作用在纵梁上的哪些位置，其作用都要通过这些横梁（结点）传递到主梁上。横梁所在处 A、C、E、F、B 即主梁的结点。因此主梁主要承受的是结点荷载。对主梁而言，荷载是间接作用的，也称为间接荷载。

下面讨论在结点荷载作用下主梁影响线的作法。

1. 支座反力 F_{Ay} 和 F_{By} 的影响线

支座反力 F_{Ay} 和 F_{By} 的影响线，与如图 8 - 3 所示完全相同。

2. M_C 的影响线

C 点正好是结点。当 $F_P = 1$ 在 C 点以右时，利用 F_{Ay} 影响线求 M_C；当 $F_P = 1$ 在 C 点以左时，利用 F_{By} 影响线求 M_C。由此可知，M_C 影响线作法与如图 8 - 4（c）所示完全相同，如图 8 - 7（b）所示。其中 C 点的竖标为

$$\frac{ab}{l} = \frac{d \times 3d}{4d} = \frac{3}{4}d$$

3. M_D 的影响线

当 $F_P = 1$ 在纵梁上移动时，有两种情况：①当 $F_P = 1$ 沿纵梁移动到各横梁（结

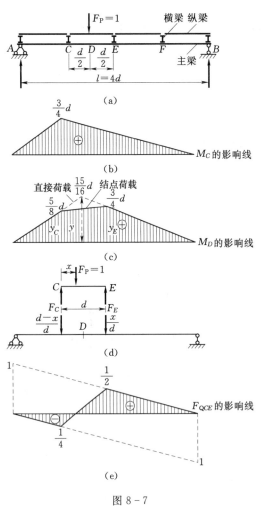

图 8 - 7

点）位置时，就相当于荷载直接作用在主梁的结点上，所以在结点荷载作用下，主梁在结点处的影响线竖标与直接荷载作用也完全相同；②当 $F_P=1$ 移动到 C、E 两个结点之间时，主梁受的力是横梁传来的两个结点荷载 F_C 和 F_E，如图 8-7（d）所示。根据影响线的定义和叠加原理得

$$M_D = F_C y_C + F_E y_E = \frac{d-x}{d} y_C + \frac{x}{d} y_E$$

式中 y_C 和 y_E 分别为直接荷载作用下 M_D 影响线在 C、E 两点的竖标，如图 8-7（c）所示。上式就是结点 C、E 间的 M_D 影响线方程，即 $M_D = y(x)$ 是一次函数，说明 M_D 影响线在结点 C、E 间是一直线。

由此可以得到一般性结论：

（1）在结点荷载作用下，结点处的影响线竖标与直接荷载的影响线竖标相同。

（2）在结点荷载作用下，相邻两个结点之间影响线为一直线。

因此，只要找到在直接荷载作用下 M_D 影响线的各结点处的竖标，将相邻竖标顶点逐段连以直线就是结点荷载作用下 M_D 影响线，具体作法如下：

先假设 $F_P=1$ 直接作用于主梁上，则 M_D 影响线为一个三角形（其中 CE 段为虚线）。D 点的竖标为

$$\frac{ab}{l} = \frac{\frac{3}{2}d \times \frac{5}{2}d}{4d} = \frac{15}{16}d$$

由比例关系可知，C、E 两点的竖标分别为

$$y_C = \frac{15}{16}d \times \frac{2}{3} = \frac{5}{8}d, \quad y_E = \frac{15}{16}d \times \frac{4}{5} = \frac{3}{4}d$$

将 C、E 两点的竖标顶点连一直线，就得到结点荷载作用下 M_D 影响线，如图 8-7（c）所示实线。

4. F_{QCE} 的影响线

在结点荷载作用下，主梁在 C、E 两点间没有外力，因此 C、E 两点间各截面的剪力都相等，通常称为**节间剪力**，以 F_{QCE} 表示。依照上述作法，可得主梁 F_{QCE} 的影响线，如图 8-7（e）所示。

以上讨论同样也适用于主梁其他量值的影响线。由此，可以将结点荷载作用下某一量值影响线的作法归纳如下：

（1）先用虚线绘出直接荷载作用下某量值的影响线。

（2）用实线连接相邻两结点的竖标，就得到该量值在结点荷载作用下的影响线。

三、静定桁架的影响线

在桁架中，荷载一般是通过纵横梁系以集中荷载的形式作用在结点上，属于结点荷载作用下的情况。如图 8-8（a）所示为一平行弦桁架，设单位荷载沿桁架下弦 AG 移动，其荷载的传递方式与如图 8-8（b）所示的梁相同。因此，任一杆的轴力（如 F_{Nbc}）影响线在相邻结点间为一直线。可以把单位移动荷载 $F_P=1$ 依次置于 A、B、C、D、E、F、G 各结点上，计算 F_{Nbc} 的值，用竖标表示出来，再连以直线，就可得到 F_{Nbc} 的影响线。下面以结点法和截面法为基础介绍静定桁架影响线的静力作法。

对于单跨静定梁式桁架，其反力影响线的计算与相应单跨静定梁相同。这里不再讨论。

1. 上弦杆轴力 F_{Nbc} 的影响线

作截面 I—I，当移动荷载 $F_P=1$ 作用在 C 左侧各结点上时，取截面 I—I 右侧部分为隔离体，并假定杆件承受拉力（以下同），以结点 C 为矩心，由平衡条件 $\sum M_C=0$ 得

$$F_{Gy} \times 4d + F_{Nbc}h = 0$$

$$F_{Nbc} = -\frac{4d}{h}F_{Gy} \tag{a}$$

当移动荷载 $F_P=1$ 作用在 C 右侧各结点上时，取截面 I—I 左侧部分为隔离体，仍以结点 C 为矩心，由平衡条件 $\sum M_C=0$ 得

$$F_{Ay} \times 2d + F_{Nbc}h = 0$$

$$F_{Nbc} = -\frac{2d}{h}F_{Ay} \tag{b}$$

根据式（a）、式（b），可知，将 F_{Ay} 影响线竖标乘以因子 $\frac{2d}{h}$ 之后，画于基线以下，取 C、G 之间的部分；同样，将 F_{Gy} 影响线竖标乘以因子 $\frac{4d}{h}$ 之后，画于基线以下，取其 A、C 之间的部分，这样得到一个三角形。由于在相邻结点之间都是直线，因此得到的三角形就是 F_{Nbc} 的影响线，如图 8-8（c）所示。

式（a）和式（b）可以合并为一个式子，即

$$F_{Nbc} = -\frac{M_C^0}{h} \tag{c}$$

式中 M_C^0 是相应于如图 8-8（b）所示简支梁结点 C 的弯矩。也就是说，F_{Nbc} 影响线可以由相应简支梁结点 C 处弯矩的影响线乘以因子 $-\frac{1}{h}$ 得到。

2. 下弦杆轴力 F_{NCD} 的影响线

作截面 II—II，以结点 c 为矩心，由平衡条件 $\sum M_c=0$，按照与以上类似的分析方法，可以求得

$$F_{NCD} = \frac{M_c^0}{h} \tag{d}$$

因此，F_{NCD} 影响线可以由相应简支梁结点 C 处弯矩的影响线乘以因子 $\frac{1}{h}$ 得到，如图 8-8（d）所示。

3. 斜杆 bC 轴力的竖向分力 F_{ybC} 影响线

仍用截面 I—I，当单位移动荷载 $F_P=1$ 在 B 以左时，取截面 I—I 右侧部分为隔离体，由平衡条件 $\sum F_y=0$ 得

$$F_{ybC} = -F_{Gy} \tag{e}$$

当单位移动荷载 $F_P=1$ 作用在 C 右侧各结点上时，取截面 I—I 左侧部分为隔离体，由平衡条件 $\sum F_y=0$ 得

$$F_{ybC} = F_{Ay} \qquad (f)$$

当单位移动荷载 $F_P = 1$ 在 B、C 之间时，F_{ybC} 影响线为一直线。

根据上述分析绘出 F_{ybC} 的影响线如图 8-8（e）所示。利用相应梁节间 BC 的剪力 F^0_{QBC}，可将上述分析结果概括为一个式子：

$$F_{ybC} = F^0_{QBC} \qquad (g)$$

如图 8-8（e）所示的影响线其实就是节间剪力 F^0_{QBC} 的影响线。

4. 竖杆 cC 轴力 F_{NcC} 影响线

作截面 Ⅱ—Ⅱ，当单位移动荷载 $F_P = 1$ 作用在 C 以左时，取截面 Ⅱ—Ⅱ右侧部分为隔离体，由平衡条件 $\sum F_y = 0$ 得

$$F_{NcC} = F_{Gy} \qquad (h)$$

当单位移动荷载 $F_P = 1$ 作用在 D 以右时，取截面 Ⅱ—Ⅱ左侧部分为隔离体，由平衡条件 $\sum F_y = 0$ 得

$$F_{NcC} = -F_{Ay} \qquad (i)$$

当单位移动荷载 $F_P = 1$ 在 C、D 之间时，F_{NcC} 影响线为一直线。

根据上述分析绘出 F_{NcC} 的影响线，如图 8-8（f）所示。利用相应梁节间 CD 的剪力 F^0_{QCD}，可将上述分析结果概括为一个式子：

$$F_{NcC} = -F^0_{QCD} \qquad (j)$$

如图 8-8（f）所示的影响线其实就是节间剪力 F^0_{QCD} 的影响线。

5. 竖杆 dD 轴力 F_{NdD} 影响线

在上述的分析中，一直假设单位移动荷载 $F_P = 1$ 沿下弦移动，即由下弦结点承受荷载（下承桁架）作用。这样，由上弦结点 d 的平衡可知

$$F_{NdD} = 0$$

因此，F_{NdD} 影响线与基线重合，如图 8-8（g）所示。不论单位移动荷载 $F_P = 1$ 在任何位置，杆 dD 永远是零杆。

如果假设单位移动荷载 $F_P = 1$ 沿桁架上弦移动，由上弦结点承受荷载（上承桁架）作用，由上弦结点 d 的平衡可知

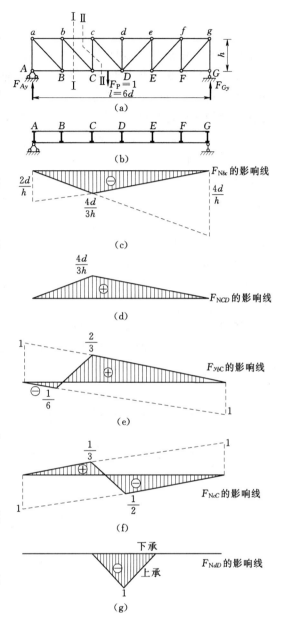

图 8-8

当 $F_P=1$ 在结点 d 时，$\qquad F_{NdD}=-1$

当 $F_P=1$ 在其他结点时，$\qquad F_{NdD}=0$

由此可知，作桁架的影响线时，要注意区分桁架是下弦承载还是上弦承载。

对于多跨静定梁、静定刚架、组合结构等静定结构的各类影响线，都可以按照上述静力法绘出，这里不再讨论。

四、内力图和影响线的比较

影响线与内力图虽然都是表示某种函数关系的图形，但两者的自变量和因变量是不相同的，意义更不同。下面以简支梁的弯矩影响线和弯矩图来说明。

如图 8-9（a）所示是简支梁的弯矩图，表示集中力 $F_P=1$ 作用于点 C 时的弯矩图，它表示在固定荷载 $F_P=1$ 作用下，不同截面（自变量 x 是所在截面的位置参数）上弯矩的变化情况（因变量是梁上不同截面的弯矩值），即 $M_x=g(x)$；而如图 8-9（b）所示则是弯矩 M_C 的影响线，表示 $F_P=1$ 移动时（自变量 x 是荷载 $F_P=1$ 的位置参数）指定截面 C 处弯矩 M_C 的变化规律（因变量是指定截面 C 弯矩值 M_C），即 $M_C=f(x)$。虽然它们的图形相似，但各自代表不同含义，应从概念上将它们区分清楚，两者的本质区别详见表 8-1。例如，在如图 8-9（a）所示的弯矩图中，点 D 的竖标 M_D 表示在固定荷载 $F_P=1$ 作用下截面 D 的弯矩值；而在如图 8-9（b）所示的影响线图中，点 D 的竖标 y_D 则代表移动荷载 $F_P=1$ 作用在 D 点时指定截面 C 的弯矩 M_C 的大小。总之内力图反映的是定载不同截面内力的变化规律，而影响线反映的是动载固定截面内力的变化规律。

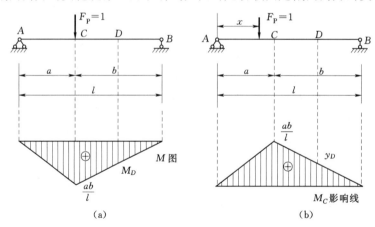

图 8-9

表 8-1 简支梁单位荷载作用下的弯矩图与弯矩影响线的比较

图线性质	弯矩图	影响线
荷载大小	$F_P=1$	$F_P=1$
荷载性质	固定	移动
横坐标	表示横截面位置	表示移动荷载位置
纵坐标	表示全部截面弯矩的变化规律	表示 C 截面弯矩的变化规律
正负规定	不强调正负规定，绘在受拉侧	下侧受拉为正，正的绘在杆轴上侧
尖点含义	荷载作用点的弯矩	移动荷载移动到该位置时的弯矩

第三节　机动法作静定结构影响线

机动法是作影响线的另一种方法,它以刚体体系的虚位移原理为理论依据,把作内力或支座反力影响线的静力问题转化为位移图的几何问题。

机动法的优点在于不必经过具体计算就能迅速绘出影响线的轮廓。这对于某些问题的处理是非常方便的(例如,在确定最不利荷载位置时,往往只需要影响线的轮廓,而无须求出其极值)。同时也可以利用机动法对静力法所作的影响线进行校核。

下面先以如图 8-10(a)所示简支梁的反力影响线为例,说明机动法作影响线的概念和步骤,然后再讨论多跨静定梁等静定结构影响线的作法。

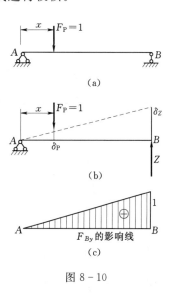

(a)

(b)

F_{By} 的影响线

(c)

图 8-10

为了求图示简支梁支座 B 点的反力 $Z=F_{By}$,将与它相对应的联系撤掉,而以力 $Z=F_{By}$ 代替其作用,如图 8-10(b)所示。此时原结构变成具有一个自由度的几何可变体系,然后,给此体系以微小的虚位移,使梁 AB 绕 A 点做微小转动,并以 δ_Z 和 δ_P 分别表示力 $Z=F_{By}$ 和 F_P 的作用点沿力作用方向上的虚位移。根据刚体系的虚位移原理,梁上原有平衡力系 F_{Ay}、F_P 和反力 $Z=F_{By}$ 所做的虚功总和为零,即有虚功方程为

$$Z\delta_Z + F_P\delta_P = 0$$

在作影响线时,取 $F_P=1$,故有

$$Z = -\frac{\delta_P}{\delta_Z}$$

式中,δ_Z 为力 $Z=F_{By}$ 的作用点沿其方向的位移,在给定虚位移的情况下,它是一个常数;而 δ_P 则为荷载 $F_P=1$ 的作用点沿其方向的位移,由于 $F_P=1$ 是移动的,因而 δ_P 就是荷载移动时各点的竖向虚位移图。可见,$Z=F_{By}$ 的影响线与位移图 δ_P 是成正比的,将位移图 δ_P 的竖标除以常数 δ_Z 并反号,就得到 $Z=F_{By}$ 的影响线。为了方便,可令 $\delta_Z=1$,则上式成为 $F_{By}=-\delta_P$,也就是此时的虚位移图 δ_P 便代表 $Z=F_{By}$ 的影响线,如图 8-10(c)所示,只不过符号相反。但注意到 δ_P 是以与力 F_P 方向一致为正,即以向下为正,因而可知:当 δ_P 向下时,$Z=F_{By}$ 为负;当 δ_P 向上时,$Z=F_{By}$ 为正。这就恰与在影响线中正值的竖标绘在基线的上方相一致。

总结上述过程,可得机动法作静定结构内力或反力影响线的步骤如下:

(1)去掉与 Z 相应的联系,代以未知力 Z。

(2)使所得机构沿 Z 正方向发生单位位移,得到的虚位移图即代表 Z 的影响线轮廓。

(3)令 $\delta_Z=1$,确定影响线各竖标的数值。横坐标以上取正号,横坐标以下取负号。

【例 8-3】　用机动法作如图 8-11(a)所示的简支梁 C 截面弯矩和剪力影响线。

解:(1)弯矩 M_C 的影响线。去掉与 M_C 相应的联系,即将截面 C 处改为铰结,并加一对力偶 M_C 代替原有联系的作用。这样铰 C 两侧的刚体 AC、BC 可以发生相对转动。

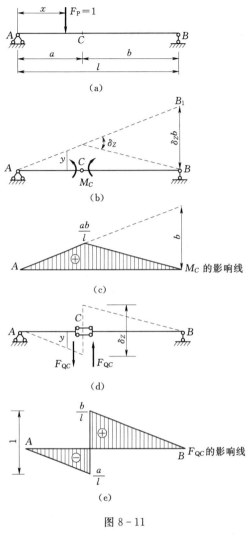

图 8-11

使 AC、BC 两部分沿 M_C 的正方向发生虚位移如图 8-11（b）所示。与 M_C 相应的 δ_z 就是铰 C 两侧截面的相对角位移。由于 δ_z 是微小的，可求得 $BB_1 = \delta_z b$。根据几何关系，可求出 C 点的竖向位移为 $\dfrac{ab}{l}\delta_z$，这样得到的位移图就是 M_C 影响线的轮廓。令 $\delta_z = 1$，即可得到影响线 C 点的竖标为 $\dfrac{ab}{l}$，得 M_C 的影响线，如图 8-11（c）所示。

（2）剪力 F_{QC} 的影响线。去掉截面 C 与 F_{QC} 相应的联系，代以一对正向剪力 F_{QC}，得到如图 8-11（d）所示结构。此时，在截面 C 处能发生竖向相对位移，而不能发生转动和相对的水平移动。然后，使此体系沿 F_{QC} 的正向发生相对竖向位移 δ_z，并保持两边的梁平行。令 $\delta_z = 1$，根据几何关系即可确定影响线的各控制点竖标值，如图 8-11（e）所示，即为 F_{QC} 的影响线。

【例 8-4】 用机动法作如图 8-12（a）所示多跨静定梁的 M_K、F_{QK}、M_C、F_{QE} 和 F_{Dy} 影响线。

解：（1）M_K 的影响线。去掉与 M_K 相应的联系，即将截面 K 处改为铰结，并加一对力偶 M_K 代替原有联系的作用。这样铰 K 两侧的刚体 AK、BK 可以发生相对转动，使 AK、BK 两部分沿 M_K 的正方向发生虚位移，如图 8-12（b）所示。与 M_K 相应的 δ_z 就是铰 C 两侧截面的相对角位移。由于 δ_z 是微小的，可求得 $BB' = 1 \times \delta_z$。根据几何关系，可求出 K 点的竖向位移为 $\dfrac{3 \times 1}{4}\delta_z$，这样得到的位移图就是 M_K 影响线的轮廓。令 $\delta_z = 1$，即可得到影响线 K 点的竖标为 $\dfrac{3}{4}$，各控制点的竖标可以根据比例关系求出，得 M_K 的影响线如图 8-12（c）所示。

（2）F_{QK} 的影响线。去掉截面 K 与 F_{QK} 相应的联系，代以一对正向剪力 F_{QK}，保持各支点的位移为零，使此体系沿 F_{QK} 的正向发生相对竖向位移 δ_z，并保持两边的梁平行，同时令 $\delta_z = 1$。连接 $E'C$，并延长到 F'；连接 $F'D$，并延长到 G'；然后根据比例关系即可确定影响线的各控制点竖标值，如图 8-12（d）所示。

（3）M_C 的影响线。去掉与 M_C 相应的联系，即将截面 C 处改为铰结，HE 和 EC 不能发生位移，因此，M_C 的影响线在 HC 段与基线重合。但附属部分 CF 和 FG 可发生虚位移。与 M_C 相应的 δ_Z 就是铰 C 两侧截面的相对角位移。由于 EC 无转角，故 CF 的转角即为 δ_Z，而 F 点的竖向位移为 $2\delta_Z$，令 $\delta_Z=1$，则 F 点的竖标为 2，根据比例关系求出 G 点的竖标为 1，得 M_C 的影响线如图 8 - 12（e）所示。

（4）F_{QE} 的影响线。去掉截面 E 与 F_{QE} 相应的联系，代以一对正向剪力 F_{QE}，保持各支点的位移为零，使此体系沿 F_{QE} 的正向发生相对竖向位移 δ_Z，但基本部分 HE 不能发生位移，因此，F_{QE} 的影响线在 HE 段与基线重合。EF 段绕支座 C 转动，FG 段绕支座 D 转动，令沿 F_{QE} 的正向竖向位移 $\delta_Z=1$，便可以得到 F_{QE} 的影响线，如图 8 - 12（f）所示。

（5）F_{Dy} 的影响线。在静定多跨梁中，FG 是 HF 的附属部分，当撤去支杆 D 时，HF 段不能发生位移，因此，F_{Dy} 的影响线在 HF 段与基线重合。令 FG 段在 D 点沿 F_{Dy} 的方向发生单位竖向位移，便可得到 F_{Dy} 的影响线，如图 8 - 12（g）所示。

由上述各影响线的图形可以看出，在静定多跨梁中，基本部分的内力和反力影响线是布满全梁的，而附属部分的内力和反力影响线则只在附属部分不为零（基本部分上的线段恒等于零）。这个结论与静定多跨梁的力学特性是一致的。

需要说明的是，对于多跨静定梁，由于发生支座位移或某一截面发生相对位移时，梁的位移图比较容易确定，因此用机动法作影响线比静力法要更为方便快捷。但要注意，应用机动法令结构某一截面沿所求量值正方向发生相对单位位移时，结构的位移必须符合连续性条件以及各支座处和结点处的约束条件。例如，在求某连续截面剪力影响线时，令左右两侧截面发生相对单位位移时，根据连续性条件，则两侧截面的转角是连续的，因此发生位移后，左右直线必须保持平行。

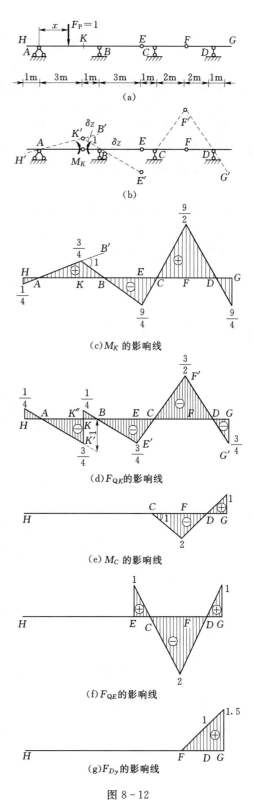

(a)

(b)

(c) M_K 的影响线

(d) F_{QK} 的影响线

(e) M_C 的影响线

(f) F_{QE} 的影响线

(g) F_{Dy} 的影响线

图 8 - 12

第四节 影 响 线 的 应 用

前面已经指出，影响线是研究移动荷载作用的基本工具，可以应用它来确定实际的移动荷载对结构上某量值的最不利影响。用影响线可解决两方面的问题：①当已知实际移动荷载在结构上的位置时，利用某量值的影响线可以求出该量值的数值，即利用影响线求量值的**影响量**；②利用某量值的影响线确定实际移动荷载对该量值的**最不利荷载位置**。

一、求各种荷载作用下的影响

1. 移动荷载组

设结构上受到一组平行集中荷载 F_{P1}、F_{P2}、$\cdots$、F_{Pn} 的作用，如图 8-13（a）所示，某量值 Z 的影响线如图 8-13（b）所示，其在荷载作用位置的竖标依次为 y_1、y_2、$\cdots$、y_n，则根据影响线的定义和叠加原理，可求得在这组集中荷载共同作用下影响量 Z 的值为

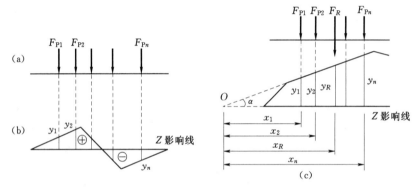

图 8-13

$$Z = F_{P1}y_1 + F_{P2}y_2 + \cdots + F_{Pn}y_n = \sum_{i=1}^{n} F_{Pi}y_i \qquad (8-1)$$

应用式（8-1）时，需注意影响线竖标 y_i 的正、负号。

值得指出的是，当一组平行集中荷载作用于影响线的某一直线段时，如图 8-13（c）所示，为了简化计算，可用它们的合力来代替整个荷载组，而不改变所求量值的最后数值。可以证明如下：

将影响线上此段直线延长使之与基线交于 O 点，其倾角为 α，该直线段上各荷载作用下对应各影响线竖标为 y_i，可用 $x_i \tan\alpha$ 表示，则图中直线段上荷载作用下产生的量值为

$$Z = F_{P1}x_1\tan\alpha + F_{P2}x_2\tan\alpha + \cdots + F_{Pn}x_n\tan\alpha = \tan\alpha \sum_{i=1}^{n} F_{Pi}x_i$$

式中 $\displaystyle\sum_{i=1}^{n} F_{Pi}x_i$ ——直线段上各力对 O 点的力矩之和，根据合力矩定理，它等于合力 F_R 对 O 点之矩，即有

$$\sum_{i=1}^{n} F_{Pi}x_i = F_R x_R$$

故有

$$Z = \tan\alpha \sum_{i=1}^{n} F_{Pi}x_i = \tan\alpha \cdot F_R x_R = F_R y_R \qquad (8-2)$$

式中 F_R——作用于结构上的平行荷载的合力；

y_R——合力所对应的影响线竖标。

这样就证明了上述结论。若影响线是由若干直线段组成，且每直线段均有荷载作用，此时对每段直线可分别按式（8-2）计算量值，然后相加求得全部荷载所产生的量值。

2. 分布荷载

设有一段长度一定的已知分布荷载 $q(x)$ 作用在结构的某一位置，如图8-14（a）所示，量值 Z 的影响线如图8-14（b）所示，欲求此分布荷载作用下量值 Z 的影响量的大小。为此，将分布荷载沿其长度分成许多微段 dx，可把微段 dx 上的荷载 $q(x)dx$ 看作一集中荷载，以 y 表示相应 Z 影响线的竖标，则作用于结构上的全部分布荷载对量值 Z 的影响量为

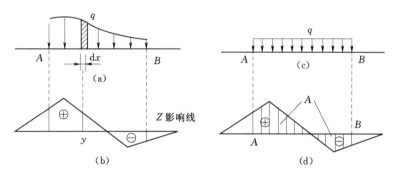

图 8-14

$$Z = \int_A^B y q(x) dx \qquad (8-3)$$

若是如图8-14（c）所示的均布荷载 q，则有

$$Z = \int_A^B y q(x) dx = q \int_A^B y dx = qA \qquad (8-4)$$

式中 A——影响线图形在均布荷载分布段 AB 上的面积，如图8-14（d）所示。

由此可知，在均布荷载作用下某量值 Z 的大小，等于荷载集度乘以荷载分布段影响线面积。应用式（8-4）时，要注意影响线面积 A 的正负号。

【例8-5】 如图8-15（a）所示为一外伸梁，试利用影响线计算 M_K、F_{QK} 的数值。

解：先作 M_K、F_{QK} 影响线，并标出有关竖标值如图8-15（b）、（c）所示。因截面 K 有集中力作用，剪力要发生突变，所以需要分左、右两侧截面分别计算剪力。根据叠加原理，利用式（8-1）和式（8-4）可算得

$$M_K = 2ql \times \left(-\frac{l}{4}\right) + ql \times \frac{l}{4} + q\left(\frac{1}{2}l \times \frac{l}{4} - \frac{1}{2} \times \frac{l}{2} \times \frac{l}{4} \times 2\right) = -\frac{ql^2}{4}$$

$$F_{QK}^L = 2ql \times \frac{1}{2} + ql \times \frac{1}{2} + q \times 0 = \frac{3ql}{2}$$

$$F_{QK}^R = 2ql \times \frac{1}{2} + ql \times \left(-\frac{1}{2}\right) + q \times 0 = \frac{ql}{2}$$

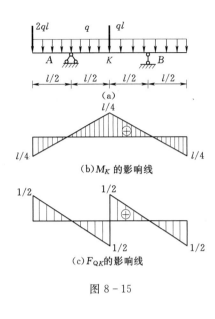

图 8 - 15

二、确定最不利荷载位置

在移动荷载作用下结构上的各种量值均将随荷载的位置而变化，在结构设计时，必须求出各种量值的最大值（包括最大正值和最大负值，最大负值也称最小值），以此作为设计的依据。为此，必须先确定使某一量值发生最大（或最小）值的荷载位置，即最不利荷载位置。下面将分几种情况进一步讨论如何利用影响线来确定最不利荷载位置。

对于一些简单情况，只需对影响线和荷载特性加以分析和判断，就可以确定最不利荷载位置。其判断的一般原则是：应当把数值大、排列密的荷载布置在影响线竖标较大的位置。例如只有一个集中荷载 F_P 时，将 F_P 置于 Z 影响线的最大竖标处即产生 Z_{max} 值；而将 F_P 置于 Z 影响线的最小竖标处即产生 Z_{min}，如图 8 - 16 所示。

1. 移动均布荷载情况

对于可以任意断续布置的均布荷载（如人群、货物等荷载），由式（8-4）即 $Z = qA$ 可知，当均布荷载布满对应影响线正号面积的部分时，则量值 Z 将产生最大值 Z_{max}；反之，当均布荷载布满对应影响线负号面积的部分时，则量值 Z 将产生最小值 Z_{min}。例如，对于如图 8-17（a）所示多跨静定梁，M_D 影响线如图 8-17（b）所示。欲求截面 D 的弯矩最大值 M_{Dmax} 和最小值 M_{Dmin}，则相应的最不利荷载位置如图 8-17（c）、（d）所示。

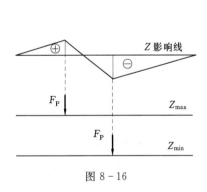

图 8 - 16

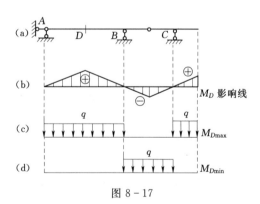

图 8 - 17

2. 移动荷载组

对于一组集中行列荷载，即一系列间距不变的移动集中荷载（也包括均布荷载），如汽车荷载和吊车荷载等，其最不利荷载位置的确定一般要困难些。但是根据最不利荷载位置的定义可知，当荷载移动到该位置时，所求量值 Z 为最大，因而荷载由该位置不论向左或向右移动到邻近位置时，Z 值均减小。因此，可以从讨论荷载移动时 Z 的增量入手来讨论这个问题。

如图 8-18（a）所示为一组间距大小保持不变的移动集中荷载，如图 8-18（b）所示为某一量值 Z 的影响线，为一多边形，各边的倾角分别为 α_1、α_2、$\cdots$、α_n，规定倾角 α 以逆时针转向为正。现用 F_{R1}、F_{R2}、$\cdots$、F_{Rn} 分别表示作用在影响线各边区间内集中荷载的合力，其对应的影响线竖标分别为 y_1、y_2、$\cdots$、y_n。此时，量值 Z 的相应值为

$$Z_1 = F_{R1}y_1 + F_{R2}y_2 + \cdots + F_{Rn}y_n = \sum_{i=1}^{n} F_{Ri}y_i$$

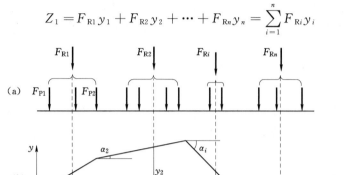

图 8-18

当整个荷载组向右（或向左）移动一微小距离 Δx 时，相应的量值 Z_2 为

$$Z_2 = F_{R1}(y_1 + \Delta y_1) + F_{R2}(y_2 + \Delta y_2) + \cdots + F_{Rn}(y_n + \Delta y_n)$$

$$= \sum_{i=1}^{n} F_{Ri}(y_i + \Delta y_i) = Z_1 + \sum_{i=1}^{n} F_{Ri}\Delta y_i$$

式中　Δy_i——合力 F_{Ri} 所对应的影响线竖标 y_i 的增量。

在由直线段组成的影响线上，$\Delta y_i = \Delta x \tan\alpha_i$，代入上述两式，可算得量值 Z 的增量 ΔZ 为

$$\Delta Z = Z_2 - Z_1 = \sum_{i=1}^{n} F_{Ri}\Delta x \tan\alpha_i$$

当荷载组移动时，各个荷载之间的距离保持不变，故 Δx 为一常数，于是上式可改写为

$$\Delta Z = \Delta x \sum_{i=1}^{n} F_{Ri}\tan\alpha_i$$

或写为变化率的形式：

$$\frac{\Delta Z}{\Delta x} = \sum_{i=1}^{n} F_{Ri}\tan\alpha_i$$

显然，使 Z 成为极大值的条件是：荷载自该位置向右或向左移动微小距离 Δx 时，Z 值均应减小或等于零，即 $\Delta Z \leqslant 0$。由于荷载左移时 $\Delta x < 0$，而右移时 $\Delta x > 0$，故 Z 为极大时应有

$$\left.\begin{array}{l} \text{当 } \Delta x < 0 \text{ 时，荷载稍向左移，} \sum F_{Ri}\tan\alpha_i \geqslant 0 \\ \text{当 } \Delta x > 0 \text{ 时，荷载稍向右移，} \sum F_{Ri}\tan\alpha_i \leqslant 0 \end{array}\right\} \tag{8-5}$$

也就是当荷载向左、右移动时 $\sum F_{Ri}\tan\alpha_i$ 必须由正变负，Z 才可能为极大值。

同理，使 Z 成为极小值的条件是

当 $\Delta x<0$ 时，荷载稍向左移，$\sum F_{Ri}\tan\alpha_i\leqslant0$ $\left.\begin{array}{c}\\\\\end{array}\right\}$ (8-6)

当 $\Delta x>0$ 时，荷载稍向右移，$\sum F_{Ri}\tan\alpha_i\geqslant0$

下面只讨论 $\sum F_{Ri}\tan\alpha_i\neq0$ 的情形。这时可得出以下结论：如果 Z 为极值（极大或极小），则荷载稍向左、右移动时，$\sum F_{Ri}\tan\alpha_i$ 必须变号。

那么，在什么情况下 $\sum F_{Ri}\tan\alpha_i$ 才能变号呢？在 $\sum F_{Ri}\tan\alpha_i$ 中，$\tan\alpha_i$ 是影响线中各段直线的斜率，它是常数，欲使荷载向左、右移动微小距离时 $\sum F_{Ri}\tan\alpha_i$ 改变符号，只有各段内的合力 F_{Ri} 改变数值才有可能。因此，要使 $\sum F_{Ri}\tan\alpha_i$ 变号，就必须有一个集中荷载越过影响线的顶点。或者说，只有当某一集中荷载正好作用在影响线的顶点（转折点）处时，才有可能使 $\sum F_{Ri}\tan\alpha_i$ 变号。把能使 $\sum F_{Ri}\tan\alpha_i$ 变号的集中荷载称为**临界荷载**，并用 F_{Pcr} 表示，此时的荷载位置称为**临界位置**。当然，不一定每个集中荷载越过顶点时都能使 $\sum F_{Ri}\tan\alpha_i$ 变号。因此，荷载越过影响线顶点的位置只是该集中荷载是临界荷载的必要条件，而非充分条件。

确定临界荷载位置一般须通过试算，归纳起来，可按以下步骤进行：

(1) 将行列荷载中的某一集中荷载置于影响线的某一顶点。

(2) 令该荷载在该顶点处分别向左、右移动，计算相应的 $\sum F_{Ri}\tan\alpha_i$ 值，看其是否变号。如果 $\sum F_{Ri}\tan\alpha_i$ 变号（或者由零变为非零），则此荷载位置称为临界位置，而该集中荷载称为临界荷载。如果 $\sum F_{Ri}\tan\alpha_i$ 不变号，则此荷载位置不是临界位置。要说明的是，计算中，当荷载左移时，该集中荷载应作为该顶点左边直线段上的荷载，右移时则应作为右边直线段上的荷载。

(3) 求出各临界位置相应的 Z 极值，然后从各极值中选出最大值或最小值。同时，也就确定了荷载的最不利位置。

在一般情况下，临界荷载位置可能不止一个，为了减少试算次数，宜事先大致估计最不利荷载位置。为此，应将行列荷载中数值较大且较为密集的部分置于影响线的最大竖标附近，同时注意位于同符号影响线范围内的荷载应尽可能地多，因为这样才可能产生较大的 Z 值。

【例 8-6】 如图 8-19 (a) 所示为一组移动荷载，如图 8-19 (b) 所示为某量值 Z 的影响线，试求最不利荷载位置和 Z 的最大值。$F_{P1}=F_{P2}=F_{P3}=F_{P4}=F_{P5}=90kN$，$q=37.8kN/m$。

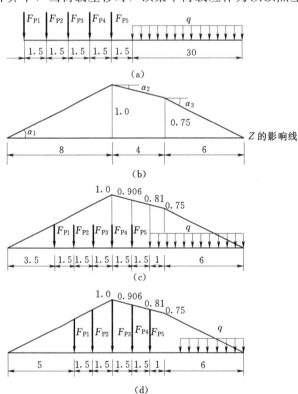

图 8-19 荷载布置情况（尺寸单位：m）

解：（1）试将 F_{P4} 置于影响线的最高顶点，荷载布置情况如图 8-19（c）所示。

试算 $\sum F_{Ri}\tan\alpha_i$，由图 8-19（b）可知

$$\tan\alpha_1=\frac{1}{8}, \quad \tan\alpha_2=-\frac{0.25}{4}, \quad \tan\alpha_3=-\frac{0.75}{6}$$

如果整个荷载组稍向右移，各段荷载合力为

$$F_{R1}=90\times3=270\text{kN}$$
$$F_{R2}=90\times2+37.8\times1=217.8\text{kN}$$
$$F_{R3}=37.8\times6=226.8\text{kN}$$

因此有

$$\sum F_{Ri}\tan\alpha_i=270\times\frac{1}{8}+217.8\times\left(-\frac{0.25}{4}\right)+226.8\times\left(-\frac{0.75}{6}\right)=-8.2<0$$

如果整个荷载组稍向左移，各段荷载合力为

$$F_{R1}=90\times4=360\text{kN}$$
$$F_{R2}=90+37.8\times1=127.8\text{kN}$$
$$F_{R3}=37.8\times6=226.8\text{kN}$$

因此可得

$$\sum F_{Ri}\tan\alpha_i=360\times\frac{1}{8}+127.8\times\left(-\frac{0.25}{4}\right)+226.8\times\left(-\frac{0.75}{6}\right)=8.7>0$$

由于 $\sum F_{Ri}\tan\alpha_i$ 变号，说明 F_{P4} 置于影响线的最高顶点处是临界位置。

计算影响量 Z 值，其影响线各竖标值如图 8-19（c）所示。

$$Z=90\times\left(\frac{3.5}{8}+\frac{5}{8}+\frac{6.5}{8}+1\right)+90\times0.906+37.8\times\left(\frac{0.81+0.75}{2}\times1+\frac{0.75}{2}\times6\right)$$
$$=455\text{kN}$$

（2）试将 F_{P3} 置于影响线的最高顶点，荷载布置情况如图 8-19（d）所示，试算 $\sum F_{Ri}\tan\alpha_i$。

如果整个荷载组稍向右移，各段荷载合力为

$$F_{R1}=90\times2=180\text{kN}$$
$$F_{R2}=90\times3=270\text{kN}$$
$$F_{R3}=37.8\times5.5=207.9\text{kN}$$

因此可得

$$\sum F_{Ri}\tan\alpha_i=180\times\frac{1}{8}+270\times\left(-\frac{0.25}{4}\right)+207.9\times\left(-\frac{0.75}{6}\right)=-20.4<0$$

如果整个荷载组稍向左移，各段荷载合力为

$$F_{R1}=90\times3=270\text{kN}$$
$$F_{R2}=90\times2=180\text{kN}$$
$$F_{R3}=37.8\times5.5=207.9\text{kN}$$

因此可得

$$\sum F_{Ri}\tan\alpha_i=270\times\frac{1}{8}+180\times\left(-\frac{0.25}{4}\right)+207.9\times\left(-\frac{0.75}{6}\right)=-3.5<0$$

由于 $\sum F_{Ri}\tan\alpha_i$ 未变号，说明 F_{P3} 置于影响线的最高顶点处不是临界位置。

再继续试算得知，其他荷载均不是临界荷载，只有上述 F_{P4} 一个临界荷载，即 F_{P4} 作用在顶点处为最不利荷载位置，其最大值为 $Z=455\text{kN}$。

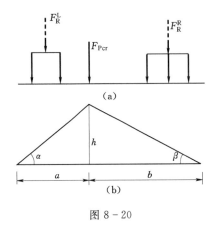

图 8-20

确定最不利荷载位置时需要注意，不管移动荷载的移动方向如何，所得临界荷载的判别式是相同的，所求得的最不利荷载位置及量值 Z 的最不利值也是相同的。但在车辆调头行驶时，移动荷载的排列顺序也将发生反向，此时对于同一量值 Z 的最不利荷载位置及量值 Z 的最不利值均可能发生改变。

当影响线为三角形时，临界位置的特点可以用更方便的形式表示出来。设 Z 的影响线为一三角形，如图 8-20 所示。如要求 Z 的极大值，则在临界位置必有一荷载正好在影响线的顶点上。以 F_R^L、F_R^R 分别表示 F_{Pcr} 以左和以右荷载的合力，则根据荷载向左、向右移动时 $\sum F_{Ri}\tan\alpha_i$ 应变号的要求，可以写出如下两个不等式：

$$荷载向右移，\quad F_R^L\tan\alpha-(F_{Pcr}+F_R^R)\tan\beta\leqslant 0$$
$$荷载向左移，\quad (F_R^L+F_{Pcr})\tan\alpha-F_R^R\tan\beta\geqslant 0$$

将 $\tan\alpha=\dfrac{h}{a}$，$\tan\beta=\dfrac{h}{b}$ 代入，得

$$\left.\begin{array}{l}\dfrac{F_R^L}{a}\leqslant\dfrac{F_{Pcr}+F_R^R}{b}\\[3mm]\dfrac{F_R^L+F_{Pcr}}{a}\geqslant\dfrac{F_R^R}{b}\end{array}\right\}\tag{8-7}$$

式（8-7）称为三角形影响线确定临界荷载的判别式，它表明：临界位置的特点为有一集中荷载 F_{Pcr} 作用在影响线的顶点，将 F_{Pcr} 计入哪一边（左边或右边），则哪一边荷载的平均集度就大。至于当影响线为三角形时，量值 Z 发生极小值的临界荷载的判别式，可同理推出。

对于均布移动荷载作用的情况，量值 Z 是荷载位置的 x 的二次函数，其最不利荷载位置可由 $\dfrac{dZ}{dx}=0$ 的条件来确定；若移动荷载组中同时包含集中荷载和均布荷载，则集中荷载通过对应影响线顶点位置时，应按 $\dfrac{dZ}{dx}=\sum F_{Ri}\tan\alpha_i$ 是否变号来判断，而均布荷载通过顶点时的位置，则按 $\dfrac{dZ}{dx}=0$ 的条件来确定。

应当说明的是，上述临界荷载判别式（8-5）～式（8-7）是根据影响线为连续折线而导出的，它们不适用于影响线范围内竖标有突变的情况（例如剪力影响线）。

【例 8-7】　试求如图 8-21（a）所示简支梁 AB 在汽车车队荷载作用下截面 C 的最大弯矩。

解：（1）先绘出 M_C 的影响线为三角形，如图 8-21（b）所示。先设汽车车队从右

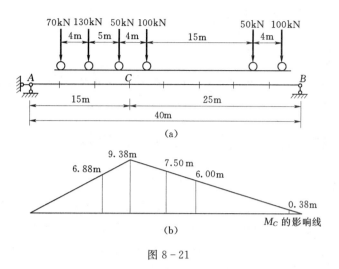

图 8-21

向左行驶，如图 8-21（a）所示，将 130kN 的力置于影响线的顶点 C。然后根据式（8-7）来判别临界荷载。

$$右移：\frac{70}{15}<\frac{130+200}{25}$$

$$左移：\frac{70+130}{15}>\frac{200}{25}$$

由此可知，所试荷载是一临界位置，相应的 M_C 值为

$$M_C=70\times6.88+130\times9.38+50\times7.50+100\times6.0+50\times0.38=2694kN\cdot m$$

（2）考虑汽车车队从左向右行使，如图 8-22（a）所示，仍将 130kN 的力置于影响线的顶点 C。

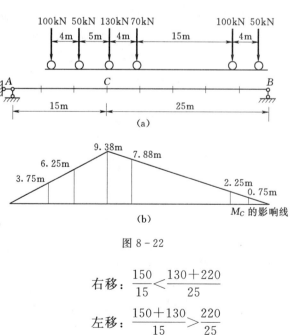

图 8-22

$$右移：\frac{150}{15}<\frac{130+220}{25}$$

$$左移：\frac{150+130}{15}>\frac{220}{25}$$

故知这又是一临界位置，相应的 M_C 值为

$$M_C = 100 \times 3.75 + 50 \times 6.25 + 130 \times 9.38 + 70 \times 7.88 + 100 \times 2.25 + 50 \times 0.75$$
$$= 2721 \text{kN} \cdot \text{m}$$

经比较得知图 8-22（a）对应的 M_C 值更大，即该位置为最不利荷载位置。M_C 的最大值为 2721kN·m。

第五节 简支梁的包络图和绝对最大弯矩

一、简支梁的内力包络图

在设计承受移动荷载的结构时，必须求出各截面上内力的最大值（最大正值和最大负值）。用上节介绍的确定最不利荷载位置进而求某量值最大值的方法，可以求出简支梁任一截面的最大内力值。如果把梁上各截面内力的最大值按同一比例标在图上，连成曲线，这一曲线即称为**内力包络图**。包络图表示各截面内力变化的上限、下限，是结构设计的主要依据，在吊车梁和楼盖的连续梁和桥梁的设计中应用很多。本节只介绍简支梁的内力包络图，至于连续梁的内力包络图，将在本章第七节中介绍。

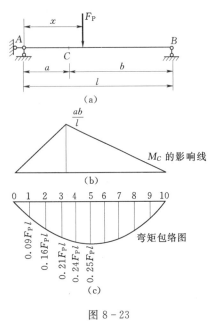

图 8-23

下面以简支梁在单个集中荷载 F_P 作用下的弯矩包络图为例说明内力包络图的作法。

当单个集中荷载 F_P 在梁上移动时，如图 8-23（a）所示，截面 C 的弯矩影响线如图 8-23（b）所示。由影响线可以确定，当荷载 F_P 正好作用于 C 点时，M_C 为最大值，即 $M_C = F_P ab/l$。由此可见，荷载由 A 向 B 移动时，只要逐个计算出荷载作用点处的截面弯矩，便可以得到弯矩包络图。选一系列截面（把梁十等分），对每一个截面作出如图 8-23（b）所示的影响线即可求出其最大弯矩。例如，在截面 4 处：

$$a = 0.4l, \quad b = 0.6l, \quad (M_4)_{max} = 0.24 F_P l$$

根据逐点算出的最大弯矩值而连成的图形就是弯矩包络图，如图 8-23（c）所示。弯矩包络图表示各截面弯矩可能变化的范围。

根据上述方法，不难绘出简支梁在一组移动荷载作用下的内力包络图。

如图 8-24（a）所示，一跨度为 12m 的简支吊车梁，承受两台桥式吊车的作用，吊车轮压为 $F_{P1} = F_{P2} = F_{P3} = F_{P4} = 280$kN，现求作内力包络图，可取梁的十等分点进行计算。利用对称性，只计算梁的左半部分即可。如图 8-24（c）~（g）所示分别为 1~5 截面弯矩影响线及对应弯矩的荷载最不利位置，其对应的弯矩最大值为

$$M_1 = 280 \times (1.08 + 0.938 + 0.456) = 692.72 \text{kN} \cdot \text{m}$$
$$M_2 = 280 \times (1.92 + 1.632 + 0.672) = 1182.72 \text{kN} \cdot \text{m}$$

$$M_3 = 280 \times (2.52 + 2.088 + 0.648) = 1471.68 \text{kN} \cdot \text{m}$$

$$M_4 = 280 \times (2.016 + 2.88 + 0.96) = 1639.68 \text{N} \cdot \text{m}$$

$$M_5 = 280 \times (0.6 + 3 + 2.28) = 1646.4 \text{kN} \cdot \text{m}$$

将以上结果用曲线相连即得弯矩包络图，如图 8-24（h）所示。

同理，由如图 8-25（b）～（g）所示各截面剪力影响线及对应的荷载最不利作用位置可作出该梁的剪力包络图如图8-25（h）所示。

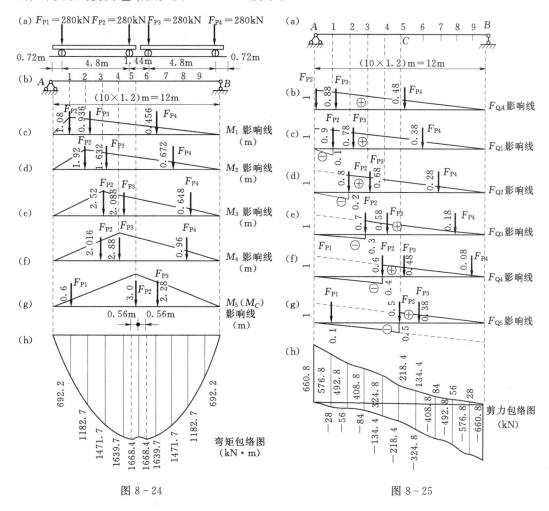

图 8-24   图 8-25

二、简支梁的绝对最大弯矩

在移动荷载作用下，弯矩包络图中的最大竖标即是简支梁各截面的所有最大弯矩中的最大值，称它为**绝对最大弯矩**，图 8-24（h）中为 1668.4kN·m。绝对最大弯矩与两个可变的条件有关，即截面位置的变化和荷载位置的变化。也就是说，欲求绝对最大弯矩，不仅要知道产生绝对最大弯矩的所在截面，而且要知道相应于此截面的最不利荷载位置。

要解决上述问题，很自然地就会想到，可以把各个截面的最大弯矩都求出来，然后加以比较。实际上，由于梁上截面有无限多个，不可能把梁上各个截面的最大弯矩都求出来加以比较，所以这个方法是行不通的。因此，必须寻求其他可行的解决途径。

根据上节所述可知，对于任一已知截面 C 而言，当其弯矩最大时，必有某一临界荷载 F_{Pcr} 位于其影响线的顶点（即该弯矩所在截面），即截面 C 发生最大弯矩时，某一临界荷载 F_{Pcr} 必定位于截面 C 上。这一结论同样适用于绝对最大弯矩，只不过此时截面位置和临界荷载都是待求的。要把截面位置和临界荷载同时求出来是不方便的。因此，可采用如下方式解决这一问题，即任选一集中荷载作为临界荷载，然后研究该荷载下截面（截面随荷载移动而变化）的弯矩随荷载移动而变化的规律，并确定其最大值。按同样方法求出其他荷载下截面的最大弯矩后，再加以比较，即可得出绝对最大弯矩。

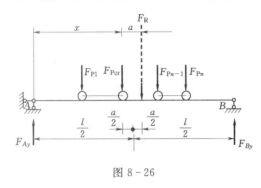

图 8-26

如图 8-26 所示简支梁，试取某一集中荷载，研究它的作用点弯矩何时成为最大。以 x 表示 F_{Pcr} 与 A 的距离，a 表示梁上荷载的合力 F_R 与 F_{Pcr} 的作用线之间的距离。由 $\sum M_B = 0$，得

$$F_{Ay} = \frac{F_R}{l}(l - x - a)$$

F_{Pcr} 作用点的弯矩为

$$M_x = F_{Ay}x - M_{cr} = \frac{F_R}{l}(l - x - a)x - M_{cr}$$

式中 M_{cr} 表示 F_{Pcr} 以左梁上荷载对 F_{Pcr} 作用点的力矩之和，它是一个与 x 无关的常数。当 M_x 为极大时，由极值条件

$$\frac{dM_x}{dx} = \frac{F_R}{l}(l - 2x - a) = 0$$

得 $$x = \frac{l}{2} - \frac{a}{2} \qquad (8-8)$$

式（8-8）说明，F_{Pcr} 作用点的弯矩为最大时，梁的中线正好平分 F_{Pcr} 与 F_R 之间的距离。此时最大弯矩为

$$M_{max} = \frac{F_R}{l}\left(\frac{l}{2} - \frac{a}{2}\right)^2 - M_{cr} \qquad (8-9)$$

应用式（8-8）和式（8-9）时，须注意 F_R 是梁上实有荷载的合力。在安排 F_{Pcr} 与 F_R 的位置时，梁上实有荷载的个数可能有增减，这时应重新计算合力 F_R 的数值和位置。

按上述方法，可将各个荷载作用点截面的最大弯矩求出，将它们加以比较，其中最大的一个就是所求的绝对最大弯矩。不过，当荷载数目较多时，仍比较麻烦。在实际计算中，绝对最大弯矩的临界荷载通常容易估计，可不必多加比较。这是因为绝对最大弯矩通常总是发生在梁的中点附近，故可设想，使梁的中点发生最大弯矩的临界荷载也就是发生绝对最大弯矩的临界荷载。经验证明，这种设想在通常情况下都是与实际相符的。

综上所述，计算绝对最大弯矩可按下述步骤进行：①确定使梁中点截面发生最大弯矩的临界荷载 F_{Pcr}；②移动荷载组，使 F_{Pcr} 与梁上全部荷载的合力 F_R 对称于梁的中点，再

算出此时 F_{Pcr} 所在截面的弯矩，即得绝对最大弯矩。

【**例 8 - 8**】　试求如图 8 - 27（a）所示简支梁在吊车荷载作用下的绝对最大弯矩，并与跨中截面 C 的最大弯矩比较。$F_{P1}=F_{P2}=F_{P3}=F_{P4}=280$kN。

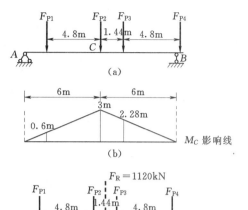

解：首先求跨中截面 C 的最大弯矩，绘出 M_C 影响线，如图 8 - 27（b）所示。显然 F_{P2} 或 F_{P3} 位于 C 点时才能使截面 C 产生最大弯矩 M_{Cmax}。当 F_{P2} 在截面 C 时，如图 8 - 27（a）所示，求出 M_C 影响线相应的竖标，如图 8 - 27（b）所示，则 M_C 的最大值为

$$M_{Cmax}=280\times(0.6+3+2.28)$$
$$=1646.4\text{kN}\cdot\text{m}$$

同理，可求得 F_{P3} 在截面 C 时所产生的最大弯矩，由对称性可知它也等于 1646.4kN·m。因此，F_{P2} 和 F_{P3} 都可能是产生绝对最大弯矩的临界荷载。由于对称性，按这两种情况所求的结果是相同的，故只需考虑一种情况即可。现以 F_{P2} 为例求绝对最大弯矩。为此，使 F_{P2} 与梁上荷载的合力 F_R 对称于梁的中点。此时，应注意到将出现两种可能的极值的情况：

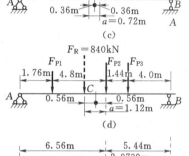

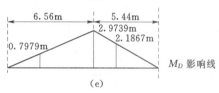

图 8 - 27

（1）梁上有四个荷载的情况，如图 8 - 27（c）所示，这时，F_{P2} 在合力 F_R 的左侧。梁上全部荷载的合力为

$$F_R=280\times4=1120\text{kN}$$

合力作用线就在 F_{P2} 与 F_{P3} 的中间，它与 F_{P2} 的距离为

$$a=\frac{1.44}{2}=0.72\text{m}$$

此时 F_{P2} 作用点所在截面的弯矩为

$$M=\frac{F_R}{l}\left(\frac{l-a}{2}\right)^2-M_{cr}=\frac{1120}{12}\times\left(\frac{12-0.72}{2}\right)^2-280\times4.8$$
$$=1624.9\text{kN}\cdot\text{m}$$

此弯矩值比 M_{Cmax} 小，显然它不是绝对最大弯矩。

（2）梁上只有三个荷载的情况，如图 8 - 27(d) 所示。此时，F_{P2} 在合力 F_R 的右侧。这时梁上荷载的合力为

$$F_R=280\times3=840\text{kN}$$

合力作用点至 F_{P2} 的距离由 $\sum M_{P2}=0$ 求得：

$$a=\frac{280\times4.8-280\times1.44}{3\times280}=1.12\text{m}$$

因 F_{P2} 在截面 C 的右侧，故计算时，应取 $a=-1.12\mathrm{m}$，求得 F_{P2} 作用点所在截面的弯矩为

$$M_{\max}=\frac{840}{12}\times\left[\frac{12-(-1.12)}{2}\right]^2-280\times4.8$$
$$=1668.4\mathrm{kN\cdot m}$$

故该吊车梁的绝对最大弯矩为 $1668.4\ \mathrm{kN\cdot m}$。

如果利用如图 8-27 (e) 所示 M_D 影响线竖标进行计算，也可得到同样结果，即

$$M_{\max}=280\times(0.7979+2.9739+2.1867)$$
$$=1668.4\mathrm{kN\cdot m}$$

比较可知，该梁的绝对最大弯矩比跨中截面最大弯矩大 1.34%。因此，在实际工作中，有时也可用跨中截面最大弯矩来近似代替绝对最大弯矩。

第六节 用机动法作超静定梁影响线的概念

在前面几节里，讨论了静定梁影响线的绘制和利用影响线确定最不利荷载位置等问题。对于超静定梁，要确定在移动荷载作用下的最不利荷载位置，同样需要借助于影响线。

对于超静定梁，其影响线也有两种作法：静力法和机动法。本节介绍后一种方法，因为它可以极方便地绘出影响线的基本轮廓，这对于判断最不利荷载位置是很有帮助的。

设有一 n 次超静定连续梁，如图 8-28 (a) 所示，欲绘制其上某指定量值 Z_K （例如 M_K）的影响线。首先，去掉与 Z_K 相应的联系，并以 Z_K 代替其作用，如图 8-28 (b) 所示。求 Z_K 时，以去掉相应联系后所得到的 $n-1$ 次超静定结构作为力法的基本结构。根据原结构在截面 K 处的已知位移条件可建立如下力法典型方程：

$$\delta_{KK}Z_K+\delta_{KP}=0$$

故得
$$Z_K=-\frac{\delta_{KP}}{\delta_{KK}} \tag{a}$$

由位移互等定理有 $\delta_{KP}=\delta_{PK}$，所以式 (a) 可改写为

$$Z_K=-\frac{\delta_{KP}}{\delta_{KK}}=-\frac{\delta_{PK}}{\delta_{KK}} \tag{b}$$

式中 δ_{KK} 是基本结构在 $Z_K=1$ 作用下，在截面 K 处 Z_K 方向所引起的相对角位移，如图 8-28 (c)所示，它是一常数且恒为正值。δ_{PK} 则表示由于 $Z_K=1$ 的作用在移动荷载 F_P 的方向上所引起的位移，它将随荷载 $F_P=1$ 的位置移动而变化，其变化规律的图形如图 8-28 (c) 所示，即为基本结构由于 $Z_K=1$ 的作用所引起的竖向位移图。

在式 (b) 中，Z_K 和 δ_{PK} 均随荷载 $F_P=1$ 的移动而变化，它们都是荷载位置 x 的函数。δ_{KK} 则是一个常数，不随荷载位置 x 变化。因此，式 (b) 可以写成式 (8-10) 的形式：

$$Z_K(x)=-\frac{1}{\delta_{KK}}\delta_{PK}(x) \tag{8-10}$$

式中，当 x 变化时，函数 $Z_K(x)$ 的变化图形就是 Z_K 的影响线；而函数 $\delta_{PK}(x)$ 的变化图形就是如图 8-28 (c) 所示的荷载作用点的竖向位移图。由此可知，若将位移图 δ_{PK}

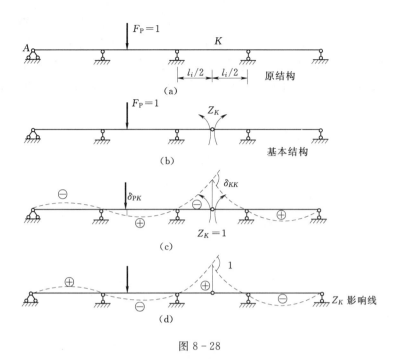

图 8-28

的竖标乘以常数 $-\dfrac{1}{\delta_{KK}}$，便得到所求量值 Z_K 的影响线，即 Z_K 的影响线与位移图 δ_{PK} 成正比。因此，位移图 δ_{PK} 的轮廓就代表了 Z_K 影响线的轮廓。

　　若使 Z_K 的作用所产生的位移 δ_{KK} 恰好为一个单位，即令 $\delta_{KK}=1$，则式（8-10）就变为

$$Z_K = -\delta_{PK} \tag{c}$$

这就是说，相应于 $\delta_{KK}=1$ 产生的竖向位移图就代表 Z_K 的影响线轮廓，如图 8-28（d）所示，只不过符号相反而已。因竖向位移 δ_{PK} 图是取向下为正，而 Z_K 与 δ_{PK} 反号，故在 Z_K 影响线图形中，应取梁轴线上方的位移为正，下方为负。

　　综上所述可知，用机动法作超静定结构某一量值 Z_K 影响线的步骤可归纳如下：

　　（1）去掉与 Z_K 相应的联系。

　　（2）使所得结构产生与 Z_K 相应的单位位移，绘出荷载作用点的竖标图，即为影响线的轮廓。

　　（3）横坐标以上图形为正号，横坐标以下图形为负号。

　　应当说明的是，上述作法与机动法作静定梁内力影响线虽然相似，但它们之间也有区别：对于静定梁，去掉任何一个联系，结构即变为几何可变体系，位移图是几何可变体系的位移图，因而影响线都是直线段组成的；对于超静定梁，去掉一个多余联系后，结构仍为几何不变体系，位移图是几何不变体系的位移图，因而影响线是曲线的。

　　由于连续梁位移图的轮廓一般可凭直观描绘出来，故依据上述机动法的原理，不需具体计算即可快速确定影响线的大致形状。如图 8-29（a）所示的连续梁，欲求截面 C 弯矩 M_C 的影响线，去掉相应的联系，截面 C 处变为如图 8-29（b）所示的铰约束，并施加一对力偶，使截面 C 左右两侧产生相对单位角位移，则所得的位移图即表示 M_C 的影

响线轮廓，如图 8 − 29（c）所示。同理，图 8 − 29（d）表示求截面 K 弯矩 M_K 的影响线去掉联系的情况，如图 8 − 29（e）所示则为相应的 M_K 影响线轮廓。如果要求截面 K 剪力 F_{QK} 的影响线，去掉相应的联系，在截面 K 处变为如图 8 − 29（f）所示约束，并施加一对集中力，使截面 K 左右两侧产生相对单位线位移，则所得的位移图即表示 F_{QK} 的影响线轮廓，如图 8 − 29（f）所示。如图 8 − 29（g）则为剪力 F_{QC}^R 的影响线轮廓。

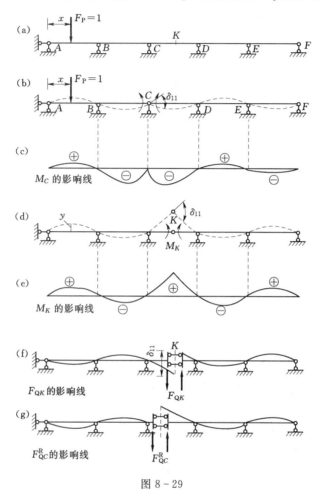

图 8 − 29

　　应用上述方法，确定了连续梁影响线的轮廓后，就可以方便地确定连续梁在可动均布荷载作用下的最不利荷载分布情况。如图 8 − 30（a）所示的连续梁，欲确定其上截面 B 的弯矩 M_B 的最不利荷载位置，可先绘出 M_B 影响线的轮廓，如图 8 − 30（b）所示，根据式（8 − 3），即 $Z = qA$，可知将均布活荷载布满影响线正号面积部分时，如图 8 − 30（c）所示，即为该量值取最大值时的最不利荷载位置；当均布活荷载布满影响线负号面积部分时，如图 8 − 30（d）所示，则为该量值取最小值（即最大负值）时的最不利荷载位置。

　　同理，欲确定其上截面 2 的弯矩 M_2 的最不利荷载位置，可先绘出 M_2 影响线的轮廓，如图 8 − 30（e）所示；将均布活荷载布满影响线正号面积部分时，如图 8 − 30（f）

所示，即为该量值取最大值时的最不利荷载位置；当均布活荷载布满影响线负号面积部分时，如图 8 - 30（g）所示，则为该量值取最小值（即最大负值）时的最不利荷载位置。

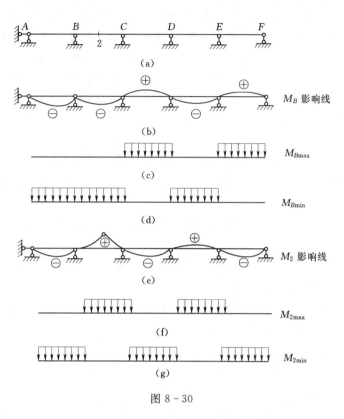

图 8 - 30

第七节　连续梁的内力包络图

连续梁是工程中常见的一种结构，它所受荷载通常包括恒载和活载两部分。设计时必须考虑两者的共同影响，求出各个截面所可能产生的最大和最小内力值，作为设计的依据。其中，恒载产生的内力是固定的，而活载所引起的内力则随活载分布的不同而改变。因此，求各截面最大内力的主要问题在于确定活载的影响。只要求出了活载作用下某一截面的最大和最小内力，再加上恒载作用下该截面的内力，就可得到恒载和活载共同作用下该截面的最大、最小内力。把梁上各截面的最大内力和最小内力用图形表示出来，就得到连续梁的内力包络图。连续梁的内力包络图有弯矩包络图和剪力包络图。

现在讨论连续梁弯矩包络图的作法。连续梁在恒载和活载作用下不仅会产生正弯矩，而且还会产生负弯矩。因此，它的弯矩包络图将由两条曲线组成：其中一条曲线表示各截面可能出现的最大弯矩值，另一条曲线表示各截面可能出现的最小弯矩值（即最大负弯矩值）。它们表示了梁在恒载和活载共同影响下各截面弯矩的极限范围。

计算连续梁某截面在活载作用下最大、最小弯矩时，需要事先知道相应的活载最不利分布情况，这时可用影响线来判断。由图8-30可知，连续梁的弯矩影响线在每一跨范围内均不变号。因此，梁在可动均布荷载作用下各截面弯矩的最不利荷载位置是在若干跨内布满荷载。于是，其最大值（或最小值）可由某几跨单独布满荷载时的弯矩值叠加求得。也就是说，只需要按每跨单独布满活荷载的情况逐一绘出弯矩图，然后对于任一截面，将这些弯矩图中对应的所有正弯矩值相加，便可得到该截面在活荷载作用下的最大正弯矩。同样，将这些弯矩图中对应的所有负弯矩值相加，便可得到该截面在活荷载作用下的最大负弯矩。于是对于这种活载作用下的连续梁，其弯矩包络图可按下述步骤进行绘制：

（1）绘出连续梁在恒载作用下的弯矩图。

（2）依此按每一跨上单独布满活载的情况，逐一绘出其弯矩图。

（3）将各跨分为若干等分，对于每一等分点处截面，将恒载弯矩图中该截面的竖标值与所有各个活载弯矩图中对应的正（负）竖标值之和相加，得到各截面的最大（最小）弯矩值。

（4）将上述各最大（小）弯矩值在同一图中按同一比例尺用竖标标出，并以曲线相连，即得到所求的弯矩包络图。

作连续梁在恒载和活载共同作用下的最大剪力和最小剪力变化情形的剪力包络图，其步骤与绘制弯矩包络图相同。

【例8-9】 求如图8-31（a）所示三跨等截面梁的弯矩包络图和剪力包络图。梁上承受的恒载为 $q = 16\text{kN/m}$，活载 $p = 30\text{kN/m}$。

解：（1）绘出恒载作用下的弯矩图，如图8-31（b）所示；绘出各跨分别承受活载时的弯矩图，如图8-31（c）~（e）所示。

（2）将梁的每一跨分为四等分，求出各弯矩图中等分点的竖标值。

（3）将恒载弯矩图中每一等分点截面处的竖标值与所有各活载弯矩图中对应的正（负）竖标值相加，即得各截面的最大（小）弯矩值。如截面2处：

$$M_{2,\max} = 19.20 + 44.01 + 4.00 = 67.21\text{kN} \cdot \text{m}$$
$$M_{2,\min} = 19.20 - 12.01 = 7.19\text{kN} \cdot \text{m}$$

（4）把各截面的最大弯矩值和最小弯矩值分别用曲线相连，即得弯矩包络图，如图8-31（f）所示。图中弯矩单位为 kN·m。

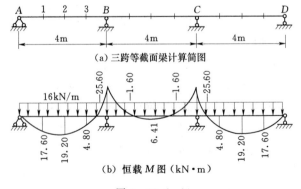

(a) 三跨等截面梁计算简图

(b) 恒载 M 图（kN·m）

图8-31（一）

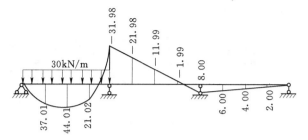

(c) 活载在第一跨的 M 图（kN·m）

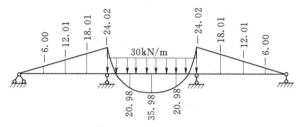

(d) 活载在第二跨的 M 图（kN·m）

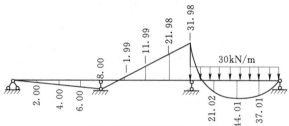

(e) 活载在第三跨的 M 图（kN·m）

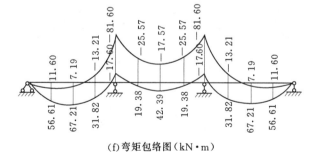

(f)弯矩包络图（kN·m）

图 8-31（二）

同理，作剪力包络图时，先绘出恒载作用下的剪力图，如 8-32（a）所示。再绘出各跨分别单独承受活载时的剪力图，如图 8-32（b）～（d）所示。然后将图 8-32（a）中各支座左右两边截面处的竖标值和图 8-32（b）～（d）中对应的正（负）竖标值相加，便得到最大（小）剪力值。例如在支座 B 左侧截面上：

$$F_{QB,max}^{L}=(-38.40)+2.00=-36.40 kN$$

$$F_{QB,min}^{L}=(-38.40)+(-67.99)+(-6.00)=-112.39 kN$$

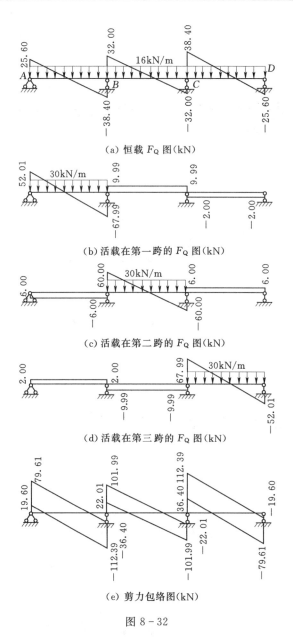

图 8-32

最后把各截面的最大剪力值和最小剪力值分别用直线相连，即得近似的剪力包络图，如图 8-32 (e) 所示，图中剪力的单位为 kN。

小　结

本章主要讨论了结构内力（反力）影响线的作法及其应用。

1. 移动荷载和影响线的概念

移动荷载一般是指大小和方向不变，而作用位置在结构上移动的荷载。结构在移动荷载作用下的受力状态将随荷载作用位置的不同而变化，包括结构的支座反力、内力和位移等都是变化的。影响线是描述结构在移动单位集中荷载作用时，某固定截面某量值变化规律的图形，是研究移动荷载作用下结构计算的基本工具，它与内力分布图是有区别的。

2. 绘制影响线的方法

绘制影响线的方法有静力法和机动法两种。

静力法是绘制静定结构影响线的基本方法，应正确和熟练地掌握。其具体作法是：以移动荷载 $F_P=1$ 的作用任意位置 x 为自变量，建立以所求量（反力、内力等）为因变量的平衡方程，确定所求量的影响线方程，即可绘出相应量值的影响线。用静力法作影响线时，可以充分利用某一已知量值的影响线来绘制其他量值的影响线。

机动法作影响线就是去掉与量值 Z 相应的联系，代以未知力 Z；使所得机构沿 Z 的正方向发生单位位移，得到的虚位移图即代表 Z 的影响线。再令 $\delta_Z=1$，确定影响线的各竖标的数值。机动法的优点在于不必经过具体计算就能迅速绘出影响线的轮廓，同时也可以对用静力法所作的影响线进行校核。学习机动法，应着重原理部分，并能运用它来绘制较简单的影响线。

3. 影响线的应用

用影响线可解决两方面的问题：①利用某量值的影响线求影响量；②利用某量值的影响线确定实际移动荷载对该量值的最不利荷载位置。对于直线图形构成的影响线，为了确定荷载的最不利位置，要掌握判定临界荷载和临界位置的方法。

确定了最不利荷载位置后，进而利用求某影响量值的方法，可求出简支梁任一截面的最大内力值。如果把梁上各截面内力的最大值按同一比例标在图上，连成曲线，这一曲线即称为内力包络图。包络图表示各截面内力变化的极限，是结构设计中的主要依据。弯矩包络图的最大竖标即简支梁各截面的所有最大弯矩中的最大值，称为绝对最大弯矩。

4. 用机动法作超静定结构影响线

用机动法作超静定结构某一量值 Z 影响线与作静定结构某一量值 Z 影响线的步骤是一致的，但也有所区别。对于静定结构，去掉任何一个联系，结构即变为几何可变体系，位移图是几何可变体系的位移图，因而影响线都是直线段组成的；对于超静定梁，去掉一个多余联系后，结构仍为几何不变体系，位移图是几何不变体系的位移图，因而影响线是曲线的。

5. 连续梁的内力包络图

将恒载作用下某一截面的内力加上活载作用下该截面的最大正内力和最大负内力，就可得到恒载和活载共同作用下该截面的最大、最小内力。在图中将每个截面的最大、最小内力标出，连以曲线，即得连续梁的内力包络图。

思　考　题

8-1　什么是影响线？影响线上任一点的横坐标与纵坐标各代表什么意义？

8-2　作影响线时为什么要用单位荷载？影响线的应用条件是什么？

8-3　用静力法作某内力影响线与固定荷载下求该内力有何异同？

8-4　在什么情况下影响线方程必须分段写出？

8-5　桁架的影响线有何特点？为何作桁架影响线时要区分是上弦承载还是下弦

承载?

8-6 用机动法作影响线的原理是什么? 其中 δ_P 代表什么意义?

8-7 某截面的剪力影响线在该截面处是否一定有突变? 突变处左、右两竖标各代表什么意义? 突变处两侧的线段为何必定平行?

8-8 恒载作用下的内力为何可以利用影响线来求?

8-9 什么是最不利荷载位置? 何谓临界荷载和临界位置? 两者的关系如何?

8-10 如果整个荷载分别向左和向右移动后,所得的 $\sum F_{Ri} \tan \alpha_i$ 均为正值,则荷载怎样移动才能得到临界位置?

8-11 简支梁的绝对最大弯矩与跨中截面最大弯矩是否相等?

8-12 什么是内力包络图? 它与内力图、影响线有何区别? 三者各有何用途?

8-13 试问静定结构的内力影响线与超静定结构的内力影响线有何区别? 原因何在?

习 题

8-1 试用静力法作影响线。

(a) 求 F_{Ay}、M_A、M_C 及 F_{QC} 的影响线。

(b) 求图示斜梁 F_{Ay}、M_C、F_{QC} 及 F_{NC} 的影响线。

(c) 求 F_{NCD}、M_E、M_C 及 F_{QC}^R 的影响线。

(d) 求 M_C 及 F_{QC} 的影响线。

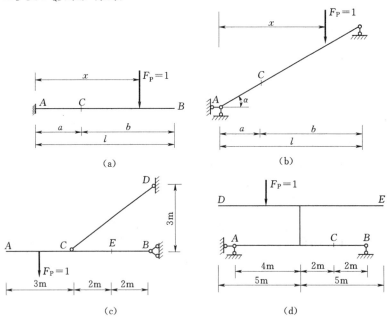

习题 8-1 图

8-2 试用静力法作图示伸臂梁中 F_{Ay}、M_C、F_{QC}、M_B、F_{QB}^L 和 F_{QB}^R 的影响线。

8-3 试用静力法作图示静定梁 M_C、F_{QC} 的影响线。

8-4 试用静力法作图示静定梁 M_C、F_{QC} 的影响线。

8-5　用静力法作 F_{Ay}、F_{QB}、M_E、F_{QE}、F_{Cy}、F_{Dy}、M_F、F_{QF} 的影响线。

8-6　用静力法作图示刚架的影响线。

（a）求 M_A、F_{Ay}、M_K、F_{QK} 的影响线。

（b）求 F_{Cy}、M_C、M_E、F_{QD} 和 F_{QF} 的影响线。设弯矩影响线均以内侧或下侧受拉为正。

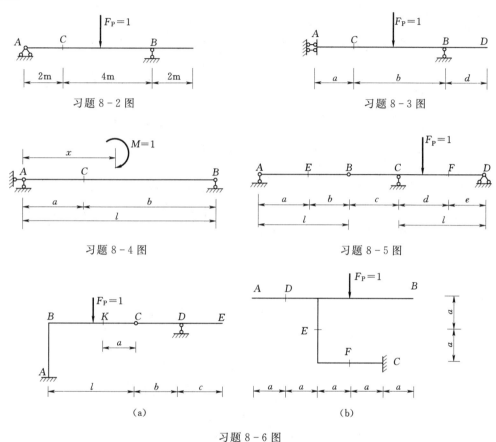

习题 8-2 图　　　　　　　　习题 8-3 图

习题 8-4 图　　　　　　　　习题 8-5 图

（a）　　　　　　　　（b）

习题 8-6 图

8-7　作图示结构在间接荷载作用下的影响线。

（a）求 M_C、F_{QC} 的影响线；

（b）求 M_C、F_{QC}^L、F_{QC}^R 的影响线。

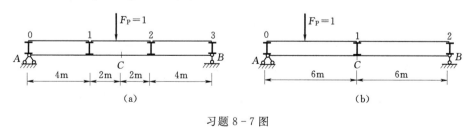

（a）　　　　　　　　（b）

习题 8-7 图

8-8　试绘制图示桁架 1、2、3 杆的内力影响线，分别考虑荷载为上承和下承两种情况。

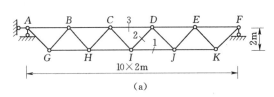

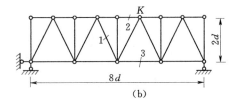

习题 8-8 图

8-9 试用机动法做习题 8-2 和习题 8-3。

8-10 试用机动法做习题 8-6。

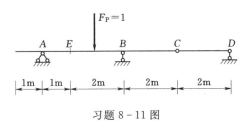

习题 8-11 图

8-11 试用机动法求 M_E、F_{QB}^L、F_{QB}^R 的影响线。

8-12 试用机动法作图示结构的影响线。

（a）求 F_{Dy}、M_C、M_H、F_{QC}^L、F_{QC}^R、F_{QH} 的影响线。

（b）求 F_{By}、M_A、F_{QA}、M_I、F_{QI} 的影响线。

（c）求 F_{QE}、F_{QF}、M_C、F_{QC}^R 的影响线。

（d）求 F_{QA}、M_D、F_{QD}^L、F_{QF}^R 的影响线。

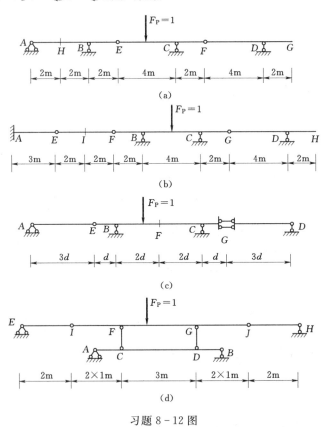

习题 8-12 图

8-13 试利用影响线计算图示结构在荷载作用下 M_K 和 F_{QK}^R 的值。

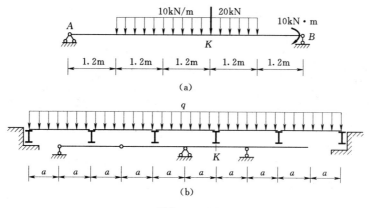

(a)

(b)

习题 8-13 图

8-14　试求在图示移动分布荷载作用下 B 支座反力 F_B 的最大值。

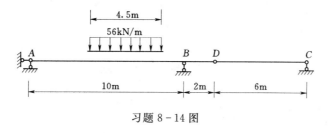

习题 8-14 图

8-15　试求图示简支梁在移动荷载作用下的绝对最大弯矩，并与跨中截面的最大弯矩作比较。

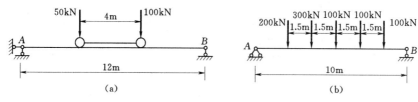

(a)　　　　　　　　　　　　　　(b)

习题 8-15 图

8-16　两台吊车如图所示，试求吊车梁 M_C、F_{QC} 的荷载最不利位置，并求最大值和最小值。

8-17　试求出在图示移动荷载作用下量值 Z 的最不利荷载位置及最大量值。

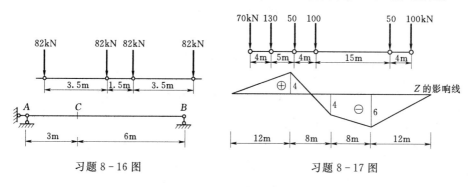

习题 8-16 图　　　　　　　　　　习题 8-17 图

8-18 试绘出图示连续梁中 F_{Ay}、F_{By}、M_A、M_C、M_G、F_{QG}、F_{QC}^L、F_{QC}^R 影响线的轮廓。

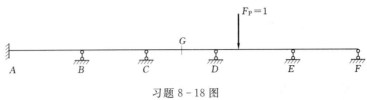

习题 8-18 图

8-19 图示连续梁，各跨除承受均布恒载 $q_1 = 10\text{kN/m}$ 外，还受有均布活载 $q_2 = 20\text{kN/m}$ 的作用，试绘制其弯矩和剪力包络图，$EI =$ 常数。

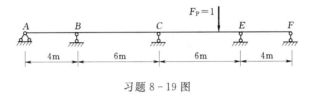

习题 8-19 图

习 题 参 考 答 案

8-1 (a) $F_{Ay} = 1$, $M_A = -x$, $M_C = \begin{cases} 0 & (0 \leqslant x \leqslant a) \\ -(x-a) & (a \leqslant x \leqslant l) \end{cases}$, $F_{QC} = \begin{cases} 0 & (0 \leqslant x < a) \\ 1 & (a \leqslant x \leqslant l) \end{cases}$

(b) $F_{Ay} = \dfrac{l-x}{l}$, $M_C = \begin{cases} \dfrac{bx}{l} & (0 \leqslant x \leqslant a) \\ \dfrac{a(l-x)}{l} & (a \leqslant x \leqslant l) \end{cases}$

$F_{QC} = \begin{cases} -\dfrac{x}{l}\cos\alpha & (0 \leqslant x \leqslant a) \\ \dfrac{l-x}{l}\cos\alpha & (a \leqslant x \leqslant l) \end{cases}$, $F_{NC} = \begin{cases} \dfrac{x}{l}\sin\alpha & (0 \leqslant x \leqslant a) \\ -\dfrac{l-x}{l}\sin\alpha & (a \leqslant x \leqslant l) \end{cases}$

(c) $F_{NCD} = (7-x) \times \dfrac{5}{12}$ $(0 \leqslant x \leqslant 7)$, $M_E = \begin{cases} \dfrac{x}{2} - \dfrac{3}{2} & (0 \leqslant x \leqslant 5) \\ \dfrac{7-x}{2} & (5 \leqslant x \leqslant 7) \end{cases}$

$M_C = \begin{cases} x-3 & (0 \leqslant x \leqslant 3) \\ 0 & (3 \leqslant x \leqslant 7) \end{cases}$, $F_{QC}^R = \dfrac{x-3}{4}$

(d) $M_C = \dfrac{3}{2}\text{m}$(C 点值), $F_{QC} = \dfrac{1}{8}$ (D 点值)

8-2 $F_{Ay} = 1$(A 点值), $M_C = \dfrac{4}{3}$(C 点的值), $M_C = -2$(D 点的值), $M_B = -2$(右端点值), $F_{QB}^L = -1$, $F_{QB}^R = 1$

8-3 $M_C = -d$(D 点的值), $F_{QC} = 1$

8-4　$M_C = \begin{cases} \dfrac{b}{l} & (0 \leqslant x \leqslant a) \\[2mm] -\dfrac{a}{l} & (a \leqslant x \leqslant l) \end{cases}$，$F_{QC} = -\dfrac{1}{l}$

8-5　$F_{Ay} = 1$(A 点的值)，$F_{Ay} = 0$(B 点以右的值)，$F_{QB} = -1$(B 点的值)，$M_E = ab/l$(E 点的值)，$F_{QE} = -a/l$(E 左的值)，$F_{Cy} = (l+c)/l$(B 点的值)，$F_{Dy} = -c/l$(B 点的值)，$M_F = -ce/l$(B 点的值)，$F_{QF} = c/l$(B 点的值)

8-6　(a) $M_A = -l$(C 点的值)，$F_{Ay} = -c/b$(E 点的值)，$M_K = ac/b$(E 点的值)，$F_{QK} = -c/b$ (E 点的值)

　　(b) $F_{Cy} = 1$(AB 段)，$M_C = a$(B 点)，$M_C = -4a$(A 点)，$M_E = 2a$(A 点)，$M_E = -3a$(A 点)，$F_{QD} = -1$(AD)，$F_{QD} = 0$(DB)，$F_{QF} = -1$(AB)

8-7　(a) $M_C = 2m$(1 点处值)，$F_{QC} = -\dfrac{1}{3}$ (1 点处值)

　　(b) $M_C = 3$(C 点值)，$F_{QC}^L = \dfrac{1}{2}$(C 点处值)，$F_{QC}^R = -\dfrac{1}{2}$(C 点处值)

8-8　(a) 上承荷载 $F_{N1} = 2.4$(D 点处值)，$F_{N2} = 2\sqrt{2}/3$(C 点处值)，$F_{N3} = 2$(D 点处值)

　　(b) 下承荷载 $F_{N1} = 11/16$(D 点处值)

8-9　略

8-10　略

8-11　$M_E = -\dfrac{2}{3}$(C 点的值)，$F_{QE}^L = -\dfrac{2}{3}$(C 点的值)，$F_{QE}^R = 1$(C 点的值)

8-12　(a) $F_{Dy} = 1$(D 点处值)，$M_C = -2m$(F 点处值)，$M_H = 1m$(H 点处值)，$F_{QC}^L = \dfrac{1}{4}$ (G 点值)，$F_{QC}^R = -\dfrac{1}{2}$ (G 点值)，$F_{QH} = -\dfrac{1}{8}$ (G 点值)

　　(b) $F_{By} = 1$(B 点处值)，$M_A = -3m$(E 点处值)，$M_I = 1m$(I 点处值)，$F_{QA} = 1$ (A 点值)，$F_{QI} = -\dfrac{1}{2}$ (I 点左侧值)

　　(c) $F_{QE} = -1$(E 点左侧值)，$F_{QF} = \dfrac{1}{2}$(F 点右侧值)，$M_C = 0$(D 点处值)，$F_{QC}^R = 1$(C 点右侧值)

　　(d) $F_{QA} = 1$(A 点值)，$M_D = \dfrac{3}{4}m$(D 点值)，$F_{QD}^L = \dfrac{7}{15}$(G 点处值)，$F_{QF}^R = 1$(F 点右侧值)

8-13　(a) $M_K = 58.8$kN・m，$F_{QK}^R = -19.7$kN

　　(b) $M_K = -2qa^2$，$F_{QK}^R = 0$

8-14　$F_{Bmax} = 264.6$kN

8-15　(a) 绝对最大弯矩 355.6kN・m，跨中截面最大弯矩 350.0kN・m

　　(b) 绝对最大弯矩 1141.3kN・m，跨中截面最大弯矩 1400kN・m

8-16 $M_{C\max}=314\text{kN}\cdot\text{m}$,$F_{QC\max}=104.8\text{kN}$,$F_{QC\min}=-27.3\text{kN}$

8-17 $Z_{\max}=-1555\text{kN}$

8-18 略

8-19 $M_{C\max}=-22.94\text{kN}\cdot\text{m}$,$M_{C\min}=-106.48\text{kN}\cdot\text{m}$

$F_{QC\max}=98.23\text{kN}$,$F_{QC\min}=-26.46\text{kN}$

部分习题参考答案详解请扫描下方二维码查看。

第九章　矩　阵　位　移　法

　　矩阵位移法是求解复杂超静定结构的机算方法，它是以传统结构力学的位移法作为理论基础，以矩阵作为数学表达式，以计算机作为计算手段的三位一体的计算方法。矩阵位移法是以结构的结点位移作为基本未知量来求解复杂超静定结构的。本章在叙述矩阵位移法基本原理的基础上，详细讲解了工程上常见结构的矩阵位移分析方法。

第一节　概　　述

　　前面的力法、位移法等都是建立在手算基础上的传统求解超静定结构的方法，可以解一些简单的结构力学问题，但对于较复杂的结构体系，则比较困难。由于计算机技术的快速发展，适用于计算机运算的结构矩阵分析方法在 20 世纪很快出现并日趋完善。结构矩阵分析方法以传统结构力学方法为基础，公式推导则采用矩阵形式，这不仅使公式表达紧凑、简洁明了，而且形式统一，便于计算机的编程和运算。将杆系结构的矩阵分析方法推广应用于分析连续体结构，称为有限单元法，故杆系结构矩阵分析方法也称为杆系结构的有限单元法。

　　与结构力学的力法、位移法相对应，结构矩阵分析法也分为**矩阵力法**（柔度法）和**矩阵位移法**（刚度法）。矩阵力法以超静定结构的多余未知力作为基本未知量，其基本结构形式不唯一，不便于编制通用程序，而且矩阵力法不能用于求解静定结构；而矩阵位移法以结构的结点位移作为基本未知量，对静定结构和超静定结构都适用，求解过程规范，通用性强，便于计算机编程，因而应用广泛。本章只介绍矩阵位移法的基本理论和各种类型结构用矩阵位移法求解的基本方法，实际工程中的计算问题均采用计算机处理。

一、矩阵位移法基本思想

　　矩阵位移法与传统位移法（平衡方程法）在基本原理上基本相同，它们的基本未知量都是结点位移，均通过平衡方程求出结点位移，然后计算结构的内力。但矩阵位移法的表达形式和某些做法与位移法有所不同，矩阵位移法一般都涉及刚架杆件轴向变形的影响，而且将构成刚架的所有杆件包括静定杆件在内均归结为两端固定杆件。因此在矩阵位移法中可以只定义一类两端固定的基本杆件，这样就很容易确定矩阵位移法基本未知量的数目，分析计算过程也更加便于规范化。

　　下面根据图 9-1 所示的两跨超静定梁说明平衡方程法和矩阵位移法的异同及矩阵位移法

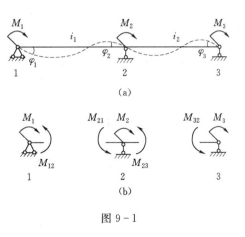

图 9-1

的基本思想。

图 9-1（a）所示的连续梁，位移法的基本未知量为 φ_1、φ_2、φ_3，按位移法的平衡方程法写出：

$$M_{12}=4i_1\varphi_1+2i_1\varphi_2$$
$$M_{21}=2i_1\varphi_1+4i_1\varphi_2$$
$$M_{23}=4i_2\varphi_2+2i_2\varphi_3$$
$$M_{32}=2i_2\varphi_2+4i_2\varphi_3$$

根据图 9-1（b）的平衡条件，则平衡方程法的基本方程如下：

由 $\sum M_1=0$ 得

$$M_{12}=M_1，\quad 4i_1\varphi_1+2i_1\varphi_2=M_1$$

由 $\sum M_2=0$ 得

$$M_{21}+M_{23}=M_2，\quad 2i_1\varphi_1+(4i_1+4i_2)\varphi_2+2i_2\varphi_3=M_2$$

由 $\sum M_3=0$ 得

$$M_{32}=M_3，\quad 2i_2\varphi_2+4i_2\varphi_3=M_3$$

求解以上方程组得 φ_1、φ_2、φ_3，进而求出杆端弯矩，绘出内力图。此方程组可写成如下矩阵形式：

$$\begin{bmatrix} 4i_1 & 2i_1 & 0 \\ 2i_1 & 4i_1+4i_2 & 2i_2 \\ 0 & 2i_2 & 4i_2 \end{bmatrix} \begin{bmatrix} \varphi_1 \\ \varphi_2 \\ \varphi_3 \end{bmatrix} = \begin{bmatrix} M_1 \\ M_2 \\ M_3 \end{bmatrix} \tag{a}$$

式（a）称为此两跨超静定梁的**整体刚度方程**，其前乘矩阵称为该结构的**整体刚度矩阵**。

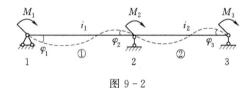

图 9-2

用矩阵位移法求解图 9-1 所示的两跨超静定连续梁，基本未知量仍然是 φ_1、φ_2、φ_3，和平衡方程法所不同的是，首先把该两跨连续梁离散成两个独立的**单元**——单元①和单元②，如图 9-2 所示。

对于 12 杆即单元①有

$$\left.\begin{array}{l} M_{12}=4i_1\varphi_1+2i_1\varphi_2 \\ M_{21}=2i_1\varphi_1+4i_1\varphi_2 \end{array}\right\}$$

写成矩阵形式：

$$\begin{bmatrix} M_{12} \\ M_{21} \end{bmatrix} = \begin{bmatrix} 4i_1 & 2i_1 \\ 2i_1 & 4i_1 \end{bmatrix} \begin{bmatrix} \varphi_1 \\ \varphi_2 \end{bmatrix} \tag{b}$$

对于 23 杆即单元②有

$$\left.\begin{array}{l} M_{23}=4i_2\varphi_2+2i_2\varphi_3 \\ M_{32}=2i_2\varphi_2+4i_2\varphi_3 \end{array}\right\}$$

写成矩阵形式：

$$\begin{bmatrix} M_{23} \\ M_{32} \end{bmatrix} = \begin{bmatrix} 4i_2 & 2i_2 \\ 2i_2 & 4i_2 \end{bmatrix} \begin{bmatrix} \varphi_2 \\ \varphi_3 \end{bmatrix} \tag{c}$$

式（b）、式（c）表示由单元杆端位移求杆端力，分别称为单元①、②的**单元刚度方程**，其前乘矩阵分别称为单元①、②的**单元刚度矩阵**。

对比式（a）和（b）、（c）不难看出，整体矩阵方程（a）的前乘矩阵是由单元①、②的前乘矩阵组合而成，也就是说，只要把结构离散成若干单元，分别写出每个单元的单元刚度方程和单元刚度矩阵，就可以由此直接组合出结构的整体刚度方程，形成结构的整体刚度矩阵，进而求出未知位移和内力，从而避免了分析整体结构建立整体结构方程和整体刚度矩阵的烦琐。这就是矩阵位移法的基本思想。

综上所述，矩阵位移法是以矩阵形式表达的位移法，是把复杂结构的计算问题转化成了简单的单元分析和集合问题。矩阵位移法的基本要点包括以下两部分。

1. 单元分析

把结构分解成若干个离散的单元（杆件结构中一般把一个等截面直杆取作一个单元），即进行结构离散化，单元之间通过结点相互连接。分析单元的杆端力与杆端位移之间的关系，也就是利用第六章的已学内容，将单元杆端力与杆端位移的关系式用矩阵形式表示，即可得到单元刚度方程及相应的单元刚度矩阵。

2. 整体分析

在单元分析的基础上，综合考虑各结点处的变形协调条件（包括支座处的约束条件）和平衡条件，对结构进行整体分析，将各离散单元集合成整体，形成整体结构的刚度矩阵，建立整体结构的刚度方程。由此方程可解出结点位移。

利用已求出的结点位移，再回到单元分析，便可确定各单元的内力。

上述一分一合，先拆后搭的过程，是将复杂结构的计算问题转化为简单单元的分析及集合问题，而由单元刚度矩阵直接形成结构整体刚度矩阵是矩阵位移法的核心内容。

二、结构离散化

杆系结构是由一系列杆件组成的，利用矩阵位移法进行结构分析时，为了分析方便，首先需对结点（杆件的转折点、汇交点、支撑点、截面突变点和荷载作用点等）和杆件进行编号，如图9-3（a）所示的桁架，结点、杆件编号后如图9-3（b）所示，结点和杆件的编号原则上是任意的。同一结构可以有不同的编号顺序。矩阵位移法中把每个等直杆段看作一个单元，规定杆件截面面积为 A，长度为 l，惯性矩为 I，弹性模量为 E，并且荷载只作用在杆件两端结点上（非结点荷载的处理方法有两种：①把荷载作用点看作结点；②将单元上承受的荷载转化成等效结点荷载，这将在后续讨论），把原结构看成是由这些单元按照实际的连接条件组装而成的，这一过程通常称为**结构离散化**。

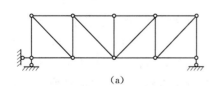
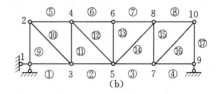

图9-3　等截面直杆的离散

结构中往往会有曲杆或变截面杆，在结构离散化时，可将它们视为折杆或阶梯形截面来处理，依靠加密结点的方法来提高解题精度，如图9-4、图9-5所示。

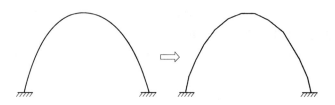

图 9-4 等截面曲杆的离散

三、坐标系及编码

在有限单元法计算中要建立两种坐标系：一种是整体坐标系（或结构坐标系），用来描述结构整体，用符号 xoy 表示；另一种是局部坐标系（或单元坐标系），单元的两个端点用 i 和 j 表示，杆轴正方向由 i 指向 j，图中用箭头标明，用来描述单元的变形和内力，用符号 $\overline{x}\overline{o}\overline{y}$ 表示。如图 9-6 所示，xoy 为整体坐标系，按右手螺旋法则确定，结点编码 1、2、3、4 称为整体码，$\overline{x}\overline{o}\overline{y}$ 为局部坐标系，按右手螺旋法则确定，$\overline{1}$、$\overline{2}$ 称为局部码。通常原点 $\overline{o}$ 放在结点 $\overline{1}$ 上，$\overline{x}$ 轴与单元轴线重合，正方向由 $\overline{1}$ 指向 $\overline{2}$。

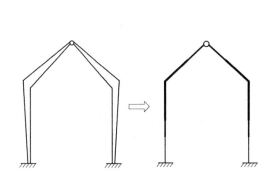

图 9-5 变截面直杆的离散

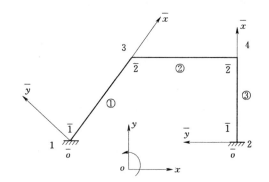

图 9-6 坐标系建立及整体局部编码

四、结点位移编码

矩阵位移法是以结点位移为基本未知量的一种计算求解超静定结构的方法，计算之前需要对结点位移进行统一编码。编码方法有两种：一种是后处理法，即先按一个结点 3 个位移（不忽略轴向变形）统一未知量编码，如图 9-7 所示；另一种是先处理法，即根据约束条件直接给未知量（结点位移）编码，如图 9-8 所示。

五、平面单元杆端力和杆端位移的表示

局部坐标系下任意直杆单元 ⓔ，如图 9-9 所示，单元的两个端点为 i 和 j，单元的局部坐标系 $\overline{x}\overline{o}\overline{y}$ 如图 9-9 中所示。一般情况下单元 ⓔ 的两个端点各有三个杆端力分量 $\overline{F}_N^e$、$\overline{F}_Q^e$、$\overline{M}^e$ 和对应的三个杆端位移分量 $\overline{u}^e$、$\overline{v}^e$、$\overline{\varphi}^e$，这样的单元称为一般单元或**自由单元**。其中杆端位移和杆端力的正方向均规定与坐标轴的正方向一致时为正，转角和弯矩按右手螺旋法则规定逆时针方向为正，这种正负符号规定有别于已学过的其他力学量，学习时要特别注意，图 9-9 中所有量均取正方向。

分别把单元杆端力分量和杆端位移分量按坐标系规定方向排成一列，用矩阵形式表示，得到单元在局部坐标系下杆端力列向量 $\overline{\boldsymbol{F}}^e$ 和单元杆端位移列向量 $\overline{\boldsymbol{\Delta}}^e$，如下：

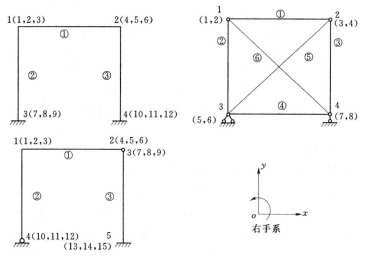

图 9-7 位移编码的后处理法

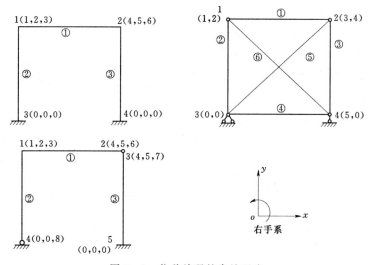

图 9-8 位移编码的先处理法

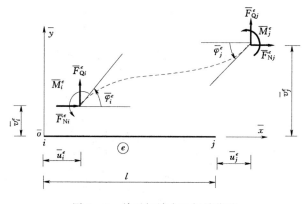

图 9-9 单元杆端力和杆端位移

$$
\left.
\begin{aligned}
&\qquad (1)\quad (2)\quad (3)\qquad (4)\quad (5)\quad (6)\\
&\overline{\boldsymbol{F}}^e = \begin{bmatrix} \overline{F}^e_{\mathrm{N}i} & \overline{F}^e_{\mathrm{Q}i} & \overline{M}^e_i & \vdots & \overline{F}^e_{\mathrm{N}j} & \overline{F}^e_{\mathrm{Q}j} & \overline{M}^e_j \end{bmatrix}^{\mathrm{T}}\\
&\overline{\boldsymbol{\Delta}}^e = \begin{bmatrix} \overline{u}^e_i & \overline{v}^e_i & \overline{\varphi}^e_i & \vdots & \overline{u}^e_j & \overline{v}^e_j & \overline{\varphi}^e_j \end{bmatrix}^{\mathrm{T}}
\end{aligned}
\right\}
\tag{9-1}
$$

第二节　局部坐标系下单元刚度矩阵

一、自由单元刚度矩阵

为了建立单元杆端力和杆端位移之间的关系，在弹性小变形范围内，按照位移法取基本结构的做法，在平面自由单元（两端不受任何约束，并发生与单元类型对应的杆端力和杆端位移）杆件两端加上人为控制的附加约束，使基本结构在两端单独发生任意指定的位移 $\overline{\Delta}^e$，然后根据胡克定律和第六章的表 6-1 的形常数，分别写出与指定位移相对应的杆端力，最后叠加即可得到单元杆端力和杆端位移之间的关系。由单元杆端位移求单元杆端力时所建立的方程称为**单元刚度方程**。

1. 自由桁架单元

桁架单元的特点是它只产生轴向变形和只承受轴向力，如图 9-10（a）所示为两端不受约束的桁架自由单元的变形和受力情况。它的两端有两个轴向位移 $\overline{u}^e_i$、$\overline{u}^e_j$ 和两个轴向力 $\overline{F}^e_{\mathrm{N}i}$、$\overline{F}^e_{\mathrm{N}j}$。若已知杆端位移 $\overline{u}^e_i$ 和 $\overline{u}^e_j$，根据胡克定律可求出相应的杆端力，如图 9-10（b）、（c）所示，叠加后得方程：

$$
\left.
\begin{aligned}
\overline{F}^e_{\mathrm{N}i} &= \frac{EA}{l}\overline{u}^e_i - \frac{EA}{l}\overline{u}^e_j\\
\overline{F}^e_{\mathrm{N}j} &= -\frac{EA}{l}\overline{u}^e_i + \frac{EA}{l}\overline{u}^e_j
\end{aligned}
\right\}
\tag{9-2}
$$

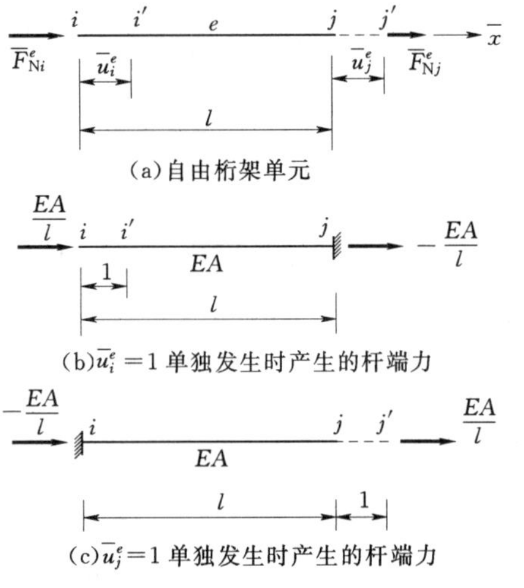

式（9-2）的矩阵形式：

(a) 自由桁架单元

(b) $\overline{u}^e_i=1$ 单独发生时产生的杆端力

(c) $\overline{u}^e_j=1$ 单独发生时产生的杆端力

图 9-10　平面桁架中的杆件单元

$$
\begin{bmatrix} \overline{F}^e_{\mathrm{N}i}\\[2mm] \overline{F}^e_{\mathrm{N}j} \end{bmatrix}
=
\begin{bmatrix} \dfrac{EA}{l} & \dfrac{-EA}{l}\\[3mm] -\dfrac{EA}{l} & \dfrac{EA}{l} \end{bmatrix}
\begin{bmatrix} \overline{u}^e_i\\[2mm] \overline{u}^e_j \end{bmatrix}
\tag{9-3}
$$

令

$$
\overline{\boldsymbol{k}}^e =
\begin{array}{cc}
\quad\overline{u}^e_i \qquad\quad \overline{u}^e_j \\
\begin{bmatrix} \dfrac{EA}{l} & \dfrac{-EA}{l}\\[3mm] -\dfrac{EA}{l} & \dfrac{EA}{l} \end{bmatrix}
\begin{array}{l} \overline{F}^e_{\mathrm{N}i}\\[3mm] \overline{F}^e_{\mathrm{N}j} \end{array}
\end{array}
\tag{9-4}
$$

则式（9-3）简写成

$$\overline{\boldsymbol{F}}^e = \overline{\boldsymbol{k}}^e \, \overline{\boldsymbol{\Delta}}^e \qquad (9-5)$$

式（9-5）称为自由桁架单元 ⓔ 的单元刚度方程，矩阵 $\overline{\boldsymbol{k}}^e$ 称为自由桁架单元 ⓔ 对应于局部坐标系 $\overline{x}o\overline{y}$ 的单元刚度矩阵。由以上分析可知，矩阵 $\overline{\boldsymbol{k}}^e$ 中第一列的两个元素就是 $\overline{u}_i^e = 1$（即 i 端沿 $\overline{x}$ 正方向发生单位位移）时单元的两个杆端力，第二列的两个元素就是 $\overline{u}_j^e = 1$（即 j 端沿 $\overline{x}$ 正方向发生单位位移）时单元的两个杆端力。为了帮助理解，可在 $\overline{\boldsymbol{k}}^e$ 的上方注明各列元素所对应的杆端位移，而在其右方注明与杆端位移相对应的杆端力，例如式（9-4）。

2. 自由梁式单元

如图 9-11（a）所示为自由梁式单元的变形和受力情况。单元两端的 $\overline{y}$ 轴正方向产生位移 $\overline{v}_i^e$、$\overline{v}_j^e$ 和剪力 $\overline{F}_{Qi}$、$\overline{F}_{Qj}$，单元两端在 $\overline{x}\,o\,\overline{y}$ 平面内产生转角 $\overline{\varphi}_i^e$、$\overline{\varphi}_j^e$ 和弯矩 $\overline{M}_i^e$、$\overline{M}_j^e$。

若已知杆端位移 $\overline{v}_i^e$、$\overline{\varphi}_i^e$、$\overline{v}_j^e$ 和 $\overline{\varphi}_j^e$，根据第六章的形常数，按照本章正负规定，即可求出相应的杆端力 $\overline{F}_{Qi}^e$、$\overline{M}_i^e$、$\overline{F}_{Qj}^e$、$\overline{M}_j^e$，如图 9-11（b）～（e）所示，最后叠加可得

$$\left.\begin{aligned}
\overline{F}_{Qi}^e &= \frac{12EI}{l^3}\overline{v}_i^e + \frac{6EI}{l^2}\overline{\varphi}_i^e - \frac{12EI}{l^3}\overline{v}_j^e + \frac{6EI}{l^2}\overline{\varphi}_j^e \\
\overline{M}_i^e &= \frac{6EI}{l^2}\overline{v}_i^e + \frac{4EI}{l}\overline{\varphi}_i^e - \frac{6EI}{l^2}\overline{v}_j^e + \frac{2EI}{l}\overline{\varphi}_j^e \\
\overline{F}_{Qj}^e &= -\frac{12EI}{l^3}\overline{v}_i^e - \frac{6EI}{l^2}\overline{\varphi}_i^e + \frac{12EI}{l^3}\overline{v}_j^e - \frac{6EI}{l^2}\overline{\varphi}_j^e \\
\overline{M}_j^e &= \frac{6EI}{l^2}\overline{v}_i^e + \frac{2EI}{l}\overline{\varphi}_i^e - \frac{6EI}{l^2}\overline{v}_j^e + \frac{4EI}{l}\overline{\varphi}_j^e
\end{aligned}\right\} \qquad (9-6)$$

式（9-6）写成矩阵形式为

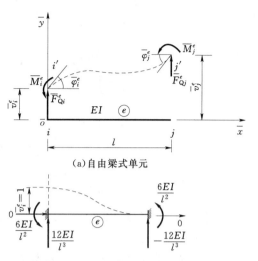

(a)自由梁式单元

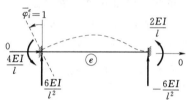

(b) $\overline{v}_i^e = 1$ 单独发生时产生的杆端力

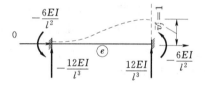

(c) $\overline{\varphi}_i^e = 1$ 单独发生时产生的杆端力

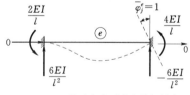

(d) $\overline{v}_j^e = 1$ 单独发生时产生的杆端力

(e) $\overline{\varphi}_j^e = 1$ 单独发生时产生的杆端力

图 9-11　平面梁式杆件单元

$$\begin{bmatrix} \overline{F}_{Qi}^e \\[2mm] \overline{M}_i^e \\[2mm] \overline{F}_{Qj}^e \\[2mm] \overline{M}_j^e \end{bmatrix} = \begin{bmatrix} \dfrac{12EI}{l^3} & \dfrac{6EI}{l^2} & -\dfrac{12EI}{l^3} & \dfrac{6EI}{l^2} \\[3mm] \dfrac{6EI}{l^2} & \dfrac{4EI}{l} & -\dfrac{6EI}{l^2} & \dfrac{2EI}{l} \\[3mm] -\dfrac{12EI}{l^3} & -\dfrac{6EI}{l^2} & \dfrac{12EI}{l^3} & -\dfrac{6EI}{l^2} \\[3mm] \dfrac{6EI}{l^2} & \dfrac{2EI}{l} & -\dfrac{6EI}{l^2} & \dfrac{4EI}{l} \end{bmatrix} \begin{bmatrix} \overline{v}_i^e \\[2mm] \overline{\varphi}_i^e \\[2mm] \overline{v}_j^e \\[2mm] \overline{\varphi}_j^e \end{bmatrix} \qquad (9-7)$$

令

$$\bar{k}^e = \begin{array}{cccc} \overline{v}_i^e \qquad\quad \overline{\varphi}_i^e \qquad\quad \overline{v}_j^e \qquad\quad \overline{\varphi}_j^e \end{array}$$

$$\bar{k}^e = \begin{bmatrix} \dfrac{12EI}{l^3} & \dfrac{6EI}{l^2} & -\dfrac{12EI}{l^3} & \dfrac{6EI}{l^2} \\[2ex] \dfrac{6EI}{l^2} & \dfrac{4EI}{l} & -\dfrac{6EI}{l^2} & \dfrac{2EI}{l} \\[2ex] -\dfrac{12EI}{l^3} & -\dfrac{6EI}{l^2} & \dfrac{12EI}{l^3} & -\dfrac{6EI}{l^2} \\[2ex] \dfrac{6EI}{l^2} & \dfrac{2EI}{l} & -\dfrac{6EI}{l^2} & \dfrac{4EI}{l} \end{bmatrix} \begin{array}{l} \overline{F}_{Qi}^e \\[2ex] \overline{M}_i^e \\[2ex] \overline{F}_{Qj}^e \\[2ex] \overline{M}_j^e \end{array} \qquad (9-8)$$

则式 (9-7) 简写成:

$$\bar{F}^e = \bar{k}^e \, \bar{\Delta}^e \qquad (9-9)$$

式 (9-9) 即为自由梁式单元在局部坐标下的单元刚度方程, $\bar{k}^e$ 为自由梁式单元在局部坐标系下的单元刚度矩阵。由上述分析可知,矩阵 $\bar{k}^e$ 中第一列的四个元素就是 $\overline{v}_i^e =$ 1 (即 i 端沿 $\overline{y}$ 正方向发生单位位移) 时单元的四个杆端力,其余三列元素的物理意义可依此类推。为了帮助理解,可在 $\bar{k}^e$ 的上方注明各列元素所对应的杆端位移,而在其右方注明与杆端位移相对应的杆端力,例如式 (9-8)。

3. 自由刚架单元

如图 9-9 所示为自由刚架单元的变形和受力,在单元两端的 $\overline{x}$、$\overline{y}$ 轴和 $\overline{xoy}$ 平面内分别产生正向的轴向位移、横向位移和角位移,并承受相应的轴力、剪力和弯矩。

在弹性小变形范围内,杆件的轴向受力只与杆端轴向位移有关,而与杆端的横向位移及角位移无关,见式 (9-3);同样杆端的剪力和弯矩只与杆端的横向位移和角位移有关,而与杆端的轴向位移无关,见式 (9-7)。以上两者是独立地起作用而互不影响的。因此只需将桁架单元的刚度方程 (9-3) 与梁式单元的刚度方程 (9-7) 相叠加,即可得到刚架单元的刚度方程,其矩阵形式如下:

$$\begin{bmatrix} \overline{F}_{Ni}^e \\[1.5ex] \overline{F}_{Qi}^e \\[1.5ex] \overline{M}_i^e \\[1.5ex] \overline{F}_{Nj}^e \\[1.5ex] \overline{F}_{Qj}^e \\[1.5ex] \overline{M}_j^e \end{bmatrix} = \begin{bmatrix} \dfrac{EA}{l} & 0 & 0 & -\dfrac{EA}{l} & 0 & 0 \\[1.5ex] 0 & \dfrac{12EI}{l^3} & \dfrac{6EI}{l^2} & 0 & -\dfrac{12EI}{l^3} & \dfrac{6EI}{l^2} \\[1.5ex] 0 & \dfrac{6EI}{l^2} & \dfrac{4EI}{l} & 0 & -\dfrac{6EI}{l^2} & \dfrac{2EI}{l} \\[1.5ex] -\dfrac{EA}{l} & 0 & 0 & \dfrac{EA}{l} & 0 & 0 \\[1.5ex] 0 & -\dfrac{12EI}{l^3} & -\dfrac{6EI}{l^2} & 0 & \dfrac{12EI}{l^3} & -\dfrac{6EI}{l^2} \\[1.5ex] 0 & \dfrac{6EI}{l^2} & \dfrac{2EI}{l} & 0 & -\dfrac{6EI}{l^2} & \dfrac{4EI}{l} \end{bmatrix} \begin{bmatrix} \overline{u}_i^e \\[1.5ex] \overline{v}_i^e \\[1.5ex] \overline{\varphi}_i^e \\[1.5ex] \overline{u}_j^e \\[1.5ex] \overline{v}_j^e \\[1.5ex] \overline{\varphi}_j^e \end{bmatrix} \qquad (9-10)$$

令

$$\overline{k}^e = \begin{array}{cccccc} \overline{u}^e_i & \overline{v}^e_i & \overline{\varphi}^e_i & \overline{u}^e_j & \overline{v}^e_j & \overline{\varphi}^e_j \end{array}$$

$$\overline{k}^e = \begin{bmatrix} \dfrac{EA}{l} & 0 & 0 & -\dfrac{EA}{l} & 0 & 0 \\[2mm] 0 & \dfrac{12EI}{l^3} & \dfrac{6EI}{l^2} & 0 & -\dfrac{12EI}{l^3} & \dfrac{6EI}{l^2} \\[2mm] 0 & \dfrac{6EI}{l^2} & \dfrac{4EI}{l} & 0 & -\dfrac{6EI}{l^2} & \dfrac{2EI}{l} \\[2mm] -\dfrac{EA}{l} & 0 & 0 & \dfrac{EA}{l} & 0 & 0 \\[2mm] 0 & -\dfrac{12EI}{l^3} & -\dfrac{6EI}{l^2} & 0 & \dfrac{12EI}{l^3} & -\dfrac{6EI}{l^2} \\[2mm] 0 & \dfrac{6EI}{l^2} & \dfrac{2EI}{l} & 0 & -\dfrac{6EI}{l^2} & \dfrac{4EI}{l} \end{bmatrix} \begin{array}{l} \overline{F}^e_{Ni} \\[2mm] \overline{F}^e_{Qi} \\[2mm] \overline{M}^e_i \\[2mm] \overline{F}^e_{Nj} \\[2mm] \overline{F}^e_{Qj} \\[2mm] \overline{M}^e_j \end{array} \qquad (9-11)$$

则式（9-10）可简写成为

$$\overline{F}^e = \overline{k}^e \overline{\Delta}^e \qquad\qquad (9-12)$$

式（9-12）即为刚架单元在局部坐标下的单元刚度方程，$\overline{k}^e$ 为自由刚架单元在局部坐标系下的单元刚度矩阵，$\overline{k}^e$ 的行数等于杆端力列向量的分量个数，而列数则等于杆端位移列向量的分量个数，它是 6×6 阶方阵。各行各列所对应的杆端力分量、位移分量在矩阵右、上方均已标明，它们按顺序一一排列，如果位移分量、力分量排列顺序发生变化，则单元刚度矩阵行列元素的排列顺序也随之改变。$\overline{k}^e$ 中每一个元素都代表单位杆端位移引起的杆端力。例如 $\overline{k}^e_{ij}$ 表示第 j 个位移分量 $\overline{\Delta}^e_j = 1$（其他位移分量均为零）时引起的第 i 个杆端力。$\overline{k}^e$ 中某一列元素表示与该列对应的位移分量为 1 时所引起的杆端力，显然 $\overline{k}^e$ 中各元素量纲不同。

二、单元刚度矩阵的性质

分析式（9-4）、式（9-8）、式（9-11），可以得出单元刚度矩阵的重要性质，如下：

（1）单元刚度矩阵只与单元的几何形状以及物理性质有关，即与 A、I、l 和 E 有关。

（2）由反力互等定理可得 $\overline{k}^e_{ij} = \overline{k}^e_{ji}$，单元刚度矩阵中位于主对角线两边对称位置的两元素是相等的，即 $\overline{k}^e$ 是对称方阵。

（3）$|\overline{k}^e| = 0$（如矩阵第一行与第四行元素之和为零），$\overline{k}^e$ 是奇异矩阵，故 $\overline{k}^e$ 不可逆。这说明当单元的杆端位移 $\overline{\Delta}^e$ 已知时，可由单元刚度方程确定唯一的杆端力 $\overline{F}^e$；但当给定单元的杆端力为 $\overline{F}^e$ 时，$\overline{\Delta}^e$ 可能无解，也可能有非唯一解，从物理意义上来说，由于所讨论的是一个自由单元，两端没有任何支承约束，因此杆件除了由杆端力引起的位移外，还可以有任意的刚体位移，在不考虑约束条件时，由于刚体位移未知，故无法确定杆端位移。以上是正反两个性质不同的问题，为了避免混淆，正反两个问题在数学提法、力学模型和解的性质等方面的区别见表 9-1。

表 9 - 1 　　　　　　　　　　　单元刚度方程正反问题对照表

	正问题（$\overline{\Delta} \to \overline{F}$）	反问题（$\overline{F} \to \overline{\Delta}$）
数学提法	$\overline{\Delta}^e$ 为任意指定值，$\overline{F}^e$ 为待求量	$\overline{F}^e$ 为任意指定值，$\overline{\Delta}^e$ 为待求量
力学模型	把单元按"两端有六个人工控制的附加约束的杆件"（位移法基本体系）来分析——$\overline{\Delta}^e$ 由控制附加约束而加以指定	把单元按"两端自由的杆件"来分析——$\overline{F}^e$ 直接加在自由端作为指定的杆端力
解的性质	$\overline{\Delta}^e$ 为任意值时，$\overline{F}^e$ 都有解，且为唯一解。 $\overline{F}^e$ 总是一个平衡力系，不可能是不平衡力系	$\overline{F}^e$ 为不平衡力系时，$\overline{\Delta}^e$ 没有解。 $\overline{F}^e$ 为平衡力系时，$\overline{\Delta}^e$ 有解，但为非唯一解（因为自由杆件除本身变形外还可有任意刚体位移）。 $(\overline{k}^e)^{-1}$ 不存在

注　此表摘自龙驭球，包世华.结构力学教程Ⅰ.北京：高等教育出版社，2006：P377。

　　单元刚度矩阵的奇异性还可以用一简单例子加以说明。如图 9 - 12 所示是一个受轴向拉力作用的杆件，图 9 - 12 （b）～（d）三种情况所对应的杆件受力和变形是完全一致的，如图 9 - 12 （a）所示，但由于杆件的支承不同，杆端位移显然是不同的。它们之间相差刚体位移，反问题有多解，而非唯一解。

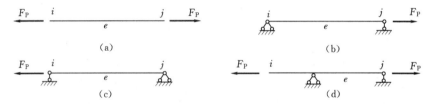

图 9 - 12　单元刚度方程反问题图示

三、单元刚度矩阵的分块

为方便书写，式（9-10）可简写成

$$\begin{bmatrix} \overline{F}_i^e \\ \cdots \\ \overline{F}_j^e \end{bmatrix} = \begin{bmatrix} \overline{k}_{ii}^e & \vdots & \overline{k}_{ij}^e \\ \cdots & & \cdots \\ \overline{k}_{ji}^e & \vdots & \overline{k}_{jj}^e \end{bmatrix} \begin{bmatrix} \overline{\Delta}_i^e \\ \cdots \\ \overline{\Delta}_j^e \end{bmatrix} \tag{9-13}$$

其中

$$\overline{F}_i^e = \begin{bmatrix} \overline{F}_{Ni}^e \\ \overline{F}_{Qi}^e \\ \overline{M}_i^e \end{bmatrix}, \quad \overline{F}_j^e = \begin{bmatrix} \overline{F}_{Nj}^e \\ \overline{F}_{Qj}^e \\ \overline{M}_j^e \end{bmatrix}, \quad \overline{\Delta}_i^e = \begin{bmatrix} \overline{u}_i^e \\ \overline{v}_i^e \\ \overline{\varphi}_i^e \end{bmatrix}, \quad \overline{\Delta}_j^e = \begin{bmatrix} \overline{u}_j^e \\ \overline{v}_j^e \\ \overline{\varphi}_j^e \end{bmatrix}$$

$$\overline{k}_{ii}^e = \begin{bmatrix} \dfrac{EA}{l} & 0 & 0 \\ 0 & \dfrac{12EI}{l^3} & \dfrac{6EI}{l^2} \\ 0 & \dfrac{6EI}{l^2} & \dfrac{4EI}{l} \end{bmatrix}, \quad \overline{k}_{ij}^e = \begin{bmatrix} -\dfrac{EA}{l} & 0 & 0 \\ 0 & -\dfrac{12EI}{l^3} & \dfrac{6EI}{l^2} \\ 0 & -\dfrac{6EI}{l^2} & \dfrac{2EI}{l} \end{bmatrix}$$

$$\bar{k}_{ji}^e = \begin{bmatrix} -\dfrac{EA}{l} & 0 & 0 \\[2mm] 0 & -\dfrac{12EI}{l^3} & \dfrac{6EI}{l^2} \\[2mm] 0 & \dfrac{6EI}{l^2} & \dfrac{2EI}{l} \end{bmatrix}, \quad \bar{k}_{jj}^e = \begin{bmatrix} \dfrac{EA}{l} & 0 & 0 \\[2mm] 0 & \dfrac{12EI}{l^3} & -\dfrac{6EI}{l^2} \\[2mm] 0 & -\dfrac{6EI}{l^2} & \dfrac{4EI}{l} \end{bmatrix}$$

式中 $\bar{k}_{ii}^e$、$\bar{k}_{ij}^e$、$\bar{k}_{ji}^e$、$\bar{k}_{jj}^e$ 称为单元刚度矩阵的子块，或简称为子矩阵。请读者自己分析各子块的物理意义。

第三节　整体坐标系下单元刚度矩阵

局部坐标系的单元刚度矩阵都是以单元的轴线为 $\bar{x}$ 轴而得到的，但在实际结构中，各单元的轴线并不统一，为了便于研究整体结构的平衡和变形协调条件，进而建立结构的整体刚度矩阵，需要将各个单元放在统一的坐标系——整体或结构坐标系中进行分析，所以必须解决单元刚度矩阵的坐标转换问题。

在整体坐标系中，对于处于不同位置的各单元，将其在局部坐标系中的杆端力、杆端位移和单元刚度矩阵转换成整体坐标系中的杆端力、杆端位移和单元刚度矩阵，从而建立整体坐标系中的刚度方程。

一、单元杆端力和杆端位移的坐标变换

如图 9-13 所示，杆件 ij 在局部坐标系 $\bar{x}\,\bar{o}\,\bar{y}$ 中杆端力分量为 $\bar{F}_N^e$、$\bar{F}_Q^e$、$\bar{M}^e$，在整体坐标系 xoy 中杆端力分量为 F_x^e、F_y^e、M^e。其中 α 角为 x 轴与 $\bar{x}$ 轴之间的夹角，规定从 x 轴转至 $\bar{x}$ 轴以逆时针方向为正。

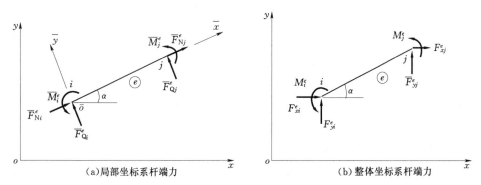

(a)局部坐标系杆端力　　　　　　　(b)整体坐标系杆端力

图 9-13　整体坐标系和局部坐标系中的单元杆端力

根据力的投影定理，局部坐标系中的杆端力与整体坐标系中的杆端力之间的关系可表示为

$$\left. \begin{aligned} \bar{F}_{Ni}^e &= F_{xi}^e \cos\alpha + F_{yi}^e \sin\alpha \\ \bar{F}_{Qi}^e &= -F_{xi}^e \sin\alpha + F_{yi}^e \cos\alpha \\ \bar{M}_i^e &= M_i^e \\ \bar{F}_{Nj}^e &= F_{xj}^e \cos\alpha + F_{yj}^e \sin\alpha \\ \bar{F}_{Qj}^e &= -F_{xj}^e \sin\alpha + F_{yj}^e \cos\alpha \\ \bar{M}_j^e &= M_j^e \end{aligned} \right\} \tag{9-14}$$

将杆件 ij 两端杆端力在两坐标系之间的关系集合起来写成矩阵形式：

$$\begin{bmatrix} \overline{F}_{Ni} \\ \overline{F}_{Qi} \\ \overline{M}_i \\ \hline \overline{F}_{Nj} \\ \overline{F}_{Qj} \\ \overline{M}_j \end{bmatrix}^e = \left[\begin{array}{ccc|ccc} \cos\alpha & \sin\alpha & 0 & & & \\ -\sin\alpha & \cos\alpha & 0 & & 0 & \\ 0 & 0 & 1 & & & \\ \hline & & & \cos\alpha & \sin\alpha & 0 \\ & 0 & & -\sin\alpha & \cos\alpha & 0 \\ & & & 0 & 0 & 1 \end{array}\right] \begin{bmatrix} F_{xi} \\ F_{yi} \\ M_i \\ \hline F_{xj} \\ F_{yj} \\ M_j \end{bmatrix}^e \tag{9-15}$$

简记为

$$\overline{F}^e = T^e F^e \tag{9-16}$$

式中

$$T^e = \left[\begin{array}{ccc|ccc} \cos\alpha & \sin\alpha & 0 & & & \\ -\sin\alpha & \cos\alpha & 0 & & 0 & \\ 0 & 0 & 1 & & & \\ \hline & & & \cos\alpha & \sin\alpha & 0 \\ & 0 & & -\sin\alpha & \cos\alpha & 0 \\ & & & 0 & 0 & 1 \end{array}\right] \tag{9-17}$$

式（9-16）即为局部坐标系和整体坐标系下杆端力的变换关系，式（9-17）称为单元**坐标转换矩阵**。可以发现，T^e 为一正交矩阵，即

$$T^{e\mathrm{T}} T^e = T^e T^{e\mathrm{T}} = I \tag{9-18}$$

或

$$T^{e-1} = T^{e\mathrm{T}} \tag{9-19}$$

对于两种坐标系中的杆端位移，同样也存在类似式（9-15）的关系，即

$$\overline{\varDelta}^e = T^e \varDelta^e \tag{9-20}$$

式中　$\overline{\varDelta}^e$——局部坐标系中的单元杆端位移列矩阵；

$\varDelta^e$——整体坐标系中的单元杆端位移列矩阵。

二、整体坐标系下单元刚度矩阵

将式（9-16）、式（9-20）代入式（9-12），有

$$T^e F^e = \overline{k}^e T^e \varDelta^e$$

上式两边左乘 T^{e-1} 得

$$F^e = T^{e-1} \overline{k}^e T^e \varDelta^e$$

即

$$F^e = T^{e\mathrm{T}} \overline{k}^e T^e \varDelta^e$$

令

$$k^e = T^{e\mathrm{T}} \overline{k}^e T^e \tag{9-21}$$

可得

$$F^e = k^e \varDelta^e \tag{9-22}$$

这就是整体坐标系中的单元刚度方程，其中 k^e 为整体坐标系中的单元刚度矩阵。式（9-21）是单元刚度矩阵由局部坐标系向整体坐标系转换的公式。可见只要求出单元坐标系转换矩阵 T^e，就可由 $\bar{k}^e$ 求出 k^e。

k^e 与 $\bar{k}^e$ 有类似性质，k^e_{mn} 表示整体坐标系中第 n 个杆端位移分量 $\Delta^e_n = 1$（其他位移分量均为零）时引起的第 m 个杆端力分量值 F^e_m。根据反力互等定理，$k^e_{mn} = k^e_{nm}$，故 k^e 为对称矩阵。同时也可发现 k^e 为奇异矩阵，由于转换矩阵 T^e 与转角 α 有关，故 k^e 也与转角 α 有关。

在特殊情况下，当单元ⓔ的轴线指向与 x 轴相同，即 $\alpha = 0°$ 时，有

$$T^e = I$$

这时有

$$k^e = T^{eT} \bar{k}^e T^e = \bar{k}^e \tag{9-23}$$

当 $\alpha = 90°$ 时，有

$$
T^e =
\begin{pmatrix}
0 & 1 & 0 & & & \\
-1 & 0 & 0 & & 0 & \\
0 & 0 & 1 & & & \\
& & & 0 & 1 & 0 \\
& 0 & & -1 & 0 & 0 \\
& & & 0 & 0 & 1
\end{pmatrix}
\tag{9-24}
$$

将式（9-24）代入式（9-21），整理得

$$
k^e = T^{eT} \bar{k}^e T^e =
\begin{pmatrix}
\dfrac{12EI}{l^3} & 0 & -\dfrac{6EI}{l^2} & -\dfrac{12EI}{l^3} & 0 & -\dfrac{6EI}{l^2} \\[2mm]
0 & \dfrac{EA}{l} & 0 & 0 & -\dfrac{EA}{l} & 0 \\[2mm]
-\dfrac{6EI}{l^2} & 0 & \dfrac{4EI}{l} & \dfrac{6EI}{l^2} & 0 & \dfrac{2EI}{l} \\[2mm]
-\dfrac{12EI}{l^3} & 0 & \dfrac{6EI}{l^2} & \dfrac{12EI}{l^3} & 0 & \dfrac{6EI}{l^2} \\[2mm]
0 & -\dfrac{EA}{l} & 0 & 0 & \dfrac{EA}{l} & 0 \\[2mm]
-\dfrac{6EI}{l^2} & 0 & \dfrac{2EI}{l} & \dfrac{6EI}{l^2} & 0 & \dfrac{4EI}{l}
\end{pmatrix}
\tag{9-25}
$$

【例 9-1】　试求如图 9-14 所示刚架中各单元在整体坐标系中的刚度矩阵 k^e，各杆几何尺寸相同。

$l = 5\text{m}$，$A = 0.5\text{m}^2$，$I = \dfrac{1}{24}\text{m}^4$，$E = 3 \times 10^4 \text{MPa}$。

解： 对各结点和单元进行编号，建立结构的整体坐标系，局部坐标系 $\bar{x}$ 方向在图中用箭头标出，如图 9-14 所示。

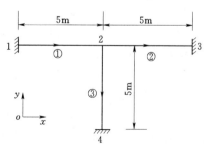

图 9-14

（1）求 $\overline{\boldsymbol{k}}^e$。因各单元的几何尺寸相同，故各单元在局部坐标系中的单元刚度矩阵 $\overline{\boldsymbol{k}}^e$ 相同。由式（9-11）有

$$\overline{\boldsymbol{k}}^{①}=\overline{\boldsymbol{k}}^{②}=\overline{\boldsymbol{k}}^{③}=\begin{Bmatrix} 300 & 0 & 0 & -300 & 0 & 0 \\ 0 & 12 & 30 & 0 & -12 & 30 \\ 0 & 30 & 100 & 0 & -30 & 50 \\ -300 & 0 & 0 & 300 & 0 & 0 \\ 0 & -12 & -30 & 0 & 12 & -30 \\ 0 & 30 & 50 & 0 & -30 & 100 \end{Bmatrix}\times10^7$$

（2）求 $\boldsymbol{k}^e$。

单元①：$\alpha=0°$，$\boldsymbol{T}^{①}=\boldsymbol{I}$，这时 $\boldsymbol{k}^{①}=\boldsymbol{I}^{\mathrm{T}}\overline{\boldsymbol{k}}^{①}\boldsymbol{I}=\overline{\boldsymbol{k}}^{①}$。

单元②：与单元①相同，$\boldsymbol{k}^{②}=\overline{\boldsymbol{k}}^{②}=\overline{\boldsymbol{k}}^{①}$。

单元③：$\alpha=-90°$，单元坐标转换矩阵为

$$\boldsymbol{T}^{③}=\begin{bmatrix} 0 & -1 & 0 & & & \\ 1 & 0 & 0 & & 0 & \\ 0 & 0 & 1 & & & \\ & & & 0 & -1 & 0 \\ & 0 & & 1 & 0 & 0 \\ & & & 0 & 0 & 1 \end{bmatrix}$$

$$\boldsymbol{k}^{③}=\boldsymbol{T}^{③\mathrm{T}}\overline{\boldsymbol{k}}^{③}\boldsymbol{T}^{③}=\begin{Bmatrix} 12 & 0 & 30 & -12 & 0 & 30 \\ 0 & 300 & 0 & 0 & -300 & 0 \\ 30 & 0 & 100 & -30 & 0 & 50 \\ -12 & 0 & -30 & 12 & 0 & -30 \\ 0 & -300 & 0 & 0 & 300 & 0 \\ 30 & 0 & 50 & -30 & 0 & 100 \end{Bmatrix}\times10^7$$

第四节 用矩阵位移法解连续梁

前两节进行了单元分析，建立了单元刚度方程，导出了单元刚度矩阵。从本节开始在前两节单元分析的基础上转到整体分析，建立整体刚度方程，导出整体刚度矩阵。

利用位移法建立整体刚度方程有两种方法：一种是传统位移法，即以独立位移为基本未知量（当然也可以以所有位移为基本未知量，但手算较烦琐）；另一种就是本章介绍的矩阵位移法，它是以所有位移为基本未知量的计算方法。本节以连续梁为例说明用矩阵位移法建立整体刚度方程的步骤方法。

一、整体处理

整体处理的目的是建立整体坐标系（右手坐标系）；结点编总码；在整体坐标系下对结点位移进行统一编位移总码，列出结构结点位移列向量和相应的结点荷载列向量。

对于如图9-15（a）所示的连续梁，1、2、3为结点总码，（1）、（2）、（3）为先处理的结点角位移总码，如图9-15（b）所示，根据坐标系方向确定结点力矩、结点角位移

均逆时针为正。则结点力和结点角位移列向量如下：

$$\boldsymbol{F}_{\mathrm{P}} = \begin{Bmatrix} F_{\mathrm{P}1} \\ F_{\mathrm{P}2} \\ F_{\mathrm{P}3} \end{Bmatrix}, \quad \boldsymbol{\varDelta} = \begin{Bmatrix} \varDelta_1 \\ \varDelta_2 \\ \varDelta_3 \end{Bmatrix}$$

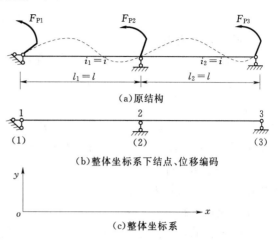

图 9-15　整体处理

二、单元划分及单元分析

为了导出结点力和结点位移列向量之间的关系，矩阵位移法须将整体离散为单元进行分析，单元分析的目的是建立单元刚度方程和单元刚度矩阵，包括单元划分；建立局部坐标系；对单元杆端力、杆端位移编局部码、建立单元刚度方程等。

根据前述单元划分的原则，将如图 9-16（a）所示的连续梁划分为两个单元，如图 9-16（b）所示，①、②为单元编码，图 9-16（c）中 $\overline{1}$、$\overline{2}$ 为单元结点局部编码，则

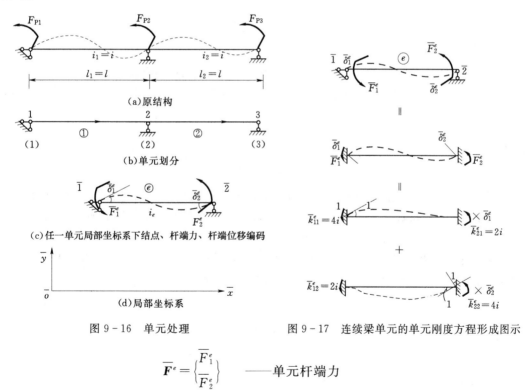

图 9-16　单元处理　　　　图 9-17　连续梁单元的单元刚度方程形成图示

$$\overline{\boldsymbol{F}}^e = \begin{Bmatrix} \overline{F}_1^e \\ \overline{F}_2^e \end{Bmatrix} \qquad \text{——单元杆端力}$$

$$\overline{\boldsymbol{\delta}}^e = \begin{Bmatrix} \overline{\delta}_1^e \\ \overline{\delta}_2^e \end{Bmatrix} \qquad \text{——单元杆端位移}$$

单元杆端弯矩和杆端位移均逆时针为正，两者之间的关系根据图 9-17 可得：

$$\overline{F}_1^e = \overline{k}_{11}^e \overline{\delta}_1^e + \overline{k}_{12}^e \overline{\delta}_2^e$$
$$\overline{F}_2^e = \overline{k}_{21}^e \overline{\delta}_1^e + \overline{k}_{22}^e \overline{\delta}_2^e$$

写成矩阵形式为

$$\left\{\begin{matrix}\overline{F}_1\\\overline{F}_2\end{matrix}\right\}^e = \begin{bmatrix}\overline{k}_{11}^e & \overline{k}_{12}^e\\\overline{k}_{21}^e & \overline{k}_{22}^e\end{bmatrix}\left\{\begin{matrix}\overline{\delta}_1\\\overline{\delta}_2\end{matrix}\right\}^e = \begin{bmatrix}4i_e & 2i_e\\2i_e & 4i_e\end{bmatrix}\left\{\begin{matrix}\delta_1\\\delta_2\end{matrix}\right\}^e \qquad (9-26)$$

简写为

$$\overline{F}^e = \overline{k}^e \overline{\pmb{\delta}}^e \qquad (9-27)$$

式中 $\overline{\pmb{k}}^e$ 称为连续梁单元的单元刚度矩阵，简称单刚矩阵，其元素 $\overline{k}_{ij}^e$ 的物理意义为 $\delta_j^e=1$，$\overline{\delta}_i^e=0$ 时 i 端产生的杆端力。从式（9-26）可以看出连续梁单元的单元刚度矩阵是对称、可逆矩阵。请读者思考和自由单元刚度矩阵的区别。

三、整体分析

整体分析的目的是建立结点力和结点位移的关系，形成整体刚度方程。根据第六章位移法的基本思想，对整体结构进行分析，如图 9-18 所示，可得出结点力和结点位移之间的关系如下：

$$F_{P1} = k_{11}\delta_1 + k_{12}\delta_2 + k_{13}\delta_3$$
$$F_{P2} = k_{21}\delta_1 + k_{22}\delta_2 + k_{23}\delta_3$$
$$F_{P3} = k_{31}\delta_1 + k_{32}\delta_2 + k_{33}\delta_3$$

写成矩阵形式为

$$\left\{\begin{matrix}F_{P1}\\F_{P2}\\F_{P3}\end{matrix}\right\} = \begin{bmatrix}k_{11}&k_{12}&k_{13}\\k_{21}&k_{22}&k_{23}\\k_{31}&k_{32}&k_{33}\end{bmatrix}\left\{\begin{matrix}\delta_1\\\delta_2\\\delta_3\end{matrix}\right\} = \begin{bmatrix}4i&2i&0\\2i&8i&2i\\0&2i&4i\end{bmatrix}\left\{\begin{matrix}\delta_1\\\delta_2\\\delta_3\end{matrix}\right\} \qquad (9-28)$$

简记为

$$\pmb{F}_P = \pmb{k}\pmb{\Delta} \qquad (9-29)$$

式（9-29）称为结构的整体刚度方程，$\pmb{k}$ 称为结构的整体刚度矩阵。整体刚度矩阵中 k_{ij} 的物理意义同第六章位移法，即 k_{ij} 表示 $\delta_j=1$ 单独作用时 i 结点所需加的结点力。从式（9-28）看出结构的整体刚度矩阵也是对称、可逆矩阵。

利用前边导出的连续梁单元的单元刚度矩阵，采用"对号入座"的方法可以直接形成结构的整体刚度矩阵，其对应过程如图 9-19 所示，则

$$k_{11}=\overline{k}_{11}^1, \ k_{21}=\overline{k}_{21}^1, \ k_{31}=0$$
$$k_{12}=\overline{k}_{12}^1, \ k_{22}=\overline{k}_{22}^1+\overline{k}_{11}^2, \ k_{32}=\overline{k}_{21}^2$$
$$k_{13}=0, \ k_{23}=\overline{k}_{12}^2, \ k_{33}=\overline{k}_{22}^2$$

写成矩阵形式：

$$\pmb{k} = \begin{bmatrix}k_{11}&k_{12}&k_{13}\\k_{21}&k_{22}&k_{23}\\k_{31}&k_{32}&k_{33}\end{bmatrix} = \begin{bmatrix}\overline{k}_{11}^1&\overline{k}_{12}^1&0\\\overline{k}_{21}^1&\overline{k}_{22}^1+\overline{k}_{11}^2&\overline{k}_{12}^2\\0&\overline{k}_{21}^2&\overline{k}_{22}^2\end{bmatrix} = \begin{bmatrix}4i&2i&0\\2i&8i&2i\\0&2i&4i\end{bmatrix} \qquad (9-30)$$

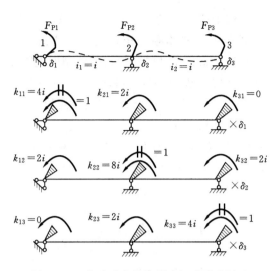

图 9-18　位移法的整体刚度矩阵形成图示　　　图 9-19　矩阵位移法的整体刚度矩阵形成图示

可根据连续梁单元的单元刚度矩阵，利用**定位向量**对号入座直接形成整体刚度矩阵。首先写出结构中所有单元在局部坐标系下的单元刚度矩阵，并在其上方和右方第一行、第一列标明单元局部位移和杆端力编码，在上方和右方第二行、第二列标明各单元局部杆端位移、杆端力对应的整体结点位移、结点力编码，然后划掉单元的局部码，利用剩下的与局部码对应的整体码即可定出单元刚度矩阵各元素在整体刚度矩阵中的位置，称这些整体码为对应单元的定位向量。对于如图 9-16 所示的连续梁有

$$\bar{k}^1 = \begin{matrix} \frac{1}{1} & \frac{2}{2} \\ \left[\begin{matrix} \bar{k}_{11}^1 & \bar{k}_{12}^1 \\ \bar{k}_{21}^1 & \bar{k}_{22}^1 \end{matrix}\right] & \begin{matrix} \bar{1}1 \\ \bar{2}2 \end{matrix} \end{matrix}, \quad \bar{k}^2 = \begin{matrix} \frac{2}{1} & \frac{3}{2} \\ \left[\begin{matrix} \bar{k}_{11}^2 & \bar{k}_{12}^2 \\ \bar{k}_{21}^2 & \bar{k}_{22}^2 \end{matrix}\right] & \begin{matrix} \bar{1}2 \\ \bar{2}3 \end{matrix} \end{matrix}$$

根据①、②单元的定位向量 $\lambda^{(1)}=(1,2)$、$\lambda^{(2)}=(2,3)$，"对号入座"即可形成结构的整体刚度矩阵如下：

$$k = \begin{matrix} 1 & 2 & 3 \\ \left[\begin{matrix} \bar{k}_{11}^1 & \bar{k}_{12}^1 & 0 \\ \bar{k}_{21}^1 & \bar{k}_{22}^1 + \bar{k}_{11}^2 & \bar{k}_{12}^2 \\ 0 & \bar{k}_{21}^2 & \bar{k}_{22}^2 \end{matrix}\right] & \begin{matrix} 1 \\ 2 \\ 3 \end{matrix} \end{matrix} = \begin{bmatrix} 4i & 2i & 0 \\ 2i & 8i & 2i \\ 0 & 2i & 4i \end{bmatrix}$$

四、计算杆端力

利用整体刚度方程即可求出结点位移，对应成单元杆端位移，利用单元刚度方程即可求出杆端力。过程如下：

$$F_P = k\Delta \Rightarrow \Delta$$

$$\Delta \Rightarrow \bar{\delta}^e$$

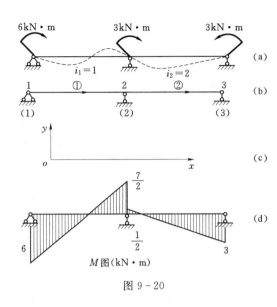

图 9 - 20

$$\overline{F}^e = \overline{k}^e \; \overline{\delta}^e \Rightarrow \overline{F}^e$$

综上所示，位移法和矩阵位移法的主要区别在于整体刚度矩阵的形成方式上，位移法是根据整体结构形成整体刚度矩阵，而矩阵位移法则是根据各单元的定位向量直接"对号入座"形成整体刚度矩阵，也称为单元集成法。

【例 9 - 2】 用矩阵位移法计算并作如图 9 - 20 所示连续梁的弯矩图。

解：（1）整体处理。则

$$F_P = \left\{ \begin{matrix} -6 \\ -3 \\ 3 \end{matrix} \right\}, \quad \boldsymbol{\delta} = \left\{ \begin{matrix} \Delta_1 \\ \Delta_2 \\ \Delta_3 \end{matrix} \right\}$$

（2）计算整体刚度矩阵。

$$\overline{K}^1 = \begin{bmatrix} 4 & 2 \\ 2 & 4 \end{bmatrix} \begin{matrix} 1 \\ 2 \end{matrix}, \quad \overline{K}^2 = \begin{bmatrix} 8 & 4 \\ 4 & 8 \end{bmatrix} \begin{matrix} 2 \\ 3 \end{matrix}$$

$$\boldsymbol{K} = \begin{bmatrix} 4 & 2 & 0 \\ 2 & 12 & 4 \\ 0 & 4 & 8 \end{bmatrix}$$

（3）解方程，求位移。

$$F_P = \boldsymbol{K}\boldsymbol{\Delta}, \quad \boldsymbol{\Delta} = \left\{ \begin{matrix} -\dfrac{17}{12} \\ -\dfrac{1}{6} \\ \dfrac{11}{24} \end{matrix} \right\}$$

（4）求杆端力。

$$\overline{F}^1 = \begin{bmatrix} 4 & 2 \\ 2 & 4 \end{bmatrix} \left\{ \begin{matrix} -\dfrac{17}{12} \\ -\dfrac{1}{6} \end{matrix} \right\} = \left\{ \begin{matrix} -6 \\ -\dfrac{7}{2} \end{matrix} \right\}, \quad \overline{F}^2 = \begin{bmatrix} 8 & 4 \\ 4 & 8 \end{bmatrix} \left\{ \begin{matrix} -\dfrac{1}{6} \\ \dfrac{11}{24} \end{matrix} \right\} = \left\{ \begin{matrix} \dfrac{1}{2} \\ 3 \end{matrix} \right\}$$

（5）作弯矩图，如图 9 - 20（d）所示。

五、非结点荷载的处理

1. 等效结点荷载

结构上受到的荷载，按其作用位置的不同可分为两种：一种是直接作用在结点上的荷载，称为**结点荷载**；另一种是作用在结点之间的杆件上的荷载，称为**非结点荷载**。非结点荷载不能直接用于结构矩阵分析。但实际问题中所遇到的大部分荷载又都是非结点荷载。因此，在结构矩阵分析中，必须将非结点荷载处理为**等效结点荷载**，所谓"等效"是指结点荷载引起的结点位移与非结点荷载引起的结点位移相同。等效结点荷载求解方法是把所有有结点位移的地方用附加刚臂或链杆固定起来，求出这些刚臂和链杆中的反力，把反力反向地加在结点上，即为等效结点荷载，然后将其与结点荷载一并形成结构结点荷载列向量。如图 9-21 所示结构的等效结点荷载为

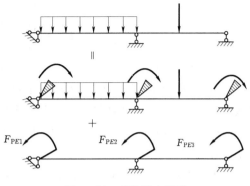

图 9-21　等效结点荷载

$$\boldsymbol{F}_{PE} = \{ F_{PE1} \quad F_{PE2} \quad F_{PE3} \}^{T}$$

2. 等效结点荷载的计算

等效结点荷载的计算方法有两种，一种是平衡法，如图 9-22 所示，其等效结点荷载为

$$\boldsymbol{F}_{PE} = \begin{Bmatrix} F_{PE1} \\ F_{PE2} \\ F_{PE3} \end{Bmatrix} = \begin{Bmatrix} -ql^2/12 \\ -F_P l/8 + ql^2/12 \\ F_P l/8 \end{Bmatrix}$$

总结如图 9-22 所示的分析过程，可以得出平衡法直接写出等效结点荷载的规律为"固定状态下杆端力加负号即为对应的等效结点荷载"。根据此规律，可以不用绘图直接写出非结点荷载的等效结点荷载。如图 9-23 所示的结构的等效结点荷载为

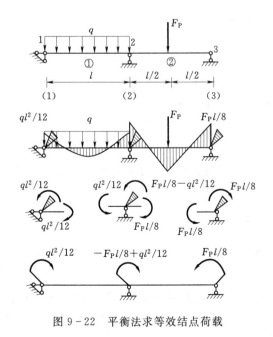

图 9-22　平衡法求等效结点荷载

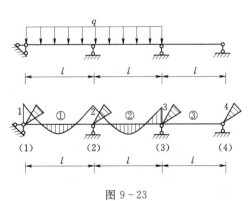

图 9-23

299

$$\boldsymbol{F}_{PE} = \left\{ \begin{array}{c} F_{PE1} \\ F_{PE2} \\ F_{PE3} \\ F_{PE4} \end{array} \right\} = \left\{ \begin{array}{c} -ql^2/12 \\ 0 \\ ql^2/12 \\ 0 \end{array} \right\}$$

另一种是"对号入座法",类似于由单元刚度矩阵"对号入座"形成整体刚度矩阵的方法,首先写出各单元的固端力,固端弯矩逆时针为正,记作 $\overline{F}_q^e$,改变符号即得单元的等效结点荷载,记作 F_E^e,将单元的等效结点荷载"对号入座"即可得到结构的等效结点荷载,整个过程如图 9-24 所示,其中 F_E^e 右侧第一列表示单元的局部结点码,第二列表示与单元局部结点码对应的结构整体结点码,其结果和如图 9-22 所示的平衡法的结果完全相同。

用"对号入座法"可写出如图 9-23 所示的结构的等效结点荷载,如下:

$$\overline{\boldsymbol{F}}_q^1 = \left\{ \begin{array}{c} ql^2/12 \\ -ql^2/12 \end{array} \right\}, \quad \boldsymbol{F}_E^1 = \left\{ \begin{array}{c} -ql^2/12 \\ ql^2/12 \end{array} \right\} \begin{array}{c} \overline{1}1 \\ \overline{2}2 \end{array}$$

$$\overline{\boldsymbol{F}}_q^2 = \left\{ \begin{array}{c} ql^2/12 \\ -ql^2/12 \end{array} \right\}, \quad \boldsymbol{F}_E^2 = \left\{ \begin{array}{c} -ql^2/12 \\ ql^2/12 \end{array} \right\} \begin{array}{c} \overline{1}2 \\ \overline{2}3 \end{array}$$

$$\boldsymbol{F}_{PE} = \left\{ \begin{array}{c} -ql^2/12 \\ ql^2/12 - ql^2/12 \\ ql^2/12 \\ 0 \end{array} \right\} \begin{array}{c} 1 \\ 2 \\ 3 \\ 4 \end{array} = \left\{ \begin{array}{c} -ql^2/12 \\ 0 \\ ql^2/12 \\ 0 \end{array} \right\}$$

3. 结构综合结点荷载

直接结点荷载加上等效结点荷载为结构的**综合结点荷载**。对于如图 9-25 所示的连续梁结构,其直接结点荷载、等效结点荷载分别为

$$\boldsymbol{F}_{PD} = \left\{ \begin{array}{c} 0 \\ -F_P l \\ 0 \end{array} \right\}, \quad \boldsymbol{F}_{PE} = \left\{ \begin{array}{c} -ql^2/12 \\ -F_P l/8 + ql^2/12 \\ F_P l/8 \end{array} \right\}$$

则该结构的综合结点荷载为

$$\boldsymbol{F}_P = \boldsymbol{F}_{PD} + \boldsymbol{F}_{PE} = \left\{ \begin{array}{c} -ql^2/12 \\ -F_P l + ql^2/12 - F_P l/8 \\ F_P l/8 \end{array} \right\}$$

4. 计算杆端力

结构的最终杆端力等于综合结点荷载作用下的杆端力加上固定荷载作用下的杆端力。如图 9-25 所示,计算过程如下:

$$\boldsymbol{F}_P = \boldsymbol{k}\boldsymbol{\Delta}$$

$$\overline{\boldsymbol{F}}^e = \overline{\boldsymbol{k}}^e \overline{\boldsymbol{\delta}}^e + \overline{\boldsymbol{F}}_q^e$$

六、边界条件(零位移)处理

边界条件的处理实际上就是本章第一节中位移编码的两种方式在由单元刚度矩阵形成整体刚度矩阵中的具体应用。后处理法是不考虑约束条件,把支座处的已知结点位移与自

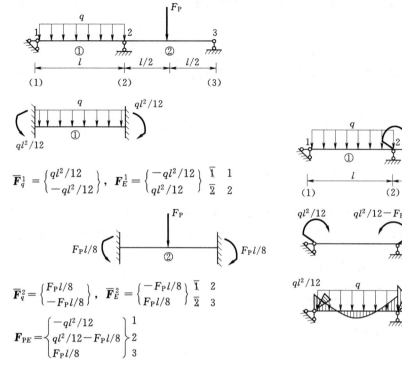

$$\overline{\boldsymbol{F}}_q^1 = \left\{ \begin{matrix} ql^2/12 \\ -ql^2/12 \end{matrix} \right\}, \quad \boldsymbol{F}_E^1 = \left\{ \begin{matrix} -ql^2/12 \\ ql^2/12 \end{matrix} \right\} \begin{matrix} \overline{1} \\ \overline{2} \end{matrix} \begin{matrix} 1 \\ 2 \end{matrix}$$

$$\overline{\boldsymbol{F}}_q^2 = \left\{ \begin{matrix} F_P l/8 \\ -F_P l/8 \end{matrix} \right\}, \quad \overline{\boldsymbol{F}}_E^2 = \left\{ \begin{matrix} -F_P l/8 \\ F_P l/8 \end{matrix} \right\} \begin{matrix} \overline{1} \\ \overline{2} \end{matrix} \begin{matrix} 2 \\ 3 \end{matrix}$$

$$\boldsymbol{F}_{PE} = \left\{ \begin{matrix} -ql^2/12 \\ ql^2/12 - F_P l/8 \\ F_P l/8 \end{matrix} \right\} \begin{matrix} 1 \\ 2 \\ 3 \end{matrix}$$

图 9-24 "对号入座法"求等效结点荷载

图 9-25

由结点的未知位移一起作为基本未知量，在形成整体刚度矩阵和整体刚度方程后，再引入边界条件对整体刚度方程进行处理，从而求得结点位移的方法。这种方法能适用于各种不同的边界条件，但它有不足之处，后处理法的基本未知量数目较多，整体刚度矩阵的阶数高，并且由于整体刚度矩阵是奇异的，只有在引入位移边界条件后才能求解自由结点位移。先处理法是将结点的未知位移作为结构的基本未知量，而且结构的结点荷载列向量中也不包括支座反力，它提前引入位移的边界条件，在建立单元刚度方程时，就考虑各单元的约束情况，对各单元刚度矩阵进行处理，删去与已知支座位移分量相对应的行与列，然后按局部坐标系与整体坐标系之间的对应关系对各位移分量换码重排座，形成各单元的贡献矩阵，最后将各单元的贡献矩阵进行叠加从而得到整体刚度矩阵。总之后处理法是在整体刚度矩阵和整体刚度方程形成后引入边界条件，而先处理法是在整体刚度矩阵和整体刚度方程形成过程中引入边界条件。

对于如图 9-20 所示的连续梁，当边界条件改变成如图 9-26 所示时，后处理法的整体刚度矩阵和整体刚度方程同［例题 9-2］，即为

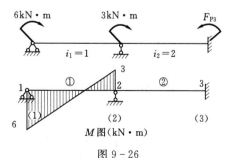

$$\begin{bmatrix} 4 & 2 & 0 \\ 2 & 12 & 4 \\ 0 & 4 & 8 \end{bmatrix} \left\{ \begin{matrix} \Delta_1 \\ \Delta_2 \\ \Delta_3 \end{matrix} \right\} = \left\{ \begin{matrix} -6 \\ -3 \\ F_{P3} \end{matrix} \right\}$$

后处理法中边界条件的引入可用"置零置1

图 9-26

法"去除整体刚度方程中的支座已知位移，即主对角元素置1，其余全置零，过程如下：

$$\begin{bmatrix} 4 & 2 & 0 & 0 \\ 2 & 12 & 4 & 0 \\ 0 & 4 & 8 & \\ 0 & 0 & & 1 \end{bmatrix} \begin{Bmatrix} \Delta_1 \\ \Delta_2 \\ \Delta_3 \end{Bmatrix} = \begin{Bmatrix} -6 \\ -3 \\ F_{P3} \\ 0 \end{Bmatrix}, \quad \begin{bmatrix} 4 & 2 & 0 \\ 2 & 12 & 0 \\ 0 & 0 & 1 \end{bmatrix} \begin{Bmatrix} \Delta_1 \\ \Delta_2 \\ \Delta_3 \end{Bmatrix} = \begin{Bmatrix} -6 \\ -3 \\ 0 \end{Bmatrix}$$

$$\Delta_3 = 0, \quad \overline{\boldsymbol{F}}^1 = \begin{bmatrix} 4 & 2 \\ 2 & 4 \end{bmatrix} \begin{Bmatrix} -1.5 \\ 0 \end{Bmatrix} = \begin{Bmatrix} -6 \\ -3 \end{Bmatrix}$$

$$\boldsymbol{\Delta} = \begin{Bmatrix} -1.5 \\ 0 \\ 0 \end{Bmatrix}, \quad \overline{\boldsymbol{F}}^2 = \begin{bmatrix} 8 & 4 \\ 4 & 8 \end{bmatrix} \begin{Bmatrix} 0 \\ 0 \end{Bmatrix} = \begin{Bmatrix} 0 \\ 0 \end{Bmatrix}$$

还可以用"乘大数法"去除已知的支座位移，使方程简化，读者可自行思考。

【**例 9 - 3**】 分别用后处理法和先处理法作如图 9 - 27（a）所示连续梁的弯矩图。

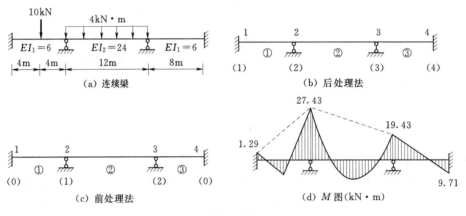

图 9 - 27

解：（1）后处理法。

1）整体处理。后处理法中的整体结点位移编码是把已知的支座位移和未知的自由结点位移进行统一编码，如图 9 - 27（b）所示。则

$$\boldsymbol{\Delta} = \{\Delta_1 \quad \Delta_2 \quad \Delta_3 \quad \Delta_4\}^{\mathrm{T}}$$

2）求整体刚度矩阵。

$$\overline{\boldsymbol{k}}^1 = \begin{matrix} 1 & 2 \\ \overline{1} & \overline{2} \\ \begin{bmatrix} 4 \times 6/8 & 1.5 \\ 1.5 & 3 \end{bmatrix} \begin{matrix} \overline{1}1 \\ \overline{2}2 \end{matrix} \end{matrix}, \quad \overline{\boldsymbol{k}}^2 = \begin{matrix} 2 & 3 \\ \overline{1} & \overline{2} \\ \begin{bmatrix} 4 \times 24/12 & 4 \\ 4 & 8 \end{bmatrix} \begin{matrix} \overline{1}2 \\ \overline{2}3 \end{matrix} \end{matrix}$$

$$\overline{\boldsymbol{k}}^3 = \begin{matrix} 3 & 4 \\ \overline{1} & \overline{2} \\ \begin{bmatrix} 3 & 1.5 \\ 1.5 & 3 \end{bmatrix} \begin{matrix} \overline{1}3 \\ \overline{2}4 \end{matrix} \end{matrix}, \quad \boldsymbol{K} = \begin{bmatrix} 3 & 1.5 & 0 & 0 \\ 1.5 & 11 & 4 & 0 \\ 0 & 4 & 11 & 1.5 \\ 0 & 0 & 1.5 & 3 \end{bmatrix}$$

3）求综合结点荷载。

$$\boldsymbol{F}_{PD}=\{0\}$$

$$\overline{\boldsymbol{F}}_q^1=\left\{\begin{array}{c}10\\-10\end{array}\right\},\quad \boldsymbol{F}_E^1=\left\{\begin{array}{c}-10\\10\end{array}\right\}\begin{array}{l}\overline{1}1\\\overline{2}2\end{array},\quad \overline{\boldsymbol{F}}_q^3=\left\{\begin{array}{c}0\\0\end{array}\right\}$$

$$\overline{\boldsymbol{F}}_q^2=\left\{\begin{array}{c}48\\-48\end{array}\right\},\quad \boldsymbol{F}_E^2=\left\{\begin{array}{c}-48\\48\end{array}\right\}\begin{array}{l}\overline{1}2\\\overline{2}3\end{array},\quad \boldsymbol{F}_E^3=\left\{\begin{array}{c}0\\0\end{array}\right\}\begin{array}{l}\overline{1}3\\\overline{2}4\end{array}$$

$$\boldsymbol{F}_{PE}=\left\{\begin{array}{c}-10\\-38\\48\\0\end{array}\right\},\quad \boldsymbol{F}_P=\boldsymbol{F}_{PD}+\boldsymbol{F}_{PE}=\left\{\begin{array}{c}-10\\-38\\48\\0\end{array}\right\}$$

4）边界条件处理。原结构中结点 1、4 的已知支座位移为零，在整体刚度方程中引入已知的位移条件，简化整体刚度方程。

$$\begin{bmatrix}3&1.5&0&0\\1.5&11&4&0\\0&4&11&1.5\\0&0&1.5&3\end{bmatrix}\left\{\begin{array}{c}\Delta_1\\\Delta_2\\\Delta_3\\\Delta_4\end{array}\right\}=\left\{\begin{array}{c}-10\\-38\\48\\0\end{array}\right\}$$

$$\begin{bmatrix}3&1.5&0&0\\1.5&11&4&0\\0&4&11&1.5\\0&0&1.5&3\end{bmatrix}\left\{\begin{array}{c}\Delta_1\\\Delta_2\\\Delta_3\\\Delta_4\end{array}\right\}=\left\{\begin{array}{c}-10\\-38\\48\\0\end{array}\right\}$$

$$\begin{bmatrix}1&0&0&0\\0&11&4&0\\0&4&11&0\\0&0&0&1\end{bmatrix}\left\{\begin{array}{c}\Delta_1\\\Delta_2\\\Delta_3\\\Delta_4\end{array}\right\}=\left\{\begin{array}{c}0\\-38\\48\\0\end{array}\right\}$$

5）解方程求出结点位移。

$$\boldsymbol{\Delta}=\left\{\begin{array}{c}\Delta_1\\\Delta_2\\\Delta_3\\\Delta_4\end{array}\right\}=\left\{\begin{array}{c}0\\-5.81\\6.476\\0\end{array}\right\}$$

6）求杆端力，绘弯矩图。

$$\overline{\boldsymbol{F}}^1=\begin{bmatrix}3&1.5\\1.5&3\end{bmatrix}\left\{\begin{array}{c}0\\-5.81\end{array}\right\}+\left\{\begin{array}{c}10\\-10\end{array}\right\}=\left\{\begin{array}{c}1.29\\-27.43\end{array}\right\}$$

$$\overline{\boldsymbol{F}}^2=\begin{bmatrix}8&4\\4&8\end{bmatrix}\left\{\begin{array}{c}-5.81\\6.476\end{array}\right\}+\left\{\begin{array}{c}48\\-48\end{array}\right\}=\left\{\begin{array}{c}27.43\\-19.43\end{array}\right\}$$

$$\overline{\boldsymbol{F}}^3 = \begin{bmatrix} 3 & 1.5 \\ 1.5 & 3 \end{bmatrix} \begin{Bmatrix} 6.476 \\ 0 \end{Bmatrix} + \begin{Bmatrix} 0 \\ 0 \end{Bmatrix} = \begin{Bmatrix} 19.43 \\ 9.71 \end{Bmatrix}$$

根据各单元的杆端弯矩绘出最终弯矩图，如图 9-27（d）所示。

（2）先处理法。

1）整体处理。先处理法中的整体结点位移编码是把已知的支座位移去掉，只把未知的自由结点位移进行统一编码，如图 9-27（c）所示。则

$$\boldsymbol{\Delta} = \{\Delta_1 \quad \Delta_2\}^{\mathrm{T}}$$

2）求整体刚度矩阵。

$$\overline{\boldsymbol{k}}^1 = \begin{matrix} 0 & 1 \\ \begin{bmatrix} 4\times 6/8 & 1.5 \\ 1.5 & 3 \end{bmatrix} \end{matrix} \begin{matrix} \overline{1} \\ \overline{2}1 \end{matrix}, \quad \overline{\boldsymbol{k}}^2 = \begin{matrix} 1 & 2 \\ \begin{bmatrix} 4\times 24/12 & 4 \\ 4 & 8 \end{bmatrix} \end{matrix} \begin{matrix} \overline{1}1 \\ \overline{2}2 \end{matrix}$$

$$\overline{\boldsymbol{k}}^3 = \begin{matrix} 2 & 0 \\ \begin{bmatrix} 3 & 1.5 \\ 1.5 & 3 \end{bmatrix} \end{matrix} \begin{matrix} \overline{1}2 \\ \overline{2}0 \end{matrix}, \quad \boldsymbol{k} = \begin{bmatrix} 3+8 & 4 \\ 4 & 8+3 \end{bmatrix}$$

3）求综合结点荷载。

$$\boldsymbol{F}_E^1 = \begin{Bmatrix} -10 \\ 10 \end{Bmatrix} \begin{matrix} \overline{1}0 \\ \overline{2}1 \end{matrix}, \quad \boldsymbol{F}_E^2 = \begin{Bmatrix} 48 \\ -48 \end{Bmatrix} \begin{matrix} \overline{1}1 \\ \overline{2}2 \end{matrix}$$

$$\boldsymbol{F}_E^3 = \begin{Bmatrix} 0 \\ 0 \end{Bmatrix} \begin{matrix} \overline{1}2 \\ \overline{2}0 \end{matrix}, \quad \boldsymbol{F}_{PE} = \begin{Bmatrix} -38 \\ 48 \end{Bmatrix}$$

$$\boldsymbol{F}_P = \boldsymbol{F}_{PD} + \boldsymbol{F}_{PE} = 0 + \begin{Bmatrix} -38 \\ 48 \end{Bmatrix} = \begin{Bmatrix} -38 \\ 48 \end{Bmatrix}$$

4）解方程，求结点位移。

$$\begin{bmatrix} 11 & 4 \\ 4 & 11 \end{bmatrix} \begin{Bmatrix} \Delta_1 \\ \Delta_2 \end{Bmatrix} = \begin{Bmatrix} -38 \\ 48 \end{Bmatrix}$$

后续求解过程同后处理法。

综上所示，用矩阵位移法进行结构分析的步骤如下：

（1）整体处理。包括建立整体坐标系，对结构整体进行结点、结点位移编总码，写出结点位移列向量，此处应注意后处理法和先处理法在编结点位移总码上的区别；划分单元，建立局部坐标系。

（2）求整体刚度矩阵。首先写出各单元在局部坐标系下的单元刚度矩阵，然后根据各单元的定位向量"对号入座"形成结构的整体刚度矩阵。此处应注意同一单元后处理法和先处理法中定位向量的区别。

（3）求综合结点荷载。首先写出结构的直接结点荷载，然后求出结构的等效结点荷

载，两者之和即为结构的综合结点荷载。注意求等效结点荷载时可用"规律"直接写出，也可以采用"对号入座"法形成，但要注意此处后处理法和前处理法中各单元定位向量的不同。

经过前三步工作，已经形成结构的整体刚度方程，前处理法的整体刚度方程中只包含自由结点位移，可直接求解，而后处理法的整体刚度方程中既包含自由结点位移，也包含已知支座位移，因此需要引入边界条件，简化整体刚度方程。

（4）边界条件的处理。此过程只针对后处理法形成的整体刚度方程，可用"置零置1法"或"乘大数法"引入结构的边界条件，简化整体刚度方程，使整体刚度方程中也只包含自由结点位移。

（5）解方程求杆端力。解整体刚度方程，求出结构的自由结点位移，对应到单元里边，利用各单元在局部坐标系下的单元刚度方程求出综合荷载作用下的单元杆端力，然后叠加固定状态下的杆端力即为结构最终的杆端力，进而绘出结构的内力图。

第五节 用矩阵位移法解平面刚架

用矩阵位移法解平面刚架的方法、步骤和连续梁完全一样，所不同的只是连续梁的整体坐标和局部坐标一致，而刚架中一些单元的整体坐标和局部坐标不同，在整体刚度矩阵、综合结点荷载、杆端力的计算过程中需要进行坐标变化。用矩阵位移法解平面刚架有两种类型，一类是考虑轴向变形，另一类是忽略轴向变形。下面通过例题具体说明。

【例 9 - 4】 利用矩阵位移法求解如图 9 - 28（a）所示刚架内力，并绘出内力图，设各杆 $E = 20\text{MPa}$，$A = 0.25\text{m}^2$，$I = \dfrac{1}{24}\text{m}^4$。

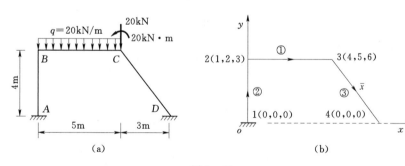

图 9 - 28

解：（1）整体处理。建立整体坐标系 xoy，局部坐标系中 $\bar{x}$ 方向在图中用箭头标出，如图 9 - 28（b）所示。对结点和单元进行编号，结点位移编码方式也有两种方法，即后处理法和先处理法，本例题用前处理法建立自由结点位移列向量。结点 1、4 为固定端，位移已知为零，不予考虑。结点 2、3 为自由结点，均有结点角位移和结点线位移，且相互独立，故此刚架共有六个未知结点位移分量。由此建立自由结点位移列向量：

$$\boldsymbol{\Delta} = \{\Delta_1 \quad \Delta_2 \quad \Delta_3 \quad \Delta_4 \quad \Delta_5 \quad \Delta_6\}^\mathrm{T}$$

（2）求结构的整体刚度矩阵 K。

1）根据式（9-10）写出各单元在局部坐标系中的单元刚度矩阵 $\bar{k}^e$。

$$\bar{k}^① = \bar{k}^③ = 10^4 \times \begin{pmatrix} 100 & 0 & 0 & -100 & 0 & 0 \\ 0 & 8 & 20 & 0 & -8 & 20 \\ 0 & 20 & 66.67 & 0 & -20 & 33.33 \\ -100 & 0 & 0 & 100 & 0 & 0 \\ 0 & -8 & -20 & 0 & 8 & -20 \\ 0 & 20 & 33.38 & 0 & -20 & 66.67 \end{pmatrix}$$

$$\bar{k}^② = 10^4 \times \begin{pmatrix} 125 & 0 & 0 & -125 & 0 & 0 \\ 0 & 15.63 & 31.25 & 0 & -15.63 & 31.25 \\ 0 & 31.25 & 83.33 & 0 & -31.25 & 41.67 \\ -125 & 0 & 0 & 125 & 0 & 0 \\ 0 & -15.63 & -31.25 & 0 & 15.63 & -31.25 \\ 0 & 31.25 & 41.67 & 0 & -31.25 & 83.33 \end{pmatrix}$$

2）根据式（9-21）写出各单元在整体坐标系中的单元刚度矩阵，即将 $\bar{k}^e$ 变换成整体坐标系下的 k^e。

单元①：$\alpha = 0°$。

$$k^① = \bar{k}^① = 10^4 \times \begin{pmatrix} 100 & 0 & 0 & -100 & 0 & 0 \\ 0 & 8 & 20 & 0 & -8 & 20 \\ 0 & 20 & 66.67 & 0 & -20 & 33.33 \\ -100 & 0 & 0 & 100 & 0 & 0 \\ 0 & -8 & -20 & 0 & 8 & -20 \\ 0 & 20 & 33.33 & 0 & -20 & 66.67 \end{pmatrix}$$

单元②：$\alpha = 90°$。坐标变换矩阵：

$$T^② = \begin{pmatrix} 0 & 1 & 0 & & & \\ -1 & 0 & 0 & & 0 & \\ 0 & 0 & 1 & & & \\ & & & 0 & 1 & 0 \\ & 0 & & -1 & 0 & 0 \\ & & & 0 & 0 & 1 \end{pmatrix}$$

$$k^② = T^{②\mathrm{T}} \bar{k}^② T^② = 10^4 \times \begin{pmatrix} 15.63 & 0 & -31.25 & -15.63 & 0 & -31.25 \\ 0 & 125 & 0 & 0 & -125 & 0 \\ -31.25 & 0 & 83.33 & 31.25 & 0 & 41.67 \\ -15.63 & 0 & 31.25 & 15.63 & 0 & 31.25 \\ 0 & -125 & 0 & 0 & 125 & 0 \\ -31.25 & 0 & 41.67 & 31.25 & 0 & 83.33 \end{pmatrix}$$

单元③：$\alpha = -53.13°$，$\sin\alpha = -0.8$，$\cos\alpha = 0.6$。

$$T^{③} = \begin{pmatrix} 0.6 & -0.8 & 0 & & & \\ 0.8 & 0.6 & 0 & & 0 & \\ 0 & 0 & 1 & & & \\ \hdashline & & & 0.6 & -0.8 & 0 \\ & 0 & & 0.8 & 0.6 & 0 \\ & & & 0 & 0 & 1 \end{pmatrix}$$

$$k^{③} = T^{③T}\bar{k}^{③}T^{③} = 10^4 \times \begin{pmatrix} 41.12 & -44.16 & 16 & -41.12 & 44.16 & 16 \\ -44.16 & 66.88 & 12 & 44.16 & -66.88 & 12 \\ 16 & 12 & 66.67 & -16 & -12 & 33.33 \\ -41.12 & 44.16 & -16 & 41.12 & -44.16 & -16 \\ 44.16 & -66.88 & -12 & -44.16 & 66.88 & -12 \\ 16 & 12 & 33.33 & -16 & -12 & 66.67 \end{pmatrix}$$

也可利用物理意义直接写出单元②在整体坐标系下单元刚度矩阵各元素，如图 9 - 29 所示。

令

$$\left.\begin{array}{l} \delta_1^2 = 1 \\ \delta_2^2 = 0 \\ \delta_3^2 = 0 \\ \delta_4^2 = 0 \\ \delta_5^2 = 0 \\ \delta_6^2 = 0 \end{array}\right\}$$

则有

$$\begin{Bmatrix} F_1^2 \\ F_2^2 \\ F_3^2 \\ F_4^2 \\ F_5^2 \\ F_6^2 \end{Bmatrix} = \begin{Bmatrix} k_{11}^2 \\ k_{21}^2 \\ k_{31}^2 \\ k_{41}^2 \\ k_{51}^2 \\ k_{61}^2 \end{Bmatrix}$$

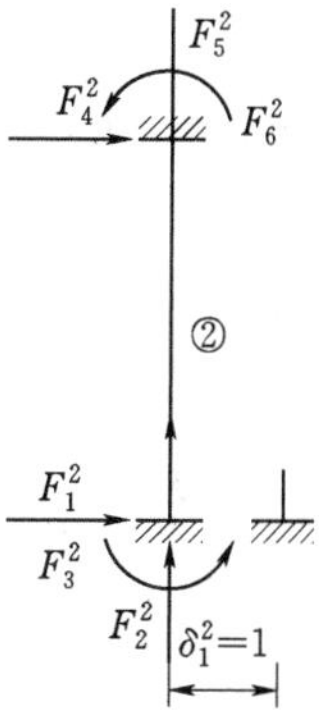

图 9 - 29

其中，$k_{11}^2 = \dfrac{12i}{l^2} = 15.63$，$k_{21}^2 = \dfrac{EA}{l} = 0$，$k_{31}^2 = -\dfrac{6i}{l} = -31.25$，$k_{41}^2 = -\dfrac{12i}{l^2} = -15.63$，

$k_{51}^2 = \dfrac{EA}{l} = 0$，$k_{61}^2 = -\dfrac{6i}{l} = -31.25$，其他从略。同理也可以按此方法写出单元③在整体坐标系下的单元刚度矩阵，只不过需要将单位位移分解叠加，读者可自行分析练习。

3）求结构的整体刚度矩阵 K。根据支承条件，A、D 处均为固定端，位移已知为零。根据局部码和总码的对应关系，列出各单元的定位向量 λ^e，并据此对各单元在整体坐标系下的单元刚度矩阵进行换码重排座，得出整体刚度矩阵：

$$\lambda^{①} = (1 \quad 2 \quad 3 \quad 4 \quad 5 \quad 6)$$

$$\lambda^{②} = (0 \quad 0 \quad 0 \quad 1 \quad 2 \quad 3)$$

$$\lambda^{③} = (4 \quad 5 \quad 6 \quad 0 \quad 0 \quad 0)$$

$$
\begin{array}{cccccc}
1 & 2 & 3 & 4 & 5 & 6
\end{array}
$$

$$
\boldsymbol{K}^{①}=\boldsymbol{k}^{①}=10^{4}\times
\begin{matrix}
1 & 2 & 3 & 4 & 5 & 6 \\
\begin{bmatrix}
100 & 0 & 0 & -100 & 0 & 0 \\
0 & 8 & 20 & 0 & -8 & 20 \\
0 & 20 & 66.67 & 0 & -20 & 33.33 \\
-100 & 0 & 0 & 100 & 0 & 0 \\
0 & -8 & -20 & 0 & 8 & -20 \\
0 & 20 & 33.38 & 0 & -20 & 66.67
\end{bmatrix}
& \begin{matrix} 1 & 1 \\ 2 & 2 \\ 3 & 3 \\ 4 & 4 \\ 5 & 5 \\ 6 & 6 \end{matrix}
\end{matrix}
$$

$$
\begin{array}{cccccc}
0 & 0 & 0 & 1 & 2 & 3
\end{array}
$$

$$
\boldsymbol{K}^{②}=10^{4}\times
\begin{matrix}
1 & 2 & 3 & 4 & 5 & 6 \\
\begin{bmatrix}
15.63 & 0 & -31.25 & -15.63 & 0 & -31.25 \\
0 & 125 & 0 & 0 & -125 & 0 \\
-31.25 & 0 & 83.33 & 31.25 & 0 & 41.67 \\
-15.63 & 0 & 31.25 & 15.63 & 0 & 31.25 \\
0 & -125 & 0 & 0 & 125 & 0 \\
-31.25 & 0 & 41.67 & 31.25 & 0 & 83.33
\end{bmatrix}
& \begin{matrix} 1 & 0 \\ 2 & 0 \\ 3 & 0 \\ 4 & 1 \\ 5 & 2 \\ 6 & 3 \end{matrix}
\end{matrix}
$$

$$
\begin{array}{cccccc}
4 & 5 & 6 & 0 & 0 & 0
\end{array}
$$

$$
\boldsymbol{K}^{③}=10^{4}
\begin{matrix}
1 & 2 & 3 & 4 & 5 & 6 \\
\begin{bmatrix}
41.12 & -44.16 & 16 & -41.12 & 44.16 & 16 \\
-44.16 & 66.88 & 12 & 44.16 & -66.88 & 12 \\
16 & 12 & 66.67 & -16 & -12 & 33.33 \\
-41.12 & 44.16 & -16 & 41.12 & -44.16 & -16 \\
44.16 & -66.88 & -12 & -44.16 & 66.88 & -12 \\
16 & 12 & 33.33 & -16 & -12 & 66.67
\end{bmatrix}
& \begin{matrix} 1 & 4 \\ 2 & 5 \\ 3 & 6 \\ 4 & 0 \\ 5 & 0 \\ 6 & 0 \end{matrix}
\end{matrix}
$$

$$
\boldsymbol{K}=\boldsymbol{K}^{①}+\boldsymbol{K}^{②}+\boldsymbol{K}^{③}=10^{4}
\begin{bmatrix}
115.63 & 0 & 31.25 & -100 & 0 & 0 \\
0 & 133 & 20 & 3 & -8 & 20 \\
31.25 & 20 & 150 & 0 & -20 & 33.33 \\
-100 & 0 & 0 & 141.12 & -44.16 & 16 \\
0 & -8 & -20 & -44.16 & 74.88 & -8 \\
0 & 20 & 33.33 & 16 & -8 & 133.33
\end{bmatrix}
$$

根据平衡条件和变形协调条件，也可以根据整体刚度矩阵中各元素的物理意义直接写出整体刚度矩阵中的各元素，如令

$$
\left.
\begin{array}{l}
\delta_1=1 \\
\delta_2=0 \\
\delta_3=0 \\
\delta_4=0 \\
\delta_5=0 \\
\delta_6=0
\end{array}
\right\}
$$

则有

$$\begin{Bmatrix} F_1 \\ F_2 \\ F_3 \\ F_4 \\ F_5 \\ F_6 \end{Bmatrix} = \begin{Bmatrix} K_{11} \\ K_{21} \\ K_{31} \\ K_{41} \\ K_{51} \\ K_{61} \end{Bmatrix}$$

其中，$K_{11} = \dfrac{12i}{l^2} + \dfrac{EA}{l} = 115.63$，$K_{21} = 0$，$K_{31} = \dfrac{6i}{l} = 31.25$，$K_{41} = -\dfrac{EA}{l} = -100$，

$K_{51} = 0$，$K_{61} = 0$，其他从略，读者可自行练习。

（3）求结构的综合结点荷载 $\boldsymbol{F}$。结构的直接结点荷载：

$$\boldsymbol{F}_D = \begin{bmatrix} 0 & 0 & 0 & 0 & -20 & 20 \end{bmatrix}^{\mathrm{T}}$$

单元①承受非结点荷载，需计算其等效结点荷载。单元①的杆端力：

$$\overline{\boldsymbol{F}}_q^{①} = \begin{bmatrix} 0 & \dfrac{ql}{2} & \dfrac{ql^2}{12} & 0 & \dfrac{ql}{2} & -\dfrac{ql^2}{12} \end{bmatrix}^{\mathrm{T}}$$

$$= \begin{bmatrix} 0 & 50 & 41.67 & 0 & 50 & -41.67 \end{bmatrix}^{\mathrm{T}}$$

由 $\alpha = 0°$，$\boldsymbol{T}^{①} = \boldsymbol{I}$，从而得单元①在整体坐标系中的等效结点荷载为

$$\boldsymbol{F}_E^{①} = \boldsymbol{T}^{①} \overline{\boldsymbol{F}}_E^{①} = -\boldsymbol{T}^{①\mathrm{T}} \overline{\boldsymbol{F}}_q^{①}$$

$$= \begin{bmatrix} 0 & -50 & -41.67 & 0 & -50 & 41.67 \end{bmatrix}^{\mathrm{T}}$$

其他单元不承受非结点荷载，可知整个结构的等效结点荷载为

$$\boldsymbol{F}_E = \boldsymbol{F}_E^{①}$$

$$\boldsymbol{F} = \boldsymbol{F}_E + \boldsymbol{F}_D = \boldsymbol{F}_E^{①} + \boldsymbol{F}_D$$

$$= \begin{bmatrix} 0 & -50 & -41.67 & 0 & -70 & 61.67 \end{bmatrix}^{\mathrm{T}}$$

根据平衡条件和变形协调条件，等效结点荷载也可以根据物理意义求解，请读者自行练习。

（4）列整体刚度方程，求自由结点位移。

$$10^4 \times \begin{bmatrix} 115.63 & 0 & 31.25 & -100 & 0 & 0 \\ 0 & 133 & 20 & 0 & -8 & 20 \\ 31.25 & 20 & 150 & 0 & -20 & 33.33 \\ -100 & 0 & 0 & 141.12 & -44.16 & 16 \\ 0 & -8 & -20 & -44.16 & 74.88 & -8 \\ 0 & 20 & 33.33 & 16 & -8 & 133.33 \end{bmatrix} \begin{bmatrix} \Delta_1 \\ \Delta_2 \\ \Delta_3 \\ \Delta_4 \\ \Delta_5 \\ \Delta_6 \end{bmatrix} = \begin{bmatrix} 0 \\ -50 \\ -41.67 \\ 0 \\ -70 \\ 61.67 \end{bmatrix}$$

解得

$$\boldsymbol{\Delta}=\begin{bmatrix}\Delta_1\\\Delta_2\\\Delta_3\\\Delta_4\\\Delta_5\\\Delta_6\end{bmatrix}=\begin{bmatrix}-1.312\\-0.548\\-0.352\\-1.627\\-1.971\\0.709\end{bmatrix}\times10^{-4}$$

（5）计算杆端力，绘内力图。首先求出单元在整体坐标系下的杆端力，然后对式（9-16）进行坐标变化即可求得单元在局部坐标系下的杆端力，然后绘出内力图。

单元①：
$$\boldsymbol{F}^{①}=\boldsymbol{F}_q^{①}+\boldsymbol{k}^{①}\boldsymbol{\Delta}^{①}$$

$$=10^4\times\begin{bmatrix}100&0&0&-100&0&0\\0&8&20&0&-8&20\\0&20&66.67&0&-20&33.33\\-100&0&0&100&0&0\\0&-8&-20&0&8&-20\\0&20&33.38&0&-20&66.67\end{bmatrix}\begin{bmatrix}-1.312\\-0.548\\-0.352\\-1.627\\-1.971\\0.709\end{bmatrix}\times10^{-4}+\begin{bmatrix}0\\50\\41.67\\0\\50\\-41.67\end{bmatrix}=\begin{bmatrix}31.5\\68.5\\70.3\\-31.5\\31.5\\22.4\end{bmatrix}$$

$$\overline{\boldsymbol{F}}^{①}=\boldsymbol{T}\boldsymbol{F}^{①}=\boldsymbol{I}\boldsymbol{F}^{①}=\begin{bmatrix}31.5\\68.5\\70.3\\-31.5\\31.5\\22.4\end{bmatrix}$$

单元②：
$$\boldsymbol{F}^{②}=\boldsymbol{K}^{②}\boldsymbol{\Delta}^{②}$$

$$=10^4\times\begin{bmatrix}15.63&0&-31.25&-15.63&0&-31.25\\0&125&0&0&-125&0\\-31.25&0&83.33&31.25&0&41.67\\-15.63&0&31.25&15.63&0&31.25\\0&-125&0&0&125&0\\-31.25&0&41.67&31.25&0&83.33\end{bmatrix}\begin{bmatrix}0\\0\\0\\-1.31\\-0.55\\-0.35\end{bmatrix}\times10^{-4}=\begin{bmatrix}31.5\\68.5\\-55.6\\-31.5\\-68.5\\-70.3\end{bmatrix}$$

$$\overline{\boldsymbol{F}}^{②}=\boldsymbol{T}\boldsymbol{F}^{②}=\begin{bmatrix}0&1&0&&&\\-1&0&0&&0&\\0&0&1&&&\\&&&0&1&0\\&0&&-1&0&0\\&&&0&0&1\end{bmatrix}\begin{bmatrix}31.5\\68.5\\-55.6\\-31.5\\-68.5\\-70.3\end{bmatrix}=\begin{bmatrix}68.5\\-31.5\\-55.6\\-68.5\\31.5\\-70.3\end{bmatrix}$$

单元③：
$$\boldsymbol{F}^{③}=\boldsymbol{K}^{③}\boldsymbol{\Delta}^{③}$$

$$= 10^4 \times \begin{bmatrix} 41.12 & -44.16 & 16 & -41.12 & 44.16 & 16 \\ -44.16 & 66.88 & 12 & 44.16 & -66.88 & 12 \\ 16 & 12 & 66.67 & -16 & -12 & 33.33 \\ -41.12 & 44.16 & -16 & 41.12 & -44.16 & -16 \\ 44.16 & -66.88 & -12 & -44.16 & 66.88 & -12 \\ 16 & 12 & 33.33 & -16 & -12 & 66.67 \end{bmatrix} \begin{bmatrix} -1.63 \\ -1.97 \\ 0.71 \\ 0 \\ 0 \\ 0 \end{bmatrix} \times 10^{-4} = \begin{bmatrix} 31.3 \\ -51.2 \\ -2.4 \\ -31.3 \\ 51.2 \\ -26 \end{bmatrix}$$

$$\overline{\boldsymbol{F}}^{③} = \boldsymbol{T} \boldsymbol{F}^{③} = \begin{bmatrix} 0.6 & -0.8 & 0 & & & \\ 0.8 & 0.6 & 0 & & 0 & \\ 0 & 0 & 1 & & & \\ & & & 0.6 & -0.8 & 0 \\ & 0 & & 0.8 & 0.6 & 0 \\ & & & 0 & 0 & 1 \end{bmatrix} \begin{bmatrix} 31.3 \\ -51.2 \\ -2.3 \\ -31.3 \\ 51.2 \\ -26.1 \end{bmatrix} = \begin{bmatrix} 60.1 \\ -5.68 \\ -2.4 \\ -60.1 \\ 5.68 \\ -26 \end{bmatrix}$$

根据杆端力绘制内力图，如图 9-30 所示。

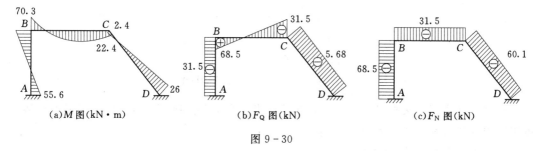

(a) M 图 (kN·m)　　　　　(b) F_Q 图 (kN)　　　　　(c) F_N 图 (kN)

图 9-30

【例 9-5】　不计轴向变形，作如图 9-31 所示刚架的弯矩图和剪力图。已知：各杆长均为 12m，线刚度均为 12。

解：（1）整体处理。整体处理的内容和连续梁一样，如图 9-31 所示，在此需要注意的是不考虑轴向变形时结点位移整体编码的处理，此例题用先处理法。则

$$\boldsymbol{\Delta} = \{\Delta_1 \quad \Delta_2 \quad \Delta_3\}^{\mathrm{T}}$$

（2）求整体刚度矩阵。利用式（9-8）可直接写出各单元在局部坐标系下的单元刚度矩阵：

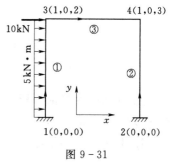

图 9-31

$$\overline{\boldsymbol{k}}^{①} = \overline{\boldsymbol{k}}^{②} = \overline{\boldsymbol{k}}^{③} = \begin{bmatrix} 1 & 6 & -1 & 6 \\ 6 & 48 & -6 & 24 \\ -1 & -6 & 1 & -6 \\ 6 & 24 & -6 & 48 \end{bmatrix}$$

单元①、②的坐标变化矩阵可由式（9-17）变形得：

$$\boldsymbol{T} = \begin{bmatrix} \cos\alpha & 0 & 0 & 0 \\ 0 & 1 & 0 & 0 \\ 0 & 0 & \cos\alpha & 0 \\ 0 & 0 & 0 & 1 \end{bmatrix}$$

则

$$\boldsymbol{k}^{①}=\boldsymbol{k}^{②}=\boldsymbol{T}^{\mathrm{T}}\overline{\boldsymbol{k}}^{e}\boldsymbol{T}=\begin{bmatrix} 1 & -6 & -1 & -6 \\ -6 & 48 & 6 & 24 \\ -1 & 6 & 1 & 6 \\ -6 & 24 & 6 & 48 \end{bmatrix}$$

$$\overline{\boldsymbol{k}}^{③}=\boldsymbol{k}^{③}=\begin{bmatrix} 1 & 6 & -1 & 6 \\ 6 & 48 & -6 & 24 \\ -1 & -6 & 1 & -6 \\ 6 & 24 & -6 & 48 \end{bmatrix}$$

各单元的定位向量：

$$\boldsymbol{\lambda}^{①}=(0\ 0\ 1\ 2),\ \boldsymbol{\lambda}^{②}=(0\ 0\ 1\ 3),\ \boldsymbol{\lambda}^{③}=(0\ 2\ 0\ 3)$$

对号入座，直接形成结构的整体刚度矩阵：

$$\boldsymbol{k}=\begin{matrix} 1 & 2 & 3 \\ \begin{bmatrix} 1+1 & 6 & 6 \\ 6 & 48+48 & 24 \\ 6 & 24 & 48+48 \end{bmatrix} \begin{matrix} 1 \\ 2 \\ 3 \end{matrix} \end{matrix}$$

也可根据物理意义直接写出各单元在整体坐标系下单元刚度矩阵中的各元素及整体刚度矩阵中的各元素，请读者自行练习。

（3）求综合结点荷载。

$$\boldsymbol{F}_{\mathrm{PD}}=\begin{Bmatrix} 10 \\ 0 \\ 0 \end{Bmatrix},\ \overline{\boldsymbol{F}}_{q}^{①}=\begin{Bmatrix} ql/2 \\ ql^{2}/12 \\ ql/2 \\ -ql^{2}/12 \end{Bmatrix}=\begin{Bmatrix} 30 \\ 60 \\ 30 \\ -60 \end{Bmatrix}$$

根据单元①在局部坐标系下的杆端力，可以利用其物理意义直接写出其在整体坐标系下的等效结点荷载，即"杆端力加负号"，再按整体坐标系写出即可，也可按下式计算求得，然后根据定位向量定出结构的等效结点荷载。

$$\boldsymbol{F}_{\mathrm{PE}}^{①}=\boldsymbol{T}^{①}\overline{\boldsymbol{F}}_{q}^{①}$$

$$\boldsymbol{F}_{\mathrm{PE}}^{①}=\begin{Bmatrix} 30 \\ -60 \\ 30 \\ 60 \end{Bmatrix}\begin{matrix} 0 \\ 0 \\ 1 \\ 2 \end{matrix},\ \boldsymbol{F}_{\mathrm{PE}}=\begin{Bmatrix} 30 \\ 60 \\ 0 \end{Bmatrix}$$

$$\boldsymbol{F}_{\mathrm{P}}=\boldsymbol{F}_{\mathrm{PD}}+\boldsymbol{F}_{\mathrm{PE}}=\begin{Bmatrix} 40 \\ 60 \\ 0 \end{Bmatrix}$$

（4）解方程。

$$\begin{bmatrix} 2 & 6 & 6 \\ 6 & 96 & 24 \\ 6 & 24 & 96 \end{bmatrix} \begin{Bmatrix} \Delta_1 \\ \Delta_2 \\ \Delta_3 \end{Bmatrix} = \begin{Bmatrix} 40 \\ 60 \\ 0 \end{Bmatrix}, \quad \boldsymbol{\Delta} = \begin{Bmatrix} 26.43 \\ -0.65 \\ -1.49 \end{Bmatrix}$$

（5）求杆端力，绘内力图。

$$\overline{\boldsymbol{F}}^{③} = \begin{bmatrix} 1 & 6 & -1 & 6 \\ 6 & 48 & -6 & 24 \\ -1 & -6 & 1 & -6 \\ 6 & 24 & -6 & 48 \end{bmatrix} \begin{bmatrix} 0 \\ -0.65 \\ 0 \\ -1.49 \end{bmatrix} = \begin{bmatrix} -12.86 \\ -67.14 \\ 12.86 \\ -87.14 \end{bmatrix}$$

$$\overline{\boldsymbol{F}}^{②} = \begin{bmatrix} 1 & 6 & -1 & 6 \\ 6 & 48 & -6 & 24 \\ -1 & -6 & 1 & -6 \\ 6 & 24 & -6 & 48 \end{bmatrix} \begin{bmatrix} 0 \\ 0 \\ -26.43 \\ -1.49 \end{bmatrix} = \begin{bmatrix} 17.50 \\ 122.86 \\ -17.50 \\ 87.14 \end{bmatrix}$$

$$\overline{\boldsymbol{F}}^{①} = \begin{bmatrix} 1 & 6 & -1 & 6 \\ 6 & 48 & -6 & 24 \\ -1 & -6 & 1 & -6 \\ 6 & 24 & -6 & 48 \end{bmatrix} \begin{bmatrix} 0 \\ 0 \\ -26.43 \\ -0.65 \end{bmatrix} + \begin{bmatrix} 30 \\ 60 \\ 30 \\ -60 \end{bmatrix} = \begin{bmatrix} 52.50 \\ 202.86 \\ 7.50 \\ 67.14 \end{bmatrix}$$

根据各单元的杆端力绘出其内力图，如图 9-32 所示。

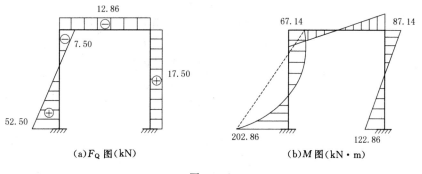

图 9-32

第六节 用矩阵位移法解平面桁架和组合结构

一、用矩阵位移法解平面桁架

用矩阵位移法解平面桁架的方法步骤与连续梁一样，所不同的有以下两点：

（1）平面桁架结构在整体位移编码时每一自由结点有两个线位移。

（2）局部坐标系下的单元刚度矩阵式（9-3），转化成整体坐标下需进行坐标转化，其坐标变化矩阵可由式（9-17）简化得到，即划掉式（9-17）的第 2、3、5、6 行和第 3、6 列，得到桁架单元的坐标变化矩阵式（9-31）及单元的整体刚度矩阵式（9-32），其详细解题过程见［例 9-6］。

$$T^e = \begin{bmatrix} \cos\alpha & \sin\alpha & 0 & 0 \\ 0 & 0 & \cos\alpha & \sin\alpha \end{bmatrix} \qquad (9-31)$$

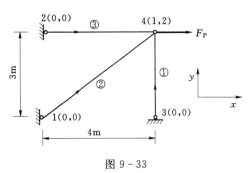

图 9 - 33

【例 9 - 6】 已知 $EA = 60\text{kN}$，$F_P = 100\text{kN}$，求如图 9 - 33 所示桁架各杆的轴力。

解：（1）整体处理。整体处理的内容和连续梁一样，如图 9 - 33 所示，在此需要注意的是自由桁架结点位移整体编码的处理，同样有两种处理方法，先处理法和后处理法，此题用先处理法。则

$$\boldsymbol{\Delta} = \{\Delta_1 \quad \Delta_2\}^T$$

（2）求整体刚度矩阵。利用式（9 - 4）可直接写出各单元在局部坐标系下的单元刚度矩阵。

$$\overline{\boldsymbol{k}}^{①} = \frac{EA}{l}\begin{bmatrix} 1 & -1 \\ -1 & 1 \end{bmatrix} = 20 \times \begin{bmatrix} 1 & -1 \\ -1 & 1 \end{bmatrix}$$

$$\overline{\boldsymbol{k}}^{②} = 12 \times \begin{bmatrix} 1 & -1 \\ -1 & 1 \end{bmatrix}$$

$$\overline{\boldsymbol{k}}^{③} = 15 \times \begin{bmatrix} 1 & -1 \\ -1 & 1 \end{bmatrix}$$

由 $\alpha^1 = 90°$，$\alpha^2 = 45°$，$\alpha^3 = 0°$，根据式（9 - 21）和式（9 - 31）得

$$\boldsymbol{k}^{①} = \boldsymbol{T}^T \overline{\boldsymbol{k}}^e \boldsymbol{T} = 20 \times \begin{bmatrix} 0 & 0 & 0 & 0 \\ 0 & 1 & 0 & -1 \\ 0 & 0 & 0 & 0 \\ 0 & -1 & 0 & 1 \end{bmatrix}\begin{matrix} 0 \\ 0 \\ 1 \\ 2 \end{matrix}$$

$$\boldsymbol{k}^{②} = \begin{bmatrix} 7.68 & 5.76 & -7.68 & -5.76 \\ 5.76 & 4.32 & -5.76 & -4.32 \\ -7.68 & -5.76 & 7.68 & 5.76 \\ -5.76 & -4.32 & 5.76 & 4.32 \end{bmatrix}\begin{matrix} 0 \\ 0 \\ 1 \\ 2 \end{matrix}, \quad \boldsymbol{k}^{③} = 15 \times \begin{bmatrix} 1 & 0 & -1 & 0 \\ 0 & 0 & 0 & 0 \\ 1 & 0 & 1 & 0 \\ 0 & 0 & 0 & 0 \end{bmatrix}\begin{matrix} 0 \\ 0 \\ 1 \\ 2 \end{matrix}$$

根据各单元的定位向量：

$$\boldsymbol{\lambda}^{①} = (0\ 0\ 1\ 2), \quad \boldsymbol{\lambda}^{②} = (0\ 0\ 1\ 2), \quad \boldsymbol{\lambda}^{③} = (0\ 0\ 1\ 2)$$

对号入座，直接形成结构的整体刚度矩阵：

$$\boldsymbol{k} = \begin{bmatrix} 22.68 & 5.76 \\ 5.76 & 24.32 \end{bmatrix}$$

同理，根据物理意义可以直接写出各单元在整体坐标系下单元刚度矩阵中的各元素及整体刚度矩阵中的各元素，请读者自行练习。

（3）求综合结点荷载。

$$\boldsymbol{F}_P = \begin{Bmatrix} 100 \\ 0 \end{Bmatrix}$$

（4）解方程。

$$\begin{Bmatrix} 100 \\ 0 \end{Bmatrix} = \begin{bmatrix} 22.68 & 5.76 \\ 5.76 & 24.32 \end{bmatrix} \begin{Bmatrix} \Delta_1 \\ \Delta_2 \end{Bmatrix}, \quad \begin{Bmatrix} \Delta_1 \\ \Delta_2 \end{Bmatrix} = \begin{Bmatrix} 4.69 \\ -1.11 \end{Bmatrix}$$

（5）求杆端力绘内力图。

$$\begin{Bmatrix} \overline{F}_1 \\ \overline{F}_2 \end{Bmatrix}^{①} = \begin{bmatrix} 20 & -20 \\ -20 & 20 \end{bmatrix} \times \begin{bmatrix} 0 & 1 & 0 & 0 \\ 0 & 0 & 0 & 1 \end{bmatrix} \times \begin{bmatrix} 0 \\ 0 \\ 4.69 \\ -1.11 \end{bmatrix} = \begin{bmatrix} 22.2 \\ -22.2 \end{bmatrix}$$

$$\begin{Bmatrix} \overline{F}_1 \\ \overline{F}_2 \end{Bmatrix}^{②} = \begin{bmatrix} 12 & -12 \\ -12 & 12 \end{bmatrix} \times \begin{bmatrix} \dfrac{4}{5} & \dfrac{3}{5} & 0 & 0 \\ 0 & 0 & \dfrac{4}{5} & \dfrac{3}{5} \end{bmatrix} \times \begin{bmatrix} 0 \\ 0 \\ 4.69 \\ -1.11 \end{bmatrix} = \begin{bmatrix} -37.03 \\ 37.03 \end{bmatrix}$$

$$\begin{Bmatrix} \overline{F}_1 \\ \overline{F}_2 \end{Bmatrix}^{③} = \begin{bmatrix} 15 & -15 \\ -15 & 15 \end{bmatrix} \times \begin{bmatrix} 1 & 0 & 0 & 0 \\ 0 & 0 & 1 & 0 \end{bmatrix} \times \begin{bmatrix} 0 \\ 0 \\ 4.69 \\ -1.11 \end{bmatrix} = \begin{bmatrix} -70.35 \\ 70.35 \end{bmatrix}$$

根据以上计算结果，得出各杆轴力分别为

$$F_{N1} = -22.2 \text{kN}$$

$$F_{N2} = 37.03 \text{kN}$$

$$F_{N3} = 70.35 \text{kN}$$

二、用矩阵位移法解组合结构

用矩阵位移法解组合结构的方法步骤和连续梁相同，但计算之前需要先区分梁式杆和桁架杆，分别采用刚架单元和桁架单元的单元刚度矩阵和单元刚度方程进行计算，详细解题过程见［例9-7］。

【例9-7】 已知如图9-34所示各杆的抗拉压刚度 $EA = 60$kN，梁式杆的抗弯刚度 $EI = 60$kN·m²，用矩阵位移求解该结构。

解：（1）整体处理。整体处理的内容和连续梁一样，如图9-34所示，在此需要注意的是组合结构结点位移整体编码的处理，同样有两种处理方法，先处理法和后处理法，此题用先处理法。则

$$\boldsymbol{\Delta} = \{\Delta_1 \quad \Delta_2 \quad \Delta_3\}^{\mathrm{T}}$$

（2）求整体刚度矩阵。对于①、②单元，利用式（9-11）可直接写出其单元刚度矩阵：

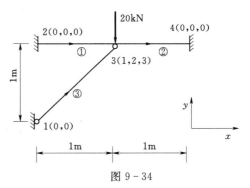

图9-34

315

$$\bar{k}^① = k^① = 60 \times \begin{bmatrix} 1 & 0 & 0 & -1 & 0 & 0 \\ 0 & 12 & 6 & 0 & -12 & 6 \\ 0 & 6 & 4 & 0 & -6 & 2 \\ -1 & 0 & 0 & 1 & 0 & 0 \\ 0 & -12 & -6 & 0 & 12 & -6 \\ 0 & 6 & 2 & 0 & -6 & 4 \end{bmatrix} \begin{matrix} 0 \\ 0 \\ 0 \\ 1 \\ 2 \\ 3 \end{matrix}$$

$$\bar{k}^② = k^② = 60 \times \begin{bmatrix} 1 & 0 & 0 & -1 & 0 & 0 \\ 0 & 12 & 6 & 0 & -12 & 6 \\ 0 & 6 & 4 & 0 & -6 & 2 \\ -1 & 0 & 0 & 1 & 0 & 0 \\ 0 & -12 & -6 & 0 & 12 & -6 \\ 0 & 6 & 2 & 0 & -6 & 4 \end{bmatrix} \begin{matrix} 1 \\ 2 \\ 3 \\ 0 \\ 0 \\ 0 \end{matrix}$$

利用式（9-4）可直接写出③单元在局部坐标系下的单元刚度矩阵：

$$\bar{k}^③ = 60 \times \begin{bmatrix} 0.707 & -0.707 \\ -0.707 & 0.707 \end{bmatrix}$$

由 $\alpha^3 = 45°$，根据式（9-21）和式（9-31）得

$$k^③ = T^T \bar{k}^e T = 60 \times \begin{bmatrix} 0.354 & 0.354 & -0.354 & -0.354 \\ 0.354 & 0.354 & -0.354 & -0.354 \\ -0.354 & -0.354 & 0.354 & 0.354 \\ -0.354 & -0.354 & 0.354 & 0.354 \end{bmatrix} \begin{matrix} 0 \\ 0 \\ 1 \\ 2 \end{matrix}$$

根据各单元的定位向量：

$$\lambda^① = (0\ 0\ 0\ 1\ 2\ 3), \quad \lambda^② = (1\ 2\ 3\ 0\ 0\ 0), \quad \lambda^③ = (0\ 0\ 1\ 2)$$

对号入座，直接形成结构的整体刚度矩阵：

$$k = 60 \times \begin{bmatrix} 2.354 & 0.354 & 0 \\ 0.354 & 24.354 & 0 \\ 0 & 0 & 8 \end{bmatrix}$$

（3）求综合结点荷载。

$$F_P = \begin{Bmatrix} 0 \\ -20 \\ 0 \end{Bmatrix}$$

（4）解方程。

$$60 \times \begin{bmatrix} 2.354 & 0.354 & 0 \\ 0.354 & 24.354 & 0 \\ 0 & 0 & 8 \end{bmatrix} \begin{Bmatrix} \Delta_1 \\ \Delta_2 \\ \Delta_3 \end{Bmatrix} = \begin{Bmatrix} 0 \\ -20 \\ 0 \end{Bmatrix}, \quad \begin{Bmatrix} \Delta_1 \\ \Delta_2 \\ \Delta_3 \end{Bmatrix} = \begin{Bmatrix} 0.124 \\ -0.823 \\ 0 \end{Bmatrix}$$

（5）求杆端力，绘内力图。

杆端力计算与之前相同，过程从略。

$$\overline{\boldsymbol{F}}^{①} = \left\{ \begin{array}{c} -0.124 \\ 9.876 \\ -4.938 \\ 0.124 \\ -9.876 \\ -4.938 \end{array} \right\}, \quad \overline{\boldsymbol{F}}^{②} = \left\{ \begin{array}{c} 0.124 \\ -9.876 \\ 4.938 \\ -0.124 \\ 9.876 \\ 4.938 \end{array} \right\}, \quad \overline{\boldsymbol{F}}^{③} = \left\{ \begin{array}{c} 0.350 \\ -0.350 \end{array} \right\}$$

小　　结

矩阵位移法是计算机与传统力学原理——位移法相结合的产物，学习矩阵位移法一定要将其和位移法对照起来，注意它们之间的"原理同源、作法有别"的关系。矩阵位移法在理论上以传统的位移法为基础，公式推导中采用矩阵形式，计算式表达简洁而又规范，适用于计算机编程和计算。

矩阵位移法基本未知量是结点位移，分析过程是设法建立结构刚度方程：

$$\boldsymbol{F} = \boldsymbol{K\Delta}$$

这是一个普遍、简洁的方程，它既可以用于分析梁、刚架和桁架等平面问题和空间问题，也可用于分析板、壳和弹性力学问题。建立这样一个具有丰富内涵的方程，要解决两个问题：①根据结构的几何和弹性性质建立整体刚度矩阵 $\boldsymbol{K}$；②根据结构的受力情况形成整体结点荷载向量 $\boldsymbol{F}$。两个问题的解决都有后处理法和先处理法两种方法，两种方法的根本区别在于支承条件的引入。后处理法是整体刚度矩阵和综合结点荷载形成后再引入支承条件，而先处理法是在整体刚度矩阵和综合结点荷载形成的一开始就引入支承条件。

（1）整体刚度矩阵 $\boldsymbol{K}$ 的建立步骤如下：

1）建立单元刚度方程，确定局部坐标系中的单元刚度矩阵 $\overline{\boldsymbol{k}}^e$。

2）对 $\overline{\boldsymbol{k}}^e$ 进行坐标变换，形成整体坐标系中的单元刚度矩阵 $\boldsymbol{k}^e$：

$$\boldsymbol{k}^e = \boldsymbol{T}^{e\mathrm{T}} \overline{\boldsymbol{k}}^e \boldsymbol{T}^e$$

3）利用单元集成法，对号入座，由单元刚度矩阵集成形成整体刚度矩阵 $\boldsymbol{K}$，这一步通过单元定位向量 $\boldsymbol{\lambda}^e$ 进行。根据单元定位向量 $\boldsymbol{\lambda}^e$，依次将各单元结点位移分量对应的刚度系数叠加到整体刚度矩阵 $\boldsymbol{K}$ 的相应位置上。即

$$\boldsymbol{K} = \sum_e \boldsymbol{K}^e$$

式中　　$\boldsymbol{K}^e$——单元贡献矩阵。

（2）实际荷载多种多样，要确定结构的综合结点荷载 $\boldsymbol{F}$，需考虑荷载是结点荷载还是非结点荷载，如果是非结点荷载则应用等效替代形成等效结点荷载。等效结点荷载与直接结点荷载叠加，所得到的总结点荷载即为综合结点荷载。

当然，对于一些简单结构，根据物理意义可以直接写出各单元在整体坐标系下单元刚度矩阵中的各元素、整体刚度矩阵中的各元素以及等效结点荷载和综合结点荷载，这样能加深读者对这些量物理意义的理解，最终顺利实现计算机计算。

解决了以上两个问题，就可以解方程求出整体结点位移，然后对应成单元结点位移，利用单元刚度方程即可求出杆端力。

思　考　题

9-1　试述矩阵位移法与位移法的异同。

9-2　矩阵位移法的基本思路是什么？

9-3　矩阵位移法中，杆端力、杆端位移和结点力、结点位移的正负是如何规定的？

9-4　建立结构的基本方程时为什么要进行坐标变换？

9-5　结构的整体刚度方程的物理意义是什么？整体刚度矩阵的形成有何规律？

9-6　单元刚度矩阵中的元素和整体刚度矩阵中的元素在物理意义上有什么不同？

9-7　为什么有的特殊单元的单元刚度矩阵是可逆的？请举例说明。

9-8　矩阵位移法中引入支承条件的目的是什么？

9-9　什么是等效结点荷载？如何求得？"等效"是指什么效果相等？等效结点荷载与固端力有什么关系？

9-10　在形成整体刚度矩阵时，所采用的单元定位向量体现了结构的什么力学性质？它的用处是什么？

9-11　举例说明连续梁、刚架（考虑轴向变形和不考虑轴向变形）、桁架和组合结构用前处理法求解时整体位移编码的不同。

9-12　矩阵位移法能否计算静定结构？它与计算超静定结构有何不同？

9-13　整体刚度方程和位移法方程是否一样？它们有什么关系？

习　题

9-1　试分别用后处理法和先处理法写出图示梁的整体刚度矩阵，并加以比较。

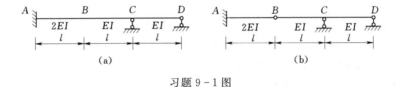

习题 9-1 图

9-2　试计算图示连续梁的结点转角和杆端弯矩。

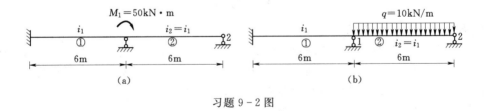

习题 9-2 图

9-3　用矩阵位移法计算图示梁，并作弯矩图。

9-4　图中所示为一等截面连续梁，设支座 C 有沉降 $\Delta = 0.005l$，$E = 3 \times 10^4 \mathrm{MPa}$，$I = \dfrac{1}{24}\mathrm{m}^4$。试用矩阵位移法计算内力，并画内力图。

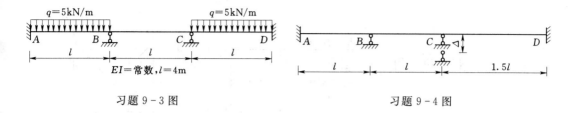

习题 9-3 图　　　　　　　　　　　　　习题 9-4 图

9-5　试用单元集成法写出图示结构的整体刚度矩阵 **K**，并列出基本方程（忽略轴向变形）。

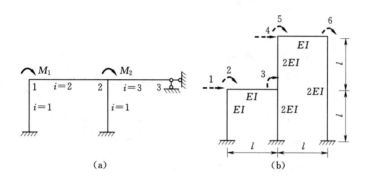

（a）　　　　　　　　　　　　　　（b）

习题 9-5 图

9-6　试用先处理法建立图示刚架的整体刚度方程，并写出 CG 杆杆端力的矩阵表达式。设各杆的 EI 为常数，忽略杆件的轴向变形。

9-7　试用矩阵位移法分析图示刚架，并绘制刚架的内力图。设各杆件的 E、A、I 均为常数，$A = \dfrac{1000I}{l^2}$。

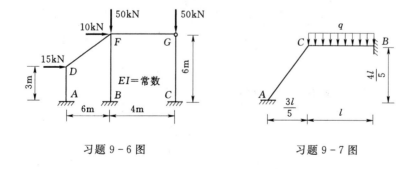

习题 9-6 图　　　　　　　　　　　　习题 9-7 图

9-8　试利用对称性用先处理法分析图示刚架，并绘制内力图（忽略各杆的轴向变形）。

9-9　试分别采用后处理法和先处理法求图示桁架的内力。

9-10　试用先处理法计算图示桁架各杆的内力，设各杆 $\dfrac{EA}{l}$ 相同。

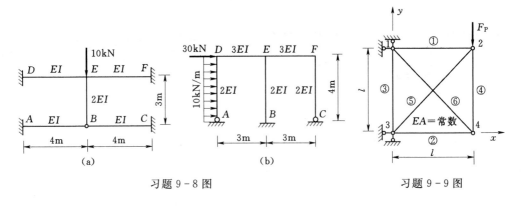

习题 9-8 图   习题 9-9 图

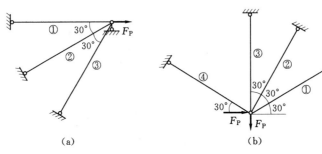

习图 9-10 图

习 题 参 考 答 案

9-1　（a）

$$\boldsymbol{\Delta}=\begin{Bmatrix} v_B \\ \theta_B \\ \theta_C \\ \theta_D \end{Bmatrix}, \quad \boldsymbol{k}=\frac{EI}{l}\begin{pmatrix} \dfrac{36}{l^2} & -\dfrac{6}{l} & \dfrac{6}{l} & 0 \\ -\dfrac{6}{l} & 12 & 2 & 0 \\ \dfrac{6}{l} & 2 & 8 & 2 \\ 0 & 0 & 2 & 4 \end{pmatrix}$$

（b）B 结点处有两个独立角位移 θ_{BA} 和 θ_{BC}。

$$\boldsymbol{\Delta}=\begin{Bmatrix} v_B \\ \theta_{BA} \\ \theta_{BC} \\ \theta_C \\ \theta_D \end{Bmatrix}, \quad \boldsymbol{k}=\frac{EI}{l}\begin{pmatrix} \dfrac{36}{l^2} & -\dfrac{12}{l} & \dfrac{6}{l} & \dfrac{6}{l} & 0 \\ -\dfrac{12}{l} & 8 & 0 & 0 & 0 \\ \dfrac{6}{l} & 0 & 4 & 2 & 0 \\ \dfrac{6}{l} & 0 & 2 & 8 & 2 \\ 0 & 0 & 0 & 2 & 4 \end{pmatrix}$$

9-2　(a) 结点转角：$\left\{\begin{matrix}\theta_1\\\theta_2\end{matrix}\right\}=\left\{\begin{matrix}-\dfrac{50}{7i_1}\\[2mm]\dfrac{25}{7i_1}\end{matrix}\right\}$

杆端弯矩：

$$\left\{\begin{matrix}\overline{M}_1\\\overline{M}_2\end{matrix}\right\}^{①}=\left\{\begin{matrix}-14.29\\-28.57\end{matrix}\right\}\text{kN}\cdot\text{m},\qquad\left\{\begin{matrix}\overline{M}_1\\\overline{M}_2\end{matrix}\right\}^{②}=\left\{\begin{matrix}-21.43\\0\end{matrix}\right\}\text{kN}\cdot\text{m}$$

(b) 结点转角：$\left\{\begin{matrix}\theta_1\\\theta_2\end{matrix}\right\}=\left\{\begin{matrix}-\dfrac{45}{7i_1}\\[2mm]\dfrac{75}{7i_1}\end{matrix}\right\}$

杆端弯矩：

$$\left\{\begin{matrix}\overline{M}_1\\\overline{M}_2\end{matrix}\right\}^{①}=\left\{\begin{matrix}-12.86\\-25.71\end{matrix}\right\}\text{kN}\cdot\text{m},\qquad\left\{\begin{matrix}\overline{M}_1\\\overline{M}_2\end{matrix}\right\}^{②}=\left\{\begin{matrix}25.71\\0\end{matrix}\right\}\text{kN}\cdot\text{m}$$

9-3　$M_{AB}=8.89\text{kN}\cdot\text{m}$，$M_{BA}=-2.22\text{kN}\cdot\text{m}$

9-4　$M_{AB}=-0.845\dfrac{1}{l}$，$M_{BA}=-1.690\dfrac{1}{l}$，$M_{CD}=-2.161\dfrac{1}{l}$，$M_{DC}=-1.914\dfrac{1}{l}$

9-5　(a) $K=\begin{bmatrix}12&4&0\\4&24&6\\0&6&12\end{bmatrix}$

(b) $K=EI\begin{bmatrix}60/l^3&6/l^2&0&-24/l^3&-12/l^2&0\\6/l^2&8/l&2/l&0&0&0\\0&2/l&20/l&12/l^2&4/l&0\\-24/l^3&0&12/l^2&27/l^3&12/l^2&3/l^2\\-12/l^2&0&4/l&12/l^2&12/l&2/l\\0&0&0&3/l^2&2/l&8/l\end{bmatrix}$

9-6

$$EI\begin{bmatrix}\dfrac{5}{9}\text{m}^{-3}&\dfrac{2}{3}\text{m}^{-2}&\dfrac{1}{6}\text{m}^{-2}&0&\dfrac{1}{6}\text{m}^{-2}\\[2mm]\dfrac{2}{3}\text{m}^{-2}&\dfrac{32}{15}\text{m}^{-1}&\dfrac{2}{5}\text{m}^{-1}&0&0\\[2mm]\dfrac{1}{6}\text{m}^{-2}&\dfrac{2}{5}\text{m}^{-1}&\dfrac{32}{15}\text{m}^{-1}&\dfrac{1}{3}\text{m}^{-1}&0\\[2mm]0&0&\dfrac{1}{3}\text{m}^{-1}&\dfrac{2}{3}\text{m}^{-1}&0\\[2mm]\dfrac{1}{6}\text{m}^{-2}&0&0&0&\dfrac{2}{3}\text{m}^{-1}\end{bmatrix}\begin{Bmatrix}v_D\\\theta_D\\\theta_F\\\theta_{GF}\\\theta_{GC}\end{Bmatrix}=\begin{Bmatrix}25&\text{kN}\\0\\0\\0\\0\end{Bmatrix}$$

9-7 $M_A=0.015ql^2$（右侧受拉），$M_C=0.036ql^2$（上边受拉），$F_{QA}=-0.051ql$，
       $F_{NA}=-0.57ql$

9-8   (a) $M_A=4\text{kN}\cdot\text{m}$（上边受拉），$M_D=8\text{kN}\cdot\text{m}$（上边受拉），$F_{QD}=4\text{kN}$

       (b) $M_{DA}=19.72\text{kN}\cdot\text{m}$（右侧受拉），$M_B=76.54\text{kN}\cdot\text{m}$（左侧受拉），

          $F_{QA}=24.93\text{kN}$

9-9 $F_{N12}=0.5578F_P$，$F_{N24}=F_{N34}=-0.4422F_P$，$F_{N13}=0$

9-10   (a) $F_N^{①}=0.5F_P$，$F_N^{②}=0.433F_P$，$F_N^{③}=0.25F_P$

       (b) $F_N^{①}=0.33F_P$，$F_N^{②}=0.15F_P$，$F_N^{③}=0.58F_P$，$F_N^{④}=0.91F_P$

部分习题参考答案详解请扫描下方二维码查看。

第十章 结构动力学简介

前面各章主要讨论结构在静力荷载作用下结构的计算问题，而实际工程结构所受的荷载除静力荷载外，还有动力荷载。本章讨论在动力荷载作用下结构的振动问题，主要内容包括动力分析的特点和动力自由度的概念；单自由度体系的自由振动、强迫振动及阻尼对振动的影响；两个及多自由度体系的自由振动和强迫振动；自振频率的近似求解方法。

第一节 概　　述

一、结构动力计算的特点

结构在动力荷载作用下与静力荷载作用下的计算有很大不同。所谓静力荷载，是指大小、方向和作用位置不随时间变化的荷载，例如自重；或者虽有变化，但变化相当缓慢，它所引起的结构质量的加速度可以忽略，因而荷载对结构的影响仍可看作静力荷载。而**动力荷载**是指大小、方向和作用位置随时间迅速变化的荷载，它所引起的结构质量运动的加速度较大，以致相应的惯性力与结构所承受的其他外力相比不容忽略。有的荷载在加载后虽然不再变化，但加载速度却很快，致使结构产生明显的振动，这些都属于动荷载。

在结构动力计算中，不仅荷载、内力和位移等都是随时间变化的函数，而且必须考虑结构上质量惯性力的影响。根据达朗贝尔（D'Alember Jean Le Rond，1717—1783）原理，在引进惯性力后，可以建立动力平衡方程，将动力计算问题转化为静力平衡问题来处理。但是，这只是一种形式上的平衡，是一种瞬时平衡。结构动力计算具有以下两个特点：第一，在所考虑的力系中要包括惯性力；第二，这里考虑的是瞬间的平衡，荷载、内力和位移等都是时间的函数。

二、动力荷载的分类

工程实际中结构经常遇到的动力荷载主要有下面几类：

第一类是**周期荷载**。这类荷载随时间做周期性的变化。周期荷载中最简单也是最重要的一种称为**简谐荷载**，如图 10-1（a）所示，荷载 $F_P(t)$ 随时间 t 的变化规律可用正弦或余弦函数表示，机器转动部分引起的荷载属于这一类。其他的周期荷载可称为非简谐性的周期荷载，如图 10-1（b）所示。

第二类是**冲击荷载**。这类荷载在很短的时间内荷载值急剧增大，如图 10-2（a）所示，或急剧减小，如图 10-2（b）所示。各类爆炸荷载属于这一类。

第三类是**随机荷载**。前面两类荷载都属于确定性荷载，任一时刻的荷载值都是事先确定的。如果荷载在将来任一时刻的数值无法事先确定，则称为非确定性荷载或称为随机荷载，地震荷载和风荷载是随机荷载的典型例子。图 10-3 所示为地震时记录到的地面加速度。

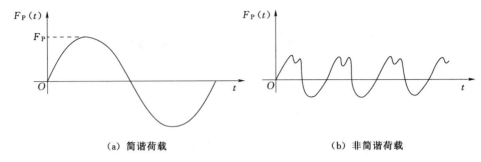

（a）简谐荷载 （b）非简谐荷载

图 10-1 周期荷载

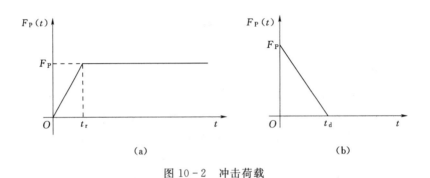

（a） （b）

图 10-2 冲击荷载

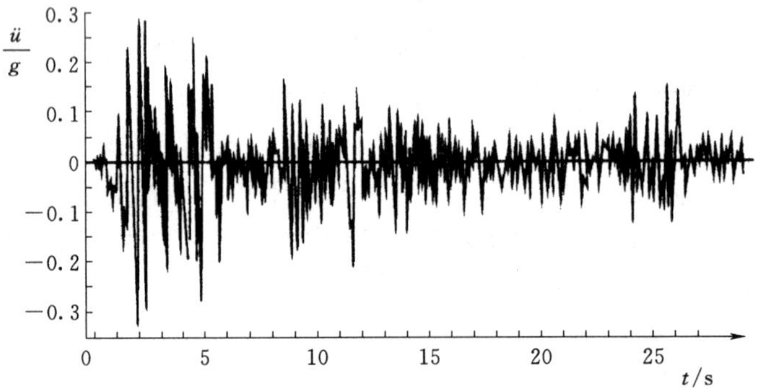

图 10-3 随机荷载

三、结构动力计算的目的和内容

在动力荷载作用下，结构将发生振动，动内力、动位移等量值均随时间变化，我们把动内力、动位移、结构振动的速度和加速度等量值统称为**动力反应**。结构动力计算目的在于确定在动力荷载作用下结构的动力反应随时间变化的规律，提出动力反应的分析方法，为结构设计提供可靠的依据。

结构动力计算内容主要涉及内外两方面的因素：

（1）确定动力荷载（外部因素，即干扰力）。

（2）确定结构的动力特性（内部因素，如结构的自振频率、周期、振型和阻尼等），类似静力学中的 I、S 等；计算动位移及其幅值；计算动内力及其幅值。

第二节　结构体系的动力自由度

与静力计算一样，在动力计算中也需要事先选取一个合理的计算简图。两者选取的原则基本相同，但在动力计算中，由于要考虑惯性力的作用，因此还需要研究质量在运动过程中的自由度问题。

在动力计算中，一个体系的自由度是指为了确定运动过程中任一时刻全部质量的位置所需的独立几何参数的数目。

由于实际结构的质量都是连续分布的，因此任何一个实际结构都可以说具有无限个自由度。但是如果所有结构都按无限自由度去计算，则不仅十分困难，而且也没有必要。因此，通常需要对计算方法加以简化，常用的简化方法有下列三种。

一、集中质量法

把连续分布的质量按一定规则集中为几个质点，这样就可以把一个原来是无限自由度的问题简化成为有限自由度的问题，下面举几个例子加以说明。

如图 10 - 4（a）所示为一简支梁，跨中放有重物 W，当梁本身质量远小于重物的质量时，可取如图 10 - 4（b）所示的计算简图，这时体系由无限自由度简化为一个自由度。

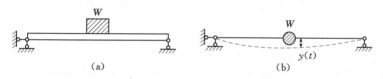

图 10 - 4

如图 10 - 5（a）所示为一个三层平面刚架。在水平力作用下计算刚架的侧向振动时，一种常用的简化计算方法是将柱的分布质量化为作用于上下横梁处的集中质量，因而刚架的全部质量都作用在横梁上；此外每个横梁上各点的水平位移可认为彼此相等，因而横梁上的分布质量可用一个集中质量来替代，最后，可取如图 10 - 5（b）所示的计算简图，只有三个自由度。

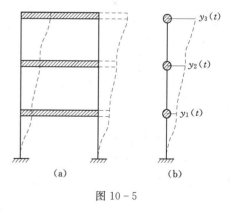

图 10 - 5

需要注意的是，振动自由度的个数与集中质量的个数并不一定彼此相等，如图 10 - 6（a）所示体系，虽然只有一个集中质量，但有两个振动自由度；而如图 10 - 6（b）所示体系，有两个集中质量，却只有一个振动自由度。

对于较为复杂的体系，可以采用在集中质量处试加刚性链杆以限制质量运动的方法来确定振动自由度数，此时，体系振动的自由度数就等于约束所有质量的运动所需增加的最少链杆数目。如图 10 - 7（a）所示具有三个集中质量的体系，附加两个水平刚性链杆即可固定质量 1、2 的位置，如图 10 - 7（b）所示，由于杆长不变，所以质量 3 的位置也就

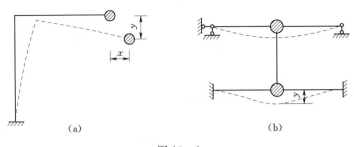

图 10 - 6

固定了，故该体系有两个振动自由度；而图 10 - 8（a）所示体系最少需要四根链杆才能
将三个集中质量位置固定，如图 10 - 8（b）所示，所以体系有四个振动自由度。

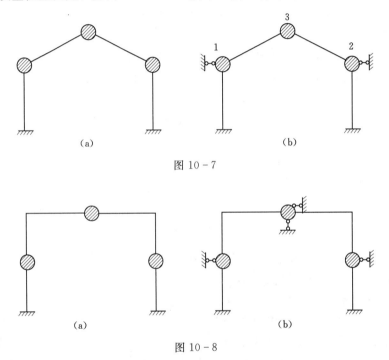

图 10 - 7

图 10 - 8

二、广义坐标法

广义坐标法是从数学角度提供减少自由度的简化方法，这种方法是将结构在 t 时刻的
挠曲线假设为

$$y(x) = \sum_{k=1}^{n} a_k \varphi_k(x)$$

式中 $\varphi_k(x)$——满足边界条件的给定函数，称为形状函数或位移函数；

a_k——一组独立的未知参数，称为广义坐标。

例如具有分布质量的简支梁是一个具有无限自由度的体系。简支梁的挠度曲线可用三
角级数来表示：

$$y(x) = \sum_{k=1}^{\infty} a_k \sin \frac{k\pi x}{l}$$

326

式中 $\sin\dfrac{k\pi x}{l}$——一组给定的函数，可称为形状函数；

a_k——一组待定参数，称为广义坐标。

当形状函数选定之后，梁的挠度曲线 $y(x)$ 即由无限多个广义坐标 a_1，a_2，$\cdots$，a_k 所确定，因此简支梁具有无限自由度。在简化计算中，通常只取级数的前 n 项：

$$y(x)=\sum_{k=1}^{n}a_k\sin\frac{k\pi x}{l}$$

这时简支梁被简化为具有 n 个自由度的体系。

三、有限元法

有限元法可看作广义坐标法的一种特殊应用。以如图 10-9（a）所示两端固定梁为例作简要说明。

把结构分为若干单元，图 10-9（a）中把梁分为五个单元。

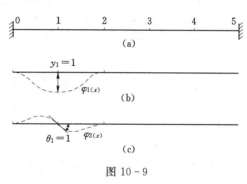

图 10-9

取结点位移参数（挠度 y 和转角 θ）作为广义坐标，在图 10-9（a）中取中间四个结点的八个位移参数 y_1、θ_1、y_2、θ_2、y_3、θ_3、y_4、θ_4 作广义坐标。

每个结点位移参数只在相邻两个单元内引起挠度，在图 10-9（b）、（c）中分别给出结点位移参数 y_1 和 θ_1 相应的形状函数 $\varphi_1(x)$ 和 $\varphi_2(x)$。

梁的挠度可用八个广义坐标及其形状函数表示如下：

$$y(x)=y_1\varphi_1(x)+\theta_1\varphi_2(x)+\cdots+y_4\varphi_7(x)+\theta_4\varphi_8(x)$$

通过以上步骤，梁即转化为具有八个自由度的体系。可以看出，有限元法综合了集中质量法和广义坐标法的某些特点。

第三节 单自由度体系的振动分析

单自由度体系的动力分析虽然比较简单，但是非常重要。因为很多实际的动力问题常可按单自由度体系进行计算或进行初步的估算；单自由度体系的动力分析是多自由度体系动力分析的基础。只有牢固地打好这个基础，才能顺利地学习后面的内容。

一、单自由度体系的自由振动

自由振动是指结构在振动过程中不受外部干扰力的作用。自由振动是由于在初始时刻的干扰，即通过对质量施加初位移或初速度而激发产生的。自由振动时的规律反映了体系的动力特性，而体系在动荷载作用下的响应情况又是与其动力特性密切相关的，所以分析自由振动的规律具有重要意义。

（一）自由振动微分方程的建立

在结构动力分析中，根据达朗贝尔原理，认为在质体运动的每一瞬时，作用于质体上的全部外力（包括荷载与约束反力等）与假想的加在质体上的惯性力处于平衡状态（动力平衡状态）。根据这一原理建立振动方程的方法称为**动静法**。采用动静法建立体系运动方程时，可以从力系平衡的角度出发，称为**刚度法**；也可从位移协调的角度出发，称为**柔度法**。现以如图10-10所示单自由度体系的振动模型为例来讨论单自由度体系的自由振动。

如图10-10（a）所示的悬臂立柱在顶部有一重物，质量为 m。设柱本身的质量比 m 小得多，可以忽略不计。因此体系只有一个自由度。

假设由于外界的干扰，质点 m 离开了静止平衡位置，干扰消失后由于立柱弹性力的影响，质点 m 沿水平方向产生自由振动，在任一时刻 t，质点的水平位移为 $y(t)$。

在建立自由振动微分方程之前，先把如图10-10（a）所示的体系用如图10-10（b）所示的弹簧模型来表示。原来由立柱对质量 m 所提供的弹性力改用弹簧来提供。因此应使弹簧的刚度系数 k（使弹簧伸长单位距离时所需施加的拉力）与立柱的刚度系数（使柱顶产生单位水平位移时在柱顶所需施加的水平力）相等。

现在分别用两种方法推导自由振动的微分方程。

1. 刚度法

以静平衡位置为原点，取质量 m 在振动中位置为 y 时的状态作隔离体，如图10-10（c）所示。如果忽略振动过程中所受到的阻力，则隔离体所受的力有下列两种：

（1）弹性力 ky，与位移 y 的方向相反。

（2）惯性力 $m\ddot{y}$，与加速度 $\ddot{y}$ 的方向相反。

根据达朗贝尔原理，可列出隔离体的平衡方程如下：

$$m\ddot{y}+ky=0 \tag{10-1}$$

这就是从力系平衡角度建立的自由振动微分方程，这种推导方法称为刚度法。

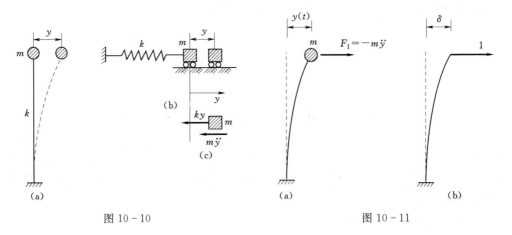

图 10-10 图 10-11

2. 柔度法

自由振动微分方程也可从位移协调角度来推导。用 F_{I} 表示惯性力，这时作用在柱顶的惯性力 $F_{\mathrm{I}}=-m\ddot{y}$，如图10-11（a）所示；用 δ 表示弹簧的柔度系数，即在单位力作用下所产生的位移，如图10-11（b）所示，其值与刚度系数互为倒数：

$$\delta=\frac{1}{k} \tag{a}$$

则质量 m 的位移为

$$y = F_1\delta = (-m\ddot{y})\delta \qquad\qquad (b)$$

式(b)表明：质量 m 在运动过程中任一时刻的位移等于在当时惯性力作用下的静力位移。

将式（a）代入式（b），整理后仍得到式（10-1）。这里是从位移协调的角度建立自由振动微分方程的，这种推导方法称为柔度法。

（二）　自由振动微分方程的解

单自由度体系自由振动微分方程（10-1）可改写为

$$\ddot{y} + \omega^2 y = 0 \qquad\qquad (10-2)$$

式中

$$\omega = \sqrt{\frac{k}{m}} \qquad\qquad (c)$$

式（10-2）是一个齐次方程，其通解为

$$y(t) = C_1\sin\omega t + C_2\cos\omega t \qquad\qquad (d)$$

式中的系数 C_1 和 C_2 可由初始条件确定。设在初始时刻（$t=0$）质点有初始位移 y_0 和初始速度 v_0，即

$$y(0) = y_0, \quad \dot{y}(0) = v_0$$

由此解出

$$C_1 = \frac{v_0}{\omega}, \quad C_2 = y_0$$

代入式（d），即得

$$y(t) = y_0\cos(\omega t) + \frac{v_0}{\omega}\sin(\omega t) \qquad\qquad (10-3)$$

由式（10-3）可以看出，振动由两部分所组成：

（1）单独由初始位移 y_0（没有初始速度）引起的，质点按 $y_0\cos\omega t$ 的规律振动，如图 10-12（a）所示。

（2）单独由初始速度（没有初始位移）引起的，质点按 $\dfrac{v_0}{\omega}\sin\omega t$ 的规律振动，如图 10-12（b）所示。

式（10-3）还可改写为

$$y(t) = A\sin(\omega t + \alpha) \qquad (10-4)$$

其图形如图 10-12（c）所示。其中参数 A 称为振幅，α 称为初始相位角。参数 A、α 与参数 y_0、v_0 之间的关系可导出如下：

先将式（10-4）的右边展开，得

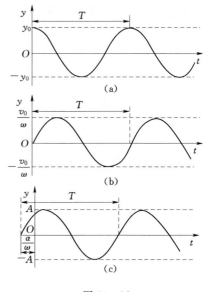

图 10-12

$$y(t) = A\sin\alpha\cos(\omega t) + A\cos\alpha\sin(\omega t)$$

再与式（10-3）比较，即得

$$y_0 = A\sin\alpha, \quad \frac{v_0}{\omega} = A\cos\alpha$$

或

$$A = \sqrt{y_0^2 + \frac{v_0^2}{\omega^2}}, \quad \alpha = \tan^{-1}\frac{y_0\omega}{v_0} \tag{10-5}$$

（三）结构的自振周期与自振频率

式（10-4）的右边是一个周期函数，其周期为

$$T = \frac{2\pi}{\omega} \tag{10-6}$$

不难验证，式（10-4）中的位移 $y(t)$ 确实满足周期运动的下列条件：

$$y(t+T) = y(t)$$

这就表明，在自由振动过程中，质点每隔一段时间 T 又回到原来的位置，因此 T 称为结构的**自振周期**。

自振周期的倒数称为**频率**，记作 f：

$$f = \frac{1}{T} = \frac{\omega}{2\pi} \tag{10-7}$$

频率 f 表示单位时间内的振动次数，其常用单位为 s^{-1} 或 Hz。

ω 称为**圆频率**或**角频率**（习惯上有时也称为频率）。在结构动力学中，通常将体系做无阻尼自由振动时的圆频率称为**自振频率**。

$$\omega = \frac{2\pi}{T} = 2\pi f \tag{10-8}$$

ω 表示在 2π 个单位时间内的振动次数。

下面给出自振周期计算公式的几种形式：

（1）将式（c）代入式（10-6），得

$$T = 2\pi\sqrt{\frac{m}{k}} \tag{10-9}$$

（2）将 $\dfrac{1}{k} = \delta$ 代入式（10-9），得

$$T = 2\pi\sqrt{m\delta} \tag{10-10}$$

（3）将 $m = \dfrac{W}{g}$ 代入式（10-10），得

$$T = 2\pi\sqrt{\frac{W\delta}{g}} \tag{10-11}$$

（4）令 $W\delta = \Delta_{\mathrm{st}}$，得

$$T = 2\pi\sqrt{\frac{\Delta_{\mathrm{st}}}{g}} \tag{10-12}$$

其中 δ 是沿质点振动方向的结构柔度系数，它表示在质点上沿振动方向施加单位荷载

时质点沿振动方向所产生的静位移。因此，$\Delta_{st} = W\delta$ 表示在质点上沿振动方向施加数值为 W 的荷载时质点沿振动方向所产生的静位移。

同样，利用式（10-8），可得出自振频率的计算公式如下：

$$\omega = \sqrt{\frac{k}{m}} = \frac{1}{\sqrt{m\delta}} = \sqrt{\frac{g}{W\delta}} = \sqrt{\frac{g}{\Delta_{st}}} \tag{10-13}$$

由上面的分析可以看出结构自振频率的一些重要性质：

（1）自振频率与结构的质量和结构的刚度有关，而且只与这两者有关，与外界的干扰因素无关。它是体系本身所固有的属性，所以也称为固有属性。

（2）单自由度体系的自振频率与质量的平方根成反比，与刚度的平方根成正比。要改变结构的自振频率，只有从改变结构的质量或刚度着手。

（3）自振频率是结构动力性能的一个很重要的数量标志。两个外表相似的结构，如果频率相差很大，则动力性能相差很大；反之，两个外表看来并不相同的结构，如果其自振频率相近，则在动荷载作用下其动力性能基本一致。地震中常发现这样的现象。所以，自振频率的计算十分重要。

【例 10-1】 如图 10-13 所示为一等截面简支梁，截面抗弯刚度为 EI，跨度为 l。在梁的跨度中点有一个集中质量 m。如果忽略梁本身的质量，试求梁的自振周期 T 和自振频率 ω。

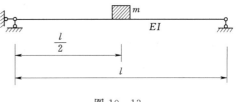

图 10-13

解： 对于简支梁跨中质量的竖向振动来说，柔度系数为

$$\delta = \frac{l^3}{48EI}$$

因此，由式（10-10）和式（10-13）得

$$T = 2\pi\sqrt{m\delta} = 2\pi\sqrt{\frac{ml^3}{48EI}}$$

$$\omega = \frac{1}{\sqrt{m\delta}} = \sqrt{\frac{48EI}{ml^3}}$$

【例 10-2】 如图 10-14 所示为一等截面竖直悬臂杆，长度为 l，截面面积为 A，惯性矩为 I，弹性模量为 E。杆顶有重物，其重量为 W。设杆件本身质量可忽略不计，试分别求水平振动和竖向振动时的自振周期和自振频率。

解：（1）水平振动。当杆顶作用水平力 W 时，杆顶的水平位移为

$$\Delta_{st} = \frac{Wl^3}{3EI}$$

所以有

$$T = 2\pi\sqrt{\frac{Wl^3}{3EIg}}$$

图 10-14

331

$$\omega = \sqrt{\frac{g}{\Delta_{\mathrm{st}}}} = \sqrt{\frac{3EIg}{Wl^3}}$$

（2）竖向振动。当杆顶作用竖向力 W 时，杆顶的竖向位移为

$$\Delta_{\mathrm{st}} = \frac{Wl}{EA}$$

所以有

$$T = 2\pi\sqrt{\frac{Wl}{EAg}}$$

$$\omega = \sqrt{\frac{g}{\Delta_{\mathrm{st}}}} = \sqrt{\frac{EAg}{Wl}}$$

【例 10 - 3】 如图 10 - 15（a）所示为一刚架。柱的截面惯性矩为 I，横梁弯曲刚度 $EI_0 = \infty$。横梁上的总质量为 m，柱的质量可以忽略不计。求刚架的水平自振频率。

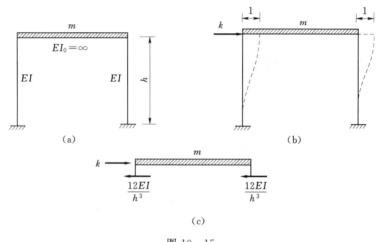

图 10 - 15

解： 先求刚架的水平侧移刚度 k（k 为使横梁产生单位水平位移时所需的水平力），如图 10 - 15（b）所示。此时柱端剪力为 $\dfrac{12EI}{h^3}$，取横梁为隔离体，如图 10 - 15（c）所示，由平衡条件可得

$$k = \frac{24EI}{h^3}$$

则刚架的自振频率为

$$\omega = \sqrt{\frac{k}{m}} = \sqrt{\frac{24EI}{mh^3}}$$

二、单自由度体系的强迫振动

现在讨论单自由度体系在动力荷载作用下的动力反应问题，结构在动力荷载作用下的振动称为**强迫振动**或受迫振动。

如图 10 - 16（a）所示为单自由度体系的振动模型，质量为 m，弹簧刚度系数为 k，

动力荷载为 $F_P(t)$。取质量 m 作隔离体，如图 10-16 (b) 所示。弹性力 ky、惯性力 $m\ddot{y}$ 和动荷载 $F_P(t)$ 之间的平衡方程为

$$m\ddot{y} + ky = F_P(t)$$

或写成

$$\ddot{y} + \omega^2 y = \frac{F_P(t)}{m} \qquad (10-14)$$

其中

$$\omega = \sqrt{\frac{k}{m}}$$

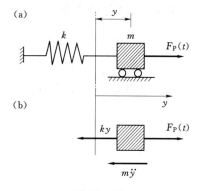

图 10-16

式（10-14）就是单自由度体系强迫振动的微分方程。

下面讨论几种常见的动力荷载作用时结构的振动情况。

（一）简谐荷载

设体系承受如下的简谐荷载：

$$F_P(t) = F\sin(\theta t) \qquad (a)$$

式中　θ——简谐荷载的圆频率；

F——荷载的最大值，称为幅值。

将式（a）代入式（10-14），即得运动方程如下：

$$\ddot{y} + \omega^2 y = \frac{F}{m}\sin(\theta t) \qquad (b)$$

先求方程的特解。设特解为

$$y(t) = A\sin(\theta t) \qquad (c)$$

将式（c）代入式（b），得

$$(-\theta^2 + \omega^2)A\sin(\theta t) = \frac{F}{m}\sin(\theta t)$$

由此得

$$A = \frac{F}{m(\omega^2 - \theta^2)}$$

因此特解为

$$y(t) = \frac{F}{m\omega^2\left(1 - \dfrac{\theta^2}{\omega^2}\right)}\sin(\theta t) \qquad (d)$$

令

$$y_{st} = \frac{F}{m\omega^2} = F\delta \qquad (e)$$

则 y_{st} 可称为**最大静位移**（即把动力荷载幅值 F 当作静荷载作用时结构所产生的位移），而特解（d）可写为

$$y(t) = y_{st}\frac{1}{1 - \dfrac{\theta^2}{\omega^2}}\sin(\theta t) \qquad (f)$$

微分方程的齐次解已在上节求出，故得通解如下：

$$y(t)=C_1\sin(\omega t)+C_2\cos(\omega t)+y_{st}\frac{1}{1-\frac{\theta^2}{\omega^2}}\sin(\theta t) \tag{g}$$

积分常数 C_1 和 C_2 需由初始条件来确定。设在 $t=0$ 时的初始位移和初始速度均为零，则得

$$C_1=-y_{st}\frac{\frac{\theta}{\omega}}{1-\frac{\theta^2}{\omega^2}}, \quad C_2=0$$

代入式（g），即得

$$y(t)=y_{st}\frac{1}{1-\frac{\theta^2}{\omega^2}}\left[\sin(\theta t)-\frac{\theta}{\omega}\sin(\omega t)\right] \tag{10-15}$$

由此看出，振动是由两部分合成的：第一部分按荷载频率 θ 振动；第二部分按自振频率 ω 振动。由于在实际振动过程中存在着阻尼力，因此按自振频率振动的那一部分将会逐渐消失，最后只剩下按荷载频率振动的那一部分。把振动刚开始两种振动同时存在的阶段称为"过渡阶段"，而把后来只按荷载频率振动的阶段称为"平稳阶段"。由于过渡阶段延续的时间较短，因此在实际问题中"平稳阶段"的振动较为重要。

下面讨论平稳阶段的振动。任一时刻的位移为

$$y(t)=y_{st}\frac{1}{1-\frac{\theta^2}{\omega^2}}\sin(\theta t)$$

最大动位移（即振幅）为

$$[y(t)]_{max}=y_{st}\frac{1}{1-\frac{\theta^2}{\omega^2}}$$

最大动位移 $[y(t)]_{max}$ 与最大静位移 y_{st} 的比值称为**动力系数**，用 β 表示，即

$$\beta=\frac{[y(t)]_{max}}{y_{st}}=\frac{1}{1-\frac{\theta^2}{\omega^2}} \tag{10-16}$$

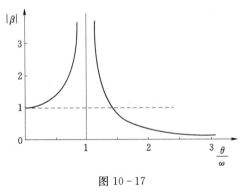

图 10-17

由此看出，动力系数 β 是频率比值 $\frac{\theta}{\omega}$ 的函数。函数图形如图 10-17 所示，其中横坐标为 $\frac{\theta}{\omega}$，纵坐标为 β 的绝对值（注意，当 $\frac{\theta}{\omega}>1$ 时，β 为负值）。

由图 10-17 可看出如下特性：

当 $\frac{\theta}{\omega}\rightarrow 0$ 时，动力系数 $\beta\rightarrow 1$。这时简谐

荷载的数值虽然随时间变化，但变化得非常慢（与结构的自振周期相比），因而可当作静荷载处理。

当 $0<\dfrac{\theta}{\omega}<1$ 时，动力系数 $\beta>1$，β 随 $\dfrac{\theta}{\omega}$ 的增大而增大。

当 $\dfrac{\theta}{\omega}\to1$ 时，$|\beta|\to\infty$。即当荷载频率 θ 接近于结构自振频率 ω 时，振幅会无限增大。这种现象称为"共振"。实际上由于存在阻尼力的影响，共振时也不会出现振幅为无限大的情况，但是共振时的振幅比静位移大很多倍的情况是可能出现的。

当 $\dfrac{\theta}{\omega}>1$ 时，β 的绝对值随 $\dfrac{\theta}{\omega}$ 的增大而减小。

根据简谐荷载作用下结构位移幅度随 $\dfrac{\theta}{\omega}$ 变化的情况，可以推知结构内力（例如弯矩）也存在类似的情况。

通过以上分析可知，对于单自由度体系，若简谐荷载与质点位移共线，则动位移幅值（最大动位移 $[y(t)]_{\max}$）可以由式（10－17）直接计算，即

$$A_D=y_{\mathrm{st}}\beta \qquad (10-17)$$

式中 A_D——动位移幅值；

        y_{st}——动力荷载幅值 F 当作静荷载作用时结构所产生的位移。

这时，结构中的动内力与动位移成比例，动内力幅值也可用相同的方法计算。先求出简谐荷载的幅值作为静载时所产生的内力，然后将内力乘以动力系数 β 就是动内力幅值。例如，对于梁和刚架，其动弯矩的幅值为

$$M_D=M_{\mathrm{st}}\beta$$

式中 M_{st}——动力荷载幅值 F 当作静荷载作用时结构所产生的静弯矩。

【例 10－4】 如图 10－18 所示简支钢梁，梁的惯性矩为 $I=8.8\times10^{-5}$ m^4，弹性模量 $E=210$GPa。在梁的中部有一重量 $G=35$kN 的发电机，发电机转动时其离心力的垂直分力为 $F\sin(\theta t)$，且 $F=10$kN。若不考虑阻尼，试求当发电机的转数 $n=500$r/min 时，梁的最大弯矩和挠度（梁的自重可忽略不计）。

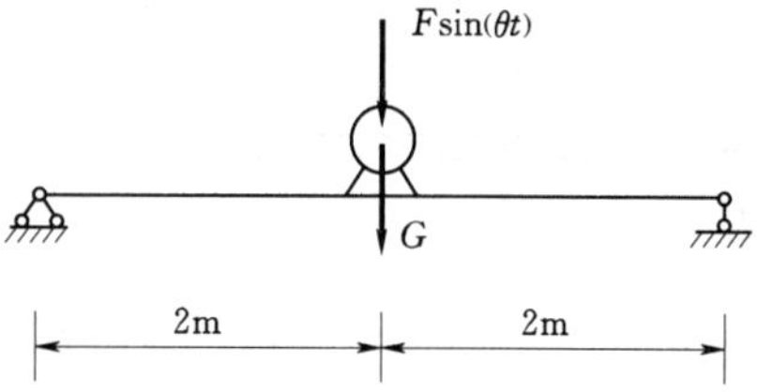

解： 由题意可知，梁的最大弯矩和最大挠度均出现在梁的中点。它们均由两部分构成，一部分是发电机重力引起的，另一部分是由动荷载引起的。

（1）发电机重力作用下梁跨中弯矩和挠度为

$$M_G=\frac{1}{4}Gl=\frac{1}{4}\times35\times4=35\mathrm{kN\cdot m}$$

$$\Delta_G=\frac{Gl^3}{48EI}=\frac{35\times10^3\times(4)^3}{48\times210\times10^9\times8.8\times10^{-5}}$$

$$=2.53\times10^{-3}\mathrm{m}$$

图 10－18

（2）动弯矩和动荷载幅值。

简支钢梁的自振频率：

$$\omega = \sqrt{\frac{g}{\Delta_G}} = \sqrt{\frac{9.8}{2.53 \times 10^{-3}}} = 62.3 \text{s}^{-1}$$

荷载的频率：

$$\theta = \frac{2\pi n}{60} = \frac{2 \times 3.14 \times 500}{60} = 52.3 \text{s}^{-1}$$

由式（10-16）求得动力系数为

$$\beta = \frac{1}{1 - \frac{\theta^2}{\omega^2}} = \frac{1}{1 - \left(\frac{52.3}{62.3}\right)^2} = 3.4$$

结构在荷载幅值 F 作用下梁中点的静弯矩和静位移分别为

$$M_{st} = \frac{1}{4}Fl = \frac{1}{4} \times 10 \times 4 = 10 \text{kN} \cdot \text{m}$$

$$y_{st} = \frac{Fl^3}{48EI} = \frac{10 \times 10^3 \times (4)^3}{48 \times 210 \times 10^9 \times 8.8 \times 10^{-5}} = 0.722 \times 10^{-3} \text{m}$$

则梁中点处的动弯矩幅值和动位移幅值为

$$M_D = M_{st}\beta = 10 \times 3.4 = 34 \text{kN} \cdot \text{m}$$

$$A_D = y_{st}\beta = 0.722 \times 10^{-3} \times 3.4 = 2.45 \times 10^{-3} \text{m}$$

（3）梁跨中截面的最大弯矩和最大挠度为

$$M_{max} = M_G + M_D = 35 + 34 = 69 \text{kN} \cdot \text{m}$$

$$y_{max} = \Delta_G + A_D = 2.53 \times 10^{-3} + 2.45 \times 10^{-3} = 4.98 \times 10^{-3} \text{m} = 4.98 \text{mm}$$

【例 10-5】 如图 10-19（a）所示刚架受简谐荷载作用。已知 $\theta = 0.5\omega$，横梁为刚性杆，不计阻尼。试求刚架横梁处的水平位移幅值和柱端的弯矩幅值。

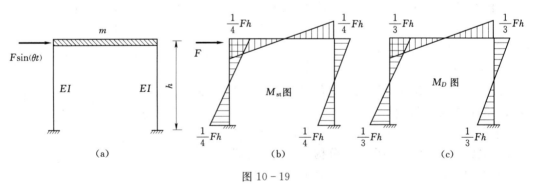

图 10-19

解：在［例 10-3］中已求出刚架刚度系数 $k = \dfrac{24EI}{h^3}$，荷载幅值 F 引起的位移为

$$y_{st} = \frac{F}{k} = \frac{Fh^3}{24EI}$$

相应的弯矩图如图 10-19（b）所示。

336

动力系数为

$$\beta = \cfrac{1}{1-\cfrac{\theta^2}{\omega^2}} = \cfrac{1}{1-\left(\cfrac{1}{2}\right)^2} = \cfrac{4}{3}$$

水平位移幅值为

$$y_{\max} = y_{st}\beta = \frac{Fh^3}{24EI}\times\frac{4}{3} = \frac{Fh^3}{18EI}$$

柱端弯矩幅值为

$$M_D = M_{st}\beta$$

弯矩幅值图如图 10-19（c）所示。

以上分析中，动荷载 $F(t)$ 直接作用在质点 m 上，且与质点位移共线。在实际问题中，动荷载也可能不作用在质点上。在这种情况下，动内力幅值、动位移幅值的计算与前述不完全相同。

下面以如图 10-20（a）所示体系为例加以说明。

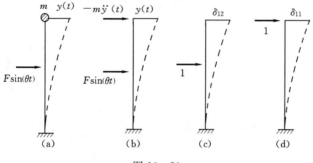

图 10-20

如图 10-20（a）所示单自由度体系上的动荷载不作用在质点上。若在任一时刻质点 m 处的位移为 $y(t)$，则作用在质点 m 上的惯性力为 $F_1 = -m\ddot{y}(t)$，在惯性力 F_1 和动荷载 $F(t)$ 共同作用下，如图 10-20（b）所示，用柔度法列的质点运动微分方程如下：

$$y(t) = -m\ddot{y}(t)\delta_{11} + F\sin(\theta t)\delta_{12}$$

或

$$m\ddot{y}(t) + \frac{1}{\delta_{11}}y(t) = \frac{\delta_{12}}{\delta_{11}}F\sin(\theta t)$$

式中柔度系数 δ_{11}、δ_{12} 的含义如图 10-20（c）、（d）所示。

令

$$F^* = \frac{\delta_{12}}{\delta_{11}}F$$

则

$$m\ddot{y}(t) + \frac{1}{\delta_{11}}y(t) = F^*\sin(\theta t)$$

可见，若将荷载幅值 F 用 F^* 代替，则运动方程在形式上与前述荷载作用于质点上的情况相同。质点的位移幅值为

$$A_D = y_{st}^*\beta = F^*\delta_{11}\beta = F\frac{\delta_{12}}{\delta_{11}}\delta_{11}\beta = F\delta_{12}\beta$$

即

$$A_D = y_{st}\beta$$

得到的结果表明质点的位移幅值仍可用式（10-17）计算。

由于荷载幅值 F 作为静荷载所引起的结构内力图与动荷载和惯性力引起的动内力图不成比例，故动内力幅值图不能由荷载幅值作为静荷载所引起的内力图乘以 β 获得。或者说这时 β 不是内力的动力系数。

结构动内力可列幅值方程求解。这是由质点在纯强迫振动中的运动规律决定的。在振动过程中，质点的位移、加速度、惯性力和动荷载的变化规律分别为

$$y(t) = A\sin(\theta t)$$

$$\ddot{y}(t) = -A\theta^2\sin(\theta t)$$

$$F_1(t) = -m\ddot{y}(t) = mA\theta^2\sin(\theta t)$$

$$F(t) = F\sin(\theta t)$$

由此可见，它们随时间的变化规律相同。其中一个量达到最大值时，各量均达到最大值。这样，可在位移达到最大值［当 $\sin(\theta t) = 1$］时列方程求位移幅值及内力幅值。

【例 10-6】 试求如图 10-21（a）所示结构在简谐荷载作用下的质点振幅和动弯矩幅值图。已知 $\theta = 0.5\omega$。

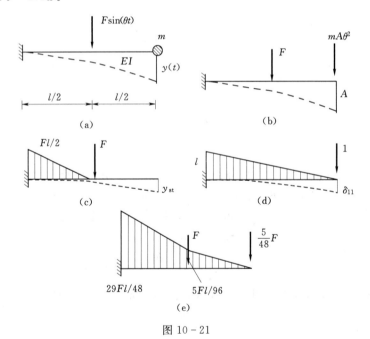

图 10-21

解： 在质点上加惯性力幅值，如图 10-21（b）所示，用柔度法列幅值方程：

$$A = y_{st} + mA\theta^2\delta_{11}$$

即

$$A = \frac{y_{st}}{1 - m\delta_{11}\theta^2}$$

由于

$$m\delta_{11} = \frac{1}{\omega^2}$$

所以

$$A = y_{st} \frac{1}{1 - \dfrac{\theta^2}{\omega^2}}$$

由图乘法算得

$$y_{st} = \frac{5Fl^3}{48EI}$$

则质点位移幅值为

$$A = \frac{5Fl^3}{48EI} \times \frac{1}{1 - \left(\dfrac{1}{2}\right)^2} = \frac{5Fl^3}{36EI}$$

质点上的惯性力幅值为

$$F_I = mA \times \theta^2 = mA \times \frac{1}{4}\omega^2 = mA \times \frac{1}{4}\frac{1}{m\delta_{11}} = \frac{A}{4\delta_{11}}$$

$$= \frac{1}{4}\frac{5Fl^3}{36EI}\frac{3EI}{l^3} = \frac{5}{48}F$$

将惯性力幅值 F_I 和荷载幅值 F 作用在结构上，即可作出弯矩图，即为动弯矩幅值图，如图 10-21（e）所示。

（二）一般动荷载

现在讨论在一般动荷载 $F_P(t)$ 作用下所引起的动力反应。可以分两步讨论：首先讨论瞬时冲量的动力反应，然后在此基础上讨论一般动荷载的动力反应。

设体系在 $t=0$ 时处于静止状态。然后有瞬时冲量 S 作用。如图 10-22 所示为在 Δt 时间内作用荷载 F_P，其冲量 S 即为 $F_P\Delta t$。由于冲量 S 的作用，体系将产生初速度 $v_0 = \dfrac{S}{m}$，但初位移仍为零。利用式（10-3），即得

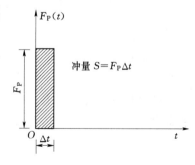

图 10-22

$$y(t) = \frac{S}{m\omega}\sin(\omega t) \qquad (10-18)$$

式（10-18）就是在 $t=0$ 时作用瞬时冲量 S 所引起的动力反应。

如果在 $t=\tau$ 时作用瞬时冲量 S，如图 10-23 所示，则在以后任一时刻 $t(t>\tau)$ 的位移为

$$y(t) = \frac{S}{m\omega}\sin[\omega(t-\tau)] \qquad (a)$$

现在讨论如图 10-24 所示任意动荷载 $F_P(t)$ 的动力反应。整个加载过程可看作由一系列瞬时冲量所组成。例如在时刻 $t=\tau$ 作用的荷载为 $F_P(\tau)$，此荷载在微分时段 $d\tau$ 内产生的冲量为 $dS = F_P(\tau)d\tau$。根据式（a），此微分冲量引起如下的动力反应：

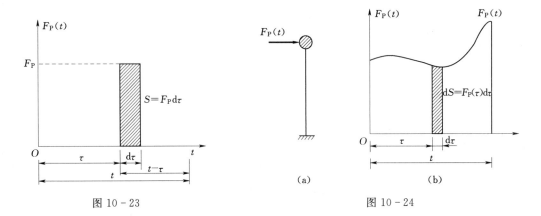

图 10 - 23

图 10 - 24

当 $t > \tau$ 时：

$$dy = \frac{F_P(\tau)d\tau}{m\omega}\sin[\omega(t-\tau)] \tag{b}$$

然后对加载过程中产生的所有微分反应进行叠加，即对式（b）进行积分，可得出总反应：

$$y(t) = \frac{1}{m\omega}\int_0^t F_P(\tau)\sin[\omega(t-\tau)]d\tau \tag{10-19}$$

式（10-19）称为杜哈梅（J.M.C.Duhamel）积分，这就是初始处于静止状态的单自由度体系在任意动荷载 $F_P(t)$ 作用下的位移公式。如初始位移 y_0 和初始速度 v_0 不为 0，则总位移应为

$$y(t) = y_0\cos(\omega t) + \frac{v_0}{\omega}\sin(\omega t) + \frac{1}{m\omega}\int_0^t F_P(\tau)\sin[\omega(t-\tau)]d\tau$$

$$\tag{10-20}$$

下面应用式（10-20）来讨论几种动荷载的动力反应。

1. 突加荷载

设体系原处于静止状态。在 $t=0$ 时，突然加上荷载 $F_{P0}(t)$，并一直作用在结构上。这种荷载称为突加荷载，其表示式为

$$F_P(t) = \begin{cases} 0 & (t<0) \\ F_{P0} & (t\geqslant 0) \end{cases} \tag{c}$$

$F_P(t) - t$ 曲线如图 10-25 所示。这是一个阶梯形曲线，在 $t=0$ 处，曲线有间断点。

将式（c）代入式（10-19），可得动力位移如下：

当 $t > 0$ 时：

$$y(t) = \frac{1}{m\omega}\int_0^t F_{P0}(\tau)d\tau\sin[\omega(t-\tau)] = \frac{F_{P0}}{m\omega^2}[1-\cos(\omega t)] = y_{st}[1-\cos(\omega t)]$$

$$\tag{10-21}$$

式中，$y_{st} = \frac{F_{P0}}{m\omega^2} = F_{P0}\delta$，表示在静荷载 F_{P0} 作用下所产生的静位移。

根据式（10-21）可作出动力位移图，如图 10-26 所示。由图 10-26 看出，当 $t \geqslant 0$

时，质点围绕其静力平衡位置 $y = y_{st}$ 做简谐运动，动力系数为

$$\beta = \frac{[y(t)]_{\max}}{y_{st}} = 2 \qquad (10-22)$$

由此看出，突加荷载所引起的最大位移比相应静位移的增大一倍。

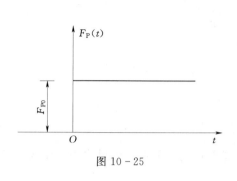

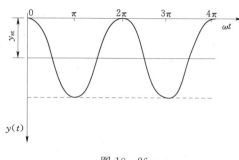

图 10-25   图 10-26

2. 短时荷载

荷载 F_{P0} 在时刻 $t = 0$ 突然加上，在 $0 \leqslant t \leqslant u$ 时段内，荷载数值保持不变，在时刻 $t = u$ 以后荷载又突然消失。这种荷载可表示为

$$F_P(t) = \begin{cases} 0 & (t < 0) \\ F_{P0} & (0 \leqslant t \leqslant u) \\ 0 & (t > u) \end{cases} \qquad (d)$$

$F_P - t$ 曲线如图 10-27 所示。下面分两个阶段计算。

阶段 I（$0 \leqslant t \leqslant u$）：此阶段的荷载情况与突加荷载相同，故动力位移仍由式（10-21）给出：

$$y(t) = y_{st}[1 - \cos(\omega t)] \qquad (e)$$

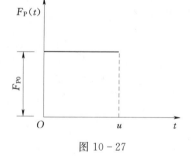

图 10-27

阶段 II（$t > u$）：此阶段无荷载作用，因此体系为自由振动。将阶段 I 终了时刻（$t = u$）的位移 $y(u)$ 和速度 $v(u)$ 作为起始位移和起始速度，即可得出动力位移公式。此外，动力位移也可直接由式（10-19）来求。将荷载表示式（d）代入后，即得

$$y(t) = \frac{1}{m\omega} \int_0^u F_{P0} \sin[\omega(t - \tau)] \mathrm{d}\tau = \frac{F_{P0}}{m\omega^2} \{\cos[\omega(t - u)] - \cos(\omega t)\}$$

$$= y_{st} 2\sin \frac{\omega u}{2} \sin\left[\omega\left(t - \frac{u}{2}\right)\right] \qquad (10-23)$$

下面讨论体系的最大反应。为此，需分两种情况来讨论。

第一种情况是 $u > \dfrac{T}{2}$（加载持续时间大于半个自振周期）。这时最大反应发生在阶段 I，动力系数为

$$\beta = 2 \qquad (f)$$

第二种情况是 $u < \dfrac{T}{2}$。这时最大反应发生在阶段 II，由式（10-23）得知动力位移的

最大值为

$$y_{\max}=y_{st}2\sin\frac{\omega u}{2}$$

因此，动力系数为

$$\beta=2\sin\frac{\omega u}{2}=2\sin\frac{\pi u}{T} \tag{g}$$

综合上述两种情况的结果式（f）和式（g）得

$$\beta=\begin{cases}2\sin\dfrac{\pi u}{T} & \left(\dfrac{u}{T}<\dfrac{1}{2}\right)\\[3mm]2 & \left(\dfrac{u}{T}>\dfrac{1}{2}\right)\end{cases} \tag{10-24}$$

由此看出，动力系数 β 的数值取决于参数 $\dfrac{u}{T}$，即短时荷载的动力效果取决于加载持续时间的长短（与自振周期相比）。根据式（10-24），可画出 β 与 $\dfrac{u}{T}$ 间的关系曲线，如图 10-28 所示。这种动力系数 β 与结构的参数（T）和动荷参数（u）间的关系曲线称为动力系数反应谱。

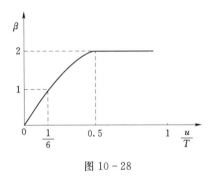

图 10-28

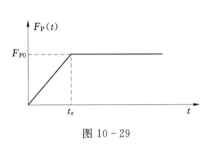

图 10-29

3. 线性渐增荷载

在一定时间内（$0\leqslant t\leqslant t_r$），荷载由零增至 F_{P0}，然后荷载值保持不变，如图 10-29 所示。

荷载表示式为

$$F_P(t)=\begin{cases}\dfrac{F_{P0}}{t_r}t & (0\leqslant t\leqslant t_r)\\[3mm]F_{P0} & (t>t_r)\end{cases}$$

这种荷载引起的动力反应同样可利用杜哈梅公式求解，结果如下：

$$y(t)=\begin{cases}y_{st}\dfrac{1}{t_r}\left[t-\dfrac{\sin(\omega t)}{\omega}\right] & (t\leqslant t_r)\\[3mm]y_{st}\left\{1-\dfrac{1}{\omega t_r}\{\sin(\omega t)-\sin[\omega(t-t_r)]\}\right\} & (t\geqslant t_r)\end{cases} \tag{10-25}$$

对于这种线性渐增荷载，其动力反应与升载时间 t_r 的长短有很大关系。如图 10-30

所示曲线表示动力系数 β 随升载时间比值 $\dfrac{t_\text{r}}{T}$ 而变化的情形，即动力系数的反应谱曲线。

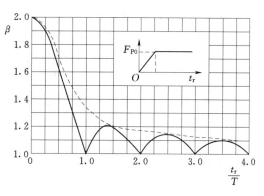

图 10-30

由图 10-30 看出，动力系数 β 介乎 1 与 2 之间。如果升载时间很短，例如 $t_\text{r} < \dfrac{T}{4}$，则动力系数 β 接近于 2.0，即相当于突加荷载的情况。如果升载时间很长，例如 $t_\text{r} > 4T$，则动力系数 β 接近于 1.0，即相当于静荷载的情况。

在设计工作中，常将图 10-30 中外包虚线作为设计依据。

三、阻尼对振动的影响

前述各节是在忽略阻尼影响的条件下研究体系的振动问题。所得的结果大体上反映实际结构的振动规律，例如结构的自振频率是结构本身一个固有值的结论，在简谐荷载作用下有可能出现共振现象的结论等。但是也有一些结果与实际振动情况不尽相符，例如自由振动时振幅永不衰减的结论，共振时振幅可趋于无限大的结论等。因此，为了进一步了解结构的振动规律，有必要对阻尼力这个因素加以考虑。

振动中的阻尼力有多种来源，例如振动过程中结构与支承之间的摩擦，材料之间的内摩擦，周围介质的阻力等。

阻尼力对质点运动起阻碍作用。从方向上看，它总是与质点的速度方向相反。从数值上看，它与质点速度有如下的关系：

（1）阻尼力与质点速度成正比，这种阻尼力比较常用，称为黏滞阻尼力。

（2）阻尼力与质点速度的平方成正比，固体在流体中运动受到的阻力属于这一类。

（3）阻尼力的大小与质点速度无关，摩擦力属于这一类。

在上述几种阻尼力中，黏滞阻尼力的分析比较简便，其他类型的阻尼力也可化为等效黏滞阻尼力来分析。因此，下面只对黏滞阻尼力的情形加以讨论。

具有阻尼的单自由度体系的振动模型如图 10-31（a）所示，体系的质量为 m，承受动荷载 $F_\text{P}(t)$ 的作用。体系的弹性性质用弹簧表示，弹簧的刚度系数为 k。体系的阻尼性质用阻尼减震器表示，阻尼常数为 c。取质量 m 为隔离体，如图 10-31（b）所示，弹性力 ky、阻尼力 $c\dot{y}$、惯性力 $m\ddot{y}$ 和动荷载 $F_\text{P}(t)$ 之间的平衡方程为

$$m\ddot{y} + c\dot{y} + ky = F_\text{P}(t) \qquad (10-26)$$

下面分别讨论自由振动和强迫振动。

（一）有阻尼的自由振动

在式（10-26）中令 $F_\text{P}(t)=0$，即为自由

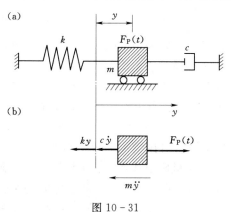

图 10-31

343

振动的方程，它可改写为

$$\ddot{y}+2\xi\omega\dot{y}+\omega^2 y=0 \tag{10-27}$$

其中

$$\omega=\sqrt{\frac{k}{m}}, \quad \xi=\frac{c}{2m\omega} \tag{10-28}$$

式（10-28）中 ω 为自振频率，ξ 则反映了阻尼的大小，称为阻尼比。

设微分方程（10-27）的解为

$$y(t)=Ce^{\lambda t}$$

则 λ 由下列特征方程所确定：

$$\lambda^2+2\xi\omega\lambda+\omega^2=0$$

其解为

$$\lambda=\omega(-\xi\pm\sqrt{\xi^2-1}) \tag{10-29}$$

现分别对 $\xi<1$、$\xi=1$、$\xi>1$ 三种情况的振动规律进行讨论。

1. $\xi<1$ 的情况（即低阻尼情况）

令

$$\omega_r=\omega\sqrt{1-\xi^2} \tag{10-30}$$

则

$$\lambda=-\xi\omega\pm i\omega_r$$

此时，微分方程（10-27）的解为

$$y(t)=e^{-\xi\omega t}[C_1\cos(\omega_r t)+C_2\sin(\omega_r t)]$$

C_1、C_2 可由初始条件 $y(0)=y_0$、$\dot{y}(0)=v_0$ 确定。即得

$$y(t)=e^{-\xi\omega t}\left[y_0\cos(\omega_r t)+\frac{v_0+\xi\omega y_0}{\omega_r}\sin(\omega_r t)\right] \tag{10-31}$$

式（10-31）也可写成

$$y(t)=e^{-\xi\omega t}a\sin(\omega_r t+\alpha) \tag{10-32}$$

式中

$$a=\sqrt{y_0^2+\frac{(v_0+\xi\omega y_0)^2}{\omega_r^2}}$$

$$\tan\alpha=\frac{y_0\omega_r}{v_0+\xi\omega y_0}$$

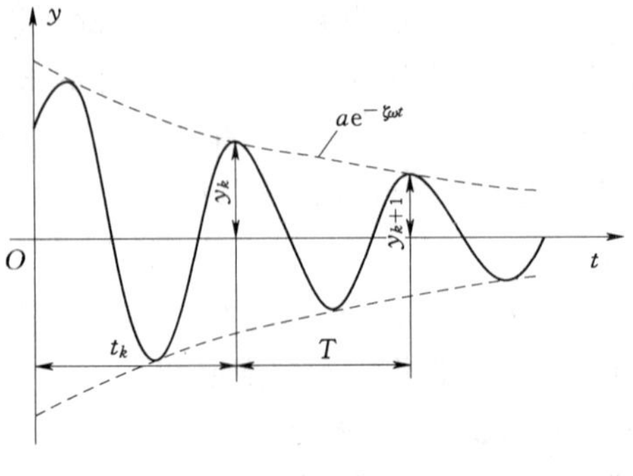

图 10-32

由式（10-31）或式（10-32）可画出低阻尼体系自由振动时的 $y-t$ 曲线，如图 10-32 所示。这是一条逐渐衰减的波动曲线。

由低阻尼体系自由振动时的 $y-t$ 曲线，可看出在低阻尼体系中阻尼对自振频率和振幅的影响。

（1）阻尼对自振频率的影响。在式（10-32）中，ω_r 是低阻尼体系的自振圆频率。有阻尼与无阻尼的自振圆频率 ω_r 和 ω 之间的关系由式（10-30）给出。由此可知，在 $\xi<1$ 的低

阻尼情况下，ω_r 恒小于 ω，而且 ω_r 随 ξ 的增大而减小。如果 $\xi<0.2$，则 $0.96<\dfrac{\omega_r}{\omega}<1$，即 ω_r 与 ω 的值很相近。因此，在 $\xi<0.2$ 的情况下，阻尼对自振频率的影响不大，可以忽略，即由式（10-30）可得 $\omega_r\approx\omega$。钢筋混凝土结构的阻尼比大约为 5%，而钢结构的阻尼比为 1%～2%，均属于低阻尼。

（2）阻尼对振幅的影响。在式（10-32）中，振幅为 $a\mathrm{e}^{-\xi\omega t}$。由于阻尼的影响，振幅随时间而逐渐衰减。可看出，经过一个周期 $T\left(T=\dfrac{2\pi}{\omega}\right)$ 后，相邻两个振幅 y_{k+1} 与 y_k 的比值为

$$\frac{y_{k+1}}{y_k}=\frac{\mathrm{e}^{-\xi\omega(t_k+T)}}{\mathrm{e}^{-\xi\omega t_k}}=\mathrm{e}^{-\xi\omega t}$$

由此可见，ξ 值越大，则衰减速度越快。

由此可得

$$\ln\frac{y_k}{y_{k+1}}=\xi\omega T=\xi\omega\frac{2\pi}{\omega_r}$$

因此

$$\xi=\frac{1}{2\pi}\frac{\omega_r}{\omega}\ln\frac{y_k}{y_{k+1}}$$

如果 $\xi<0.2$，则 $\dfrac{\omega_r}{\omega}\approx1$，而

$$\xi=\frac{1}{2\pi}\ln\frac{y_k}{y_{k+1}}$$

式中 $\ln\dfrac{y_k}{y_{k+1}}$ 称为振幅的对数递减率。同样，用 y_k 和 y_{k+n} 表示两个相隔 n 个周期的振幅，可得

$$\xi=\frac{1}{2n\pi}\frac{\omega_r}{\omega}\ln\frac{y_k}{y_{k+n}}$$

当 $\dfrac{\omega_r}{\omega}\approx1$ 时有

$$\xi=\frac{1}{2n\pi}\ln\frac{y_k}{y_{k+n}} \tag{10-33}$$

2. $\xi=1$ 的情况（即临界阻尼情况）

此时由式（10-29）得

$$\lambda=-\omega$$

因此，微分方程（10-27）的解为

$$y=(C_1+C_2t)\mathrm{e}^{-\omega t}$$

再引入起始条件，得

$$y=[y_0(1+\omega t)+v_0t]\mathrm{e}^{-\omega t}$$

其 $y-t$ 曲线如图 10-33 所示。这条曲线仍然具有衰减性质，但不具有如图 10-32 所示的波动性质。

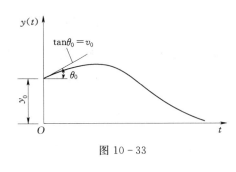

图 10-33

故当阻尼增大到 $\xi=1$ 时，体系在自由反应中即不再引起振动，这时的阻尼常数称为临界阻尼常数，用 c_r 表示。在式（10-28）中令 $\xi=1$，即知临界阻尼常数为

$$c_r = 2m\omega = 2\sqrt{mk} \qquad (10-34)$$

由式（10-28）和式（10-34）得

$$\xi = \frac{c}{c_r}$$

参数 ξ 表示阻尼常数 c 与临界阻尼常数 c_r 的比值，称为阻尼比。阻尼比 ξ 是反映阻尼情况的基本参数，它的数值可以通过实测得到。例如，在低阻尼体系中，如果测得了两个振幅值 y_k 和 y_{k+n}，则由式（10-33）即可推算出 ξ 值，由式（10-28）可确定阻尼常数。

3. $\xi>1$（过阻尼）的情况

体系在自由反应中仍不出现振动现象。由于在实际问题中很少遇到这种情况，故不进一步讨论。

（二）有阻尼的强迫振动

有阻尼体系（设 $\xi<1$）承受一般动力荷载 $F_P(t)$ 时，它的反应也可表示为杜哈梅积分，与无阻尼体系的式（10-19）相似，推导方法也相似。

（1）由式（10-31）可知，单独由初始速度 v_0（初始位移 y_0 为零）所引起的振动为

$$y(t) = e^{-\xi\omega t}\frac{v_0}{\omega_r}\sin(\omega_r t) \qquad (a)$$

由于冲量 $S=mv_0$，故在初始时刻由冲量 S 引起的振动为

$$y(t) = e^{-\xi\omega t}\frac{S}{m\omega_r}\sin(\omega_r t) \qquad (b)$$

（2）任意荷载 $F_P(t)$ 的加载过程可看作由一系列瞬时冲量所组成。在由 $t=\tau$ 到 $t=\tau+d\tau$ 的时段内荷载的微分冲量为 $dS=F_P(\tau)d\tau$，此微分冲量引起如下的动力反应：

$$dy = \frac{F_P(\tau)d\tau}{m\omega_r}e^{-\xi\omega(t-\tau)}\sin[\omega_r(t-\tau)] \quad (t>\tau) \qquad (c)$$

然后对式（c）进行积分，即得总反应如下：

$$y(t) = \int_0^t \frac{F_P(\tau)}{m\omega_r}e^{-\xi\omega(t-\tau)}\sin[\omega_r(t-\tau)]d\tau \qquad (10-35)$$

这就是开始处于静止状态的单自由度体系在任意荷载 $F_P(t)$ 作用下所引起的有阻尼的强迫振动的位移公式。

若还有初始位移 y_0 和初始速度 v_0，则总位移为

$$y(t) = e^{-\xi\omega t}\left[y_0\cos(\omega_r t) + \frac{v_0+\xi\omega y_0}{\omega_r}\sin(\omega_r t)\right] + \int_0^t \frac{F_P(\tau)}{m\omega_r}e^{-\xi\omega(t-\tau)}\sin[\omega_r(t-\tau)]d\tau$$

$$(10-36)$$

下面对简谐荷载进行着重讨论。

设简谐荷载 $F_P(t) = F\sin(\theta t)$，代入式（10-26），即得简谐荷载作用下有阻尼体系

的振动微分方程：

$$\ddot{y}+2\xi\omega\,\dot{y}+\omega^{2}y=\frac{F}{m}\sin(\theta t) \tag{10-37}$$

设方程的特解为

$$y=A\sin(\theta t)+B\cos(\theta t)$$

代入式（10-37），可得

$$\left.\begin{array}{l}A=\dfrac{F}{m}\dfrac{\omega^{2}-\theta^{2}}{(\omega^{2}-\theta^{2})^{2}+4\xi^{2}\omega^{2}\theta^{2}}\\[3mm]B=\dfrac{F}{m}\dfrac{-2\xi\omega\theta}{(\omega^{2}-\theta^{2})^{2}+4\xi^{2}\omega^{2}\theta^{2}}\end{array}\right\}$$

再叠加上方程的齐次解，即得方程的全解如下：

$$y(t)=\{e^{-\xi\omega t}[C_{1}\cos(\omega_{r}t)+C_{2}\sin(\omega_{r}t)]\}+[A\sin(\theta t)+B\cos(\theta t)]$$

其中两个常数 C_1 和 C_2 由初始条件确定。

上式表明体系的振动由两个具有不同频率（ω_r 和 θ）的振动所组成。由于阻尼作用，频率为 ω_r 的第一部分含有因子 $e^{-\xi\omega t}$，因此将逐渐衰减，最后消失。频率为 θ 的第二部分由于受到荷载的周期影响而不衰减，这部分振动称为平稳振动。

下面讨论平稳振动。任一时刻的动力位移可改用式（10-38）来表示：

$$y(t)=y_{P}\sin(\theta t-\alpha) \tag{10-38}$$

其中

$$y_{P}=y_{st}\left[\left(1-\frac{\theta^{2}}{\omega^{2}}\right)^{2}+4\xi^{2}\frac{\theta^{2}}{\omega^{2}}\right]^{-1/2}$$

$$\alpha=\tan^{-1}\frac{2\xi\left(\dfrac{\theta}{\omega}\right)}{1-\left(\dfrac{\theta}{\omega}\right)^{2}} \tag{10-39}$$

式中　y_P——振幅；

y_{st}——荷载最大值 F 作用下的静力位移。

由此可求得动力系数如下：

$$\beta=\frac{y_{P}}{y_{st}}=\left[\left(1-\frac{\theta^{2}}{\omega^{2}}\right)^{2}+4\xi^{2}\frac{\theta^{2}}{\omega^{2}}\right]^{-1/2} \tag{10-40}$$

式（10-40）表明，动力系数 β 不仅与频率比值 $\dfrac{\theta}{\omega}$ 有关，而且与阻尼比 ξ 有关。ξ 值不同时 β 与 $\dfrac{\theta}{\omega}$ 之间的关系曲线如图 10-34 所示。

由图 10-34 和以上的讨论，可得以下几点结论：

（1）随着阻尼比 ξ 值的增大（在 $0\leqslant\xi\leqslant1$ 的范围内），图 10-34 中相应的曲线渐趋平缓。特别是在 $\dfrac{\theta}{\omega}=1$ 附近，β 的峰值下降的最为显著。

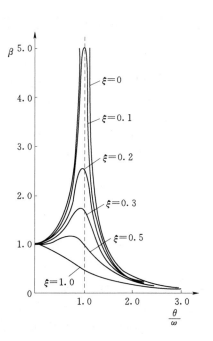

图 10-34

（2）在 $\dfrac{\theta}{\omega}=1$ 时，即为共振情况下，可由式（10-40）求得动力系数为

$$\beta\Big|_{\frac{\theta}{\omega}=1}=\frac{1}{2\xi} \tag{10-41}$$

如果忽略阻尼的影响，在式（10-41）中令 $\xi\to0$，则得出无阻尼体系共振时动力系数趋于无穷大的结论。但是如果考虑阻尼的影响，则式（10-41）中的 ξ 不为零，因而得出共振时动力系数总是一个有限值的结论。因此，为了研究共振时的动力反应，阻尼的影响是不容忽略的。

（3）在阻尼体系中，$\dfrac{\theta}{\omega}=1$（共振）时的动力系数并不等于最大的动力系数 β_{max}，但两者的数值比较接近。利用式（10-40），求 β 对参数 $\dfrac{\theta}{\omega}$ 的导数，并令导数为零，可求出 β 为峰值时相应的频率比 $\dfrac{\theta}{\omega}$。对于 $\xi<\dfrac{1}{\sqrt{2}}$ 的实际结构，可得

$$\frac{\theta}{\omega}=\sqrt{1-2\xi^2}$$

代入式（10-40），即得

$$\beta_{max}=\frac{1}{2\xi\sqrt{1-\xi^2}}$$

由此看出，对于 $\xi\neq0$ 的阻尼体系有

$$\frac{\theta}{\omega}\neq1,\quad \beta_{max}\neq\beta\Big|_{\frac{\theta}{\omega}=1}$$

但是由于通常情况下的 ξ 值很小，因此可近似地认为

$$\frac{\theta}{\omega}\approx1,\quad \beta_{max}\approx\beta\Big|_{\frac{\theta}{\omega}=1}$$

（4）由式（10-38）看出，阻尼体系的位移比荷载滞后一个相位角 α，α 值可由式（10-39）求出。下面是三个典型情况的相位角：

当 $\dfrac{\theta}{\omega}\to0$（$\theta\ll\omega$）时，$\alpha\to0°$ ［$y(t)$ 与 $F_P(t)$ 同步］。

当 $\dfrac{\theta}{\omega}\to1$（$\theta\approx\omega$）时，$\alpha\to90°$。

当 $\dfrac{\theta}{\omega}\to\infty$（$\theta\gg\omega$）时，$\alpha\to180°$ ［$y(t)$ 与 $F_P(t)$ 方向相反］。

上述三种典型情况的结果可结合各自的受力特点来说明。

1）当荷载频率很小（$\theta\ll\omega$）时，体系振动很慢，因此惯性力和阻尼力都很小，动荷载主要与弹性力平衡。由于弹性力与位移成正比，但方向相反，故荷载与位移基本上是同步的。

2）当荷载频率很大（$\theta\gg\omega$）时，体系振动很快，因此惯性力很大，弹性力和阻尼力相对说来比较小，动荷载主要与惯性力平衡。由于惯性力与位移是同相位的，因此荷载与

位移的相位角相差 180°，即方向彼此相反。

3）当荷载频率接近自振频率（$\theta \approx \omega$）时，$y(t)$ 与 $F_P(t)$ 相差的相位角接近 90°。因此，当荷载值为最大时，位移和加速度接近于零，因而弹性力和惯性力都接近于零，这时动荷载主要由阻尼力相平衡。由此看出，在共振情况下，阻尼力起重要作用，它的影响是不容忽略的。

第四节　多自由度体系的振动分析

在工程实际中，很多问题可以简化成单自由度体系进行计算，但也有一些问题不能这样处理。例如多层房屋的侧向振动、不等高排架的振动等都要作为多自由度体系进行计算。

一、多自由度体系的自由振动

首先讨论多自由度体系的自由振动。按建立运动方程的方法，多自由度体系自由振动的求解方法有两种：刚度法和柔度法。刚度法通过建立力的平衡方程求解，柔度法通过建立位移协调方程求解，两者各有其适用范围。

（一）刚度法

下面先讨论两个自由度的体系，然后推广到 n 个自由度的体系。

1. 两个自由度的体系

如图 10-35（a）所示为一具有两个集中质量的体系，具有两个自由度。

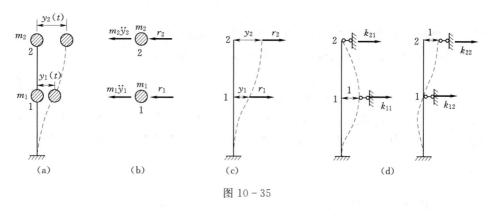

图 10-35

取质量 m_1 和 m_2 作隔离体，如图 10-35（b）所示。隔离体 m_1 和 m_2 所受的力有下列两种：

（1）惯性力 $m_1\ddot{y}_1$ 和 $m_2\ddot{y}_2$，分别与加速度 $\ddot{y}_1$ 和 $\ddot{y}_2$ 的方向相反。

（2）弹性力 r_1 和 r_2，分别与位移 y_1 和 y_2 的方向相反。

根据达朗贝尔原理，可列出平衡方程如下：

$$\left. \begin{array}{l} m_1\ddot{y}_1 + r_1 = 0 \\ m_2\ddot{y}_2 + r_2 = 0 \end{array} \right\} \tag{a}$$

弹性力 r_1、r_2 是质量 m_1、m_2 与结构之间的相互作用力。图 10-35（b）中的 r_1、r_2 是质点受到的力，图 10-35（c）中的 r_1、r_2 是结构所受的力，两者的方向彼此相反。在

图 10-35（c）中，结构所受的力 r_1、r_2 与结构的位移 y_1、y_2 之间应满足刚度方程：

$$\left.\begin{array}{l} r_1 = k_{11}y_1 + k_{12}y_2 \\ r_2 = k_{21}y_1 + k_{22}y_2 \end{array}\right\} \tag{b}$$

这里 k_{ij} 是结构的刚度系数，其意义如图 10-35（d）所示。例如 k_{12} 是使点 2 沿运动方向产生单位位移（点 1 位移保持为零）时在点 1 需施加的力。

将式（b）代入式（a），可得

$$\left.\begin{array}{l} m_1\ddot{y}_1(t) + k_{11}y_1(t) + k_{12}y_2(t) = 0 \\ m_2\ddot{y}_2(t) + k_{21}y_1(t) + k_{22}y_2(t) = 0 \end{array}\right\} \tag{10-42}$$

这就是按刚度法建立的两个自由度体系的自由振动微分方程。

下面求微分方程（10-42）的解。与单自由度体系自由振动的情况一样，这里也假设两个质点为简谐振动，式（10-42）的解设为如下形式：

$$\left.\begin{array}{l} y_1(t) = Y_1\sin(\omega t + \alpha) \\ y_2(t) = Y_2\sin(\omega t + \alpha) \end{array}\right\} \tag{c}$$

上式所表示的运动具有以下特点：

（1）在振动过程中，两个质点具有相同的频率 ω 和相同的相位角 α，Y_1 和 Y_2 是位移幅值。

（2）在振动过程中，两个质点的位移在数值上随时间而变化，但两者的比值始终保持不变，即

$$\frac{y_1(t)}{y_2(t)} = \frac{Y_1}{Y_2} = 常数$$

这种结构位移形状保持不变的振动形式可称为主振型或振型。

将式（c）代入式（10-42），消去公因子 $\sin(\omega t + \alpha)$ 后，得

$$\left.\begin{array}{l} (k_{11} - \omega^2 m_1)Y_1 + k_{12}Y_2 = 0 \\ k_{21}Y_1 + (k_{22} - \omega^2 m_2)Y_2 = 0 \end{array}\right\} \tag{10-43}$$

式（10-43）为 Y_1、Y_2 的齐次方程，$Y_1 = Y_2 = 0$ 虽然是方程的解，但它相应于没有发生振动的静止状态。为了要得到 Y_1、Y_2 的非零解答，应使其系数行列式为零，即

$$D = \begin{vmatrix} k_{11} - \omega^2 m_1 & k_{12} \\ k_{21} & k_{22} - \omega^2 m_2 \end{vmatrix} = 0 \tag{10-44}$$

式（10-44）称为频率方程或特征方程，用它可以求出频率 ω。

将式（10-44）展开：

$$(k_{11} - \omega^2 m_1)(k_{22} - \omega^2 m_2) - k_{12}k_{21} = 0$$

整理后，得

$$(\omega^2)^2 - \left(\frac{k_{11}}{m_1} + \frac{k_{22}}{m_2}\right)\omega^2 + \frac{k_{11}k_{22} - k_{12}k_{21}}{m_1 m_2} = 0$$

上式是 ω^2 的二次方程，由此可解出 ω^2 的两个根：

$$\omega^2 = \frac{1}{2}\left(\frac{k_{11}}{m_1} + \frac{k_{22}}{m_2}\right) \pm \sqrt{\left[\frac{1}{2}\left(\frac{k_{11}}{m_1} + \frac{k_{22}}{m_2}\right)\right]^2 - \frac{k_{11}k_{22} - k_{12}k_{21}}{m_1 m_2}} \tag{10-45}$$

可以证明这两个根都是正的。由此可见，具有两个自由度的体系共有两个自振频率。

ω_1 表示其中最小的圆频率，称为第一圆频率或基本圆频率。另一个圆频率 ω_2 称为第二圆频率。

求出自振圆频率 ω_1 和 ω_2 之后，再来确定它们各自相应的振型。

将第一圆频率 ω_1 代入式（10-43）。由于行列式 $D=0$，方程组中的两个方程是线性相关的，实际上只有一个独立的方程。由式（10-43）的任一个方程可求出比值 $\dfrac{Y_1}{Y_2}$，这个比值所确定的振动形式就是与第一圆频率 ω_1 相对应的振型，称为第一主振型或基本振型。例如由式（10-43）的第一式可得

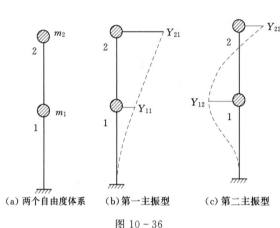

$$\frac{Y_{11}}{Y_{21}}=-\frac{k_{12}}{k_{11}-\omega_1^2 m_1} \quad (10-46)$$

式中　Y_{11}、Y_{21}——第一主振型中质点 1 和 2 的振幅。

同样，将 ω_2 代入式（10-43），可以求出 $\dfrac{Y_1}{Y_2}$ 的另一个比值。这个比值所确定的另一个振动形式称为第二主振型。例如仍由式（10-43）的第一式可得

$$\frac{Y_{12}}{Y_{22}}=-\frac{k_{12}}{k_{11}-\omega_2^2 m_1} \quad (10-47)$$

(a) 两个自由度体系　　(b) 第一主振型　　(c) 第二主振型

图 10-36

式中　Y_{12}、Y_{22}——第二主振型中质点 1 和 2 的振幅。

上面求出的两个主振型分别如图 10-36（b）、（c）所示。

在一般情形下，两个自由度体系的自由振动可看作是两种频率及其主振型的组合振动，即

$$\left.\begin{array}{l}y_1(t)=A_1 Y_{11}\sin(\omega_1 t+\alpha_1)+A_2 Y_{12}\sin(\omega_2 t+\alpha_2)\\[4pt]y_2(t)=A_1 Y_{21}\sin(\omega_1 t+\alpha_1)+A_2 Y_{22}\sin(\omega_2 t+\alpha_2)\end{array}\right\}$$

这就是微分方程（10-42）的全解。其中两对待定常数 A_1、α_1 和 A_2、α_2 可由初始条件来确定。

【例 10-7】　如图 10-37（a）所示两层刚架，其横梁为无限刚性。设质量集中在楼层上，第一、二层的质量分别为 m_1、m_2。层间侧移刚度分别为 k_1、k_2，即层间产生单位相对侧移时所需施加的力。试求刚架水平振动时的自振频率和主振型。

解：由图 10-37（b）和（c）可求出结构的刚度系数如下：

$$k_{11}=k_1+k_2,\quad k_{21}=-k_2$$

$$k_{12}=-k_2,\quad k_{22}=k_2$$

将刚度系数代入式（10-44），并展开得

$$(k_1+k_2-\omega^2 m_1)(k_2-\omega^2 m_2)-k_2^2=0 \tag{a}$$

分两种情况讨论：

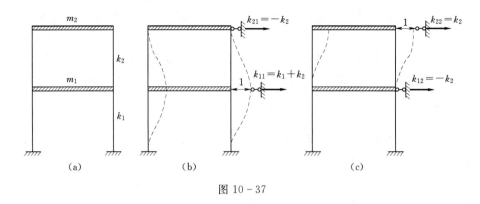

图 10-37

(1) 当 $m_1 = m_2 = m$，$k_1 = k_2 = k$ 时，式 (a) 变为

$$(2k - \omega^2 m)(k - \omega^2 m) - k^2 = 0$$

由此求得

$$\omega_1^2 = \frac{3 - \sqrt{5}}{2} \frac{k}{m} = 0.38197 \frac{k}{m}$$

$$\omega_2^2 = \frac{3 + \sqrt{5}}{2} \frac{k}{m} = 2.61803 \frac{k}{m}$$

则两个频率为

$$\omega_1 = 0.618 \sqrt{\frac{k}{m}}$$

$$\omega_2 = 1.618 \sqrt{\frac{k}{m}}$$

求主振型时，可由式 (10-46) 和式 (10-47) 求出振幅比值，从而画出振型图。

第一主振型： $\dfrac{Y_{11}}{Y_{21}} = -\dfrac{k_{12}}{k_{11} - \omega_1^2 m_1} = -\dfrac{-k}{2k - 0.38197 \dfrac{k}{m} m} = \dfrac{1}{1.618}$

第二主振型： $\dfrac{Y_{12}}{Y_{22}} = -\dfrac{k_{12}}{k_{11} - \omega_2^2 m_1} = -\dfrac{-k}{2k - 2.61803 \dfrac{k}{m} m} = -\dfrac{1}{0.618}$

两个主振型如图 10-38 所示。

(2) 当 $m_1 = nm_2$，$k_1 = nk_2$ 时，式 (a) 变为

$$[(n+1)k_2 - \omega^2 nm_2](k_2 - \omega^2 m_2) - k_2^2 = 0$$

由此求得

$$\begin{matrix} \omega_1^2 \\ \omega_2^2 \end{matrix} = \frac{1}{2}\left[\left(2 + \frac{1}{n}\right) \mp \sqrt{\frac{4}{n} + \frac{1}{n^2}}\right]\frac{k_2}{m_2}$$

代入式 (10-46) 和式 (10-47)，可求出主振型：

$$\frac{Y_2}{Y_1} = \frac{1}{2} \pm \sqrt{n + \frac{1}{4}} \tag{b}$$

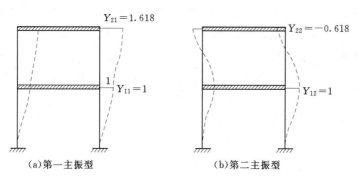

（a）第一主振型　　　（b）第二主振型

图 10-38

当 $n=90$ 时：

$$\frac{Y_{21}}{Y_{11}}=\frac{10}{1}, \quad \frac{Y_{22}}{Y_{12}}=-\frac{9}{1}$$

由上可见，当上部质量和刚度很小时，顶部位移很大。在建筑结构中，这种因顶部质量和刚度突然变小，在振动中引起巨大反应的现象，有时称为鞭梢效应。从地震灾害调查中发现，屋顶的小阁楼、女儿墙等附属结构物破坏严重，就是因为顶部质量和刚度的突变，由鞭梢效应引起的结果。

【例 10-8】 试用刚度法求如图 10-39（a）所示刚架的自振频率和振型。设横梁为无限刚性，柱子的线刚度如图所示，体系的质量全部集中在横梁上。

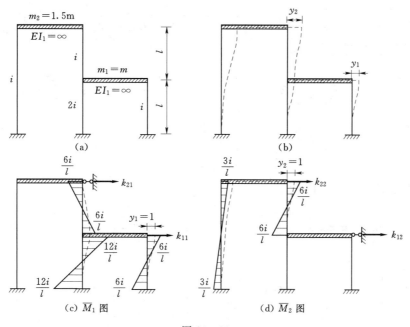

图 10-39

解： 该体系两横梁处各有一个水平方向自由度，其位移分别记为 y_1 和 y_2，如图 10-39（b）所示。

先在集中质量 m_1、m_2 的运动方向上增设限制运动的附加链杆，然后令链杆分别产生单位位移，作出相应的弯矩图，如图 10-39 (c)、(d) 所示。

根据截面的静力平衡条件可得

$$k_{11}=\frac{48i}{l^2},\ k_{12}=k_{21}=-\frac{12i}{l^2},\ k_{22}=\frac{15i}{l^2}$$

将上述刚度系数代入频率方程（10-44）中，经整理得

$$D=\begin{vmatrix} 48-\dfrac{ml^2}{i}\omega^2 & -12 \\ -8 & 10-\dfrac{ml^2}{i}\omega^2 \end{vmatrix}=0 \qquad (a)$$

为了计算方便，令

$$\eta=\frac{ml^3}{EI}\omega^2$$

则上式为

$$D=\begin{vmatrix} 48-\eta & -12 \\ -8 & 10-\mu \end{vmatrix}=0 \qquad (b)$$

展开式（b）得

$$\eta^2-58\eta+384=0$$

解得

$$\eta_1=7.623,\ \eta_2=50.378$$

由此可求得自振频率为

$$\omega_1=\sqrt{\frac{EI}{ml^3}\eta_1}=2.761\sqrt{\frac{EI}{ml^3}},\ \omega_2=\sqrt{\frac{EI}{ml^3}\eta_2}=7.098\sqrt{\frac{EI}{ml^3}}$$

代入式（10-46）和式（10-47），可求出主振型：

$$\frac{Y_{11}}{Y_{21}}=\frac{1}{3.365},\ \frac{Y_{12}}{Y_{22}}=-\frac{1}{0.198}$$

其对应的主振型如图 10-40 所示。

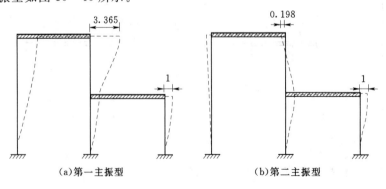

(a)第一主振型   (b)第二主振型

图 10-40

2. n 个自由度的体系

如图 $10-41$ (a) 所示为一具有 n 个自由度的体系。按照上面的方法可将无阻尼自由振动的微分方程推导如下。

取各质点作隔离体，如图 $10-41$ (b) 所示。质点 m_i 所受的力包括惯性力 $m_i \ddot{y}_i$ 和弹性力 r_i，其平衡方程为

$$m_i \ddot{y}_i + r_i = 0 \quad (i = 1, 2, 3, \cdots, n) \tag{a}$$

弹性力 r_i 是质点 m_i 与结构之间的相互作用力。图 $10-41$ (b) 中的 r_i 是质点 m_i 所受的力，图 $10-41$ (c) 中的 r_i 是结构所受的力，两者的方向彼此相反。在图 $10-41$ (c) 中，结构所受的力 r_i 与结构的位移 y_1，y_2，$\cdots$，y_n 之间应满足刚度方程：

$$r_i = k_{i1} y_1 + k_{i2} y_2 + \cdots + k_{in} y_n \quad (i = 1, 2, 3, \cdots, n) \tag{b}$$

式中 k_{ij} 是结构的刚度系数，即使点 j 产生单位位移（其他各点的位移保持为零）时在点 i 所需施加的力。

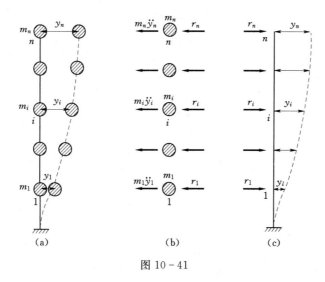

图 $10-41$

将式 (b) 代入式 (a)，即得自由振动微分方程组：

$$\left. \begin{aligned} m_1 \ddot{y}_1 + k_{11} y_1 + k_{12} y_2 + \cdots + k_{1n} y_n &= 0 \\ m_2 \ddot{y}_2 + k_{21} y_1 + k_{22} y_2 + \cdots + k_{2n} y_n &= 0 \\ &\vdots \\ m_n \ddot{y}_n + k_{n1} y_1 + k_{n2} y_2 + \cdots + k_{nn} y_n &= 0 \end{aligned} \right\} \tag{10-48}$$

式 $(10-48)$ 可用矩阵形式表示如下：

$$\begin{bmatrix} m_1 & & & \\ & m_2 & & \\ & & \ddots & \\ & & & m_n \end{bmatrix} \begin{Bmatrix} \ddot{y}_1 \\ \ddot{y}_2 \\ \vdots \\ \ddot{y}_n \end{Bmatrix} + \begin{bmatrix} k_{11} & k_{12} & \cdots & k_{1n} \\ k_{21} & k_{22} & \cdots & k_{2n} \\ \vdots & \vdots & \ddots & \vdots \\ k_{n1} & k_{n2} & \cdots & k_{nn} \end{bmatrix} \begin{Bmatrix} y_1 \\ y_2 \\ \vdots \\ y_n \end{Bmatrix} = \begin{Bmatrix} 0 \\ 0 \\ \vdots \\ 0 \end{Bmatrix}$$

或简写成

$$M\ddot{y} + Ky = 0 \tag{10-49}$$

式中　y、$\ddot{y}$——位移向量和加速度向量。

$$y = \begin{bmatrix} y_1 \\ y_2 \\ \vdots \\ y_n \end{bmatrix}, \quad \ddot{y} = \begin{bmatrix} \ddot{y}_1 \\ \ddot{y}_2 \\ \vdots \\ \ddot{y}_n \end{bmatrix}$$

M 和 K 分别是质量矩阵和刚度矩阵：

$$M = \begin{bmatrix} m_1 & & & \\ & m_2 & & \\ & & \ddots & \\ & & & m_n \end{bmatrix}, \quad K = \begin{bmatrix} k_{11} & k_{12} & \cdots & k_{1n} \\ k_{21} & k_{22} & \cdots & k_{2n} \\ \vdots & \vdots & \ddots & \vdots \\ k_{n1} & k_{n2} & \cdots & k_{nn} \end{bmatrix}$$

K 是对称方阵；在集中质量的体系中 M 是对角矩阵。

下面求方程（10-49）的解答。设解答为如下形式：

$$y = Y\sin(\omega t + \alpha) \tag{c}$$

式中　Y——位移幅值向量。

$$Y = \begin{bmatrix} Y_1 \\ Y_2 \\ \vdots \\ Y_n \end{bmatrix}$$

将式（c）代入式（10-49），消去公因子 $\sin(\omega t + \alpha)$，即得

$$(K - \omega^2 M)Y = 0 \tag{10-50}$$

式（10-50）是位移幅值 Y 的齐次方程。为了得到 Y 的非零解，应使系数行列式为零，即

$$|K - \omega^2 M| = 0 \tag{10-51}$$

式（10-51）为多自由度体系的频率方程。其展开形式如下：

$$\begin{vmatrix} k_{11} - \omega^2 m_1 & k_{12} & \cdots & k_{1n} \\ k_{21} & k_{22} - \omega^2 m_2 & \cdots & k_{2n} \\ \vdots & \vdots & \ddots & \vdots \\ k_{n1} & k_{n2} & \cdots & k_{nn} - \omega^2 m_n \end{vmatrix} = 0 \tag{10-52}$$

将行列式展开，可得到一个关于频率参数 ω^2 的 n 次代数方程（n 是体系自由度的次数）。求出这个方程的 n 个根 ω_1^2，ω_2^2，$\cdots$，ω_n^2，即可得出体系的 n 个自振频率 ω_1，ω_2，$\cdots$，ω_n。把全部自振频率按照由小到大的顺序排列而成的向量称为频率向量 $\boldsymbol{\omega}$，其中最小的频率称为基本频率或第一频率。

令 $Y^{(i)}$ 表示与频率 ω_i 相应的主振型向量：

$$Y^{(i)\mathrm{T}} = (Y_{1i} \quad Y_{2i} \quad \cdots \quad Y_{ni})$$

将 ω_i 和 $Y^{(i)}$ 代入式（10-50）得

$$(\boldsymbol{K}-w_i^2\boldsymbol{M})\boldsymbol{Y}^{(i)}=\boldsymbol{0} \tag{10-53}$$

令 $i=1$，2，$\cdots$，n，可得出 n 个向量方程，由此可求出 n 个主振型向量 $\boldsymbol{Y}^{(1)}$，$\boldsymbol{Y}^{(2)}$，$\cdots$，$\boldsymbol{Y}^{(n)}$。

式（10-53）代表 n 个联立代数方程，以 Y_{1i}，Y_{2i}，$\cdots$，Y_{ni} 为未知数。这是一组齐次方程，如果 Y_{1i}，Y_{2i}，$\cdots$，Y_{ni} 是方程组的解，则

$$CY_{1i},CY_{2i},\cdots,CY_{ni}$$

也是方程组的解（这里 C 是任一常数）。也就是说，由式（10-53）唯一地确定主振型 $\boldsymbol{Y}^{(i)}$ 的形状，但不能唯一地确定它的振幅。

为了使主振型 $\boldsymbol{Y}^{(i)}$ 的振幅也具有确定值，需要另外补充条件。这样得到的主振型称为标准化主振型。

进行标准化的做法有多种。一种做法是规定主振型 $\boldsymbol{Y}^{(i)}$ 中的某个元素为某个给定值。例如规定第一个元素 Y_{1i} 等于 1，或者规定最大元素等于 1。另一种做法是规定主振型 $\boldsymbol{Y}^{(i)}$ 满足式（10-54）：

$$\boldsymbol{Y}^{(i)\mathrm{T}}\boldsymbol{M}\boldsymbol{Y}^{(i)}=1 \tag{10-54}$$

从上面的讨论中可归纳出几点：

（1）在多自由度体系自由振动问题中，主要问题是确定体系的全部自振频率及其相应的主振型。

（2）多自由度体系自振频率不止一个，其个数与自由度的个数相等。自振频率可由特征方程求出。

（3）每个自振频率有自己相应的主振型。主振型就是多自由度体系能够按单自由度振动时所具有的特定形式。

（4）与单自由度体系相同，多自由度体系的自振频率和主振型也是体系本身的固有性质。由式（10-45）看出，自振频率只与体系本身的刚度系数及其质量的分布情形有关，而与外部荷载无关。

【例 10-9】　试求如图 10-42（a）所示刚架的自振频率和主振型。设横梁的变形略去不计，第一、二、三层的层间刚度系数分别为 k、$\dfrac{k}{3}$、$\dfrac{k}{5}$。刚架的质量都集中在楼板上，第一、二、三层楼板处的质量分别为 $2m$、m、m。

解：（1）求自振频率。刚架的刚度系数如图 10-42（b）～（d）所示，刚度矩阵和质量矩阵分别为

$$\boldsymbol{K}=\frac{k}{15}\begin{Bmatrix}20 & -5 & 0\\ -5 & 8 & -3\\ 0 & -3 & 3\end{Bmatrix},\ \boldsymbol{M}=m\begin{Bmatrix}2 & 0 & 0\\ 0 & 1 & 0\\ 0 & 0 & 1\end{Bmatrix}$$

因此

$$\boldsymbol{K}-\omega^2\boldsymbol{M}=\frac{k}{15}\begin{Bmatrix}20-2\eta & -5 & 0\\ -5 & 8-\eta & -3\\ 0 & -3 & 3-\eta\end{Bmatrix} \tag{a}$$

其中

$$\eta=\frac{15m}{k}\omega^2 \tag{b}$$

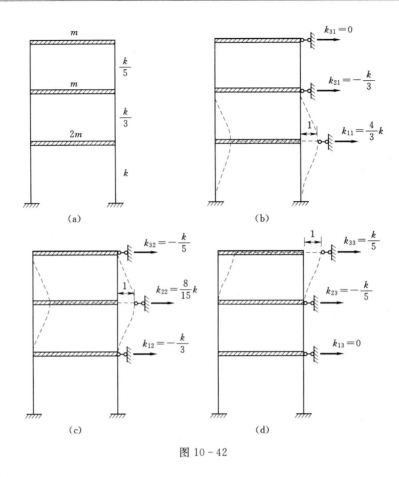

图 10-42

频率方程为

$$|\boldsymbol{K}-\omega^2\boldsymbol{M}|=0$$

其展开式为

$$\eta^3-42\eta^2+225\eta-225=0 \tag{c}$$

用试算法求得方程的三个根为

$$\eta_1=1.293, \quad \eta_2=6.680, \quad \eta_3=13.027$$

由式（b），求得

$$\omega_1^2=0.0862\,\frac{k}{m}, \quad \omega_2^2=0.4453\,\frac{k}{m}, \quad \omega_3^2=0.8685\,\frac{k}{m}$$

因此三个自振频率为

$$\omega_1=0.2936\sqrt{\frac{k}{m}}, \quad \omega_2=0.6673\sqrt{\frac{k}{m}}, \quad \omega_3=0.9319\sqrt{\frac{k}{m}}$$

（2）求主振型。主振型 $\boldsymbol{Y}^{(i)}$ 由式（10-53）求解，在标准化主振型中，规定第三个元素 $Y_{3i}=1$。

1）求第一主振型。将 ω_1 和 η_1 代入式（a），得

$$\boldsymbol{K}=\omega^2\boldsymbol{M}=\frac{k}{15}\begin{bmatrix}17.414 & -5 & 0 \\ -5 & 6.707 & -3 \\ 0 & -3 & 1.707\end{bmatrix}$$

代入式（10-53）中并展开，保留后两个方程，得

$$\left.\begin{array}{r}-5Y_{11}+6.707Y_{21}-3Y_{31}=0 \\ -3Y_{21}+1.707Y_{31}=0\end{array}\right\}\qquad(\text{d})$$

由于规定 $Y_{31}=1$，故式（d）的解为

$$\boldsymbol{Y}^{(1)}=\begin{bmatrix}Y_{11} \\ Y_{21} \\ Y_{31}\end{bmatrix}=\begin{bmatrix}0.163 \\ 0.569 \\ 1\end{bmatrix}$$

2）求第二主振型。将 ω_2 和 η_2 代入式（a），得

$$\boldsymbol{K}-\omega^2\boldsymbol{M}=\frac{k}{15}\begin{bmatrix}6.640 & -5 & 0 \\ -5 & 1.320 & -3 \\ 0 & -3 & -3.680\end{bmatrix}$$

代入式（10-53），后两个方程为

$$\left.\begin{array}{r}5Y_{12}+1.320Y_{22}-3Y_{32}=0 \\ -3Y_{22}-3.680Y_{32}=0\end{array}\right\}\qquad(\text{e})$$

令 $Y_{32}=1$，式（e）的解为

$$\boldsymbol{Y}^{(2)}=\begin{bmatrix}Y_{12} \\ Y_{22} \\ Y_{32}\end{bmatrix}=\begin{bmatrix}-0.924 \\ -1.227 \\ 1\end{bmatrix}$$

3）求第三主振型。将 ω_3 和 η_3 代入式（a），得

$$\boldsymbol{K}-\omega^2\boldsymbol{M}=\frac{k}{15}\begin{bmatrix}-6.054 & -5 & 0 \\ -5 & -5.027 & -3 \\ 0 & -3 & -10.027\end{bmatrix}$$

代入式（10-53），后两个方程为

$$\left.\begin{array}{r}5Y_{13}+5.027Y_{23}+3Y_{33}=0 \\ 3Y_{23}+10.027Y_{33}=0\end{array}\right\}\qquad(\text{f})$$

令 $Y_{33}=1$，式（f）的解为

$$\boldsymbol{Y}^{(3)}=\begin{bmatrix}Y_{13} \\ Y_{23} \\ Y_{33}\end{bmatrix}=\begin{bmatrix}2.760 \\ -3.342 \\ 1\end{bmatrix}$$

三个主振型的大致形状如图 10-43 所示。

（二）柔度法

现在用柔度法来讨论多自由度体系的自由振动问题。

1. 两个自由度的体系

先讨论两个自由度的体系。仍以如图 10-44（a）所示两个自由度的体系为例进行讨论。

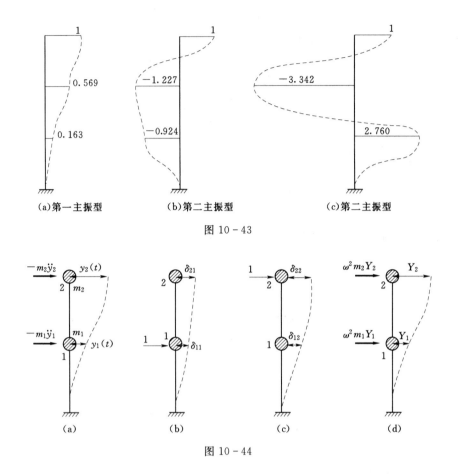

(a)第一主振型   (b)第二主振型   (c)第二主振型

图 10 - 43

图 10 - 44

按柔度法建立自由振动微分方程时的思路是：在自由振动过程中的任一时刻 t，质量 m_1、m_2 的位移 $y_1(t)$、$y_2(t)$ 应当等于体系在惯性力 $-m_1\ddot{y}_1(t)$、$-m_2\ddot{y}_2(t)$ 共同作用下所产生的位移。据此可列出方程如下：

$$\left.\begin{aligned} y_1(t) &= -m_1\ddot{y}_1(t)\delta_{11} - m_2\ddot{y}_2(t)\delta_{12} \\ y_2(t) &= -m_1\ddot{y}_1(t)\delta_{21} - m_2\ddot{y}_2(t)\delta_{22} \end{aligned}\right\} \tag{10-55}$$

式中 δ_{ij} 是体系的柔度系数，其意义如图 10 - 44 （b）、（c）所示。

下面求微分方程（10-55）的解。仍设解为如下形式：

$$\left.\begin{aligned} y_1(t) &= Y_1\sin(\omega t + \alpha) \\ y_2(t) &= Y_2\sin(\omega t + \alpha) \end{aligned}\right\} \tag{a}$$

这里，假设多自由度体系按某一主振型像单自由度体系那样自由振动，Y_1 和 Y_2 是两质点的振幅，如图 10 - 44 （d） 所示。由式（a）可知两个质点的惯性力为

$$\left.\begin{aligned} -m_1\ddot{y}_1(t) &= m_1\omega^2 Y_1\sin(\omega t + \alpha) \\ -m_2\ddot{y}_2(t) &= m_2\omega^2 Y_2\sin(\omega t + \alpha) \end{aligned}\right\} \tag{b}$$

因此两个质点惯性力的幅值为 $\omega^2 m_1 Y_1$、$\omega^2 m_2 Y_2$。

将式（a）和式（b）代入式（10-55），消去公因子 $\sin(\omega t + \alpha)$ 后，得

$$\left.\begin{array}{l} Y_1 = (\omega^2 m_1 Y_1)\delta_{11} + (\omega^2 m_2 Y_2)\delta_{12} \\ Y_2 = (\omega^2 m_1 Y_1)\delta_{21} + (\omega^2 m_2 Y_2)\delta_{22} \end{array}\right\} \tag{10-56}$$

式（10-56）表明，主振型的位移幅值（Y_1、Y_2）就是体系在此主振型惯性力幅值（$\omega^2 m_1 Y_1$、$\omega^2 m_2 Y_2$）作用下所引起的静力位移，如图 10-44（d）所示。

式（10-56）还可写成

$$\left.\begin{array}{l} \left(\delta_{11} m_1 - \dfrac{1}{\omega^2}\right)Y_1 + \delta_{12} m_2 Y_2 = 0 \\[2mm] \delta_{21} m_1 Y_1 + \left(\delta_{22} m_2 - \dfrac{1}{\omega^2}\right)Y_2 = 0 \end{array}\right\} \tag{10-57}$$

为了得到 Y_1、Y_2 的非零解，应使系数行列式等于零，即

$$D = \begin{vmatrix} \delta_{11} m_1 - \dfrac{1}{\omega^2} & \delta_{12} m_2 \\[4mm] \delta_{21} m_1 & \delta_{22} m_2 - \dfrac{1}{\omega^2} \end{vmatrix} = 0$$

这就是用柔度系数表示的频率方程或特征方程，由此可以求出两个频率 ω_1、ω_2。

将上式展开：

$$\left(\delta_{11} m_1 - \frac{1}{\omega^2}\right)\left(\delta_{22} m_2 - \frac{1}{\omega^2}\right) - \delta_{12} m_2 \delta_{21} m_1 = 0$$

令 $\lambda = \dfrac{1}{\omega^2}$，则上式化为一个关于 λ 的二次方程：

$$\lambda^2 - (\delta_{11} m_1 + \delta_{22} m_2)\lambda + (\delta_{11}\delta_{22} - \delta_{12}\delta_{21}) m_1 m_2 = 0$$

$$\lambda_2^1 = \frac{(\delta_{11} m_1 + \delta_{22} m_2) \pm \sqrt{(\delta_{11} m_1 + \delta_{22} m_2)^2 - 4(\delta_{11}\delta_{22} - \delta_{12}\delta_{21}) m_1 m_2}}{2} \tag{10-58}$$

于是求得两个自振频率为

$$\omega_1 = \frac{1}{\sqrt{\lambda_1}}, \quad \omega_2 = \frac{1}{\sqrt{\lambda_2}}$$

下面求体系的主振型。将 $\omega = \omega_1$ 代入式（10-57）。由其中第一式得

$$\frac{Y_{11}}{Y_{21}} = -\frac{\delta_{12} m_2}{\delta_{11} m_1 - \dfrac{1}{\omega_1^2}} \tag{10-59}$$

同样，将 $\omega = \omega_2$ 代入式（10-57），可求得另一个比值：

$$\frac{Y_{12}}{Y_{22}} = -\frac{\delta_{12} m_2}{\delta_{11} m_1 - \dfrac{1}{\omega_2^2}} \tag{10-60}$$

【例 10-10】　试求如图 10-45（a）所示等截面简支梁的自振频率和主振型。设梁在三分点 1 和 2 处有两个相等的集中质量 m。

解：先求柔度系数。为此作 $\overline{M}_1$ 图、$\overline{M}_2$ 图，如图 10-45（b）、（c）所示。由图乘法求得

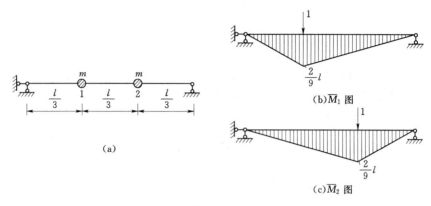

(b)$\overline{M}_1$ 图

(c)$\overline{M}_2$ 图

图 10 - 45

$$\delta_{11}=\delta_{22}=\frac{4l^3}{243EI}, \quad \delta_{12}=\delta_{21}=\frac{7l^3}{486EI}$$

然后代入式（10-58），得

$$\lambda_1=\frac{15}{486}\frac{ml^3}{EI}, \quad \lambda_2=\frac{1}{486}\frac{ml^3}{EI}$$

从而求得两个自振圆频率如下：

$$\omega_1=\frac{1}{\sqrt{\lambda_1}}=5.69\sqrt{\frac{EI}{ml^3}}, \quad \omega_2=\frac{1}{\sqrt{\lambda_2}}=22\sqrt{\frac{EI}{ml^3}}$$

最后求主振型。由式（10-59）与式（10-60）得

$$\frac{Y_{11}}{Y_{21}}=\frac{1}{1}, \quad \frac{Y_{12}}{Y_{22}}=\frac{1}{-1}$$

第一个主振型是对称的，如图 10-46（a）所示；第二个主振型是反对称的，如图 10-46（b）所示。

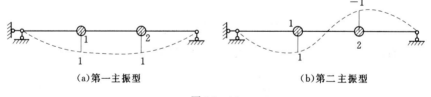

(a)第一主振型　　　　　(b)第二主振型

图 10 - 46

【例 10 - 11】 试求如图 10-47（a）所示集中质量对称布置的对称刚架的自振频率和振型。

解：该体系是超静定的，两个集中质量可分别沿垂直于杆件方向运动。

作出单位力作用下结构的弯矩图（$\overline{M}_1$ 图、$\overline{M}_2$ 图），如图 10-47（b）、（c）所示。由图乘法得

$$\delta_{11}=\delta_{22}=\frac{23l^3}{1536EI}, \quad \delta_{12}=\delta_{21}=-\frac{9l^3}{1536EI}$$

将以上柔度系数代入式（10-57），经整理后得振型方程：

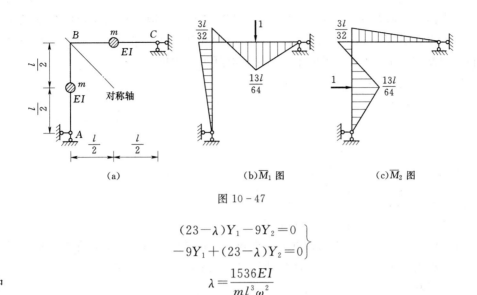

(a)　　　　　　(b)$\overline{M}_1$ 图　　　　　　(c)$\overline{M}_2$ 图

图 10-47

$$\left.\begin{array}{r}(23-\lambda)Y_1-9Y_2=0\\-9Y_1+(23-\lambda)Y_2=0\end{array}\right\}$$

其中

$$\lambda=\frac{1536EI}{ml^3\omega^2}$$

体系的频率方程为

$$D=\begin{vmatrix}23-\lambda & -9\\ -9 & 23-\lambda\end{vmatrix}=0$$

展开后可解得

$$\lambda_1=32,\ \lambda_2=14$$

据此可求得体系的自振频率：

$$\omega_1=\sqrt{\frac{1536EI}{ml^3\lambda_1}}=6.928\sqrt{\frac{EI}{ml^3}},\ \omega_2=\sqrt{\frac{1536EI}{ml^3\lambda_2}}=10.474\sqrt{\frac{EI}{ml^3}}$$

由式（10-59）与式（10-60），得主振型：

$$\frac{Y_{11}}{Y_{21}}=\frac{1}{-1},\ \frac{Y_{12}}{Y_{22}}=\frac{1}{1}$$

体系的上述振型如图 10-48 所示。其中第一主振型是反对称的；第二主振型是对称的。

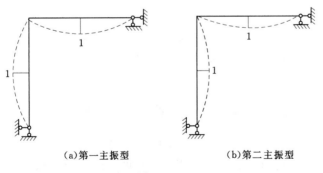

(a)第一主振型　　　　　　(b)第二主振型

图 10-48

以上计算结果说明：

(1) 当结构和质量布置都对称时，体系的振型必定是对称或反对称的。

（2）当体系的振型为对称或反对称时，可以取半边结构计算其相应的自振频率。例如，可以利用如图 10-49（a）所示的半边结构计算如图 10-47（a）所示体系的第一频率；利用如图 10-49（b）所示的半边结构计算其第二频率。

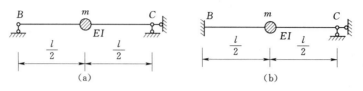

图 10-49

2. n 个自由度的体系

现在讨论 n 个自由度体系的一般情况。

柔度法的一般方程可采用两种方法来推导。一种是像式（10-55）那样直接用柔度法推导，另一种是利用刚度法的方程间接地导出。现采用后一种做法。

首先利用刚度法导出的方程式（10-50），即

$$(K - \omega^2 M)Y = 0$$

然后用 K^{-1} 前乘上式，并利用刚度矩阵与柔度矩阵之间的如下关系：

$$\boldsymbol{\delta} = K^{-1}$$

即得

$$(I - \omega^2 \boldsymbol{\delta} M)Y = 0$$

再令 $\lambda = \dfrac{1}{\omega^2}$，可得

$$(\boldsymbol{\delta} M - \lambda I)Y = 0 \tag{10-61}$$

由此可得出频率方程如下：

$$|\boldsymbol{\delta} M - \lambda I| = 0 \tag{10-62}$$

其展开形式如下：

$$\begin{vmatrix} (\delta_{11}m_1 - \lambda) & \delta_{12}m_2 & \cdots & \delta_{1n}m_n \\ \delta_{21}m_1 & (\delta_{22}m_2 - \lambda) & \cdots & \delta_{2n}m_n \\ \vdots & \vdots & \ddots & \vdots \\ \delta_{n1}m_1 & \delta_{n2}m_2 & \cdots & (\delta_{nn}m_n - \lambda) \end{vmatrix} = 0 \tag{10-63}$$

由此得到关于 λ 的 n 次代数方程，可解出 n 个根 λ_1，λ_2，$\cdots$，λ_n。因此，可求出 n 个频率 ω_1，ω_2，$\cdots$，ω_n。

最后求与频率 ω_i 相应的主振型 $Y^{(i)}$。为此将 $\lambda_i = \dfrac{1}{\omega_i^2}$ 和 $Y^{(i)}$ 代入式（10-61），得

$$(\boldsymbol{\delta} M - \lambda_i I)Y^{(i)} = 0 \tag{10-64}$$

令 $i = 1$，2，$\cdots$，n，可得出 n 个向量方程，由此可求出 n 个主振型向量 $Y^{(1)}$，$Y^{(2)}$，$\cdots$，$Y^{(n)}$。

【例 10-12】 如图 10-50（a）所示简支梁的等分点上有三个相同的集中质量 m，试求体系的自振频率和振型。

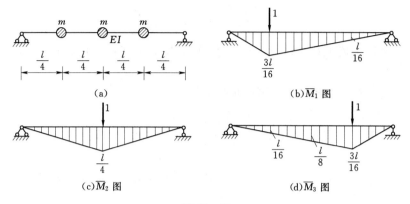

(a)

(b)$\overline{M}_1$图

(c)$\overline{M}_2$图

(d)$\overline{M}_3$图

图 10 - 50

解：该体系有三个振动自由度。为求柔度系数，分别作出各单位力作用下结构的弯矩图（$\overline{M}_1$图、$\overline{M}_2$图和$\overline{M}_3$图），如图 10 - 50（b）～（d）所示，用图乘法算得各柔度系数为

$$\delta_{11}=\delta_{33}=\frac{9l^3}{768EI}, \quad \delta_{22}=\frac{16l^3}{768EI}$$

$$\delta_{12}=\delta_{21}=\delta_{23}=\delta_{32}=\frac{11l^3}{768EI}, \quad \delta_{13}=\delta_{31}=\frac{7l^3}{768EI}$$

相应的柔度矩阵以及质量矩阵分别为

$$\boldsymbol{\delta}=\frac{l^3}{768EI}\begin{bmatrix}9 & 11 & 7 \\ 11 & 16 & 11 \\ 7 & 11 & 9\end{bmatrix}, \quad \boldsymbol{M}=\begin{bmatrix}m & 0 & 0 \\ 0 & m & 0 \\ 0 & 0 & m\end{bmatrix}$$

将以上柔度矩阵和质量矩阵代入式（10-61），经整理可得振型方程：

$$\begin{bmatrix}9-\lambda & 11 & 7 \\ 11 & 16-\lambda & 11 \\ 7 & 11 & 9-\lambda\end{bmatrix}\begin{Bmatrix}Y_1 \\ Y_2 \\ Y_3\end{Bmatrix}=\begin{Bmatrix}0 \\ 0 \\ 0\end{Bmatrix}$$

式中

$$\lambda=\frac{768EI}{ml^3\omega^2}$$

由振型方程的系数行列式等于零的条件，得频率方程为

$$D=\begin{vmatrix}9-\lambda & 11 & 7 \\ 11 & 16-\lambda & 11 \\ 7 & 11 & 9-\lambda\end{vmatrix}=0$$

展开后得

$$\lambda^3-34\lambda^2+78\lambda-28=0$$

求得方程的三个根为

$$\lambda_1=31.556, \quad \lambda_2=2.000, \quad \lambda_3=0.444$$

据此可求得体系的自振频率：

$$\omega_1=\sqrt{\frac{768EI}{ml^3\lambda_1}}=4.933\sqrt{\frac{EI}{ml^3}}, \quad \omega_2=\sqrt{\frac{768EI}{ml^3\lambda_2}}=19.596\sqrt{\frac{EI}{ml^3}}$$

$$\omega_3 = \sqrt{\frac{768EI}{ml^3\lambda_3}} = 41.590\sqrt{\frac{EI}{ml^3}}$$

将以上三个特征值 $\lambda_i (i=1,2,3)$ 分别代入式（10-64），并令 $Y_{1i}=1$，可分别求得其相应主振型。

于是，第一、第二、第三主振型向量分别为

$$\boldsymbol{Y}^{(1)} = \begin{Bmatrix} Y_{11} \\ Y_{21} \\ Y_{31} \end{Bmatrix} = \begin{Bmatrix} 1 \\ 1.414 \\ 1 \end{Bmatrix},\ \boldsymbol{Y}^{(2)} = \begin{Bmatrix} Y_{12} \\ Y_{22} \\ Y_{32} \end{Bmatrix} = \begin{Bmatrix} 1 \\ 0 \\ -1 \end{Bmatrix},\ \boldsymbol{Y}^{(3)} = \begin{Bmatrix} Y_{13} \\ Y_{23} \\ Y_{33} \end{Bmatrix} = \begin{Bmatrix} 1 \\ -1.414 \\ 1 \end{Bmatrix}$$

以上振型分别如图 10-51（a）～（c）所示。可见第一、第三主振型是对称的，而第二主振型是反对称的。

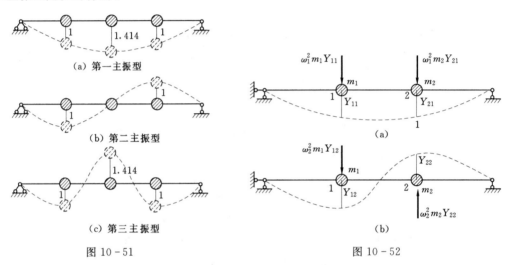

(a) 第一主振型

(b) 第二主振型

(c) 第三主振型

图 10-51　　　　　　　　　　　　　　　　图 10-52

（三）主振型的正交性和主振型矩阵

1. 主振型的正交性

对于同一个多自由度体系来说，它的各个主振型之间存在着一些重要特性，即主振型的正交性。这些特性在动力分析中是非常有用的。下面以如图 10-52 所示体系的两个主振型为例来说明。

如图 10-52（a）所示为第一主振型，频率为 ω_1，振幅为（Y_{11}、Y_{21}），其值正好等于相应惯性力（$\omega_1^2 m_1 Y_{11}$、$\omega_1^2 m_2 Y_{21}$）所产生的静位移。

如图 10-52（b）所示为第二主振型，频率为 ω_2，振幅为（Y_{12}、Y_{22}），其值正好等于相应惯性力（$\omega_2^2 m_1 Y_{12}$、$\omega_2^2 m_2 Y_{22}$）所产生的静位移。

对上述两种静力平衡状态应用功的互等定理，可得

$$(\omega_1^2 m_1 Y_{11})Y_{12} + (\omega_1^2 m_2 Y_{21})Y_{22} = (\omega_2^2 m_1 Y_{12})Y_{11} + (\omega_2^2 m_2 Y_{22})Y_{21}$$

移项后，可得

$$(\omega_1^2 - \omega_2^2)(m_1 Y_{11}Y_{12} + m_2 Y_{21}Y_{22}) = 0$$

如果 $\omega_1 \neq \omega_2$，则有

$$m_1 Y_{11}Y_{12} + m_2 Y_{21}Y_{22} = 0 \tag{a}$$

上式就是两个主振型之间存在的第一个正交关系。

上述正交关系的一般情形可表述如下：

设体系具有 n 个自由度，ω_k 和 ω_l 为两个不同的自振频率，相应的两个主振型向量分别为

$$\boldsymbol{Y}^{(k)\mathrm{T}}=(Y_{1k} \quad Y_{2k} \quad \cdots \quad Y_{nk})$$
$$\boldsymbol{Y}^{(l)\mathrm{T}}=(Y_{1l} \quad Y_{2l} \quad \cdots \quad Y_{nl})$$

体系的质量矩阵为

$$\boldsymbol{M}=\begin{pmatrix} m_1 & & & \\ & m_2 & & \\ & & \ddots & \\ & & & m_n \end{pmatrix}$$

则第一个正交关系为

$$\boldsymbol{Y}^{(l)\mathrm{T}}\boldsymbol{M}\boldsymbol{Y}^{(k)}=0 \tag{10-65}$$

即

$$\sum_{i=1}^{n} m_i Y_{il} Y_{ik}=0$$

如同式（a）一样，式（10-65）也可用功的互等定理来证明。现在给出另外一种证明如下：

在式（10-53）中，分别令 i 等于 k 和 l，则得

$$\boldsymbol{K}\boldsymbol{Y}^{(k)}=\omega_k^2\boldsymbol{M}\boldsymbol{Y}^{(k)} \tag{b}$$
$$\boldsymbol{K}\boldsymbol{Y}^{(l)}=\omega_l^2\boldsymbol{M}\boldsymbol{Y}^{(l)} \tag{c}$$

式（b）两边乘以 $\boldsymbol{Y}^{(l)\mathrm{T}}$，式（c）两边乘以 $\boldsymbol{Y}^{(k)\mathrm{T}}$，则得

$$\boldsymbol{Y}^{(l)\mathrm{T}}\boldsymbol{K}\boldsymbol{Y}^{(k)}=\omega_k^2\boldsymbol{Y}^{(l)\mathrm{T}}\boldsymbol{M}\boldsymbol{Y}^{(k)} \tag{d}$$
$$\boldsymbol{Y}^{(k)\mathrm{T}}\boldsymbol{K}\boldsymbol{Y}^{(l)}=\omega_l^2\boldsymbol{Y}^{(k)\mathrm{T}}\boldsymbol{M}\boldsymbol{Y}^{(l)} \tag{e}$$

由于 $\boldsymbol{K}^{\mathrm{T}}=\boldsymbol{K}$，$\boldsymbol{M}^{\mathrm{T}}=\boldsymbol{M}$，故将式（e）两边转置后，即得

$$\boldsymbol{Y}^{(l)\mathrm{T}}\boldsymbol{K}\boldsymbol{Y}^{(k)}=\omega_l^2\boldsymbol{Y}^{(l)\mathrm{T}}\boldsymbol{M}\boldsymbol{Y}^{(k)} \tag{f}$$

由式（d）与式（f）相减，即得

$$(\omega_k^2-\omega_l^2)\boldsymbol{Y}^{(l)\mathrm{T}}\boldsymbol{M}\boldsymbol{Y}^{(k)}=0$$

如果 $\omega_k\neq\omega_l$，则得

$$\boldsymbol{Y}^{(l)\mathrm{T}}\boldsymbol{M}\boldsymbol{Y}^{(k)}=0$$

上式就是所要证明的第一个正交关系式（10-65）。它表明，相对于质量矩阵 $\boldsymbol{M}$ 来说，不同频率相应的主振型是彼此正交的。

如果把第一个正交关系代入式（d），则可导出第二个正交关系如下：

$$\boldsymbol{Y}^{(l)\mathrm{T}}\boldsymbol{K}\boldsymbol{Y}^{(k)}=0 \tag{10-66}$$

式（10-66）表明，相对于刚度矩阵 $\boldsymbol{K}$ 来说，不同频率相应的主振型也是彼此正交的。

以上导出了两个正交关系式（10-65）和式（10-66）。对于只具有集中质量的体系来说，由于质量矩阵 $\boldsymbol{M}$ 通常是对角线矩阵，因而第一个正交关系式（10-65）比第二个正交关系式（10-66）要简单一些。

两个正交关系是针对 $k \neq l$ 的情况得出的。对于 $k = l$ 的情况，定义两个量 M_k 和 K_k 如下：

$$M_k = \boldsymbol{Y}^{(k)\mathrm{T}} \boldsymbol{M} \boldsymbol{Y}^{(k)} \qquad (10-67)$$

$$K_k = \boldsymbol{Y}^{(k)\mathrm{T}} \boldsymbol{K} \boldsymbol{Y}^{(k)} \qquad (10-68)$$

M_k 和 K_k 分别叫作第 k 个主振型相应的广义质量和广义刚度。以 $\boldsymbol{Y}^{(k)\mathrm{T}}$ 乘式（b）的两边，得

$$\boldsymbol{Y}^{(k)\mathrm{T}} \boldsymbol{K} \boldsymbol{Y}^{(k)} = \omega_k^2 \boldsymbol{Y}^{(k)\mathrm{T}} \boldsymbol{M} \boldsymbol{Y}^{(k)}$$

即

$$K_k = \omega_k^2 M_k$$

由此得

$$\omega_k = \sqrt{\frac{K_k}{M_k}} \qquad (10-69)$$

这就是根据广义刚度 K_k 和广义质量 M_k 来求频率 ω_k 的公式。这个公式是单自由度体系频率公式（10-13）的推广。

【例 10-13】 验算［例 10-9］中所求得的主振型是否满足正交关系，求出每个主振型相应的广义质量和广义刚度，并利用式（10-69）求频率。

解： 由［例 10-9］得知刚度矩阵和质量矩阵分别为

$$\boldsymbol{K} = \frac{k}{15} \begin{pmatrix} 20 & -5 & 0 \\ -5 & 8 & -3 \\ 0 & -3 & 3 \end{pmatrix}, \quad \boldsymbol{M} = m \begin{pmatrix} 2 & 0 & 0 \\ 0 & 1 & 0 \\ 0 & 0 & 1 \end{pmatrix}$$

三个主振型分别为

$$\boldsymbol{Y}^{(1)} = \begin{pmatrix} 0.163 \\ 0.569 \\ 1 \end{pmatrix}, \quad \boldsymbol{Y}^{(2)} = \begin{pmatrix} -0.924 \\ -1.227 \\ 1 \end{pmatrix}, \quad \boldsymbol{Y}^{(3)} = \begin{pmatrix} 2.760 \\ -3.342 \\ 1 \end{pmatrix}$$

（1）验算正交关系式（10-65）。

$$\begin{aligned} \boldsymbol{Y}^{(1)\mathrm{T}} \boldsymbol{M} \boldsymbol{Y}^{(2)} &= (0.163 \quad 0.569 \quad 1) \begin{pmatrix} 2 & 0 & 0 \\ 0 & 1 & 0 \\ 0 & 0 & 1 \end{pmatrix} \begin{pmatrix} -0.924 \\ -1.227 \\ 1 \end{pmatrix} m \\ &= [0.163 \times 2 \times (-0.924) + 0.569 \times 1 \times (-1.227) + 1 \times 1 \times 1] m \\ &= (1 - 0.9994) m = 0.0006 m \approx 0 \end{aligned}$$

同理，有

$$\boldsymbol{Y}^{(1)\mathrm{T}} \boldsymbol{M} \boldsymbol{Y}^{(3)} = -0.002 m \approx 0$$

$$\boldsymbol{Y}^{(2)\mathrm{T}} \boldsymbol{M} \boldsymbol{Y}^{(3)} = 0.002 m \approx 0$$

（2）验算正交关系式（10-66）。

$$\boldsymbol{Y}^{(1)\text{T}}\boldsymbol{K}\boldsymbol{Y}^{(2)}=(0.163 \quad 0.569 \quad 1)\frac{k}{15}\begin{pmatrix}20 & -5 & 0\\ -5 & 8 & -3\\ 0 & -3 & 3\end{pmatrix}\begin{pmatrix}-0.924\\ -1.227\\ 1\end{pmatrix}$$

$$=\frac{k}{15}(0.163 \quad 0.569 \quad 1)\begin{pmatrix}-12.345\\ -8.196\\ 6.681\end{pmatrix}$$

$$=\frac{k}{15}(6.681-6.676)=\frac{k}{15}\times0.005\approx0$$

同理有

$$\boldsymbol{Y}^{(1)\text{T}}\boldsymbol{K}\boldsymbol{Y}^{(3)}=\frac{k}{15}(24.75-24.77)=\frac{k}{15}(-0.02)\approx0$$

$$\boldsymbol{Y}^{(2)\text{T}}\boldsymbol{K}\boldsymbol{Y}^{(3)}=\frac{k}{15}(34.0720-34.0722)=\frac{k}{15}(-0.0002)\approx0$$

（3）求广义质量。

$$M_1=\boldsymbol{Y}^{(1)\text{T}}\boldsymbol{M}\boldsymbol{Y}^{(1)}=(0.163 \quad 0.569 \quad 1)m\begin{pmatrix}2 & 0 & 0\\ 0 & 1 & 0\\ 0 & 0 & 1\end{pmatrix}\begin{pmatrix}0.163\\ 0.569\\ 1\end{pmatrix}=1.377m$$

$$M_2=\boldsymbol{Y}^{(2)\text{T}}\boldsymbol{M}\boldsymbol{Y}^{(2)}=4.213m$$

$$M_3=\boldsymbol{Y}^{(3)\text{T}}\boldsymbol{M}\boldsymbol{Y}^{(3)}=27.404m$$

（4）求广义刚度。

$$K_1=\boldsymbol{Y}^{(1)\text{T}}\boldsymbol{K}\boldsymbol{Y}^{(1)}=(0.163 \quad 0.569 \quad 1)\frac{k}{15}\begin{pmatrix}20 & -5 & 0\\ -5 & 8 & -3\\ 0 & -3 & 3\end{pmatrix}\begin{pmatrix}0.163\\ 0.569\\ 1\end{pmatrix}=\frac{k}{15}\times1.780$$

$$K_2=\boldsymbol{Y}^{(2)\text{T}}\boldsymbol{K}\boldsymbol{Y}^{(2)}=\frac{k}{15}\times28.144$$

$$K_3=\boldsymbol{Y}^{(3)\text{T}}\boldsymbol{K}\boldsymbol{Y}^{(3)}=\frac{k}{15}\times356.995$$

（5）求频率。

$$\omega_1=\sqrt{\frac{K_1}{M_1}}=0.2936\sqrt{\frac{k}{m}}$$

$$\omega_2=\sqrt{\frac{K_2}{M_2}}=0.6673\sqrt{\frac{k}{m}}$$

$$\omega_3=\sqrt{\frac{K_3}{M_3}}=0.9319\sqrt{\frac{k}{m}}$$

这里，求得的频率与［例10-9］求得的相同。

2. 主振型矩阵

在具有 n 个自由度的体系中，可将 n 个彼此正交的主振型向量组成一个方阵：

$$\boldsymbol{Y} = (\boldsymbol{Y}^{(1)} \quad \boldsymbol{Y}^{(2)} \quad \cdots \quad \boldsymbol{Y}^{(n)}) = \begin{bmatrix} Y_{11} & Y_{12} & \cdots & Y_{1n} \\ Y_{21} & Y_{22} & \cdots & Y_{2n} \\ \vdots & \vdots & \ddots & \vdots \\ Y_{n1} & Y_{n2} & \cdots & Y_{nn} \end{bmatrix} \quad (10-70)$$

这个方阵称为主振型矩阵。它的转置矩阵为

$$\boldsymbol{Y}^{\mathrm{T}} = \begin{bmatrix} Y_{11} & Y_{21} & \cdots & Y_{n1} \\ Y_{12} & Y_{22} & \cdots & Y_{n2} \\ \vdots & \vdots & \ddots & \vdots \\ Y_{1n} & Y_{2n} & \cdots & Y_{nn} \end{bmatrix} = \begin{bmatrix} \boldsymbol{Y}^{(1)} \\ \boldsymbol{Y}^{(2)} \\ \vdots \\ \boldsymbol{Y}^{(n)} \end{bmatrix} \quad (10-71)$$

根据主振型向量的两个正交关系，可以导出关于主振型矩阵 $\boldsymbol{Y}$ 的两个性质，即 $\boldsymbol{Y}^{\mathrm{T}}\boldsymbol{M}\boldsymbol{Y}$ 和 $\boldsymbol{Y}^{\mathrm{T}}\boldsymbol{K}\boldsymbol{Y}$ 都应是对角矩阵。

$$\boldsymbol{Y}^{\mathrm{T}}\boldsymbol{M}\boldsymbol{Y} = \begin{bmatrix} M_1 & 0 & \cdots & 0 \\ 0 & M_2 & \cdots & 0 \\ \vdots & \vdots & \ddots & \vdots \\ 0 & 0 & \cdots & M_n \end{bmatrix} = \boldsymbol{M}^{*} \quad (10-72)$$

$$\boldsymbol{Y}^{\mathrm{T}}\boldsymbol{K}\boldsymbol{Y} = \begin{bmatrix} K_1 & 0 & \cdots & 0 \\ 0 & K_2 & \cdots & 0 \\ \vdots & \vdots & \ddots & \vdots \\ 0 & 0 & \cdots & K_n \end{bmatrix} = \boldsymbol{K}^{*} \quad (10-73)$$

这里，对角矩阵 $\boldsymbol{M}^{*}$ 称为广义质量矩阵，对角矩阵 $\boldsymbol{K}^{*}$ 称为广义刚度矩阵。

式（10-72）和式（10-73）表明，主振型矩阵 $\boldsymbol{Y}$ 具有如下性质：当 $\boldsymbol{M}$ 和 $\boldsymbol{K}$ 为非对角矩阵时，如果前边乘以 $\boldsymbol{Y}^{\mathrm{T}}$，后边乘以 $\boldsymbol{Y}$，则可使它们转变为对角矩阵 $\boldsymbol{M}^{*}$ 和 $\boldsymbol{K}^{*}$。

二、多自由度体系在简谐荷载作用下的强迫振动

与单自由度体系一样，在动力荷载作用下多自由度体系的强迫振动开始也存在一个过渡阶段，由于阻尼的存在，不久即进入平稳阶段。这里只讨论平稳阶段的纯强迫振动。

图 10-53

（一）刚度法

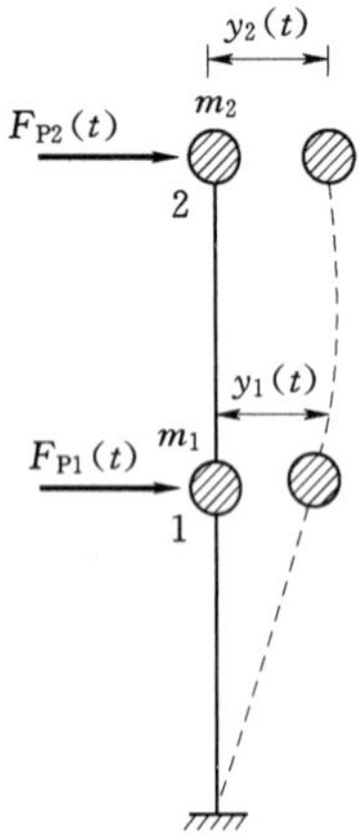

仍以两个自由度的体系为例，如图 10-53 所示，在动力荷载作用下的振动方程为

$$\left. \begin{array}{l} m_1 \ddot{y}_1(t) + k_{11} y_1(t) + k_{12} y_2(t) = F_{P1}(t) \\ m_2 \ddot{y}_2(t) + k_{21} y_1(t) + k_{22} y_2(t) = F_{P2}(t) \end{array} \right\} \quad (10-74)$$

与自由振动的方程（10-42）相比，这里只多了荷载项 $F_{P1}(t)$，$F_{P2}(t)$。

如果荷载是简谐荷载，即

$$\left. \begin{array}{l} F_{P1}(t) = F_{P1} \sin(\theta t) \\ F_{P2}(t) = F_{P2} \sin(\theta t) \end{array} \right\} \quad (a)$$

则在平稳振动阶段，各质点也做简谐振动：

$$\left.\begin{array}{l} y_1(t)=Y_1\sin(\theta t) \\ y_2(t)=Y_2\sin(\theta t) \end{array}\right\} \tag{b}$$

将式（a）和式（b）代入式（10-74），消去公因子 $\sin(\theta t)$ 后，得

$$\left.\begin{array}{l}(k_{11}-\theta^2 m_1)Y_1+k_{12}Y_2=F_{P1} \\ k_{21}Y_1+(k_{22}-\theta^2 m_2)Y_2=F_{P2}\end{array}\right\}$$

由此可解得位移的幅值为

$$Y_1=\frac{D_1}{D_0},\ Y_2=\frac{D_2}{D_0} \tag{10-75}$$

其中

$$\left.\begin{array}{l} D_0=(k_{11}-\theta^2 m_1)(k_{22}-\theta^2 m_2)-k_{12}k_{21} \\ D_1=(k_{22}-\theta^2 m_2)F_{P1}-k_{12}F_{P2} \\ D_2=-k_{21}F_{P1}+(k_{11}-\theta^2 m_1)F_{P2}\end{array}\right\} \tag{10-76}$$

将式（10-75）的位移幅值代回式（b），即得任意时刻 t 的位移。

式（10-76）中的 D_0 与式（10-44）中的行列式 D 具有相同的形式，只是 D 中的 ω 换成了 D_0 中的 θ。因此，如果荷载频率 θ 与任一个自振频率 ω_1、ω_2 重合，则 $D_0=0$。当 D_1、D_2 不全为零时，则位移幅值为无限大，这时即出现共振现象。

对于 n 个自由度的体系，如图 10-54 所示，振动方程为

$$\left.\begin{array}{l} m_1\ddot{y}_1+k_{11}y_1+k_{12}y_2+\cdots+k_{1n}y_n=F_{P1}(t) \\ m_2\ddot{y}_2+k_{21}y_1+k_{22}y_2+\cdots+k_{2n}y_n=F_{P2}(t) \\ \qquad\qquad\qquad\vdots \\ m_n\ddot{y}_n+k_{n1}y_1+k_{n2}y_2+\cdots+k_{nn}y_n=F_{Pn}(t)\end{array}\right\} \tag{10-77}$$

如写成矩阵形式，则为

$$\boldsymbol{M}\ddot{\boldsymbol{y}}+\boldsymbol{K}\boldsymbol{y}=\boldsymbol{F}_P(t) \tag{10-78}$$

如果荷载是简谐荷载，即

$$\boldsymbol{F}_P(t)=\begin{Bmatrix} F_{P1} \\ F_{P2} \\ \vdots \\ F_{Pn}\end{Bmatrix}\sin(\theta t)=\boldsymbol{F}_P\sin(\theta t)$$

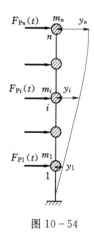

图 10-54

则在平稳振动阶段，各质点也做简谐振动：

$$\boldsymbol{y}(t)=\begin{Bmatrix} Y_1 \\ Y_2 \\ \vdots \\ Y_n\end{Bmatrix}\sin(\theta t)=\boldsymbol{Y}\sin(\theta t)$$

代入振动方程，消去公因子 $\sin(\theta t)$ 后，得

$$(\boldsymbol{K}-\theta^2\boldsymbol{M})\boldsymbol{Y}=\boldsymbol{F}_P \tag{10-79}$$

式（10-79）系数矩阵的行列式可用 D_0 表示，即

$$D_0=|\boldsymbol{K}-\theta^2\boldsymbol{M}|$$

如果 $D_0 \neq 0$，则由式（10 - 79）可解得振幅 Y，即可求得任意时刻 t 各质点的位移。

下面讨论 $D_0 = 0$ 的情形。由自由振动的频率方程式（10 - 51）和式（10 - 52）得知，如 $\theta = \omega$，则 $D_0 = 0$，这时式（10 - 79）的解 Y 趋于无穷大。由此看出，当荷载频率 θ 与体系的自振频率中的任一个 ω_i 相等时，就可能出现共振现象。对于具有 n 个自由度的体系来说，在 n 种情况下（$\theta = \omega_i$，$i = 1, 2, \cdots, n$）都可能出现共振现象。

（二）柔度法

如图 10 - 55（a）所示两个自由度的体系受简谐荷载作用，在任一时刻 t，质点 1、2 的位移分别为 y_1 和 y_2，可以由体系在惯性力 $-m_1 \ddot{y}_1$、$-m_2 \ddot{y}_2$ 和动荷载共同作用下的位移，通过叠加得出，如图 10 - 55（b）所示。

$$y_1 = (-m_1 \ddot{y}_1)\delta_{11} + (-m_2 \ddot{y}_2)\delta_{12} + \Delta_{1P}\sin(\theta t) \left.\vphantom{\begin{matrix}1\\1\end{matrix}}\right\}$$
$$y_2 = (-m_1 \ddot{y}_1)\delta_{21} + (-m_2 \ddot{y}_2)\delta_{22} + \Delta_{2P}\sin(\theta t)$$

式中 Δ_{1P}、Δ_{2P}——荷载幅值在质点 1、2 产生的静力位移。

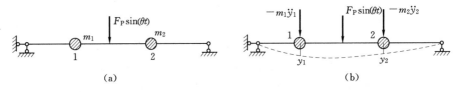

图 10 - 55

也可以写为

$$m_1 \ddot{y}_1 \delta_{11} + m_2 \ddot{y}_2 \delta_{12} + y_1 = \Delta_{1P}\sin(\theta t) \left.\vphantom{\begin{matrix}1\\1\end{matrix}}\right\}$$
$$m_1 \ddot{y}_1 \delta_{21} + m_2 \ddot{y}_2 \delta_{22} + y_2 = \Delta_{2P}\sin(\theta t) \tag{10 - 80}$$

设平稳振动阶段的解为

$$y_1(t) = Y_1 \sin(\theta t) \left.\vphantom{\begin{matrix}1\\1\end{matrix}}\right\}$$
$$y_2(t) = Y_2 \sin(\theta t) \tag{a}$$

将式（a）代入式（10 - 80），消去公因子 $\sin(\theta t)$ 后，得

$$(m_1 \theta^2 \delta_{11} - 1)Y_1 + m_2 \theta^2 \delta_{12} Y_2 + \Delta_{1P} = 0 \left.\vphantom{\begin{matrix}1\\1\end{matrix}}\right\}$$
$$m_1 \theta^2 \delta_{21} Y_1 + (m_2 \theta^2 \delta_{22} - 1)Y_2 + \Delta_{2P} = 0 \tag{10 - 81}$$

由此可解得位移的幅值为

$$Y_1 = \frac{D_1}{D_0}, \ Y_2 = \frac{D_2}{D_0}$$

其中

$$D_0 = \begin{vmatrix} (m_1 \theta^2 \delta_{11} - 1) & m_2 \theta^2 \delta_{12} \\ m_1 \theta^2 \delta_{21} & (m_2 \theta^2 \delta_{22} - 1) \end{vmatrix} \left.\vphantom{\begin{matrix}1\\1\\1\\1\\1\\1\end{matrix}}\right\}$$
$$D_1 = \begin{vmatrix} -\Delta_{1P} & m_2 \theta^2 \delta_{12} \\ -\Delta_{2P} & (m_2 \theta^2 \delta_{22} - 1) \end{vmatrix} \tag{10 - 82}$$
$$D_2 = \begin{vmatrix} (m_1 \theta^2 \delta_{11} - 1) & (-\Delta_{1P}) \\ m_1 \theta^2 \delta_{21} & (-\Delta_{2P}) \end{vmatrix}$$

式（10-82）中的 D_0 与自由振动中的行列式 D 具有相同的形式，只是 D 中的 ω 换成了 D_0 中的 θ。因此，当荷载频率 θ 与任一个自振频率 ω_1、ω_2 相等时，则 $D_0=0$。当 D_1、D_2 不全为零时，位移幅值将趋于无限大，即出现共振。

在求得位移幅值 Y_1、Y_2 后，可得到各质点的位移和惯性力。

位移：

$$y_1(t)=Y_1\sin(\theta t)$$
$$y_2(t)=Y_2\sin(\theta t)$$

惯性力：

$$I_1(t)=-m_1\ddot{y}_1(t)=m_1\theta^2 Y_1\sin(\theta t)$$
$$I_2(t)=-m_2\ddot{y}_2(t)=m_2\theta^2 Y_2\sin(\theta t)$$

由上述各式可以看出，当位移达到幅值时，惯性力和动荷载同时达到幅值，动内力也在振幅位置达到幅值。动内力幅值可以在各质点的惯性力幅值及动荷载幅值共同作用下按静力分析方法求得。如任一截面的弯矩幅值可由下式求出：

$$M(t)_{\max}=\overline{M}_1 I_1+\overline{M}_2 I_2+M_P$$

式中 I_1、I_2——质点 1、2 的惯性力幅值；

$\overline{M}_1$、$\overline{M}_2$——单位惯性力 $I_1=1$、$I_2=1$ 作用时，任一截面的弯矩值；

M_P——动荷载幅值静力作用下同一截面的弯矩值。

此外，式（10-81）也可表示为惯性力幅值方程：

$$\left.\begin{array}{l}\left(\delta_{11}-\dfrac{1}{m_1\theta^2}\right)I_1+\delta_{12}I_2+\Delta_{1P}=0\\[2mm]\delta_{21}I_1+\left(\delta_{22}-\dfrac{1}{m_2\theta^2}\right)I_2+\Delta_{2P}=0\end{array}\right\}\qquad(10-83)$$

由式（10-83）可以直接求得惯性力幅值。

对于 n 个自由度的体系，也可用同样的方法求得动内力幅值。

【例 10-14】 试求如图 10-56（a）所示体系的动位移和动弯矩的幅值图。已知：$m_1=m_2=m$，$EI=$ 常数，$\theta=0.6\omega_1$。

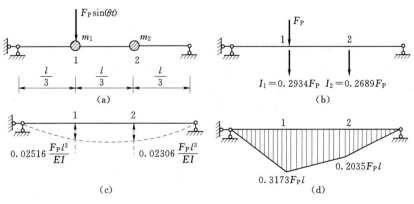

图 10-56

解：（1）柔度系数和基本频率。在［例 10 - 10］中已作出 $\overline{M}_1$ 图、$\overline{M}_2$ 图，并求得柔度系数和基本频率如下：

$$\delta_{11}=\delta_{22}=\frac{4l^3}{243EI}, \quad \delta_{12}=\delta_{21}=\frac{7l^3}{486EI}, \quad \omega_1=5.692\sqrt{\frac{EI}{ml^3}}$$

所以有

$$\theta=0.6\omega_1=3.415\sqrt{\frac{EI}{ml^3}}$$

（2）作 M_P 图，与［例 10 - 10］中的 $\overline{M}_1$ 图、$\overline{M}_2$ 图乘，得

$$\Delta_{1P}=\frac{4F_Pl^3}{243EI}, \quad \Delta_{2P}=\frac{7F_Pl^3}{486EI}$$

（3）计算 D_0、D_1 和 D_2。

$$m_1\theta^2=m_2\theta^2=11.66\frac{EI}{l^3}$$

$$D_0=\begin{vmatrix} (m_1\theta^2\delta_{11}-1) & m_2\theta^2\delta_{12} \\ m_1\theta^2\delta_{21} & (m_2\theta^2\delta_{22}-1) \end{vmatrix}=0.6247$$

$$D_1=\begin{vmatrix} -\Delta_{1P} & m_2\theta^2\delta_{12} \\ -\Delta_{2P} & (m_2\theta^2\delta_{22}-1) \end{vmatrix}=0.01572\frac{F_Pl^3}{EI}$$

$$D_2=\begin{vmatrix} (m_1\theta^2\delta_{11}-1) & (-\Delta_{1P}) \\ m_1\theta^2\delta_{21} & (-\Delta_{2P}) \end{vmatrix}=0.01440\frac{F_Pl^3}{EI}$$

（4）计算位移幅值。

$$Y_1=\frac{D_1}{D_0}=\frac{0.01572F_Pl^3}{0.6247EI}=0.02516\frac{F_Pl^3}{EI}$$

$$Y_2=\frac{D_2}{D_0}=\frac{0.01440}{0.6247}\frac{F_Pl^3}{EI}=0.02306\frac{F_Pl^3}{EI}$$

位移幅值图如图 10 - 56（c）所示。

（5）计算惯性力幅值。

$$I_1=m_1\theta^2Y_1=11.66\frac{EI}{l^3}\times0.02516\frac{F_Pl^3}{EI}=0.2934F_P$$

$$I_2=m_2\theta^2Y_2=11.66\frac{EI}{l^3}\times0.02306\frac{F_Pl^3}{EI}=0.2689F_P$$

以上惯性力幅值也可利用式（10 - 83）直接求得。

（6）计算质点 1、2 的动弯矩幅值。体系所受动荷载及惯性力的幅值如图 10 - 56（b）所示。据此可求出反力及弯矩幅值，弯矩幅值图如图 10 - 56（d）所示。

（7）计算质点 1 的位移、弯矩动力系数。

$$y_{1st}=\Delta_{1P}=\frac{4F_Pl^3}{243EI}=0.01646\frac{F_Pl^3}{EI}$$

$$\beta_{y1}=\frac{Y_1}{y_{1st}}=\frac{0.02516\dfrac{F_Pl^3}{EI}}{0.01646\dfrac{F_Pl^3}{EI}}=1.529$$

$$M_{1st} = \frac{2F_P l}{9} = 0.2222F_P l$$

$$\beta_{M1} = \frac{M_{1max}}{M_{1st}} = \frac{0.3173F_P l}{0.2222F_P l} = 1.428$$

由此可见，在两个自由度体系中，同一点的位移和弯矩的动力系数是不同的，即没有统一的动力系数，这是与单自由度体系不同的。

第五节　近似法求自振频率

本节讨论结构自振频率的近似算法——能量法和集中质量法。

一、能量法

（一）能量法求第一频率——瑞利（Rayleigh）法

瑞利法的出发点是能量守恒原理：一个无阻尼的弹性体系自由振动时，它在任一时刻的总能量（应变能与动能之和）应当保持不变。

以分布质量的等截面梁的自由振动为例，其位移可表示为

$$y(x,t) = Y(x)\sin(\omega t + \alpha)$$

式中　　$Y(x)$——位移幅度；

ω——自振频率。

对 t 微分，可得出速度表示式如下：

$$\dot{y}(x,t) = \omega Y(x)\cos(\omega t + \alpha)$$

梁的弯曲应变能为

$$U = \frac{1}{2}\int_0^l EI\left(\frac{\partial^2 y}{\partial x^2}\right)^2 dx = \frac{1}{2}\sin^2(\omega t + \alpha)\int_0^l EI\left[Y''(x)\right]^2 dx \tag{a}$$

其最大值为

$$U_{max} = \frac{1}{2}\int_0^l EI\left[Y''(x)\right]^2 dx \tag{b}$$

梁的动能为

$$T = \frac{1}{2}\int_0^l \overline{m}\left(\frac{\partial y}{\partial t}\right)^2 dx = \frac{1}{2}\omega^2\cos^2(\omega t + \alpha)\int_0^l \overline{m}\left[Y(x)\right]^2 dx \tag{c}$$

其最大值为

$$T_{max} = \frac{1}{2}\omega^2\int_0^l \overline{m}\left[Y(x)\right]^2 dx \tag{d}$$

当 $\sin(\omega t + \alpha) = 0$ 时，位移和应变能为零，速度和动能为最大值，而体系的总能量即为 T_{max}。

当 $\cos(\omega t + \alpha) = 0$ 时，速度和动能为零，位移和应变能为最大值，而体系的总能量即为 U_{max}。

根据能量守恒原理，可知

$$T_{max} = U_{max} \tag{e}$$

由此求得计算频率的公式如下：

$$\omega^2 = \frac{U_{max}}{\frac{1}{2}\int_0^l \overline{m}\,[Y(x)]^2\mathrm{d}x} = \frac{\int_0^l EI\,[Y''(x)]^2\mathrm{d}x}{\int_0^l \overline{m}\,[Y(x)]^2\mathrm{d}x} \tag{10-84}$$

如果梁上还有集中质量 $m_i(i=1,2\cdots)$，则式（10-84）应改为

$$\omega^2 = \frac{\int_0^l EI\,[Y''(x)]^2\mathrm{d}x}{\int_0^l \overline{m}\,[Y(x)]^2\mathrm{d}x + \sum_i m_i Y_i^2} \tag{10-85}$$

式中 Y_i——集中质量 m_i 处的位移幅度。

式（10-85）就是瑞利法求自振频率的公式。由于振型函数 $Y(x)$ 还是未知的，因此先要假设 $Y(x)$。如果其中所设的位移形状函数 $Y(x)$ 正好与第一主振型相似，则可求得第一频率的精确值。如果正好与第二主振型相似，则可求得第二频率的精确值。但是瑞利法主要是用于求第一频率的近似值。通常可取结构在某个静荷载 $q(x)$（例如结构自重）作用下的弹性曲线作为 $Y(x)$ 的近似表示式，然后由式（10-84）和式（10-85）即可求得第一频率的近似值。此时，应变能可用相应荷载 $q(x)$ 所做的功来代替，即

$$U = \frac{1}{2}\int_0^l q(x)Y(x)\mathrm{d}x$$

而式（10-84）可改写为

$$\omega^2 = \frac{\int_0^l q(x)Y(x)\mathrm{d}x}{\int_0^l \overline{m}\,[Y(x)]^2\mathrm{d}x + \sum_i m_i Y_i^2} \tag{10-86}$$

如果取结构自重作用下的变形曲线作为 $Y(x)$ 的近似表示式（注意，如果考虑水平振动，则重力应沿水平方向作用），则式（10-85）可改写为

$$\omega^2 = \frac{\int_0^l \overline{m}gY(x)\mathrm{d}x + \sum_i m_i gY_i}{\int_0^l \overline{m}Y^2(x)\mathrm{d}x + \sum_i m_i Y_i^2} \tag{10-87}$$

【例 10-15】 试求等截面简支梁的第一频率。

解：（1）假设位移形状函数 $Y(x)$ 为抛物线。

$$Y(x) = \frac{4a}{l^2}x(l-x)$$

$$Y''(x) = -\frac{8a}{l^2}$$

$$U_{max} = \frac{EI}{2}\int_0^l \frac{64a^2}{l^4}\mathrm{d}x = \frac{32EIa^2}{l^3}$$

$$T_{max} = \frac{\overline{m}\omega^2}{2}\int_0^l \frac{16a^2}{l^4}x^2(l-x)^2\mathrm{d}x = \frac{4}{15}\overline{m}\omega^2 a^2 l$$

因此有

$$\omega^2 = \frac{120EI}{\overline{m}l^4}, \quad \omega = \frac{10.95}{l^2}\sqrt{\frac{EI}{\overline{m}}}$$

（2）取均布荷载 q 作用下的挠度曲线作为 $Y(x)$，则有

$$Y(x)=\frac{q}{24EI}(l^3x-2lx^3+x^4)$$

将上式代入式（10-86），得

$$\omega^2=\frac{\int_0^l qY(x)\mathrm{d}x}{\int_0^l \overline{m}Y^2(x)\mathrm{d}x}=\frac{\frac{q^2l^5}{120EI}}{\overline{m}\left(\frac{q}{24EI}\right)^2\frac{31}{630}l^9}$$

$$\omega=\frac{9.87}{l^2}\sqrt{\frac{EI}{\overline{m}}}$$

（3）设形状函数为正弦曲线。

$$Y(x)=a\sin\frac{\pi x}{l}$$

代入式（10-84），得

$$\omega^2=\frac{EIa^2\frac{\pi^4}{l^4}\int_0^l\left(\sin\frac{\pi x}{l}\right)^2\mathrm{d}x}{\overline{m}a^2\int_0^l\left(\sin\frac{\pi x}{l}\right)^2\mathrm{d}x}=\frac{\frac{\pi^4EIa^2}{2l^3}}{\frac{\overline{m}a^2l}{2}}=\frac{\pi^4EI}{\overline{m}l^4}$$

$$\omega=\frac{\pi^2}{l^2}\sqrt{\frac{EI}{\overline{m}}}=\frac{9.8696}{l^2}\sqrt{\frac{EI}{\overline{m}}}$$

（4）讨论。正弦曲线是第一主振型的精确解，因此由它求得的 ω 是第一频率的精确解。根据均布荷载作用下的挠曲线求得的 ω 具有很高的精度。

【例 10-16】 试求如图 10-57 所示楔形悬臂梁的自振频率。设梁的截面宽度 $b=1$，截面高度为直线变化：$h(x)=\frac{h_0x}{l}$

解：截面惯性矩 $I=\frac{1}{12}\left(\frac{h_0x}{l}\right)^3$，单位长度的质量 $\overline{m}=\rho\frac{h_0x}{l}$，$\rho$ 为密度。

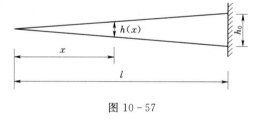

图 10-57

设位移形状函数为

$$Y(x)=a\left(1-\frac{x}{l}\right)^2$$

上式满足右端的位移边界条件，即当 $x=l$ 时，有

$$Y(l)=0,\ Y'(l)=0$$

将所设 $Y(x)$ 代入式（10-84），得

$$\omega^2=\frac{\frac{Eh_0^3a^2}{12l^3}}{\frac{\rho h_0la^2}{30}}=\frac{5Eh_0^2}{2\rho l^4}$$

由此求得第一频率的近似解如下:

$$\omega = \frac{h_0}{l^2}\sqrt{\frac{5E}{2\rho}} = \frac{1.581h_0}{l^2}\sqrt{\frac{E}{\rho}}$$

与精确解 $\omega = \dfrac{1.534h_0}{l^2}\sqrt{\dfrac{E}{\rho}}$ 相比,误差为 3%。

(二)能量法求最初几个频率——瑞利-里兹(Rayleigh-Ritz)法

上面介绍的瑞利法可用于求第一频率的近似解。如果希望得出最初几个频率的近似解,则可采用瑞利-里兹法。

瑞利-里兹法可在哈密顿(W.R.Hamilton)原理的基础上导出。

对于结构自由振动问题,哈密顿原理可表述为:在所有的可能运动状态中,精确解使

$$\int_0^{\frac{2\pi}{\omega}} (U - T)\mathrm{d}t = 驻值 \tag{10-88}$$

式(10-88)对时间 t 的积分范围取为一个周期。将式(a)、式(c)代入式(10-88),约去公因子后,得哈密顿泛函:

$$E_\mathrm{P} = \frac{1}{2}\int EIY''^2(x)\mathrm{d}x - \frac{\omega^2}{2}\int \overline{m}Y^2(x)\mathrm{d}x = 驻值 \tag{10-89}$$

式中 $Y(x)$——满足位移边界条件的任意可能位移函数。

下面根据驻值条件说明瑞利-里兹法求频率近似值的具体做法。

(1)把体系的自由度折减为 n 个自由度,把位移函数表示为

$$Y(x) = \sum_{i=1}^n a_i\varphi_i(x) \tag{10-90}$$

式中 $\varphi_i(x)$——n 个独立的可能位移函数,它们都满足体系的位移边界条件;

a_i——待定参数。

(2)将式(10-90)代入式(10-89),得

$$E_\mathrm{P} = \frac{1}{2}\int EI\left(\sum_{i=1}^n a_i\varphi''_i\right)^2\mathrm{d}x - \frac{\omega^2}{2}\int \overline{m}\left(\sum_{i=1}^n a_i\varphi_i\right)^2\mathrm{d}x \tag{10-91}$$

令

$$k_{ij} = \int EI\varphi''_i\varphi''_j\mathrm{d}x \tag{10-92}$$

$$m_{ij} = \int \overline{m}\varphi_i\varphi_j\mathrm{d}x \tag{10-93}$$

得

$$E_\mathrm{P} = \frac{1}{2}\sum_{i=1}^n\sum_{j=1}^n (k_{ij} - \omega^2 m_{ij})a_i a_j \tag{10-94}$$

应用驻值条件:

$$\frac{\partial E_\mathrm{P}}{\partial a_i} = 0 \quad (i=1,2,\cdots,n)$$

得

$$\sum_{j=1}^n (k_{ij} - \omega^2 m_{ij})a_j = 0 \quad (i=1,2,\cdots,n) \tag{10-95}$$

式（10-95）可写成矩阵形式：

$$(\boldsymbol{k} - \omega^2 \boldsymbol{m})\boldsymbol{a} = 0 \tag{10-96}$$

由于参数 a_i 不全为零，因此齐次方程（10-96）的系数行列式应为零，即

$$|\boldsymbol{k} - \omega^2 \boldsymbol{m}| = 0 \tag{10-97}$$

其展开式是关于 ω^2 的 n 次代数方程，可求出 n 个根：ω_1^2，ω_2^2，$\cdots$，ω_n^2。由此求得体系最初 n 个自振频率的近似值：ω_1，ω_2，$\cdots$，ω_n。

【例10-17】 试用瑞利-里兹法求如图10-58所示等截面悬臂梁的最初几个频率。

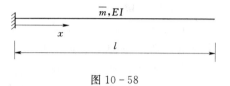

图 10-58

解：悬臂梁的位移边界条件为

$$Y = 0，\ Y' = 0(在\ x = 0\ 处)$$

几何可能位移可设为

$$Y = a_1\xi^2 + a_2\xi^3 + \cdots = \sum_{k=1}^{\infty} a_k \xi^{k+1} \tag{a}$$

式中 $\xi = \dfrac{x}{l}$ 是量纲一的量。

（1）第一次近似解。在式（a）中只取第一项：

$$Y = a_1\xi^2 = a_1\varphi_1，\quad \varphi_1 = \xi^2 \tag{b}$$

这里将梁简化为单自由度体系。由式（10-92）和式（10-93）得

$$k_{11} = \frac{4EI}{l^3}，\quad m_{11} = \frac{\overline{m}l}{5}$$

驻值条件为

$$\left(\frac{4EI}{l^3} - \omega^2 \frac{\overline{m}l}{5}\right)a_1 = 0$$

令上式的系数为零，求得第一频率 ω_1 的近似值如下：

$$\omega_1^2 = 20\frac{EI}{\overline{m}l^4}，\quad \omega_1 = 4.472\frac{1}{l^2}\sqrt{\frac{EI}{\overline{m}}} \tag{c}$$

与精确解相比，误差为27%。

（2）第二次近似解。在式（a）中保留前二项：

$$\left.\begin{array}{l} Y = a_1\varphi_1 + a_2\varphi_2 \\ \varphi_1 = \xi^2，\ \varphi_2 = \xi^3 \end{array}\right\} \tag{d}$$

由此得

$$k = \frac{EI}{l^3}\begin{pmatrix} 4 & 6 \\ 6 & 12 \end{pmatrix}，\quad m = \overline{m}l\begin{vmatrix} \dfrac{1}{5} & \dfrac{1}{6} \\ \dfrac{1}{6} & \dfrac{1}{7} \end{vmatrix}$$

代入式（10-97），得

$$\begin{vmatrix} \dfrac{\omega^2}{5}\dfrac{\overline{m}l^4}{EI} - 4 & \dfrac{\omega^2}{6}\dfrac{\overline{m}l^4}{EI} - 6 \\[3mm] \dfrac{\omega^2}{6}\dfrac{\overline{m}l^4}{EI} - 6 & \dfrac{\omega^2}{7}\dfrac{\overline{m}l^4}{EI} - 12 \end{vmatrix} = 0$$

由此求得最初两个频率的近似值如下：

$$\omega_1^2 = 12.48 \frac{EI}{ml^4}, \quad \omega_1 = 3.533 \frac{1}{l^2}\sqrt{\frac{EI}{m}} \text{（误差为 0.48\%）}$$

$$\omega_2^2 = 1211.5 \frac{EI}{ml^4}, \quad \omega_2 = 34.81 \frac{1}{l^2}\sqrt{\frac{EI}{m}} \text{（误差为 58\%）}$$

(e)

这里第一频率 ω_1 的精度已大大提高。

二、集中质量法

集中质量法是将体系中的分布质量换成集中质量，则体系即由无限自由度换成单自由度或多自由度，从而使自振频率的计算得到简化。关于质量的集中方法有很多种，最简单的是根据静力等效原则，使集中后的重力与原来的重力互为静力等效（它们的合力彼此相同）。例如每段分布质量可按杠杆原理换成位于两端的集中质量。这种方法的优点是简便灵活，可用于求梁、拱、刚架及桁架等各类结构，可用于求最低频率或较高次频率，也可用于确定主振型。

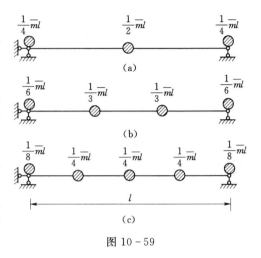

图 10 - 59

【**例 10 - 18**】 试用集中质量法求等截面简支梁的自振频率。

解：如图 10 - 59 所示，分别将梁分为二等段、三等段、四等段，每段质量集中于该段的两端，这时体系分别简化为具有一、二、三个自由度的体系。根据这三个计算简图，可分别求出第一频率、前两个频率、前三个频率如下（与精确解相比，各近似解的误差为括号内的数字）。

如图 10 - 59（a）所示：$\omega_1 = \dfrac{9.80}{l^2}\sqrt{\dfrac{EI}{m}}$ （-0.7\%）。

如图 10 - 59（b）所示：$\omega_1 = \dfrac{9.86}{l^2}\sqrt{\dfrac{EI}{m}}$ （-0.1\%），$\omega_2 = \dfrac{38.2}{l^2}\sqrt{\dfrac{EI}{m}}$ （-3.2\%）。

如图 10 - 59（c）所示：$\omega_1 = \dfrac{9.86}{l^2}\sqrt{\dfrac{EI}{m}}$ （-0.05\%），$\omega_2 = \dfrac{39.2}{l^2}\sqrt{\dfrac{EI}{m}}$ （-0.7\%）。

$\omega_3 = \dfrac{84.6}{l^2}\sqrt{\dfrac{EI}{m}}$ （-4.8\%）。

精确解：$\omega_1 = \dfrac{9.87}{l^2}\sqrt{\dfrac{EI}{m}}$，$\omega_2 = \dfrac{39.48}{l^2}\sqrt{\dfrac{EI}{m}}$，$\omega_3 = \dfrac{88.83}{l^2}\sqrt{\dfrac{EI}{m}}$。

【**例 10 - 19**】 试用集中质量法求如图 10 - 60（a）所示对称刚架的最低频率。

解：对称刚架的主振型有对称和反对称两种类型。通常对称刚架最低频率对应的振型是反对称的。

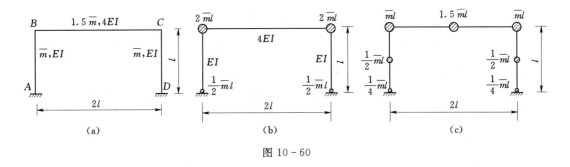

图 10-60

考虑反对称振型时，可将各杆质量的一半分别集中于杆的两端，如图 10-60（b）所示。不计杆的轴向变形，此时体系具有一个自由度。

当刚架顶部作用水平力 F 时，顶部水平位移为

$$\Delta = \frac{2Fl^3}{39EI}$$

因此刚度系数为

$$k = \frac{39EI}{2l^3}$$

刚架水平振动的最低频率为

$$\omega = \sqrt{\frac{k}{m}} = \sqrt{\frac{39EI}{2l^3} \frac{1}{4\overline{m}l}} = \frac{2.21}{l^2} \sqrt{\frac{EI}{\overline{m}}}$$

讨论：如要计算对称振型的频率，应按如图 10-60（c）所示的方式集中质量。此时体系具有两个自由度。读者可自行验证，对称振型的频率将大于前面的最低频率。

小　　结

荷载按其作用在结构上的性质分为静荷载和动荷载，两者的根本区别主要在于是否考虑惯性力的影响。本章主要介绍以达朗贝尔原理为依据的动静法，可以将动力计算问题转化为静力平衡问题来处理。

首先讨论单自由度体系的振动问题。在自由振动中，强调了自振周期的不同表现形式和它的一些重要性质。在强迫振动中，先讨论简谐荷载，后讨论一般荷载。同时，结合几种重要的动力荷载，讨论了结构的动力反应的一些特点，与静力荷载进行了比较。单自由度体系的计算是本章的基础。因为实际结构的动力计算很多是简化为单自由度体系进行计算的。此外，多自由度体系的动力计算问题也可归结为单自由度体系的计算问题。因此对这一部分仍要求切实掌握。

接着分别用刚度法和柔度法讨论多自由度体系的振动问题，并引出了主振型的概念。在强迫振动中主要介绍了简谐荷载作用下的振动计算问题。

此外，还简略地讨论了近似计算方法，其中能量法是计算自振频率的一种有效的近似方法。

思 考 题

10-1 动力荷载的特点是什么?与静力荷载有什么区别?

10-2 结构动力计算与静力计算的主要区别是什么?

10-3 结构动力计算中自由度的概念与平面体系几何组成分析中的自由度的概念有何异同?

10-4 试确定图示各体系的动力自由度数目。

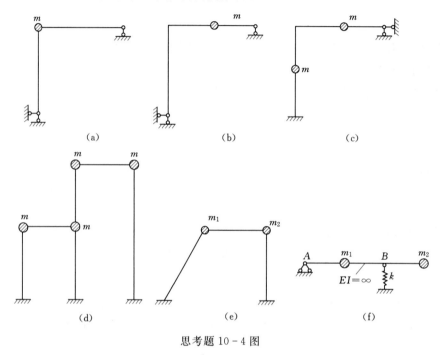

思考题 10-4 图

10-5 为什么说自振周期是结构的固有性质?它与结构哪些因素有关?

10-6 计算图示体系的自振频率时,可否直接应用式(10-13)得到 $\omega = \sqrt{\dfrac{k}{m + \overline{m}l}}$?

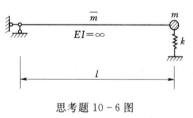

思考题 10-6 图

这样计算对不对?为什么?

10-7 什么叫动力系数?动力系数的大小与哪些因素有关?单自由度体系位移的动力系数与内力的动力系数是否一样?

10-8 什么是"共振"现象?如何防止结构发生共振?

10-9 在杜哈梅积分中时间变量 τ 与 t 有什么区别?怎样应用杜哈梅积分求解任意动荷载作用下的动力位移问题?简谐荷载下的动位移可以用杜哈梅积分求吗?

10-10 单自由度体系动荷载作用点不在体系的集中质量上时,如何进行动力计算?此时,体系中位移和内力的动力系数是否仍是一样的?

10-11 什么叫临界阻尼?什么叫阻尼比?阻尼对结构的自振频率和振幅有什么

影响？

10-12　什么叫主振型？在什么情况下多自由度体系只按某个特定的主振型振动？

10-13　什么是主振型的正交性？不同的振型对柔度矩阵是否也具有正交性？为什么？

10-14　求自振频率和主振型能否利用结构的对称性？如何利用对称性来简化计算？

10-15　多自由度体系各质点的位移动力系数是否都是一样的？它们与内力动力系数是否相同？与单自由度体系有些什么不同？

10-16　n 个自由度的体系有多少个发生共振的可能性？为什么？

10-17　应用能量法求频率时，所设的位移函数应满足什么条件？

10-18　由能量法求得的频率近似值是否总是真实频率的一个上限？

习　题

10-1　试求图示梁的自振周期和圆频率。设梁端重物 $W=1.23\mathrm{kN}$，梁重不计，$E=21\times10^4\mathrm{MPa}$，$I=78\mathrm{cm}^4$。

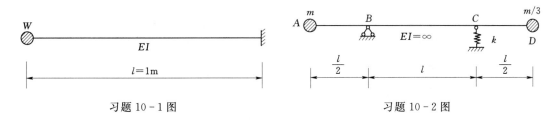

习题 10-1 图　　　　　　　　　　　　　习题 10-2 图

10-2　试确定图示梁自由振动时的运动微分方程和自振频率，k 为支座弹簧刚度。

10-3　试确定图示梁的自振频率。设梁端重物的重量为 W，梁和弹簧的重量不计。

10-4　在习题 10-3 中，设 $l=150\mathrm{cm}$，$W=8.8\mathrm{kN}$，$EI=2.93\times10^9\mathrm{N\cdot cm}^2$，$k=3570\mathrm{N/cm}^2$，初始位移 $y_0=1.3\mathrm{cm}$，初始速度 $v_0=25\mathrm{cm/s}$。试求 $t=1\mathrm{s}$ 时质点的位移和速度。

10-5　设图示竖杆顶端在振动开始时的初位移为 $0.1\mathrm{cm}$（被拉到位置 B' 后放松引起振动），试求顶端 B 的位移振幅、最大速度和加速度。

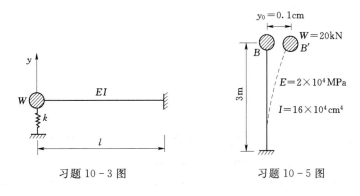

习题 10-3 图　　　　　　　　　习题 10-5 图

10-6　试求图示各体系的自振频率，假设忽略杆件自身的重量。

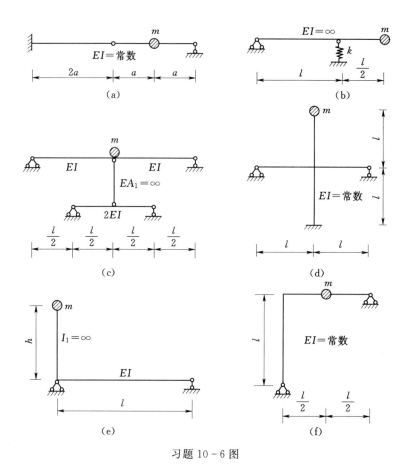

习题 10-6 图

10-7 试求图示排架的水平自振周期。柱的重量已简化到顶部,与屋盖重合在一起。

10-8 图示刚架跨中有集中重量 W,刚架自重不计,弹性模量为 E。试求竖向振动时的自振频率。

10-9 试求习题 10-8 中刚架水平振动时的自振频率。

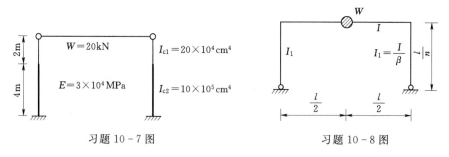

习题 10-7 图   习题 10-8 图

10-10 试求图示梁的最大竖向位移和梁端弯矩幅值。已知数据:$W=10\text{kN}$,$F_P=2.5\text{kN}$,$E=2\times10^5\text{MPa}$,$I=1130\text{cm}^4$,$\theta=57.6\text{s}^{-1}$,$l=150\text{cm}$。

10-11 图示结构在柱顶有电动机,试求电动机转动时的最大水平位移和柱端弯矩的幅值。已知数据:电动机和结构的重量集中于柱顶,$W=20\text{kN}$,电动机水平离心力的幅

值 $F_P = 250\text{kN}$，电动机转速 $n = 550\text{r/min}$，柱的线刚度 $i = \dfrac{EI_1}{h} = 5.88 \times 10^8 \text{N} \cdot \text{cm}$。

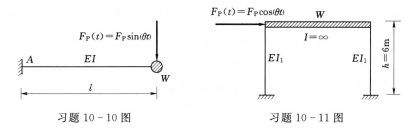

习题 10-10 图　　　　　　　　习题 10-11 图

10-12　设有一个单自由度的体系，其自振周期为 T，所受荷载为

$$F_P(t) = \begin{cases} F_{P0} \sin \dfrac{\pi t}{T} & (0 \leqslant t \leqslant T) \\ 0 & (t > T) \end{cases}$$

试求质点的最大位移及其出现的时间（结果用 F_{P0}、T 和弹簧刚度 k 表示）。

10-13　设有一个自振周期为 T 的单自由度体系，承受图示直线渐增荷载 $F_P(t) = F_P \dfrac{t}{\tau}$ 作用。

（a）试求 $t = \tau$ 时的振动位移值 $y(\tau)$。

（b）当 $\tau = \dfrac{3}{4}T$、$\tau = T$、$\tau = 1\dfrac{1}{4}T$、$\tau = 4\dfrac{3}{4}T$、$\tau = 5T$、$\tau = 5\dfrac{1}{4}T$、$\tau = 9\dfrac{3}{4}T$、$\tau = 10T$、$\tau = 10\dfrac{1}{4}T$ 时，分别计算动位移和静位移的比值 $\dfrac{y(\tau)}{y_{st}}$。静位移 $y_{st} = \dfrac{F_P}{k}$，k 为体系的刚度系数。

（c）从以上的计算结果可以得到怎样的结论？

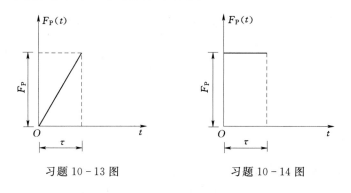

习题 10-13 图　　　　　　　　习题 10-14 图

10-14　设有一个自振周期为 T 的单自由度体系，承受图示突加荷载作用。

（a）试求任意时刻 t 的位移 $y(t)$。

（b）试证明：当 $\tau < 0.5T$ 时，最大位移发生在时刻 $t > \tau$（即卸载后）；当 $\tau > 0.5T$ 时，最大位移发生在 $t < \tau$（即卸载前）。

（c）当 $\tau = 0.1T$、$\tau = 0.2T$、$\tau = 0.3T$、$\tau = 0.5T$ 时，试求最大位移 y_{max} 与静位移

$\left(y_{st}=\dfrac{F_P}{k}\right)$ 的比值。

(d) 证明：$\dfrac{y_{max}}{y_{st}}$ 最大值为 2；当 $\tau < 0.1T$ 时，可按瞬时冲量计算，误差不大。

10-15 试求图示梁在简谐荷载作用下做无阻尼强迫振动时质量处以及动力荷载作用点的动位移幅值，并绘制最大动力弯矩图。

10-16 试求图示集中质量体系在均布简谐荷载作用下弹簧支座的最大动反力。设杆件为无限刚性，弹簧的刚度系数为 k，忽略杆件本身的质量。

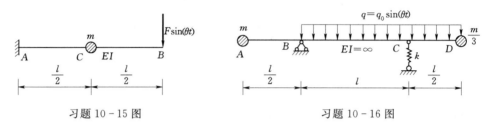

习题 10-15 图　　　　　　　　习题 10-16 图

10-17 某结构自由振动，经过十个周期后，振幅降为原来的 10%。试求结构的阻尼比 ξ 和在简谐荷载作用下共振时的动力系数。

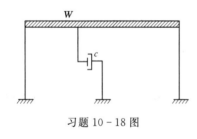

习题 10-18 图

10-18 通过图示结构做自由振动实验。用油压千斤顶使横梁产生侧向位移，当梁侧移 0.49cm 时，需加侧向力 90.698kN。在此初位移状态下放松横梁，经过一个周期（$T=1.40$s）后，横梁最大位移仅为 0.392cm。试求：

(a) 结构的重量 W（假设重量集中于横梁上）。

(b) 阻尼比。

(c) 振动六周后的位移振幅。

10-19 试求图示梁的自振频率和主振型。梁的自重可略去不计，$EI =$ 常数。

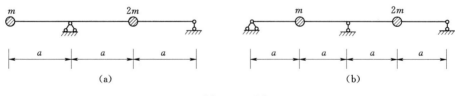

(a)　　　　　　　　　　　　　(b)

习题 10-19 图

10-20 试求图示刚架的自振频率和主振型。

10-21 试求图示三跨梁的自振频率和主振型。已知：$l=100$cm，$W=1000$N，$I=68.82$cm^4，$E=2\times10^5$MPa。

10-22 试求图示体系的第一频率和第一主振型，各杆 EI 相同。

10-23 试求图示两层刚架的自振频率和主振型。设楼面质量分别为 $m_1=120$t 和 $m_2=100$t，柱的质量已集中于楼面；柱的线刚度分别为 $i_1=20$MN·m 和 $i_2=14$MN·m；横梁刚度为无限大。

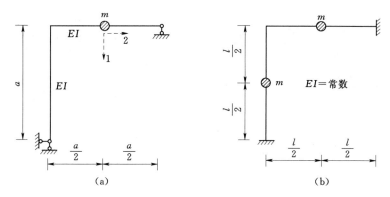

习题 10-20 图

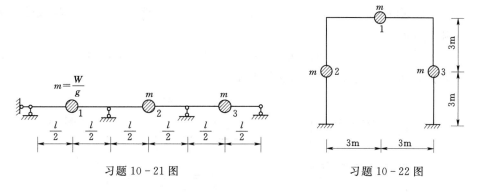

习题 10-21 图

习题 10-22 图

10-24　试求图示三层刚架的自振频率和主振型。设楼面质量分别为 $m_1 = 270$t，$m_2 = 270$t，$m_3 = 180$t；各层的侧移刚度分别为 $k_1 = 245$MN/m，$k_2 = 196$MN/m，$k_3 = 98$MN/m；横梁刚度为无限大。

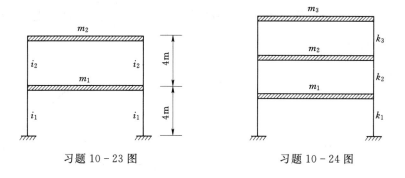

习题 10-23 图

习题 10-24 图

10-25　试求图示刚架的最大动弯矩图。设 $\theta^2 = \dfrac{12EI}{ml^3}$，各杆 EI 相同，杆分布质量不计。

10-26　试求图示刚架的最大动弯矩图。设 $\theta = \sqrt{\dfrac{48EI}{ml^3}}$，刚架自重已集中于两质点处。

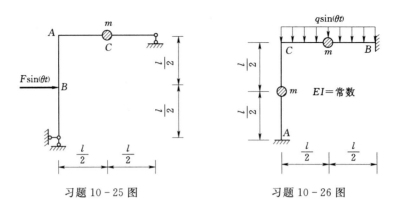

习题 10-25 图   习题 10-26 图

10-27 设在习题 10-23 的两层刚架的二层楼面处沿水平方向作用一简谐干扰力 $F_P\sin(\theta t)$，其幅值 $F_P=5\text{kN}$，机器转速 $n=150\text{r/min}$。试求第一、二层楼面处的振幅值和柱端弯矩的幅值。

10-28 设在习题 10-24 的三层刚架的第二层作用一水平干扰力，$F_P(t)=20\text{kN}\cdot\sin(\theta t)$，每分钟振动 200 次。试求各楼层的振幅值。

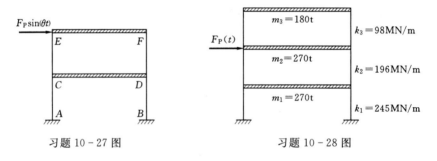

习题 10-27 图   习题 10-28 图

10-29 图示刚架分布质量不计，简谐荷载频率 $\theta=\sqrt{\dfrac{16EI}{ml^3}}$。试求质点的振幅及动弯矩图。各杆 $EI=$ 常数。

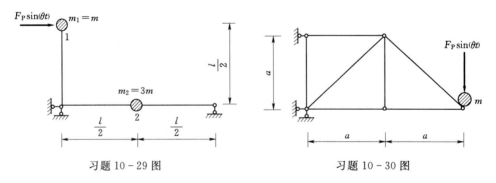

习题 10-29 图   习题 10-30 图

10-30 图示桁架，杆分布质量不计，各杆 EA 为常数，质量上作用竖向简谐荷载 $F_P\sin(\theta t)$，$\theta=\sqrt{\dfrac{EA}{ma}}$。试求质点的最大竖向动位移和最大水平动位移。

10 - 31　试用能量法求图示两端固定梁的第一频率。

10 - 32　试用能量法求图示梁的第一频率。

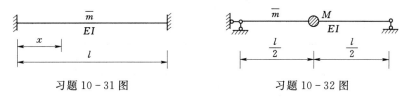

习题 10 - 31 图　　　　　　　习题 10 - 32 图

习 题 参 考 答 案

10 - 1　$T = 0.1004\text{s}$，$\omega = 62.58\text{s}^{-1}$

10 - 2　$\ddot{\theta}_B(t) + \dfrac{k}{m}\theta_B(t) = 0$［$\theta_B(t)$为刚性杆绕 B 支座的转角］，$\omega = \sqrt{\dfrac{k}{m}}$

10 - 3　$\omega = \sqrt{\dfrac{g(3EI + kl^3)}{Wl^3}}$

10 - 4　$y = 1.445\text{cm}$，$v = -18.72\text{cm/s}$

10 - 5　$y_{\max} = 0.1\text{cm}$，$v_{\max} = 4.175\text{cm/s}$，$a_{\max} = 174.3\text{cm/s}^2$

10 - 6　（a）$\omega = \sqrt{\dfrac{6EI}{5ma^3}}$

　　　　（b）$\omega = \dfrac{2}{3}\sqrt{\dfrac{k}{m}}$

　　　　（c）$\omega = \sqrt{\dfrac{102EI}{ml^3}}$

　　　　（d）$\omega = \sqrt{\dfrac{36EI}{13ml^3}}$

　　　　（e）$\omega = \sqrt{\dfrac{3EI}{mh^2l}}$

　　　　（f）$\omega = 8.172\sqrt{\dfrac{EI}{ml^3}}$

10 - 7　$T = 0.1053\text{s}$

10 - 8　$\omega = \sqrt{\dfrac{192(2\beta + 3n)EIg}{Wl^3(8\beta + 3n)}}$

10 - 9　$\omega = \sqrt{\dfrac{12n^3EIg}{Wl^3(2\beta + n)}}$

10 - 10　$y_{\max} = 0.679\text{cm}$，$M_A = 20.5\text{kN·m}$

10 - 11　$y_{\max} = -0.0884\text{cm}$（与 F_P 方向相反），$M_{\max} = 0.52\text{kN·m}$

10 - 12　$y_{\max} = \dfrac{F_{P0}}{k}\sqrt{3}$，$t = \dfrac{2}{3}T$

10-13　(a) $y(\tau)=y_{st}\left[1-\dfrac{T\sin\dfrac{2\pi}{T}\tau}{2\pi\tau}\right]$

　　　(b)

τ	$\dfrac{3}{4}T$	T	$1\dfrac{1}{4}T$	$4\dfrac{3}{4}T$	$5T$	$5\dfrac{1}{4}T$	$9\dfrac{3}{4}T$	$10T$	$10\dfrac{1}{4}T$
$\dfrac{y(\tau)}{y_{st}}$	1.212	1	0.873	1.034	1	0.9697	1.0163	1	0.9845

　　　(c) 计算结果表明：

　　　　1) 当 τ 为 T 的整数倍时，$\dfrac{y(\tau)}{y_{st}}=1$

　　　　2) 当 $\tau>5T$ 后，$\dfrac{y(\tau)}{y_{st}}\approx1$

10-14　(a) $t\leqslant\tau$ 时，$y(t)=y_{st}[1-\cos(\omega t)]$

　　　　　　$t>\tau$ 时，$y(t)=2y_{st}\sin\dfrac{\omega\tau}{2}\sin\left[\omega\left(t-\dfrac{\tau}{2}\right)\right]$

　　　(c)

τ	$0.1T$	$0.2T$	$0.3T$	$0.5T$
$\dfrac{y_{max}}{y_{st}}$	0.618	1.175	1.618	2.00

10-15　$y_{C,max}=\dfrac{5Fl^3}{36EI}$，$y_{B,max}=\dfrac{121Fl^3}{288EI}$，$M_{A,max}=\dfrac{17}{12}Fl$

10-16　$F_{RC,max}=\dfrac{9}{8}q_0l\left(\dfrac{1}{1-\dfrac{\theta^2}{\omega^2}}\right)$

10-17　$\xi=0.0367$，$\beta=14$

10-18　(a) $W=8.817\text{kN}$

　　　(b) $\xi=0.0355$

　　　(c) $y=0.1285\text{cm}$

10-19　(a) $\omega_1=0.931\sqrt{\dfrac{EI}{ma^3}}$，$\dfrac{Y_{21}}{Y_{11}}=-\dfrac{0.305}{1}$

　　　　　$\omega_2=2.352\sqrt{\dfrac{EI}{ma^3}}$，$\dfrac{Y_{22}}{Y_{12}}=\dfrac{1.638}{1}$

　　　(b) $\omega_1=1.928\sqrt{\dfrac{EI}{ma^3}}$，$\dfrac{Y_{21}}{Y_{11}}=-\dfrac{1.592}{1}$

　　　　　$\omega_2=3.327\sqrt{\dfrac{EI}{ma^3}}$，$\dfrac{Y_{22}}{Y_{12}}=\dfrac{0.314}{1}$

10-20　(a) $\omega_1=1.2193\sqrt{\dfrac{EI}{ma^3}}$，$\dfrac{Y_{11}}{Y_{21}}=\dfrac{1}{10.4290}$

　　　　　$\omega_2=8.2090\sqrt{\dfrac{EI}{ma^3}}$，$\dfrac{Y_{12}}{Y_{22}}=-\dfrac{10.4275}{1}$

(b) $\omega_1 = 10.47\sqrt{\dfrac{EI}{ml^3}}$, $\dfrac{Y_{21}}{Y_{11}} = -1$

$\omega_2 = 13.86\sqrt{\dfrac{EI}{ml^3}}$, $\dfrac{Y_{22}}{Y_{12}} = 1$

10-21 $\omega_1 = 254.45\,\text{s}^{-1}$, $Y_{11} : Y_{21} : Y_{31} = 1 : -1 : 1$

$\omega_2 = 321.88\,\text{s}^{-1}$, $Y_{12} : Y_{22} : Y_{32} = 1 : 0 : -1$

$\omega_3 = 446.34\,\text{s}^{-1}$, $Y_{13} : Y_{23} : Y_{33} = 1 : 2 : 1$

10-22 第一主振型为反对称振动，$\omega_1 = 0.24\sqrt{\dfrac{EI}{m}}$，$Y_{11} : Y_{21} : Y_{31} = 1 : 0.46 : 0.46$

10-23 $\omega_1 = 9.88\,\text{s}^{-1}$，$\quad Y_{11} : Y_{21} = 1.000 : 1.870$

$\omega_2 = 23.18\,\text{s}^{-1}$，$\quad Y_{12} : Y_{22} = 1.000 : -0.462$

10-24 $\omega_1 = 13.5\,\text{s}^{-1}$，$Y_{11} : Y_{21} : Y_{31} = 0.333 : 0.667 : 1.000$

$\omega_2 = 30.1\,\text{s}^{-1}$，$Y_{12} : Y_{22} : Y_{32} = -0.664 : -0.663 : 1.000$

$\omega_3 = 46.6\,\text{s}^{-1}$，$Y_{13} : Y_{23} : Y_{33} = 4.032 : -3.022 : 1.000$

10-25 $M_A = 0.16Fl$（上部受拉），$M_B = 0.17Fl$（右边受拉），$M_C = 0.12Fl$（上部受拉）

10-26 $M_B = \dfrac{15}{96}ql^2$（上部受拉）

10-27 楼面振幅：$A_1 = -0.202\,\text{mm}$，$A_2 = -0.206\,\text{mm}$

柱端弯矩：$M_A = 6.06\,\text{kN} \cdot \text{m}$

10-28 楼面振幅：$A_1 = -0.028\,\text{mm}$，$A_2 = -0.045\,\text{mm}$，$A_3 = -0.230\,\text{mm}$

10-29 $Y_1 = -\dfrac{F_P l^2}{16EI}$，$Y_2 = -\dfrac{F_P l^2}{24EI}$，$M_{2,\max} = \dfrac{F_P l}{2}$

10-30 $y_{\max} = \dfrac{1.15 F_P a}{EA}$，$x_{\max} = \dfrac{0.3 F_P a}{EA}$

10-31 假设振型曲线为 $Y(x) = \dfrac{ql^4}{24EI}\left(\dfrac{x^4}{l^4} - 2\dfrac{x^3}{l^3} + \dfrac{x^2}{l^2}\right)$ 时，$\omega = \dfrac{22.45}{l^2}\sqrt{\dfrac{EI}{m}}$

假设振型曲线为 $Y(x) = A\left(1 - \cos\dfrac{2\pi x}{l}\right)$ 时，$\omega = \dfrac{22.8}{l^2}\sqrt{\dfrac{EI}{m}}$

10-32 设振型曲线为 $Y(x) = a\sin\dfrac{\pi x}{l}$ 时，$\omega = \sqrt{\dfrac{\dfrac{\pi^4 EI}{2l^3}}{\dfrac{ml}{2} + M}}$

当 $M = \dfrac{1}{2}ml$ 时，$\omega = \dfrac{6.979}{l^2}\sqrt{\dfrac{EI}{m}}$

部分习题参考答案详解请扫描下方二维码查看。

参 考 文 献

［1］ 龙驭球，包世华. 结构力学［M］. 3 版. 北京：高等教育出版社，2012.

［2］ 龙驭球，包世华. 结构力学［M］. 2 版. 北京：高等教育出版社，2006.

［3］ 龙驭球，包世华. 结构力学［M］. 北京：高等教育出版社，2000.

［4］ 李廉锟. 结构力学［M］. 5 版. 北京：高等教育出版社，2010.

［5］ 李廉锟. 结构力学［M］. 3 版. 北京：高等教育出版社，1996.

［6］ 包世华. 结构力学［M］. 武汉：武汉工业大学出版社，2000.

［7］ 张永胜. 结构力学［M］. 北京：中国电力出版社，2006.

［8］ 郭仁俊. 结构力学［M］. 北京：中国建筑工业出版社，2007.

［9］ 孙俊，张长领. 结构力学：Ⅰ［M］. 重庆：重庆大学出版社，2003.

［10］ 刘金春. 结构力学［M］. 北京：中国建材工业出版社，2003.

［11］ 范洪文. 结构力学［M］. 5 版. 北京：高等教育出版社，2005.

［12］ 李家宝. 结构力学［M］. 3 版. 北京：高等教育出版社，1999.

［13］ 朱慈勉. 结构力学［M］. 北京：高等教育出版社，2004.

［14］ 朱慈勉. 结构力学［M］. 2 版. 北京：高等教育出版社，2009.

［15］ 雷钟和. 结构力学学习指导［M］. 北京：高等教育出版社，2005.

［16］ 钟朋. 结构力学解题指导及习题集［M］. 北京：高等教育出版社，1987.

［17］ 雷钟和，江爱川，等. 结构力学解疑［M］. 北京：清华大学出版社，1996.

［18］ R. 克拉夫，J. 彭津. 结构动力学［M］. 王光远，译. 北京：高等教育出版社，2006.

［19］ 武际可. 力学史杂谈［M］. 北京：高等教育出版社，2009.

［20］ 武际可. 力学史［M］. 重庆：重庆出版社，2000.

［21］ S. P. 铁摩辛柯. 材料力学史［M］. 常振檝，译. 上海：上海科学技术出版社，1961.

［22］ 武际可. 结构力学简史：结构工程是人类文明的脊梁［C］∥第十一届全国结构工程学术会议论文集第Ⅰ卷，2002.

［23］ 杨迪雄. 结构力学发展的早期历史和启示［J］. 力学与实践，2007，29（6）.

［24］ 李正良. 谈谈结构力学的前世今生［J］. 大学科普，2012（3）.